新世纪土木工程专业系列教材
（建设部普通高等教育"十一五"规划教材）

U0242674

土木工程结构试验与检测
（第 4 版）

周明华　主　编

周明华　王　晓
毕　佳　钱培舒　编　著

陈忠范　刘其伟　主　审

东南大学出版社
·南京·

内 容 提 要

全书分上、中、下三篇。上篇主要介绍土木工程结构基本试验方法,内容包括土木工程结构试验与检测概论、试验荷载与加载方法、试验量测技术与量测仪表、工程结构模型试验、试验误差分析与数据处理等;中篇主要介绍土木工程结构荷载试验,内容包括工程结构静载试验、工程结构的动载试验、土木工程结构抗震试验、路基路面荷载试验;下篇主要介绍土木工程结构现场试验检测技术,内容包括工程结构物的现场非破损检测技术、路基路面工程现场检测、桥梁现场荷载试验与检测、地下结构工程的现场试验与检测、大跨度桥梁的健康监测等。

本书主要作为普通高等学校土木工程专业本科生和研究生教育使用的专业技术教材,也可作为电大、函大、网大、职业技术学院和专科教育的教材,亦可作为科研、试验、工程监理及设计、施工等相关工程技术人员专业技术参考书。

图书在版编目(CIP)数据

土木工程结构试验与检测/周明华主编. —4 版 —南京:
东南大学出版社,2017.8(2023.2重印)
　ISBN 978-7-5641-7407-1

　Ⅰ.①土… Ⅱ.①周… Ⅲ.①土木工程－工程结构－
结构试验－高等学校－教材 ②土木工程－工程结构－检测
－高等学校－教材 Ⅳ.①TU317

中国版本图书馆 CIP 数据核字(2017)第 208593 号

出 版 人　江建中
出版发行　东南大学出版社
社　　址　江苏省南京市四牌楼 2 号东南大学校内
邮政编码　210096
网　　址　http://www.seupress.com
电　　话　025－83793191(发行)　025－57711295(传真)
印　　刷　常州市武进第三印刷有限公司
开　　本　787mm×1092mm　1/16
印　　张　23.5
字　　数　586 千字
版 印 次　2002 年 9 月第 1 版　2023 年 2 月第 4 版第 18 次印刷
印　　数　58001～62000 册
书　　号　ISBN 978-7-5641-7407-1
定　　价　46.00 元

(本社图书若有印装质量问题,请直接与营销中心联系。电话:025－83791830)

新世纪土木工程专业系列教材编委会

序

东南大学是教育部直属重点高等学校,在 20 世纪 90 年代后期,作为主持单位开展了国家级"20 世纪土建类专业人才培养方案及教学内容体系改革的研究与实践"课题的研究,提出了由土木工程专业指导委员会采纳的"土木工程专业人才培养的知识结构和能力结构"的建议。在此基础上,根据土木工程专业指导委员会提出的"土木工程专业本科(四年制)培养方案",修订了土木工程专业教学计划,确立了新的课程体系,明确了教学内容,开展了教学实践,组织了教材编写。这一改革成果,获得了 2000 年教学成果国家级二等奖。

这套新世纪土木工程专业系列教材的编写和出版是教学改革的继续和深化,编写的宗旨是:根据土木工程专业知识结构中关于学科和专业基础知识、专业知识以及相邻学科知识的要求,实现课程体系的整体优化;拓宽专业口径,实现学科和专业基础课程的通用化;将专业课程作为一种载体,使学生获得工程训练和能力的培养。

新世纪土木工程专业系列教材具有下列特色:

1. 符合新世纪对土木工程专业的要求

土木工程专业毕业生应能在房屋建筑、隧道与地下建筑、公路与城市道路、铁道工程、交通工程、桥梁、矿山建筑等的设计、施工、管理、研究、教育、投资和开发部门从事技术或管理工作,这是新世纪对土木工程专业的要求。面对如此宽广的领域,只能从终身教育观念出发,把对学生未来发展起重要作用的基础知识作为优先选择的内容。因此,本系列的专业基础课教材,既打通了工程类各学科基础,又打通了力学、土木工程、交通运输工程、水利工程等大类学科基础,以基本原理为主,实现了通用化、综合化。例如工程结构设计原理教材,既整合了建筑结构和桥梁结构等内容,又将混凝土、钢、砌体等不同材料结构有机地综合在一起。

2. 专业课程教材分为建筑工程类、交通土建类、地下工程类三个系列

由于各校原有基础和条件的不同,按土木工程要求开设专业课程的困难较大。本系列专业课教材从实际出发,与设课群组相结合,将专业课程教材分为建筑工程类、交通土建类、地下工程类三个系列。每一系列包括有工程项目的规划、选型或选线设计、结构设计、施工、检测或试验等专业课系列,使自然科学、工程技术、管理、人文学科乃全艺术交叉综合,并强调了工程综合训练。不同课群组可以交叉选课。专业系列课程十分强调贯彻理论联系实际的教学原则,融知识和能力为一体,避免成为职业的界定,而主要成为能力培养的载体。

3. 教材内容具有现代性,用整合方法大力精减

对本系列教材的内容,本编委会特别要求不仅具有原理性、基础性,还要求具有现代性,纳入最新知识及发展趋向。例如,现代施工技术教材包括了当代最先进的施工技术。

在土木工程专业教学计划中,专业基础课(平台课)及专业课的学时较少。对此,除了少而精的方法外,本系列教材通过整合的方法有效地进行了精减。整合的面较宽,包括了土木工程各领域共性内容的整合，不同材料在结构、施工等教材中的整合，还包括课堂教学内容与实践环节的整合，可以认为其整合力度在国内是最大的。这样做，不只是为了精减学时，更主要的是可淡化细节了解，强化学习概念和综合思维，有助于知识与能力的协调发展。

4. 发挥东南大学的办学优势

东南大学原有的建筑工程、交通土建专业具有 80 年的历史，有一批国内外著名的专家、教授。他们一贯严谨治学，代代相传。按土木工程专业办学，有土木工程和交通运输工程两个一级学科博士点、土木工程学科博士后流动站及教育部重点实验室的支撑。近十年已编写出版教材及参考书 40 余本，其中 9 本教材获国家和部、省级奖，4 门课程列为江苏省一类优秀课程，5 本教材被列为全国推荐教材。在本系列教材编写过程中，实行了老中青相结合，老教师主要担任主审，有丰富教学经验的中青年教授、教学骨干担任主编，从而保证了原有优势的发挥，继承和发扬了东南大学原有的办学传统。

新世纪土木工程专业系列教材肩负着"教育要面向现代化，面向世界，面向未来"的重任。因此，为了出精品，一方面对整合力度大的教材坚持经过试用修改后出版，另一方面希望大家在积极选用本系列教材中，提出宝贵的意见和建议。

愿广大读者与我们一起把握时代的脉搏，使本系列教材不断充实、更新并适应形势的发展，为培养新世纪土木工程高级专门人才作出贡献。

最后，在这里特别指出，这套系列教材，在编写出版过程中，得到了其他高校教师的大力支持，还受到作为本系列教材顾问的专家、院士的指点。在此，我们向他们一并致以深深的谢意。同时，对东南大学出版社所作出的努力表示感谢。

中国工程院院士 吕志涛

2001 年 9 月

第 4 版前言

本教材《土木工程结构试验与检测》是新世纪土木工程专业系列教材之一。自 2002 年第 1 版出版以来，被很多兄弟院校选用，已三次再版，累计 12 次印刷。2007 年被列为国家建设部普通高等教育"十一五"规划教材。

本次第 4 版修订，根据近几年国家相关规范和现场检测技术标准的修订和变更，重点对以下内容进行修订：第 10 章工程结构物的现场非破损检测技术，其中对混凝土结构采用回弹法、超声回弹综合法和钻芯法检测测区混凝土强度推定方法，以及对砌体工程采用原位轴压法、扁顶法等五种方法检测砌体工程的强度推定计算方法，混凝土内部钢筋和保护层检测方法等内容；第 11 章路基路面工程现场检测；第 12 章桥梁现场荷载试验与检测等。其他章节也进行了局部少量修改。

第 4 版修订仍由原作者负责进行。全书由周明华教授担任主编并负责统稿。

第 4 版仍由陈忠范教授(第 1～8 章和第 10 章)和刘其伟教授(第 9 章和第 11～14 章)担任主审。特别感谢两位教授在百忙中对本教材修订第 4 版的认真审查和所提出的宝贵修改意见。

本次修订还采纳了兄弟院校老师在使用本教材过程中提出的修改建议，在此一一表示衷心感谢！

第 3 版修订时应使用本教材的兄弟院校任课老师要求，提供了第 3 版教材课件 PPT。PPT 由本校任课教师编辑制作，仅供参考。第 4 版的教材课件希望各任课老师按各自的教学需要根据本版修订内容，对 PPT 进行相应修改。经过一轮教学实践后，我们将会提供更新后的 PPT。

同时也敬请专家、同行和读者对本版教材多提宝贵意见，并批评指正！(意见反馈邮箱：1910116486@qq.com)。

主　编　周明华
2017 年 7 月于东南大学

第1版前言

土木工程结构试验与检测是研究和发展工程结构新材料、新体系、新工艺、新的设计理论和方法以及结构损伤鉴定和处理工程事故的重要手段,在工程结构科学研究和技术创新中起着重要作用,具有较强的工程实践性。它与结构设计、施工实践以及土木工程学科的发展有着密切的关系。因此,日益受到广大科研人员和工程技术人员的关注和重视。

《土木工程结构试验与检测》是土木工程专业的一门专业技术课程。其任务是通过理论和实践教学环节,使学生获得工程结构试验检测方面的基础知识的基本技能,能进行一般工程结构试验的规划和方案设计,并得到初步的训练和实践。

本教材是根据教育部1998年全国高校调整后的专业目录,为土木工程专业本科学生而编写的。为适应土木工程专业的需要,对教材内容的安排作了较大幅度的调整和扩充,力求涵盖土木工程各学科领域。编写的基本思路,一是在原有《建筑结构试验》《路基路面测试与评价》《桥梁结构试验》等三本教材的基础上,将其共性的内容组合起来,避免重复,并根据建筑、桥涵、道路等不同试验对象,突出各自的特点,同时增加了桩基试验、地下工程施工监测以及大型桥梁的健康监测等新内容;二是体现"新"的特色,力求反映科学技术的最新发现和最新成就,在阐述传统的基本试验方法的基础上,着重国内外最新发展的试验理论和最新试验方法的论述;三是注意理论与实践相结合,在阐明结构试验基本原理的基础上,重点介绍基本试验检测方法,并配以有代表性的试验实例,以启发和培养学生的实践能力;四是注意由浅入深,除了满足本科生的教学要求以外,增加了本学科领域部分前沿学科内容,以适应研究生的教学要求,同时可供从事本学科的科研人员、试验人员和有关工程技术人员参考。

本教材由周明华、王晓、钱培舒、毕佳合编,其中第1、2、3、4、6、7、10、14章和第13.3节由周明华编写,第9、11章由王晓编写,第12章由钱培舒编写,第5、8、13章由解放军理工大学毕佳编写,全书由周明华担任主编并负责最后统稿。

本教材的初稿采取分散审稿,审稿者分别为南京工业大学刘伟庆教授(第1、2、3章),东南大学陈忠范教授(第4、5、8章),孟少平教授(第6、7章),黄晓明教授

（第9、11章），曹双寅教授（第10章），叶见曙教授（第12章），龚维明教授（第13章），李爱群教授和邱洪兴教授（第14章），全书最后由陈忠范教授担任主审。他们提出了许多宝贵的修改意见，在此表示衷心感谢。

在初稿编写过程中得到了蓝宗建教授、舒赣平教授、吴刚博士、万水博士、王艳晗博士以及试验中心张蓓、邰扣霞等老师和南京长江二桥管理局章登精、陈研、郭志明等工程师的无私帮助，并提供了许多有价值的资料及图片。教材的最后整理和编排得到陆飞博士、王燕华硕士的鼎力相助。教材中引用了有关兄弟单位的成果，特此一并致谢。

特别要指出的，在编写和确定教材编写大纲过程中，教材编委会主任吕志涛院士，副主任蒋永生教授、邱洪兴教授和黄晓明教授以及其他委员们提出了不少指导性意见，特别表示感谢！由于编者的业务水平有限，编写中难免有漏误之处，敬请专家同行和读者批评指正。

主　编　周明华

2002 年 2 月　东南大学

目　录

上篇　土木工程结构基本试验方法

中篇　土木工程结构荷载试验

下篇 土木工程结构现场检测

上篇　土木工程结构基本试验方法

1 土木工程结构试验与检测概论

1.1 试验检测技术在土木工程学科中的作用与应用发展

土木工程结构试验与检测技术是研究和发展结构计算理论的重要手段。从确定工程材料的力学性能到验证由各种材料构成的不同类型的承重结构或构件(梁、板、柱、桥涵等)的基本计算方法,以及近年来发展的大量大跨、超高、复杂结构体系的计算理论,都离不开试验研究。**特别是混凝土结构、钢结构、砖石结构和公路桥涵等设计规范所采用的计算理论几乎全部是以试验研究的直接结果作为基础的。**近 20 年来,由于计算机技术的广泛应用,推动了结构计算方法的发展,为采用数学模型方法编制计算软件,对结构进行计算分析创造了条件。但由于实际工程结构的复杂性和结构在整个生命周期中可能遇到的各种风险,试验研究仍是必不可少的。例如,在建造阶段可能产生的设计和施工失误而留下的隐患,以及在使用阶段结构受灾和结构老化所产生的各种损伤积累、钢结构的疲劳和稳定等诸多问题;为寻求合理的设计方法,保证结构有足够的使用寿命和安全储备,只有通过结构试验研究才有可能获得解决。

由此可见,试验检测技术对土木工程学科发展中所要解决的难题有举足轻重的地位和作用,随着试验检测技术不断进步,促使结构试验由过去的单个构件试验向整体结构试验发展。目前,所采用的各种结构的伪静力试验、拟动力试验和振动台试验所应用的电液伺服液压技术等已打破了过去静载和动载试验的界限,能较正确地再现各种实际荷载作用。随着量测各种参数的智能化传感器技术的发展应用和量测数据的快速自动采集以及分析处理技术,加快了结构从线性到非线性阶段试验研究进程。因此,对地震和风荷载等产生的结构动力反应进行实测和实施结构控制技术,成为可能。

试验检测技术的发展和各种现代科学技术的发展密切相关。尤其是各类学科的交叉发展和相互渗透所作出的贡献功不可没。近几年国内外推出的光纤传感量测技术就是突出例子。大跨度桥梁和超高层建筑的健康监测技术的开发研究,就综合运用了光纤传感技术、光纤微波通讯、GPS 卫星跟踪监控等多项新技术,并已在香港青马大桥、润扬大桥、南京长江二桥、南京长江三桥、深圳地王大厦等重要工程上实施与应用,对这些工程的安全健康使用发挥了重要作用。另外在非破损检测方面,混凝土结构雷达和红外线热成像仪等新技术的出现为结构损伤检测开辟了新的途径。展望未来,随着大数据时代的到来和云计算技术的发展应用,将转变人们对传统结构试验研究的思维方法。试验检测技术对结构物理现象的"因果性"认识固然重要,但土木工程结构现象统计的"相关性"与结构物理规律的因果关系同样重要。当下有识之士已开始运用大数据思维,不仅仅关注结构的抽样试验数据的因果性,而且注意搜集土木工程结构现象"相关性"统计信息,即土木工程结构变形协调与结构稳定平衡的关系,以及力的合理传递和结构损伤能量累积转移途径的相关性研究分析,由此获得的整体数据,再通过云计算寻找解决结构的安全性方法和结构损伤原因。

1.2　土木工程结构试验与检测的目的和任务

1.2.1　研究性试验

研究性试验是以研究和探索为目的,通过试验研究对各种结构寻求更合理的设计计算方法,或者为开发一种新材料、新结构和新的施工工艺而进行的系统性试验研究。试验对象是专为试验研究而设计制作的,它并不一定代表实际工程中的具体结构。因此在设计试件时,要求突出研究的主要因素而忽略一些次要影响因素。力求试验方法与试件受力状态合理,达到试验研究的预期目的。

研究性试验的规模和试验方法,根据研究的目的和任务不同,有很大差别。

(1) 验证结构设计理论的各种假定,寻求更合理的计算方法

在结构设计中,为了计算方便、精确,不是完全依靠编制设计软件能解决的。近几年有专家提出概念设计,这就要求人们对结构或构件的荷载作用计算图式和本构关系做一些具有科学概念的简化和假定,然后根据实际结构荷载作用模式通过试验加以验证,寻求合理的计算方法用于实际工程中的结构计算。如编制"混凝土结构设计规范"时,对于钢筋混凝土受弯构件斜截面抗剪强度计算方法,要想通过数学解析方法确定计算方法是有难度的。因此,编制组曾组织多个单位对影响受弯梁抗剪强度的主要影响因素进行了大量试验研究,试件多达几百个,得出了趋于安全和较为合理的带有半理论的经验系数公式,即现行"混凝土结构设计规范"所采用的受弯构件斜截面抗剪强度计算公式。其中公式中表达的混凝土、箍筋、弯起钢筋、预应力筋等所起的抗剪作用,以及不同荷载作用方式和不同剪跨比所产生的影响的相关修正系数,都是根据试验研究结果经过统计分析而得出来的。

(2) 为一些大型特种结构谋求设计依据

对于实际工程中处于不同条件的特种结构,例如海洋石油平台、核电站、仓储结构、网壳结构、地下洞室等,仅应用理论分析的方法是不够的,还要通过结构试验的方法进行验证,为实际工程提供设计依据。1976年唐山大地震中,开滦煤矿3 000 t容量的煤仓被震坏。煤仓的钢筋混凝土主体结构是由筒体、圈梁、折板形底板和立柱等组合而成的空间结构,是上世纪50年代由波兰政府援建的项目。为研究煤仓在地震中震坏的原因和重建新煤仓,采用原煤仓1:100的有机玻璃试验结构模型进行试验研究(如图1-1所示)。探索原煤仓在弹性工作阶段的设计内力及设计方法存在的缺陷,结构各部件的设计应力与变形是否超出设计允许范围,并探测仓储结构的自振频率。

图1-1　唐山开滦煤矿的煤仓1:100有机玻璃模型试验

试验模型采用气压加载和黄沙模拟实际煤的丢放内摩擦角的颗粒级配两种加载方法,实测各组成结构的应力测点多达460多个,采用多点自动记录应变采集仪量测,获得了大量有价值的数据,为重建新煤仓的抗震设计计算方法提供了设计依据。

(3)为采用新结构、新材料、新的施工工艺进行的试验研究

随着科技的不断进步,为了开发研究各种新结构、新材料和新的施工工艺,一般都要通过试验研究后加以确认。2004年南京长江三桥斜拉桥所采用的钢结构索塔与塔底部混凝土结构结合部所设计的剪力键,为了验证其设计受力的可靠性,专门进行了缩尺剪力键模型试验研究。根据试验结果,对剪力键结点构造设计和施工工艺作了进一步调整和改进。图1-2为钢塔与混凝土结构结合部剪力键试验模型。根据试验结果,为剪力键结点构造设计和施工工艺提供了可靠依据。

图1-2 南京长江三桥钢塔与混凝土
连接剪力键缩尺模型试验

1.2.2 生产性试验

生产性试验以直接服务于生产为目的,以真实结构为对象,通过试验检测是否符合规范或设计要求,并作出正确的技术结论。这类试验通常用来解决以下几方面的问题:

(1)验证重大建设工程所采用新的施工工艺试验和竣工验收试验。特别对工程中所采用的新结构、新材料和新工艺,除在设计阶段进行必要的试验研究和在施工前针对施工难点进行现场操作工艺试验外,在实际工程建成后还需要进行实际荷载试验,综合评定结构的设计施工质量的可靠性。如2001年建成的南京长江二桥是当时中国跨度最大的斜拉桥,主跨628 m,索塔高195.41 m。由于索塔上塔柱采用了双肢空心截面和环向预应力混凝土结构设计方案,并在国内首次引进了塑料波纹管作为U形预应力束留设孔道和配套的真空辅助压浆新工艺。为了验证设计和解决施工难点,在现场进行了节段足尺模型的操作工艺试验和结构承载力试验(如图1-3所示)。大桥竣工验收前采用实际车辆进行了静荷载和动荷载试验(如图1-4所示)。

承载力试验→

←动载试验

静载试验→

←预应力U形束
操作工艺试验

图1-3 南京长江二桥索塔节段足尺模型试验　　图1-4 南京长江第二大桥竣工前的静、动载试验

（2）为古建筑遗产保护，对具有历史性、纪念性的古代建筑、近代建筑或其他公共建筑的使用寿命的可靠性鉴定。这类建筑物很多建造年代已久，其结构逐渐出现不同程度的老化损伤，有些已到了退化期和危险期。我国文物法规定，这类建筑物不能随便拆除而只能进行加固和保护，并要求保持原有历史面貌。图1-5为东南大学礼堂（1930年建造的原中央大学礼堂，国家重点文物保护单位，容纳3 000人座位）。为了保证其安全使用，1991年组织全面检查和鉴定后采取了加固保护

图1-5　1991年鉴定加固后的东南大学大礼堂（1930年建成）

措施，延长其使用寿命。当今国内外有很多专家学者致力于对建造年代已久的古建筑物保护研究。通过对这类建筑物进行普查、搜集资料、现场检测、分析计算，按可靠性鉴定标准评定其结构的安全等级，推断其剩余寿命，为古建筑遗产保护提供依据和合理的维护措施。

（3）为建筑物需要改变使用功能而进行改造扩建、加层或增加使用荷载等设计提供依据。在仅靠理论计算不能得到准确结论时，经常通过现场检测和荷载试验以确定这些结构的潜在承载能力。尤其在缺乏原有建筑物设计资料和图纸时，更有必要进行实际荷载试验，通过测定结构现有的实际承载能力，为对工程扩建改造提供实测依据。

（4）处理工程突发事故。通过现场检测和试验，对事故鉴定及处理提供依据。对一些桥梁和建筑物在建造或使用过程中发现有严重缺陷（如设计或施工失误，使用了劣质材料，过度变形和裂缝等），或遭受地震、风灾、水灾、火灾、爆炸和腐蚀等原因而严重损伤的结构，往往需要通过对建筑物的现场检测，了解实际受损程度和实际缺陷情况，进行计算分析，判断其实际承载力并提出技术鉴定和处理意见。

（5）产品质量检验。对预应力锚具、桥梁橡胶支座和伸缩装置等重要部件产品，对预制构件厂或大型工程现场成批制作的预制构件，在出厂和使用前均应按国家相关标准要求进行抽样检验，以保证其产品质量水平。

因此，生产性试验是针对具体产品或具体建筑物所要解决的问题而不是寻求普遍规律，试验主要在建筑物现场（实物试验）或在构件制作现场（实际产品）进行。

1.3　试验检测方法的重要性

"土木工程结构试验与检测"作为一门专业技术课程，不仅因为它是研究和发展结构理论以及鉴定结构实际工作性能的主要手段，而且为了能深入理解现有土木工程结构的计算理论，必然联系到这些理论的试验方法基础。这就要求人们对最基本的试验技术有所了解，避免因为不懂试验检测技术而使试验得出的错误结论。例如图1-6a所示的简支梁试验，若采用图1-6b中的两端铰支承作为支座装置，显然一端不能自由滑动，这将得出过高的破坏荷载值。因为这种支座装置的滑动摩擦系数可高达30%，它完全改变了简支梁的受力状态，使跨中截

面弯矩减小并使简支梁承受轴力(图1-6c),形成拱受力状态。图1-6d中所示两端支承均为滚动支座,显然这样的梁是不稳定的,不符合简支梁受力状态。正确的支座装置应如图1-6e所示,要求一端能自由转动,另一端能自由滚动,使其成为真正的简支梁受力状态。

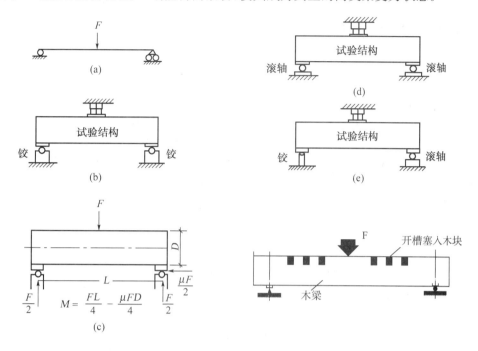

图1-6 支座装置摩擦力的影响   图1-7 木梁截面压应力验证试验

历史上,从14世纪初期到18世纪中期,科学家们对受弯梁截面应力的分布提出了各种假设,但都无法用试验方法验证。直到1767年法国科学家容格密里用简单的定性试验方法令人信服地证明了受弯梁截面上缘压应力的存在。他在一根简支木梁的跨中,沿上面受压区开槽,槽的方向与梁轴成垂直,槽内塞入硬木块。图1-7试验证明,这根梁的承载能力丝毫不低于不开槽的木梁,而且塞入槽内的木块在荷载作用下无法取出,这证明只有上缘受压,才可能有这样的结果。虽然当时无法定量压应力的大小,但科学家们对这样的定性试验结果给予了极高的评价,被誉为"路标试验"。因为这给人们指出了进一步发展结构计算理论的试验研究方向和方法。1821年法国科学家纳维叶从理论上推导了现有材料力学教科书中受弯构件截面应力分布的计算公式,而采用实验方法验证这个公式又经历了二十多年。由此看出,对于验证设计计算理论,试验研究方法和试验技术起着至关重要的作用。

试验不仅对验证计算理论如此重要,而且对危旧建(构)筑物的鉴定加固或工程事故的处理同样重要,现场检测方法和结构检测部位的选择,由于受各种不确定因素的影响,检测数据的可靠性对判定结果的安全风险有时候是致命的。必须经过专家考察论证和科学的选择,防止因试验检测方法不当,得出错误的结论。为了规范各种试验检测方法,保证试验结果准确无误,近几年专门编制了各种结构的试验和检测方法标准及规程。应该说这不仅是技术上的进步,而且充分体现试验检测方法对土木工程的科学研究有着举足轻重的影响。经过统一试验方法,使研究者取得的试验研究数据的成果能够共享,减少重复劳动,促使研究者在新的起点上发展和创新。

1.4 土木工程结构试验的分类

1.4.1 实物试验和模型试验

1) 实物试验

所谓实物试验是指试验对象是实际结构或构件。实物试验一般多用于生产性试验,例如南京长江二桥建成竣工验收前所进行的实际车辆行驶荷载试验(采用60辆满载卡车在桥上行驶,进行静载和动载试验)就属于桥梁现场试验(图1-4)。工业厂房结构的整体刚度试验、楼盖承载力试验等也需在实际结构上加载试验。另外,在高层建筑上直接进行风振(台风)测试(1975年对27层广州宾馆实测)也属此类。还有些建筑物的扩建、改造或增层,需要判定原有结构的实际承载力,进行楼层实际荷载试验或结构解体试验,即从原结构上拆下具有代表性的构件(梁或板)进行荷载试验。目前国外也有在室内进行足尺结构试验的,如日本筑波国立建筑研究所在室内做过七层实物房屋结构的伪静力试验。

2) 模型试验

由于实物试验投资大、周期长、测试精度受环境干扰因素影响大,可以采用与实物结构相似且缩小比例的模型进行试验,要求模型具有实际结构的全部或主要特征。对模型结构的设计、制作和试验应根据相似理论,做到满足几何相似、材料相似、荷载作用相似、力学性能相似等相似条件。将模型的试验结果与预先的理论计算结果进行对比分析,用以研究结构的性能,验证计算假定与计算方法的正确性(详见第4章)。前述的开滦煤矿的煤仓结构就是采用相似理论设计的有机玻璃模型试验(图1-1)。

1.4.2 静力试验与动力试验

1) 静力试验

静力试验是结构试验中最常见的基本试验。因为大部分土木结构在使用时所承受的荷载是以静荷载为主的,一般可以通过重物或各种类型的加载设备来实现和满足加载要求。静力试验的最大优点是加载设备相对比较简单,操作比较容易。其缺点是不能反映荷载作用下的应变速率对结构产生的影响,特别是结构在非线性阶段的试验控制,静力试验是无法完成的。

2) 动力试验

对实际工作中主要承受动荷载的结构或构件,为了了解其结构在动荷载作用下的动力特性,需要通过动力加载设备直接对结构进行动力加载试验。例如多层厂房机械设备上楼产生的振动影响或房屋结构受周边振动源影响,桥涵结构在运输车辆作用下的疲劳性能,高层建筑和高耸构筑物(电视塔等)在风荷载和地震荷载作用下的抗震性能问题等,其加载设备和测试手段要比静力试验复杂得多。

1.4.3 短期荷载试验和长期荷载试验

经常作用在结构上的荷载实际上均为静荷载长期作用。但是在进行结构试验时,限于时间和试验条件,通常大量采用短期荷载试验,整个试验时间只有几小时或几天。对于承受动荷载的结构,即使是结构几百万次的疲劳试验,通过调整加载速率,整个试验加载过程也仅在几天内完成。这与荷载的长期作用影响有一定差别。因此这样的短期荷载试验不能代替成年累月进行的长期荷载试验。

对于研究结构在长期荷载作用下的性能,如混凝土结构的收缩、徐变、预应力结构中的预应力筋松弛,结构的刚度、变形等必须进行静荷载作用下的长期试验。这类试验持续时间从几个月到几年,通过试验以获得结构的变形随时间变化的规律。东南大学土木工程学院丁大钧教授对钢筋混凝土受弯梁在长期荷载下的刚度、裂缝等的研究试验坚持了6年零2个月,获得了举世瞩目的研究成果。

1.4.4 实验室试验和现场试验检测

土木工程结构试验可以在专门的实验室内进行,也可以在现场进行。在实验室试验,有良好的工作条件,可以有专用设备和精良的仪器进行试验,没有外界环境的干扰因素,所以适宜于进行研究性试验。

但是,土木工程中有许多试验项目仅在实验室内是无法完成的,只有通过现场实测才能获得实际结构的各项性能指标。例如,我国正在迅猛发展的高速公路建设,其路面结构的众多性能只能通过现场实测才能得到;许多特大型桥梁的建设以及旧桥加固,也只有通过现场实桥试验,才能获得实际结构的许多性能参数,室内试验无法代替。

1.5 试验策划与试验的一般过程

1.5.1 试验策划的重要性与要求

对土木工程结构而言,不管进行什么类型的试验或检测,都要经过试验策划和方案论证。其一般过程可分为四个阶段:① 试验策划与方案论证;② 试验准备与实施;③ 试验加载;④ 试验资料整理分析与提出试验结论。其中试验策划与方案论证最为重要,关系到整个试验的成败。因此,日本东京大学梅村魁教授在其《结构试验与结构设计》一书中,将试验策划工作称之为"结构试验设计"。

1) 试验策划的依据与要求

试验策划是一项细致而复杂的系统工程。任何一个环节若考虑不周密,都会直接影响试验结果或试验的正常进行,甚至导致试验失败或危及人身和设备安全。

试验策划主要依据试验目的、研究内容和明确的具体任务,列出任务清单,并可以通过互联网查询国内外相关资料,包括前人已做过哪些类似试验、试验情况、试验方法及试验结果等,避免重复试验。在查询的基础上确定试验内容和规模,然后对涉及试验内容的每一个环节进行具体策划。对于研究性试验,应提出本试验的主要影响参数、试件数量,并根据实验室的量测仪器和加载设备条件,确定试件的尺寸和量测项目,再通过反复论证和比较,最后提出试验方案。试验方案是经过精心策划后的指导试验的技术文件。

2) 试验方案策划的具体内容与要求

(1) 试验目的。这是试验方案策划的主题。应明确通过本次试验预期要得到哪些成果以及为达到这些目的要进行哪几项试验,取得哪些数据和资料(如荷载-挠度曲线图、弯矩-曲率变化图、钢筋混凝土构件的开裂荷载、裂缝宽度、破坏荷载及形态、试件的极限变形及设计荷载下的最大应力等)详细列出与此相应的量测项目。

（2）试件设计与制作要求。根据试验目的,进行初步计算分析。根据加载设备能力,算出试件的最大承载力(依据试件所用材料的实测力学性能计算),并绘制试件施工详图和进行试件编号。施工详图中应考虑支座及加载、量测等要求而在试件内埋设预埋件的形式和位置。还应对试件原材料、制作工艺、制作精度、养护条件等方面提出要求。

（3）试件的支承要求、加载装置及加载方法的策划至关重要。对于试件的支承要求、加载装置及加载方法需要附有较大比例的试件安装就位图,包括支座、加载装置和加载点的构造详图,这样才能保证试件安装的顺利进行。对所采用的加载方式,应根据试验要求策划和确定加载顺序。

（4）量测要求与仪表布置的策划。按比例绘制量测仪表布置图,需详细注明不同仪表的安装位置,仪表名称及编号,包括温度补偿仪表的布置。同时需附有仪表布置及选用的理论分析依据,尤其对验证计算方法的新结构,在布置和选用仪表前,对其内力分布及最大应力和最大变形值应做出估算,作为布置和选用仪表量程的依据。不经计算盲目进行试验,不仅达不到试验目的,还会导致仪器设备的严重损坏。为保证仪器读数的准确无误,在试验前必须对仪表进行率定和校准,对测读人员进行培训和试读。

（5）安全措施。主持试验的人员对试验仪表设备和人身安全要有足够的防范措施,包括安全标志等。例如预应力混凝土结构在张拉试验和试件临近破坏时,锚、夹具弹出的危险性;对高大试件的平面外失稳等问题。

（6）绘制参加试验人员的组织分工及试验进度计划图表。

（7）经费预算及消耗材料用量,所需设备仪表清单及采购计划。

（8）辅助性试验内容。辅助性试验主要指测定试验结构所用材料的力学性能指标等。试件材料的实际力学性能是用以估算试件的最大承载力、最大变形以及分析处理试验结果时必需的原始资料。根据估算的最大承载力和最大变形才能选用和确定加载设备及量测仪。因此制订方案时应列出材料试验的项目、试样尺寸、试样数量及制作要求。

（9）对于以具体结构为对象的工程现场检测或鉴定性试验,在试验前应收集和研究有关的技术文件,如设计施工图纸、施工文件等,并对结构物进行现场考察,从外观上检查结构物的设计和施工质量,了解结构物的周围环境和使用情况(包括受灾和损伤情况)。并采用现场检测方法如非破损检测方法检测结构材料的实际力学性能,对结构进行分析计算,作为拟订加载试验方案的依据。工程现场鉴定性试验的规模往往比较大,不同结构的支承条件复杂,不确定影响因素较多,安全问题也多。具体策划和试验时应有足够的重视和充分的准备。

1.5.2　试验准备与实施阶段

1）试件的设计与制作

试件设计应突出试验目的,绘制设计施工图。试验研究人员应亲自参加试件制作,以便掌握试件制作情况的第一手资料。试件的制作质量直接影响试验结果,例如试件尺寸偏差,钢筋混凝土结构的混凝土强度等级、钢筋位置、箍筋的尺寸,钢结构的焊缝和节点构造及材料强度,砌体结构的砌块强度、灰缝厚度及砂浆强度等都是理论计算的主要参数。制作时均要按设计图纸要求操作。

在制作试件时还应注意材料试样的留取。试样必须真正代表试验结构的材料特征,无论是钢材还是混凝土,用于测定材性的试样必须与试验结构制作取自同一批材料。因为基本材性的测定对分析试验结果特别重要,是理论计算的基本参数。所以在留取试样时必须严格按照相应标准进行,保证试样的真实性和代表性。

在试件制作时,应对试件进行编号、注明试件制作日期、应记录施工日志,原材料情况、配合比、水灰比、养护情况、箍筋实际尺寸、保护层厚度、预埋铁件位置等。凡试件制作过程中的一切变动,均应详细如实记录,这些原始资料都是试验结果分析的主要依据资料。

2)试件的支承条件与试件安装就位

(1)试件的支承条件设计与制作

试件的支承条件包括支座、支墩和地基三个方面。支座和支墩是根据试验结构或构件设计所要求的边界条件和受力状态而设置的,必须保证结构或构件在支座处力的正确传递。对于支墩与地基的接触承压面,应验算其承载力,若为土基或碎石垫层应充分夯实,以减少试验过程中的沉降变形而影响试件挠度量测数据所引起的误差。

其中支墩一般常用钢结构或钢筋混凝土制作,可以重复使用。现场试验大多采用砖砌而成,高度应一致,以方便观测和安装仪表为准。不管采用什么材料制作,可按相关结构设计规范进行设计计算,应能满足承载力和稳定的要求,留有足够的安全储备。

支座通常均采用钢制,常用的支座构造形式,有滚动支承、铰支承和嵌固支承等三种,图1-7所示。按其构造形式进行尺寸设计和强度验算。

为防止试件支承处和支墩(混凝土)接触面局部承压破坏,支座上、下垫板尺寸应分别按试件和支座局部承压验算。上下垫板宽度与试件支承长度一致,厚度应满足有足够的刚度,且不小于垫板宽度的1/6。用于钢筋混凝土构件的上垫板厚度δ可按下式计算:

$$\delta = \sqrt{\frac{2f_c \cdot b^2}{f}} \qquad (1-1)$$

式中 δ ——垫板厚度(mm);

f_c ——试件混凝土的设计抗压强度设计值(N/mm^2)

b ——滚轴中心线至垫板边缘的距离(mm),(图1-7c);

f ——垫板钢材的设计强度(N/mm^2)。

支座滚轴直径大小,可参照表1-1取用,亦可按下式进行强度计算:

$$f = 0.42\sqrt{\frac{RE_s}{rb}} \qquad (1-2)$$

式中 f ——滚轴钢材的设计强度(N/mm^2);

E_s ——滚轴钢材的弹性模量(N/mm^2);

R ——支座反力(kN);

r ——滚轴半径(mm);

b ——滚轴长度(mm)。

表1-1 支座滚轴直径选用表

滚轴受力(kN/mm)	<2	2～4	4～6
滚轴直径 d(mm)	40～60	60～80	80～100

（2）试件的安装就位

试件安装就位的关键是要求试件设计的支承条件与计算简图一致。根据试验目的，选用图1-8所示的其中一种支承装置。

安装就位时，试件、支座装置、支墩和地基之间应紧密接触，试验过程中不允许松动，一般以坐浆填充处理（图1-9所示），图1-8为满足滚动、铰支和嵌固这三种支承条件而设置的支座装置。

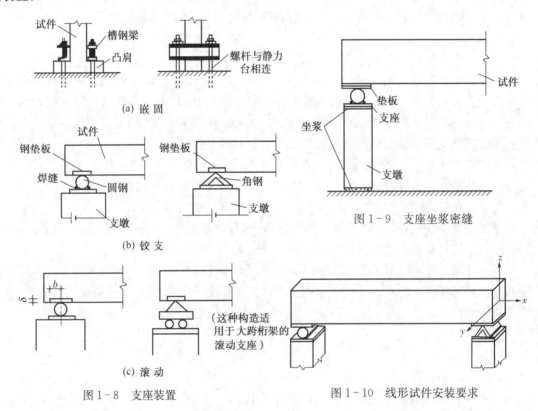

图1-8　支座装置

图1-9　支座坐浆密缝

图1-10　线形试件安装要求

安装线形构件时需保证构件只承受作用力平面内的荷载，对支座的平直度应严格要求，如图1-10。最好的处理方法是支座构造除了在受力平面内满足计算图形所要求的铰支或滚动支座外，在垂直于作用力平面方向允许有一些调节的可能性（如图1-11所示）。

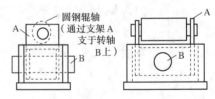

图1-11　双向滚轴支承

超静定结构的支座标高应特别精确，否则将引起内力重分布，支座应有调节标高装置。

对于板、壳类结构，在垂直荷载作用下，支承点在水平面内应允许有两个方向的变形，图1-12为常用的四点支承和四边简支的支座构造。可移动铰应设计成滚珠或双层滚轴。

对于四边支承结构，由于能在两个方向自由移动的连续支座在构造上还有困难，常以多点支承代替四边连续支承，但是这对板壳结构边缘应力有一定影响。为此，要求两个相邻支承间距 a 不大于板壳结构的边缘高度（一般为板厚度的3~5倍）。此外还需注意四边支承板在施加均布荷载时，四角会翘起，如不采取措施，将对应力分布等试验结果产生影响。

板、壳结构为超静定结构,内力分布与支承位置和不均匀沉降有关,特别对四边支承情况,应使各支承点具有可调节高度的装置,或将球座下的支承钢板饱填砂浆,趁砂浆未干前将板壳就位,利用试件自重压实找平。但为了使结构保持确切的高度,应预先固定三个球座的高低位置。

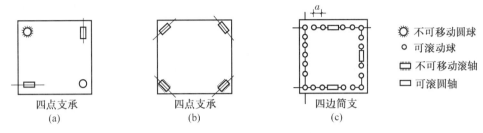

图 1-12 板、壳试验的支座布置

根据试验条件和实际结构或试件情况,结构试验不一定都要按照结构实际工作状态进行。对大型结构,尤其是较长的柱或较高的梁常做卧位试验(图 1-13)。卧位试验对于试件的吊装就位、加载、量测仪表的安装、试验现象的观察都比正位试验方便。对于钢筋混凝土梁、板试验,为观察裂缝的方便,也常常采用反位试验(图 1-14)。卧位试验和反位试验时,都必须注意试件自重引起的内力、变形和实际工作位置时的不同。

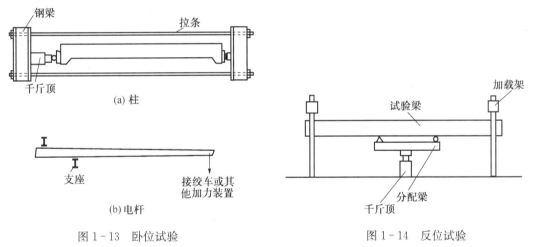

图 1-13 卧位试验   图 1-14 反位试验

3)加载设备安装与要求

(1)加载设备安装应与试验加载方案中的荷载图式和计算简图一致。

① 试件的荷载图式是根据试验目的确定的在试验结构上的荷载布置形式。荷载形式有集中荷载、均布荷载、集中与均布混合荷载、水平荷载和垂直荷载等。因此,安装加载设备时的荷载形式应与试验结构设计时的计算简图和荷载图式相一致。

② 若由于试验条件限制,原先确定的荷载图式实施有困难时,或者为了加载方便,可以采用等效荷载的原则改变加载图式。所谓等效荷载原则是改变后的加载图式所产生的最大内力值和整体变形应与原加载图式相同或相接近。图 1-15 为等效荷载示意图。采用等效荷载时必须注意,当满足强度等效时,整体变形条件可能不完全等效,必须对实测变形进行修正,当弯矩等效时,需验算剪力对试件的影响。

13

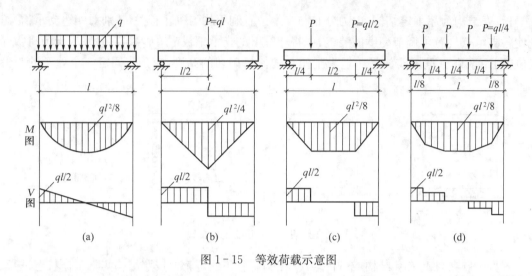

图 1-15　等效荷载示意图

（2）试验荷载是通过加载设备产生的，加载设备应满足下列要求：

① 安装加载设备时，要求传力方式和作用点明确，不应影响试验结构自由变形，在加载过程中不影响试验结构受力。

② 荷载值应准确稳定，对于静载试验，荷载值不随时间、外界环境和结构变形而发生改变。

③ 对于静载试验，要求能方便地加载和卸载，而且能控制加载、卸载速度。加载设备的加载值应大于最大试验荷载值。

④ 可用于结构试验的加载设备有许多种，充分了解加载设备的性能特点是正确选用的前提。

⑤ 加载设备安装前必须经过计量标定，合格者方可使用。

4）加载设备和量测仪表的率定

与加载设备配套用的测力计、力传感器、油压表及所有量测仪表均应按计量技术规程和相应法规进行率定，各仪表的率定记录均应归入试验原始记录中。应以加载设备配套的仪表标定结果作为试验加载的依据，凡误差超过标准规定的仪表不得使用。

5）量测仪表的安装、调试

仪表的安装位置、测点编号及测点在应变仪或记录仪表上的通道号均应按试验方案中的仪表布置图实施。如有变动，应随时作记录以免相互混淆，否则将会给最后试验结果分析带来许多困难。仪表调试过程中发现有问题的测点，应尽可能采取补救措施。

6）辅助性试验

试验方案中要求留取的同条件材料试样，应在加载试验之前进行其力学性能的测定。根据实测数据验算试验结构的最大破坏荷载和最大变形，进一步确认加载设备的最大加载值和量测仪表的最大量程。对试验周期长、试件组数较多的系统性试验，尤其是混凝土结构试验，为使材性试件与试验结构的龄期尽可能一致，辅助试验也常常与正式试验同时穿插进行。所有材性试验数据记录应及时得出试验结果，并归入试验原始记录档案中，作为最后试验结果分析的主要参数依据。

7）记录表格的设计

应根据不同试验的要求设计记录表格,其内容和格式应能充分反映试件和试验条件的详细情况及需要记录的量测内容。记录表格的设计能反映出试验组织者的技术水平和研究能力。为了明确责任,记录表格上应有参加试验人员的签名栏和试验日期、时间、地点、气候条件等记录栏。

8）试验结构主要特性值的计算

计算试验结构在各荷载阶段主要特征部位的内力及变形值,以备在试验时进行随时监控。

1.5.3　加载试验阶段

加载试验是整个试验过程中的中心环节,应按规定的加载程序和量测顺序进行。重要的量测数据应在试验过程中随时整理分析并与事先估算的数值作比较,发现有反常情况时应及时查明原因,对有可能发生的故障,找出原因后再继续加载。

在试验过程中结构所反映的外观变化是分析结构性能的珍贵资料,对节点的松动和任何异常变形,混凝土结构的裂缝出现与发展,特别是结构的破坏情况都应作详细的记录和描述。量测仪表的读数十分重要,如对主要控制截面的应变和挠度测量值,尤其是试验过程中发生的突变,应随时加以监控。对结构的外观变化一定要安排专人观察。

试件破坏后要拍照并测绘破坏部位及其裂缝,必要时从试件上切取部分材料测定其力学性能。破坏的试件在试验结果整理分析完成之前不要过早地处理掉,以备进一步核查时使用。

在准备工作阶段和试验阶段应每天记录工作日志,作为备忘录归入试验资料档案。

1.5.4　试验资料整理分析汇总阶段

试验资料的整理分析包括两个部分工作:

1）将所有的原始资料收集整理并完善归档

（1）任何一个试验研究项目,都应有一份详细的原始试验数据记录,连同试验过程中的试件外观变化观察记录和照片、录像,仪表设备标定数据记录,材料力学性能试验结果,试验过程中各阶段的工作日志等,应收集完整,妥善保管,不得丢失。

（2）对于试验量测数据记录及记录曲线,应由负责记录人员签名,不能随便涂改,以保证数据的真实性和可靠性。

2）数据处理和试验结论

从各种量测仪表获取的量测数据和记录曲线,一般不能直接解答试验任务书中所提出的问题,它们只是试验的原始数据,必须对这些数据进行各种运算处理和必要的修正才能得出试验结果。

对于研究性试验,应对试验结果所能得出的规律和一些重要现象做出解释,将试验值和理论值进行分析比较,找出产生差异的原因,并得出结论,撰写试验研究报告。报告中对试验中发现的新问题应提出建议和进一步研究计划。对于鉴定性试验应根据现行规范和国家标准做出是否安全可靠的结论。

复习思考题

1-1　科研性试验与生产性试验有何区别？生产性试验主要解决哪些问题？

1-2　结构试验如何分类？

1-3　试验方法有何重要性？举例说明如果试验方法不当将产生什么后果？

1-4　结构试验的过程一般分为哪几个阶段？为什么说试验策划阶段最为重要？具体策划哪些内容？

1-5　试件的制作应注意哪些问题？

1-6　试件支承条件包括哪些？支座应如何设计和计算？对地基有哪些要求？

1-7　试件安装就位的关键要求是什么？试验支座通常采用哪几种构造型式？

1-8　对安装加载设备有哪些基本要求？

1-9　名词解释：荷载图式、等效荷载。

2 试验荷载与加载方法

2.1 概述

2.1.1 试验荷载的基本概念

工程结构上的作用分为直接作用与间接作用。直接作用主要是指直接作用的荷载,包括结构自重和作用在结构上的外力;其他引起结构附加变形和约束变形的原因,如温度变形、地基不均沉降和结构内部的物理、化学作用产生的变形等均称为间接作用。直接作用又分为静荷载作用和动荷载作用两类,静荷载作用是指对结构不产生加速度的直接作用,动荷载则是指使结构产生加速度反应的直接作用。

工程结构的主要功能是承担直接作用。因此,研究结构在直接作用下的工作性能是结构试验研究与分析的主要目的。通常,结构的直接作用中经常起主导作用的是静荷载,但有时动荷载作用如地震、台风、爆炸等也对结构有着重要影响。进行结构试验时,根据不同的试验目的,在试验结构上再现实际结构要求的模拟荷载称为试验荷载。试验荷载除少数采用实际荷载作用外,绝大多数是模拟原有荷载作用和作用传递方式,使截面或部位产生的内力与设计计算等效或相近。产生模拟试验荷载的方法很多,模拟试验荷载的加载方式直接关系到试验目的和试验荷载性质(即静荷载或动荷载)。

对于进行结构的强度、刚度、稳定和动力特性等受力性能的加载试验时,通常只加短期作用的静荷载和动荷载。在试验前除需确定荷载类型、荷载性质、加载位置、使用荷载值与破坏荷载值以及是否加至破坏荷载等问题外,还需确定加载方式和加载方法。

2.1.2 试验荷载的动荷载作用表现形式

对于结构动力性能研究试验,需施加动荷载。由于试验目的和试验对象不同,试验动荷载有很大差别(图2-1)。

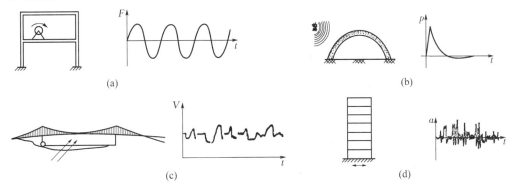

图 2-1 作用在结构物上的几种动荷载

17

对于研究结构疲劳性能而进行的疲劳试验,一般采用匀速脉动荷载。荷载幅值一般采用等幅的,也可以是变幅的。荷载频率 θ 会影响材料的塑性变形和徐变。对疲劳试验的荷载频率的选择,应使结构在试验时不发生共振,避开共振区。疲劳试验加载顺序和加载方法详见第7章图 7 - 15。

对于研究实际结构的动力特性,常使结构作自由振动或强迫振动,也常利用风和周围环境的微小振动引起的结构脉动,测定结构的动力特性。图 2 - 1a 为测定结构动力特性所采用的荷载,是模拟机床上楼产生的动荷载。当通过强迫振动测定结构的动力特性时,需连续改变振源的振动频率使其发生共振。

对于研究结构在各种实际动荷载下的动力反应,需通过专门的激振设备再现各种实际的动荷载(图 2 - 1b～2 - 1d),如风、潮汐、爆炸等,有的由于受激振设备能量的限制,常常只能作小比例的结构模型试验(关于结构动力试验方法详见第7章专门介绍)。

对结构进行抗震试验时,常通过对足尺或较大比例的结构或构件施加多次反复循环荷载近似地模拟地震作用,获得结构的非弹性荷载-变形特性,包括能量消耗、延性性能等,以建立较符合实际结构情况的数学模型,最后利用计算机程序计算分析结构动态反应。这种对结构施加反复循环荷载的方法称为伪静力试验。实质上是模拟地震作用的一种模拟荷载(详见第8.2节)。后来又发展了一种拟动力试验方法,即计算机联机试验。通过计算机和电液伺服加载系统联机对足尺或大比例的结构模型按实际的反应位移进行加载,使试验更接近于实际结构地震作用反应情况,是在伪静力试验基础上发展起来的一种加载方法(详见第8.3节)。

还有模拟地震作用的振动台试验,将实际采集到的加速度地震波数字化,直接输入振动台,对模型结构进行地震作用试验(详见第8.4节)。

对于研究风荷载对建筑物的作用,需在专门的风洞实验室进行缩小比例的结构模型试验(详见第7章7.5节)。实验室有产生不同风速的专用风机试验设备。

结构抗震试验包括伪静力试验和拟动力试验,模拟振动台或风洞试验等,国家颁布了《结构抗震试验方法标准》(GB 50023 - 95),按统一规定的加载方式、加载顺序进行。

2.1.3　试验荷载的静荷载作用表现形式

试验静荷载就是模拟作用在结构上的使用荷载,其模拟加载方法很多,主要有重物直接加载和通过加载设备加载两大类。可用于模拟静荷载的加载设备有液压、气压、机械和电液伺服加载系统以及与它们相匹配的各种试验装置等,了解各种加载设备的性能特点是正确选用加载方法的前提。国家相继出台了《混凝土结构试验方法标准》(GB 50152 - 92)和《建筑结构检测技术标准》(GB 50344 - 2004),试验加载应尽量按标准规定进行。

下面将介绍一些最常用的静荷载和动荷载作用加载方法。

2.2　重物加载法

重物加载是利用物体本身的重量施加在结构上作为荷载。在试验室内可以采用的重物有专门制作的标准铸铁砝码,混凝土立方试块,水箱等;在现场试验时可以就地取材,如砖、袋装砂(石)、袋装水泥等建筑材料,或废构件、钢锭等。重物可以直接加在试验结构上,也可以通过杠杆系统间接加在试件上。重物加载的优点:荷载值稳定,不会因结构的变形而减少,而且不影响结构的自由变形,特别适用于长期荷载和均布荷载试验。

2.2.1 重物直接加载

重物荷载可直接堆放于结构表面(如板的试验)作为均布荷载(图2-2),或置于荷载盘上通过吊杆挂在结构上形成集中荷载(图2-3),此时吊杆与荷载盘的自重应计入第一级荷载。

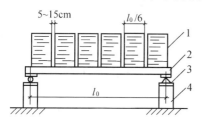 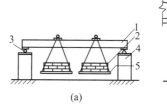 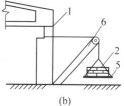

1—重物;2—试验板;3—支座;4—支墩

图2-2 重物堆放作均布荷载试验

1—试件;2—重物;3—支座;4—支墩;5—吊篮;6—滑轮

图2-3 重物堆放作集中荷载试验

重物加载应注意的几个问题,当采用铸铁砝码、砖块、袋装水泥等作均布荷载时应注意重物尺寸和堆放距离(图2-2)。当采用砂、石等松散颗粒材料作为均布荷载时,切勿连续松散堆放,宜采用袋装堆放,以防止砂石材料摩擦角引起拱作用而产生卸载影响以及砂石重量随环境湿度不同而引起的含水率变化,造成荷载不稳定。

利用水作均布荷载试验(图2-4)是一种简易方便而且又十分经济的加载方法。加载时可直接用自来水管放水,水的比重为1,从标尺上的水深就可知道荷载值的大小,卸载也方便,可采用虹吸管原理放水卸载,特别适用于网架结构和平板结构加载试验。缺点是全部承载面被水掩盖,不利于布置仪表和观测。当结构产生较大变形时,要注意水荷载的不均匀性所产生的影响。

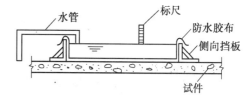

图2-4 用水作均布荷载的试验

2.2.2 杠杆重物加载方法

重物作集中荷载试验时,常采用杠杆原理将荷载值放大(图2-5)。杠杆应保证有足够的

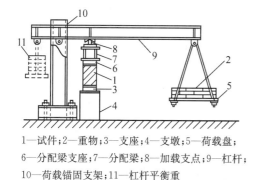

1—试件;2—重物;3—支座;4—支墩;5—荷载盘;
6—分配梁支座;7—分配梁;8—加载支点;9—杠杆;
10—荷载锚固支架;11—杠杆平衡重

图2-5 杠杆加载方法

(a) 墙洞支承　　(b) 重物支承

(c) 反弯梁支承　　(d) 桩支承

图2-6 现场试验杠杆加载的支承方法

刚度,杠杆比一般不宜大于5,三个作用点应在同一直线上,避免因结构变形杠杆倾斜而导致杠杆放大的比例失真,保持荷载稳定、准确。现场试验,杠杆反力支点可用重物、桩基础、墙洞或反弯梁等支承(图2-6)。

用重物加载进行破坏试验时,应特别注意安全。在加载试验结构的底部均应有保护措施,防止倒塌,造成事故。

2.3 气压加载法

气压加载分为正压加载和负压加载两种,正压加载是利用压缩空气的压力对结构施加荷载。尤其是对加均布荷载特别有利,直接通过压力表就可反映加载值,加卸载方便,并可产生较大的荷载,可达50~100 kN/m²,一般应用于模型结构试验较多。图2-7a为用压缩空气加载的设备组成。图1-1为开滦煤矿3 000吨煤仓结构(容器)有机玻璃模型试验装置,先利用压缩空气对其充气,然后再通过杠杆原理装置增大空气在容器内的传递压力。第4章图4-1d所示为某化肥厂成品仓库大跨度网壳结构有机玻璃缩尺模型气压加载试验装置,利用气袋施加压缩空气,通过夹板和传递杆对壳面施加均布荷载。负压加载是利用真空泵将试验结构物下面密封室内的空气抽出,使之形成真空,结构的外表面受到的大气压,就成为施加在结构上的均布荷载(图2-7b),由真空度可得出加载值,一般很少应用。

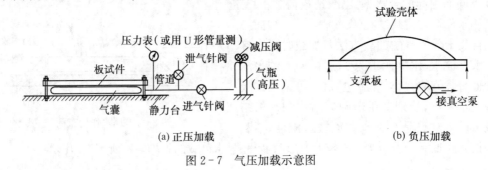

(a) 正压加载　　　　　　　　　　　(b) 负压加载

图2-7　气压加载示意图

2.4 机械机具加载法

常用的机械式加载机具有绞车、卷扬机、倒链葫芦、螺旋千斤顶和弹簧等。

绞车、卷扬机、倒链葫芦等主要用于远距离或高耸结构物施加拉力。连接定滑轮可以改变力的方向,连接滑轮组可以提高加载能力,连接测力计或拉力传感器可以测量其加载值(如图2-8所示)。

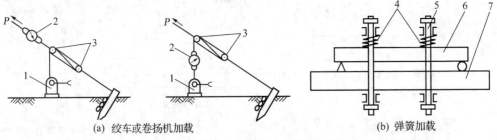

(a) 绞车或卷扬机加载　　　　　　　　(b) 弹簧加载

1—绞车或卷扬机;2—测力计;3—滑轮;4—弹簧;5—螺杆;6—试件;7—台座或反弯梁

图2-8　机械机具加载示意图

其实际加载值可按下式计算：

$$P = \varphi n K p \tag{2-1}$$

式中　p——拉力测力计读数；

　　　φ——滑轮摩擦系数(对涂有良好润滑剂的可取 0.96～0.98)；

　　　n——滑轮组的滑轮数；

　　　K——滑轮组的机械效率(可以查机械手册)。

弹簧和螺旋千斤顶均适用于长期荷载试验，产生的荷载相对比较稳定。螺旋千斤顶是利用蜗轮蜗杆机构传动的原理加力，使用时需要用力传感器测定其加载值。设备简单、使用方便。弹簧加载采用千分表量测弹簧的压缩长度的变化量确定弹簧的加载值。弹簧变形与力值的关系一般通过压力试验机标定来确定。加载时较小的弹簧可直接拧紧螺帽施加压力，承载力很大的弹簧则需借助于液压加载设备加压后再拧紧螺帽。当结构产生变形会自动卸载时，应及时拧紧螺帽调整压力，保持荷载不变(图 2-8b)。

2.5　液压加载法

液压加载是目前最常用的试验加载方法。它的最大优点是利用油压使液压千斤顶产生较大的荷载，试验操作安全方便。带有脉动油泵的千斤顶还可对试件进行疲劳试验。对于大型结构试验，当要求荷载点数多，采用多点同步加载更为合适。尤其是电液伺服技术在液压加载设备中得到广泛应用后，为结构静荷载试验的荷载和变形控制创造了有利条件。

2.5.1　液压加载系统

液压加载系统通常是由油泵、油管系统、千斤顶、加载控制台、加载架和试验台座等组成，如图 2-9 所示。实际上这就是一般的液压材料试验机，只是为了适合结构加载试验的要求将试验机的加载油缸和活塞改成可移动的千斤顶，整个机架相应改为试验台座和可移动的加载架。

液压千斤顶通常为加载而专门设计制造，具有较高的精度，分为手动和电动油泵供油两种(图 2-10)。工作压力一般在 40～100 MPa 范围内。加载时，为了保持荷载稳定，最好配置油

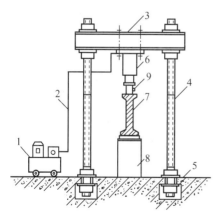

1—油泵；2—油管；3—横梁；4—立柱；
5—台座；6—千斤顶；7—试件；8—支墩；9—测力计

图 2-9　液压系统加载装置

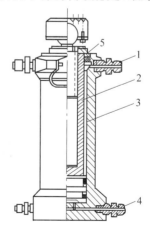

1—回程油管接头；2—活塞；3—油缸；
4—高压油管接头；5—丝杆

图 2-10　液压加载千斤顶

路稳压器，否则当结构产生较大变形时，很难保持所需要的荷载值。另外从操作控制台出来的高压油经分油器（又称三通）后，可同时供给几个千斤顶使用，对结构各个加载点施加同步荷载。对于拉、压双作用千斤顶配置换向阀，可以在试验结构上施加往复循环荷载。或称低周反复荷载。

试验台座在液压加载系统中通过加载架承受千斤顶的竖向反力，是每个试验室的基本设施，是整个加载系统中的重要组成部分。当对试验结构施加水平荷载时，还需有

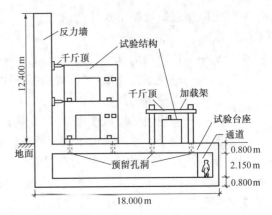

图 2-11 钢筋混凝土 L 形固定式反力墙与台座

与试验台座连成为整体的反力墙承受加载系统的水平反力。图 2-11 为一个大型结构实验室的试验台座和反力墙。由于试验台座和反力墙作为加载设备使用，必须专门设计，除保证有足够的承载力外，还须有足够大的刚度，而且要方便使用。目前，规模最大的试验台座承载力可达 1 000 kN/m 的拔出力。最大的反力墙高度 12.4 m，能承受的最大弯矩可达 12 000 kN·m。由于结构各组成构件间相互影响的实际情况与理论分析不尽符合，要求对整体结构物进行试验研究已成为趋势。有了大型试验台座和反力墙，为大比例整体结构物试验研究提供了有利条件。

当试验规模较小时，可用一个刚度很大的钢梁代替试验台座（图 2-12a），在工地现场试验时，通常采用重物来平衡千斤顶的反力（图 2-12b）。有的试件也可以采用卧位试验（图 2-12c），专门设计钢结构反力架，但在构件的下面专门设置滚动机构，克服试件重量产生的摩擦力影响。加载千斤顶亦可采用手动液压千斤顶。

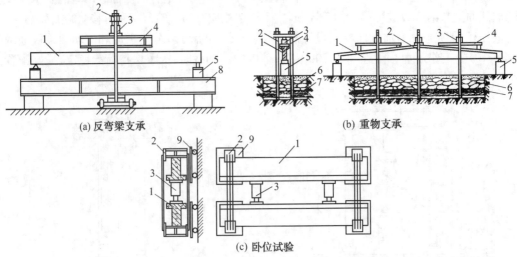

1—试件；2—承力架；3—加载器；4—分配梁；5—支墩；6—平衡重物；7—支承底板；8—反弯梁；9—滚动机构

图 2-12 非台座支承方式

2.5.2 大型液压加载试验机

1）长柱压力试验机

大型结构试验机本身就是一种比较完善的液压加载系统。它是在实验室内进行大型结构试验的一种专门设备，比较典型的是结构长柱试验机如图2-13所示，用以进行梁、柱、墙板、砌体结构等的受压和受弯试验。这种设备的构造和加载原理与一般材料试验机相同。由于大型结构试验的需要，机架高度可达10 m以上；加载值可达10 000 kN以上。国外目前最大的大型结构试验机，最大抗压加载值达到30 000 kN，同时可进行最大跨度30 m的结构抗弯试验，最大抗弯荷载12 000 kN，最大抗拉荷载10 000 kN。试验机高度达到22.5 m。试验机可以与计算机连接，实施程序控制操作和数据采集，试验机操作和数据处理能同时进行。

2）多功能液压加载试验机

这种液压加载试验机具有拉、压、剪三种试验加载功能，称为多功能试验机，图2-14所示。最大压力达到20 000 kN，最大水平力2 000 kN。采用电液伺服控制系统加载，可以进行多种结构或构件试验，还适用于房屋结构和桥梁隔震橡胶支座试验。

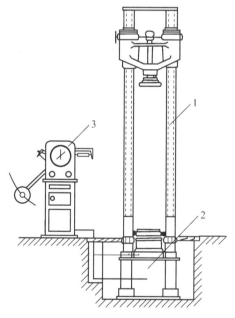

1—试验机架；2—液压加载器；3—操纵台

图2-13　结构长柱试验机

图2-14　多功能压剪试验机(东南大学)

2.5.3 电液伺服液压系统

电液伺服加载设备是目前最先进的加载设备。电液伺服技术在20世纪50年代中后期，国外在程控机床和机器人制造业中率先研制应用，20世纪70年代初期开始应用在材料试验机上，使材料试验技术获得重大进步。由于电液伺服技术可以较为精确地控制试件变形和作用外力，所以迅速地被应用在结构试验加载系统及地震模拟振动台上，用以模拟各种试验荷载、特别是地震、海浪等荷载对结构物的作用影响，对实物结构或模型进行加载试验，以研究结构的承载力和变形特征。它是目前结构试验研究中一种比较理想的试验加载设备,特别适用于结构抗震研究的伪静力试验、拟动力试验及地震模拟振动台试验,所以愈来愈受到人们的重视并获得广泛应用。

1) 电液伺服加载系统的工作原理

电液伺服加载系统主要采用了电液伺服阀对油路进行闭环控制,因而可获得高精度的加载和位移控制。其主要组成是电液伺服加载器(或称伺服千斤顶)(图2-15)、控制系统和液压

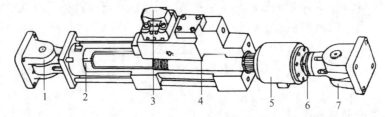

1—铰支基座;2—位移传感器;3—电液伺服阀;4—活塞杆;5—荷载传感器;6—螺旋垫圈;7—铰支接头

图2-15 液压加载器构造示意图

源三大部分(图2-16),它可以将荷载、位移等直接作为控制参数,实行自动控制,并在试验过程中进行控制参量的转换。电液伺服液压系统的基本闭环回路见图2-17,其中的关键元件是电液伺服阀(图2-18),它是由电信号指令到液压油运作的转换控制元件。所谓电液伺服闭环控制,就是在试验时以电参量(通常是指控制器发出的电压信号,其波形、频率和幅度的设定值由要求的荷载值和位移量来确定)通过伺服阀去控制高压油的流量,推动液压作动器执行元件(千斤顶的活塞)对试件施加荷载。另一方面,传感器检测出的加载试件的某一力学参量(位移、荷载、应变)经传感器转换后以电参量的方式作为反馈信号在比较器中随时与设定的控制电参量进行比较,得出的差值信号经调整放大后控制电液伺服阀再推动液压作动器执行元件,使其向消除差值的方向动作。这种将执行元件动作的效果由传感器检测,并作为反馈信号送入比较器而形成的闭环回路可使执行元件的动作自动得到修正,使执行元件的动作与预先设定值保持一致。

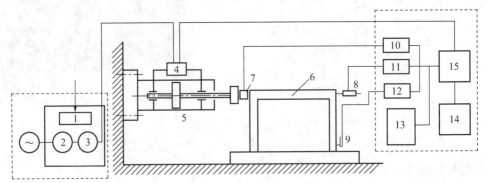

1—冷却器;2—电动机;3—高压油泵;4—电液伺服阀;5—液压加载器;6—试验结构;

7—荷载传感器;8—位移传感器;9—应变传感器;10—荷载调节器;11—位移调节器;

12—应变调节器;13—记录及显示装置;14—指令发生器;15—伺服控制器

图2-16 电液伺服液压系统工作原理

24

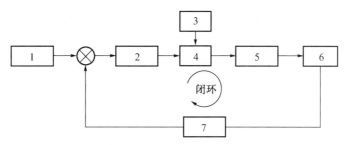

1—指令信号；2—调整放大系统；3—油源；4—伺服阀；5—加载器；6—传感器；7—反馈系统

图 2-17　电液伺服液压系统的基本闭环回路

2）电液伺服阀的工作原理

电液伺服阀是电液伺服加载系统中的核心元件，它直接安装于液压作动器上。其工作原理是：在电液伺服闭环回路中由设定值和反馈的电量差值经调整放大后，输入伺服阀的线圈中使带拔杆的磁铁产生偏转，关闭一侧的喷油孔（如图 2-18 中的右侧喷油孔），高压油流向下面的滑阀。在高压油的推动下，滑阀移动，使执行元件的一个控制口（图 2-18 中的 C_2）和高压油管接通，执行元件的另一个控制口（图 2-18 中的 C_1）和回油管接通，此时执行元件（作动器）的活塞即向相应方向移动，与此同时，滑阀的移动带动拔杆的反馈弹簧片，使之产生恢复力。当恢复力和由电流输入引起的偏转力相等时，拔杆回到中心位置，滑阀不再移动。因此滑阀的位置与输入伺服阀线圈的电流成正比，也就是与设定信号和反馈信号之差成正比，即执行元件加载的油量与输入电流成正比。伺服阀就这样完成了由电信号指令到液压油输出量的闭环控制转换。

电液伺服阀是极其精密的元件，价格昂贵。它对液压油的型号和清洁度要求很高，不可随便乱用，对环境温度也有所限制，对系统的操作和维护要求有较高的技术。

3）控制系统

控制系统由液压控制器、电参量控制器、计算机和绘图仪四部分组成。其中液压控制器主要控制液压源的启动和关闭；电参量信号控制器主要控制荷载、位移、应变等参量的转换，还有极限保护以免开环失控等功能；绘图仪主要对试件的各阶段力-变形的变化规律实时直观显示；计算机主要对电信号控制器和绘图仪实时自动控制。

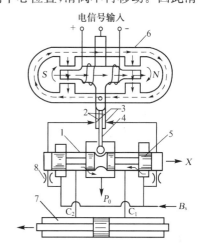

1—阀套；2—挡板；3—喷嘴；4—反馈杆；
5—阀芯；6—永久磁铁；7—加载器；8—单向阀

图 2-18　电液伺服阀原理图

2.6　地震模拟振动台（地震荷载模拟）

2.6.1　模拟振动台试验的基本概念

为了深入研究结构在地震作用下的抗震性能，特别是在强地震作用下结构进入非弹性阶段的变形性能，20 世纪 70 年代以来，国内外先后建成了一批大中型的地震模拟振动台（表 2-1），在模拟振动台上进行结构物的地震模拟试验，以求得地震反应对结构的影响。

表 2-1　国内外部分模拟地震振动台的性能和技术参数

设施所属国家或单位	台面尺寸/m	台重/t	最大载重/t	频率范围/Hz	激振力/kN	最大振幅/mm	最大速度/(mm·s^{-1})	最大加速度/g	激振方向
同济大学(上海)(1983)进口,1990年以后作了数字化技术改造	4×4	10	15	0.1～50	X:200×2 Y:135×2 Z:150×4	±100 ±50 ±50	1 000 600 600	1.2 0.8 0.7	X、Y、Z
水电部北京水利科学研究所(1985)	5×5	25	20	0.1～120	X:±40 Y:±40 Z:±30	400 400 300	1.0 1.0 0.7	X、Y、Z	
国家地震局工程力学研究所(1987)	5×5	20	30	0～50	X:250×2 Y:250×2	±30 ±30	600 600	1.0 1.0	X 和 Y
日本科学技术厅国立防灾科学技术中心(1970)	15×15	160	500	0～50	X:500 Z:200	±30 ±30	370 370	0.55 1.00	X 或 Z
日本建设省土木研究所(1980)	4×4		40	0～100	400	X:±100 Z:±50	500 200	1.0 1.0	X、Z
日本原子能工程试验中心(1983)	15×15	400	1 000	0～30	X:30 000 Z:33 000	±200 ±100	750 375	1.8 0.9	X、Z
日本大成建设技术研究所(1984)	4×4		20	0～50		X:±200 Y:±200 Z:±100	1 000 1 000 500	1.0 1.0 1.0	X、Y、Z
日本科学技术厅国立防灾科学技术中心	6×6	25	75	0～50	100	X:±100 Y:±100 Z:±50	800 800 600	1.2 1.2 1.0	X、Y、Z
美国加利福尼亚大学,伯克利分校(1971)	6.1×6.1	45	45	0～50	X:225×3 Z:113×4	±152 ±51	635 254	0.67 0.22	X 和 Z
南京工业大学(2006 年 MTS)	3.36×4.86	10	15	0.1～50	250	X:±120	600	1.0	X
中国台湾地震工程研究中心	5×5	27	5					1.325	X、Y、Z
希腊国立科技大学	4×4	10	10	0.1～60	X:320 Y:320 Z:640	±100 ±100 ±100	900 600 800	1.5 1.1 1.8	X、Y、Z
东南大学(南京)(2008 年 MTS)	4×6	20	30	0.1～50	X:1 000	±250	600	1.5	X
中国建筑科学研究院抗震所(2004)	6.1×6.1	37	60	0～50	±150 ±250 ±100	±1 500 ±1 200 ±800	1.5 1.0 0.8		X、Y、Z

26

地震模拟振动台是一种再现各种加速度的地震波直接输入振动台对结构进行动力加载试验的一种先进的抗震试验设备，其特点是具有自动加载控制和数据采集及数据处理功能，采用了计算机闭环伺服液压控制技术，并配合先进的振动测量仪器，使结构抗震试验水平提到了一个新的水平。

2.6.2　地震模拟振动台的组成和工作原理

1）振动台台体结构

振动台台面是有一定尺寸的平板结构，其尺寸的规模是由结构模型的最大尺寸来决定的。台体自重和台身结构与承载的试件重量及使用频率范围有关。一般振动台都采用钢结构，控制方便、经济而又能满足频率范围要求，模型重量和台身重量之比以不大于 2 为宜。

振动台必须安装在质量很大的基础上，基础的重量一般为可动部分重量或激振力的 20 倍以上，这样可以改善系统的高频特性，并可以减小对周围建筑和其他设备的影响。

2）液压驱动和动力系统

液压驱动系统向振动台施加巨大的推力。振动台有单向（水平或垂直）、双向（水平-水平或水平-垂直）或三向（二向水平-垂直）运动，并在满足产生地面运动各项参数的要求下，各向加载器的推力取决于可动质量的大小和最大加速度的要求。目前世界上已经建成的大中型的地震模拟振动台，基本是采用电液伺服系统来驱动。它在低频时能产生大推力，被广泛应用。

液压加载器上的电液伺服阀根据输入信号（周期波或地震波）控制进入加载器液压油的流量大小和方向，从而由加载器推动台面能在垂直轴或水平轴方向上产生相位受控的正弦运动或随机运动。

液压动力部分是一个巨大的液压功率源，能供给所需要的高压油流量，以满足巨大推力和台身运动速度的要求。现代建成的振动台中都配有大型蓄能器组，根据蓄能器容量的大小使瞬时流量可为平均流量的 1～8 倍，它能产生具有极大能量的短暂的突发力，以便模拟地震产生的扰力。

3）控制系统

在目前运行的地震模拟振动台中有两种控制方法：一种是纯属于模拟控制；另一种是用数字控制。

（1）模拟控制方法有位移反馈控制和加速度信号输入控制两种。在单纯的位移反馈控制中，由于系统的阻力小，很容易产生不稳定现象，为此在系统中加入加速度反馈，增大系统阻尼从而保证系统稳定。在此同时，还可以加入速度反馈，以提高系统的反应性能，由此可以减少加速度波形的畸变。为了能使直接得到的强地震加速度记录推动振动台，在输入端可以通过二次积分，同时输入位移、速度和加速度三种信号进行控制，图 2-19 为地震模拟振动台加速度控制系统图。

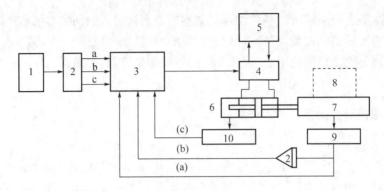

a、b、c分别为加速度、速度、位移信号输入

1—加速度、位移输入;2—积分器;3—伺服放大器;4—伺服阀;5—油源;
6—加载器;7—振动台;8—试件;9—加速度传感器;10—位移传感器

图2-19　地震模拟振动台加速度控制系统图

（2）数字控制方法是为了提高振动台控制精度,采用计算机进行数字迭代的补偿技术,实现台面地震波的再现。试验时,振动台台面输出的波形是期望再现某个地震记录或模拟设计的人工地震波。由于包括台面、试件在内的系统的非线性影响,在计算机给台面的输入信号激励下所得到的反应与输出的期望之间必然存在误差。这时,可由计算机将台面输出信号与系统本身的传递函数(频率响应)求得下一次驱动台面所需的补偿量和修正后的输入信号。经过多次迭代,直至台面输出反应信号与原始输入信号之间的误差小于预先给定的量值,完成迭代补偿并得到满意的期望地震波形。

4）测试和分析系统

测试系统除了对台身运动进行控制而测量位移、加速度等外,对被试模型进行多点测量,这是根据需要了解整个模型反应而定,一般是测量位移、加速度和应变等,总通道数可达百余点。位移测量多数采用差动变压器式和电位计式的位移计,可测量模型相对于台面的位移或相对于基础的位移;加速度测量采用应变式加速度计、压电式加速度计,近年来也有采用差容式或伺服式加速度计。

对模型的破坏过程可采用摄像机进行记录,便于在电视屏幕上进行破坏过程的分析。数据的采集可以在直视式示波器或磁带记录器上将反应的时间历程记录下来,或经过模数转换送到数字计算机储存,并进行分析处理。

图2-20是一个水平和垂直双向振动地震模拟振动台的布置示意图。20世纪90年代后期,振动台采用数控系统,相对比较简单。

振动台台面运动参数最基本的是位移、速度和加速度以及使用频率。一般是按模型比例及试验要求来确定台身满负荷时最大加速度、速度和位移等数值。最大加速度和速度均需按照模型相似原理来选取。

使用频率范围由所作试验模型的第一频率而定,一般各类结构的第一频率在1～10 Hz范围内,故整个系统的频率范围应该大于10 Hz。为考虑到高阶振型,频率上限当然越大越好,但这又受到驱动系统的限制,即当要求位移振幅大了,加载器的油柱共振频率下降,缩小了使用频率范围,为此这些因素都必须权衡后确定。

表2-1为国内外已经建成的部分地震模拟振动台以及它们的主要性能指标,可供参考。

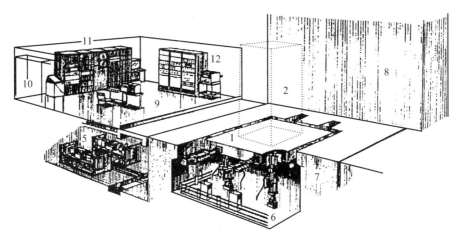

1—振动台；2—试件；3—水平加载器；4—垂直加载器；5—液压动力源；6—液压管道；7—振动台基础；
8—反力墙；9—控制室；10—测试系统；11—数字控制与数据处理系统；12—电子控制系统

图 2-20　水平垂直双向地震模拟振动台布置示意图

2.7　产生动荷载的其他加载方法

2.7.1　惯性力加载法

在结构动力试验中，惯性力加载是利用物体质量在运动时产生的惯性力对结构施加动荷载。按产生惯性力的方法通常分为冲击力、离心力两类。

1）冲击力加载

冲击力加载的特点是荷载作用时间极为短促，在它的作用下使被加载结构产生自由振动，适用于进行结构动力特性的试验。冲击力加载方法有初位移法和初速度法两种。

（1）初位移加载法

初位移加载法也称为张拉突卸法。如图 2-21a 所示，在结构上拉一钢丝缆绳，使结构变形而产生一个人为的初始强迫位移，然后突然释放，使结构在静力平衡位置附近作自由振动。在加载过程中当拉力达到足够大时，事先连接在钢丝绳上的钢拉杆被拉断而形成突然卸载，通过调整拉杆的截面即可由不同的拉力而获得不同的初位移。

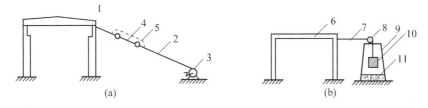

1—结构物；2—钢丝绳；3—绞车；4—钢拉杆；5—保护索；
6—模型；7—钢丝；8—滑轮；9—支架；10—重物；11—减振垫层

图 2-21　用张拉突卸法对结构施加冲击力荷载

对于小模型则可采用图 2-21b 的方法，使悬挂的重物通过钢丝对模型施加水平拉力，剪断钢丝造成突然卸荷。这种方法的优点是结构自振时荷载已不存在于结构,没有附加质量的影响。但仅适用于刚度不大的结构才能以较小的荷载产生初始变位。为防止结构产生过大的变形,加荷的数量必须正确控制,经常是按所需的最大振幅计算求得。这种试验有个值得注意的问题是使用怎样的牵拉和释放方法才能使结构仅在一个平面内产生振动,防止由于加载作用点的偏差而使结构在另一平面内同时振动产生干扰。

（2）初速度加载法

初速度加载法也称突加荷载法。如图 2-22,利用摆锤或落重的方法使结构在瞬时内受到水平或垂直的冲击,产生一个初速度,同时使结构获得所需的冲击荷载。这时作用力的总持续时间应该比结构的有效振型的自振周期尽可能短些,这样引起的振动是整个初速度的函数,而不是力大小的函数。

当用如图 2-22a 的摆锤进行激振时,如果摆锤和建筑物有相同的自振周期,摆锤的运动就会使建筑物引起共振,产生自由振动。

使用图 2-22b 的方法时,荷载将附着于结构一起振动,并且落重的跳动又会影响结构自由振动,同时有可能使结构受到局部损伤。这时冲击力的大小要按结构强度计算,不致使结构产生过度的应力和变形。

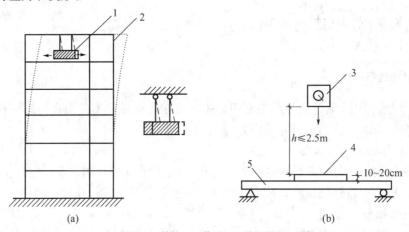

1—摆锤;2—结构;3—落重;4—砂垫层;5—试件

图 2-22 用摆锤或落重法施加冲击力荷载

用垂直落重冲击时,落重取结构自重的 0.1%(指试验对象跨间),落重高度 $h \leqslant 2.5$ m,为防止重物回弹再次撞击和局部受损,拟在落点处铺设 10~20 cm 的砂垫层。

2）离心力加载

离心力加载是根据旋转质量产生的离心力对结构施加简谐振动荷载。其特点是运动具有周期性,作用力的大小和频率按一定规律变化,使结构产生强迫振动。

利用离心力加载的机械式激振器的原理如图 2-23 所示,一对偏心质量,使它们按相反方向运转,通过离心力产生一定方向的激振力。

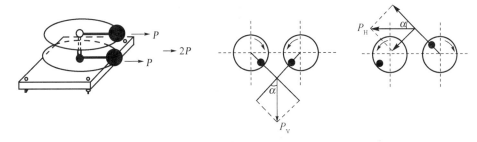

图 2-23 机械式激振器的原理图

由偏心质量产生的离心力为

$$P = m\omega^2 r \tag{2-2}$$

式中　m——偏心块质量；

　　　ω——偏心块旋转角速度；

　　　r——偏心块旋转半径。

在任何瞬时产生的离心力均可分解成垂直与水平两个分力。

$$P_V = P\sin\alpha = m\omega^2 r\sin\omega t \tag{2-3}$$

$$P_H = P\cos\alpha = m\omega^2 r\cos\omega t \tag{2-4}$$

这里 P_V，P_H 是按简谐规律变化的。

使用时将激振器底座固定在被测结构物上，由底座把激振力传递给结构，致使结构受到简谐变化激振力的作用。一般要求底座有足够的刚度，以保证激振力的传递效率。

激振器产生的激振力等于各旋转质量离心力的合力。改变质量或调整带动偏心质量运转电机的转速，即改变角速度 ω，可调整激振力的大小。通过改变偏心块旋转半径 r 也可以改变离心力大小。

激振器由机械和电控两部分组成。机械部分主要是由两个或多个偏心质量组成，对于小型的激振器，其偏心质量安装在圆形旋转轮上，调整偏心轮的位置，可形成垂直或水平的振动。近年来研制成功的大型同步激振器，在机械构造上采用双偏心重水平旋转式方案，偏心质量是安装于扁平的扇形筐内，这样可使旋转时质量更为集中，提高激振力，降低动力功率。

一般的机械式激振器工作频率范围较窄，大致在 50～60 Hz 以下，由于激振力与转速的平方成正比，所以当工作频率很低时，激振力就较小。

为了改进一般激振器的稳定性和测速精度，并提高激振力，在电气控制部分采用单相可控硅，速度电流双闭环电路系统，对直流电机实行无级调速控制。通过测速发电机作速度反馈，通过自整角机产生角差信号，送往速度调节器与给定信号综合，以保证两台或多台激振器不但速度相同且角度亦按一定关系运行。图 2-24 为激振器电控原理方框图。

多台同步激振器使用时不但可提高激振力，同时可以扩大试验内容，如根据需要将激振器分别装置于结构物的特定位置上，可以激起结构物的某些高阶振型，给研究结构高频特性带来方便。如两台激振器反向同步激振，就可进行扭振试验。

当将激振器水平激振要求与刚性平台连接，则就是最早期的机械式水平振动台。

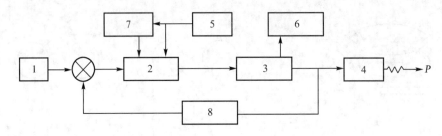

1—操作指令;2—电控装置;3—直流电动机;4—激振器;

5—电源;6—测速显示;7—电流反馈;8—速度反馈

图 2-24　激振器电控原理框图

2.7.2　电磁加载法

在磁场中通电的导体将受到与磁场方向相垂直的作用力,电磁加载就是根据这个原理工作的,在磁场(永久磁铁或励磁线圈中)放入动圈,通入交变电流即可产生交变激振力促使台面(振动台)或使固定于动圈上的顶杆(激振器)作往复运动,推动试件做强迫振动。若在动圈上通以一定方向的直流电,则可产生静荷载。电磁加载设备构造见图 2-25。

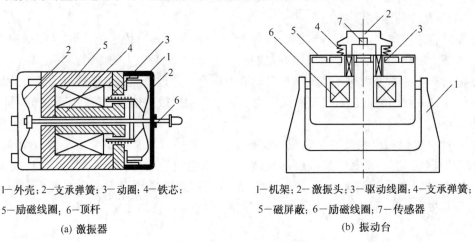

1—外壳;2—支承弹簧;3—动圈;4—铁芯;

5—励磁线圈;6—顶杆

(a) 激振器

1—机架;2—激振头;3—驱动线圈;4—支承弹簧;

5—磁屏蔽;6—励磁线圈;7—传感器

(b) 振动台

图 2-25　电磁加载设备

2.7.3　现场动力试验的其他激振方法

在结构动力试验的加载方法中,一般都需要比较复杂的设备,这些对在试验室内尚可满足,而在野外现场试验时,往往受到各方面条件的限制难以实现。因此人们设法寻求更简单的试验方法,既可以获得有关结构动力特性的资料和数据,而又无需复杂的设备。

1) 人激振动加载法

在试验中发现,人们可以利用自身在结构物上的有规律的活动,即使人的身体作与结构自振周期同步的前后运动,产生足够大的惯性力,就有可能形成适合作共振试验的振幅。这对于自振频率比较低的大型结构来说,完全有可能被激振到足可进行量测的程度。

国外有人试验过,一个体重约 70 kg 的人使其质量中心作频率为 1 Hz、双振幅为 15 cm

的前后运动时,将产生大约 0.2 kN 的惯性力。由于在 1‰临界阻尼的情况下共振时的动力放大系数为 50,这意味着作用于建筑物上的有效作用大约为 10 kN。

利用这种方法曾在一座 15 层钢筋混凝土建筑上取得了振动记录。开始几周运动就达到最大值,这时操作人员停止运动,让结构作有阻尼自由振动,从而获得了结构的自振周期和阻尼系数。

2) 人工爆炸激振法

在试验结构附近场地采用炸药进行人工爆炸,利用爆炸产生的冲击波对结构进行瞬时激振,使结构产生强迫振动。可按经验公式估算人工爆炸产生场地地震的加速度 A 和速度 V:

$$A = 21.9\left(\frac{Q^m}{R}\right)^n \tag{2-5}$$

$$V = 118.6\left(\frac{Q^m}{R}\right)^q \tag{2-6}$$

式中　Q——炸药量(t);

　　　R——试验结构距离爆炸源的距离(m);

　　　m、n、q——与试验场地土质有关的系数。

近几年在现场结构动力试验中,研制了一种反冲激振器,又称火箭激振。利用火箭发射时的反冲力对建筑物实施激振。对于高层建筑物,可将多个反冲激振器沿结构不同高度布置,以进行高阶振型的测定。国内已进行过几幢建筑物的现场试验,效果较好。

3) 环境随机振动激振法

在结构动力试验中,除了利用以上各种设备和方法进行激振加载以外,环境随机振动激振法近年来发展很快,被人们广泛应用。

环境随机振动激振法也称脉动法。人们在许多试验观测中,发现建筑物经常处于微小而不规则振动之中。这种微小而不规则的振动来源于微小的地震活动、其他机器运作、车辆行驶等人为扰动的原因,使地面存在着连续不断的运动,其运动的幅值极为微小,而它所包含的频谱是相当丰富的,故称为地面脉动。由于地面脉动激起建筑物经常处于微小而不规则的脉动中,通常称为建筑物脉动。可以利用这种脉动现象来分析测定结构的动力特性,它不需要任何激振设备,又不受结构形式和大小的限制。

20 世纪 50 年代开始,我国就应用这一方法测定结构的动态参数,但数据分析方法一直采取从结构脉动反应的时程曲线记录图上按照"拍"的特征直接读取频率数值的主谐量法,所以一般只能获得第一振型频率这个单一参数。20 世纪 70 年代随着计算机技术的发展,结构动态分析仪的诞生和应用,使这一方法得到了迅速发展。目前已可以从记录到的结构脉动信号中识别出全部模态参数,这使环境随机振动激振法有了开创性的进展。

2.8　荷载试验加载辅助设备

2.8.1　加载框

由于试验结构及构件的型式各异,加载方式也不一致。如对隧道模型、箱形结构或壳体结构等的试验,常设计一些专用的加载辅助装置,如加载框图2-26所示和加载夹板及传力杆

（气压加载），详见第 4 章图 4-1d 所示。

2.8.2 分配梁

当用一个千斤顶施加 2 个集中荷载或模拟均布荷载时，常通过分配梁来实现，如图 2-27 所示。为保证每个加载点有明确的荷载值，分配梁应为单跨简支形式，一般采用槽钢或工字钢加工而成，要求刚度足够大，重量尽量小。配置不宜超过两层，以免加载时失稳。

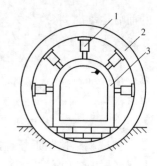

1—加载器；2—加载框；3—试件

图 2-26　加载框支承

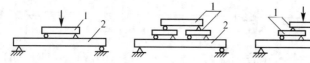

1—分配梁；2—试件

图 2-27　分配梁加载示例

复习思考题

2-1　试验荷载的基本概念是什么？试验荷载与实际结构荷载有何区别？产生试验荷载的方法有哪些？对加载设备有哪些基本要求？

2-2　重物加载通常采用哪两种方法？对这两种方法有何具体要求？

2-3　哪些结构适合采用水加载？水加载如何确定荷载值？

2-4　液压加载系统有哪几部分组成？电液伺服加载的关键技术及其优点是什么？

2-5　气压加载有哪两种？哪些结构适合采用气压加载？气压加载的荷载值如何确定？

2-6　惯性力加载方法有冲击力和离心力两种，其中冲击力加载方法有哪两种？

2-7　离心力加载的机械式激振器的原理是什么？根据离心力公式 $P = m\omega^2 r$ 如何改变激振力 P 的大小？

2-8　模拟地震振动台目前采用了哪两种控制技术？各自优缺点是什么？

3 试验量测技术与量测仪表

3.1 概述

土木工程结构试验的目的不仅要了解结构性能的外观状态,更重要的是要取得评定结构性能的定量数据,才能对结构性能作出正确的结论,或为创立新的计算理论提供依据。

精确定量数据的获取取决于量测仪表和量测技术的先进性。定量数据是人类对客观事物认识从定性到量化不断追求的目标,也是对客观事物深刻认识的重要依据。可以认为,科学技术的发展是与量测仪表和量测技术的不断完善与进步分不开的。量测仪表和量测技术的发展反映了一个国家的国民经济和科学技术的发展水平,对各领域的科技创新都有着重要的意义,在土木工程学科领域中也不例外。

试验量测技术一般包括:量测方法、量测仪器、量测误差分析三部分。各个不同专业领域都有自己的量测内容和与之相应的量测方法及量测仪器。对于土木工程学科领域的试验研究,主要量测内容有:外部作用(主要是外荷载及支座反力等)和外部作用下的结构反应(如位移、挠度应力、应变、曲率、裂缝、自振频率、振型、阻尼等)。这些量测数据的取得需要人们正确选择量测仪器和掌握量测方法才有可能实现。

随着科学技术的不断发展,先进的量测仪器不断出现。从最简单的逐个读数、手工记录数据的仪表,到计算机快速、连续自动采集数据并进行数据处理的量测系统,种类繁多、原理各异。因此,试验技术人员除对被测参数的性质和要求深刻理解外,还必须对有关量测仪表的原理、应用功能和使用要求有所了解。然后才有可能正确选择仪表并掌握使用技术,取得更好的使用效果。

3.2 量测仪表的基本概念

3.2.1 量测仪表的基本组成

无论是一个简单的量具还是一套高度自动化的量测系统,尽管在外形、内部结构、量测原理及量测精度等方面有很大差别,但作为量测设备,都应具有三个基本组成部分:

其中感受部分直接与被测对象联系,感受被测参数的变化并转换给放大部分。放大部分将感受部分的被测参数通过各种方式(如机械式的齿轮、杠杆、电子放大线路或光学放大等)进行放大。显示记录部分将放大后的量测结果,通过指针或电子数码管、屏幕等进行显示,或通过各种记录设备将试验数据或曲线记录下来。这就是量测仪表工作的全过程。

一般机械式仪表三部分都在同一个仪表内。而电测仪表的三部分常常是分开的三个仪器设备,其中第一部分——感受部分将非电量的量测数据转换为电量,称为传感器。目前市场上有各种用途的传感器产品可以选购,但也可根据试验目的和特殊需要自行设计制作。放大器及记录仪器则大部分属于通用仪器设备,有现成的产品可供选用。

3.2.2 量测仪表的基本量测方法

土木工程结构试验所用量测仪表一般采用偏位测定法显示定量数据。偏位测定法根据量测仪表发生的偏转或位移定出被测值,下面提到的百分表、双杠杆应变仪及动态电阻应变仪都属于偏位法。零位测定法用已知的标准量去抵消未知物理量引起的偏转,使被测量和标准量对仪器指示装置的效应经常保持相等,指示装置指零时的标准量即为被测物理量。大家熟悉的称重天平就是零位测定法的例子,常用的静态电变应变仪也属零位测定法。一般来讲,零位测定法比偏位测定法更精确,尤其是采用电子量测仪表将被测值和标准值的差值经放大数千倍后,可达到很高的精度。

3.2.3 量测仪表的主要性能指标

(1)量程:仪器能测量的最大输入量与最小输入量之间的范围称为仪表的量程或量测范围。

(2)刻度值:仪器指示装置的最小刻度所指示的测量数值。

(3)精确度(精度):仪器指示值与被测值的符合程度。

目前国内外还没有统一表示的仪表精度的方法,常以最大量程时的相对误差来表示精度,并以此来确定仪表的精度等级。例如一台精度为 0.2 级的仪表,意思是测定值的误差不超过满量程的$\pm 0.2\%$。

(4)灵敏度:仪器的灵敏度是指单位输入量所引起的仪表示值的变化。对于不同用途的仪表,灵敏度的单位也各不相同,如百分表的灵敏度单位是 mm/mm,测力传感器的灵敏度单位是 $\mu\varepsilon$/kg。有些仪表的灵敏度还有另外的含义,使用时应查对其说明书。

(5)分辨率:使仪器输出量产生能观察出变化的最小被测量。

(6)滞后:仪表的输入量从起始值增至最大值的测量过程称为正行程,输入量由最大值减至起始值的测量过程称为反行程。同一输入量正反两个行程输出值间的偏差称为滞后。常以满量程中的最大滞后值与满量程输出值之比表示。

(7)零位温漂和满量程热漂移:零位温漂是指当仪表的工作环境温度不为 20℃时零位输出随温度的变化率。满量程热漂移是指当仪表的工作环境温度不为 20℃时满量程输出随温度的变化率。

它们都是温度变化的函数,一般由仪表的高低温试验得出其温漂曲线并在试验值中加以修正。

除上述性能外,对于动态试验量测仪表的传感器,放大器及显示记录仪器等各类仪表需考虑下述特性。

(8)线性范围:保持仪器的输入量和输出信号为线性关系时,输入量的允许变化范围。在动态量测中,对仪表的线性度应严格要求,否则量测结果将会产生较大的误差。

(9)频响特性:指仪器在不同频率下灵敏度的变化特性。常以频响曲线(一般以对数频率值为横坐标,以相对灵敏度为纵坐标)表示。在进行高频动态量测时,应将使用频率限制在频响曲线的平坦部分以免引起过大的量测误差。对于传感器,提高其自振频率将有助于增加使用频率范围。

(10) 相移特性(或称相位特性):振动参量经传感器转换成电信号或经放大、记录后在时间上产生的延迟叫相移。若相移特性随频率而变化,则对于具有不同频率成分的复合振动将引起输出电量的相位失真。常以仪器的相频特性曲线来表示其相移特性。在使用频率范围内,输出信号相对于信号的相位差应不随频率改变而变化。

此外,由传感器、放大器、记录器组成的整套量测系统,还需注意仪器相互之间的阻抗匹配及频率范围的配合等问题。

3.2.4　量测仪表的选用原则

(1) 符合量测所需的量程及精度要求。在选用仪表前,应先对被测值进行估算。一般应使最大被测值在仪表的 2/3 量程范围内,以防仪表超量程而损坏。同时,为保证量测精度,应使仪表的最小刻度值不大于最大被测值的 5%。

(2) 动态试验量测仪表,其线性范围、频响特性以及相移特性等都应满足试验要求。

(3) 对于安装在结构上的仪表或传感器,要求自重轻、体积小,不影响结构的工作。特别要注意夹具设计是否合理正确,不正确的安装夹具将使试验结果带有很大的误差。

(4) 同一试验中选用的仪器仪表种类应尽可能少,以便统一数据的精度,简化量测数据的整理工作,避免差错。

(5) 选用仪表时应考虑试验的环境条件,例如在野外试验时仪表常受到风吹日晒,周围的温、湿度变化较大,宜选用机械式仪器。此外,应从试验实际需要出发选择仪器仪表的精度,切忌盲目选用高精度、高灵敏度的仪表。一般来说,测定结果的最大相对误差不大于 5% 即满足要求。

(6) 选用量测应变仪表时,还应考虑被测对象所使用的材料来确定标距的大小。标距直接影响应变量测数据的可靠性和精度。

(7) 近几年数字化量测仪表发展很快,选用仪表时尽可能选用数字化仪表。

各类仪表各有其优、缺点,不可能同时满足上述要求,因此选用仪表的原则应首先满足试验的主要要求。

3.3　仪表的率定

为了确定仪表的精确度或换算系数,判定其误差,需将仪表示值和标准量进行比较。这一工作称为仪表的率定。率定后的仪表按国家规定的精确度划分等级。

用来率定仪表的标准量应是经国家计量机构确认、具有一定精确度等级的专用率定设备产生的。率定设备的精确度等级应比被率定的仪器高。常用来率定液压试验机荷载度盘示值的标准测力计就是专用率定器。当没有专用率定设备时,可以用和被率定仪器具有同级精确度标准的"标准"仪器相比较进行率定。所谓标准仪器是指精确度比被率定的仪器高,但不常使用,因而其度量性能保持不变,认为其精确度是已知的。此外,还可以利用标准试件来进行率定,即把尺寸加工非常精确的试件放在经过率定的试验机上加载,根据此标准试件及加载后产生的变化求出安装在标准试件上的被率定仪表的刻度值。此法的准确度不高,但较简便,容易做到,所以常被采用。

为了保证量测数据的精确度,仪器的率定是一件十分重要的工作。所有新生产或出厂的仪器都要经过率定。正在使用的仪器也必须定期进行率定,因为仪器经长期使用,其零件总有不同程度的磨损,或者损坏后经检修的仪器,零件的位置会有变动,难免引起示值的改变。仪器除需定期率定外,在重要的试验开始前,也应对仪表进行率定。

按国家计量管理部门规定,凡试验用量测仪表和设备均属于国家强制性计量率定管理范围,必须按规定期限率定。

3.4 应力(应变)量测

3.4.1 应力-应变测量的基本概念

应力量测是结构试验中重要的量测内容。了解构件的应力分布情况,特别是结构控制截面处的应力分布及最大应力值,对于建立强度计算理论或验证设计是否合理、计算方法是否正确等,都有重要的价值。利用量测应力数据还可了解结构的工作状态和强度储备。

直接测定材料应力比较困难,目前还没有较好的方法,而是借助于测定应变值,然后通过材料的 $\sigma-\varepsilon$ 关系曲线或方程换算为应力值。例如钢材的 $\sigma-\varepsilon$ 关系在弹性阶段是线性的,服从虎克定律 $\sigma=E\varepsilon$,钢试件在弹性阶段的应力可由测得的应变乘以钢材的实测弹性模量得出;对于混凝土材料,由于其 $\sigma-\varepsilon$ 关系是非线性的,且随不同强度等级和不同骨料而存在差异,测得应变值后需在试验前实测的相同材料的 $\sigma-\varepsilon$ 曲线上找出相应的应力值。因此,在试验前测定试件材料的 $\sigma-\varepsilon$ 曲线也是材料基本性能试验的内容之一。

3.4.2 应变的测量方法

测定应变的方法,一般常用应变计测出试件在一定长度范围 l(称为标距)内的长度变化 Δl,再计算出应变值 $\varepsilon=\Delta l/l$。测出的应变值实际是标距范围 l 内的平均应变。因此,对于应力梯度较大的结构或混凝土等非匀质材料,都应注意应变计标距 l 的选择。结构的应力梯度较大时,应变计标距应尽可能小;但对混凝土结构,应变计的标距应大于 2~3 倍最大骨料粒径;对砖石结构,应变计的标距应大于 6 皮砖;在作木结构试验时,一般要求应变计标距不小于 20 cm;对于钢材等匀质材料,应变计标距可取小一些。

应变量测方法很多,表 3-1 列出了几种常用的应变量测方法的仪器构造及主要性能。其中最常用的是电阻应变计及接触式引伸仪。电阻应变计将应变(非电量)转换为电阻的变化(电参量),从而将电测非电量引入土木工程结构试验,使结构试验的量测技术产生了质的变化。由于电子仪器的高速发展,电测法不仅具有精度高、灵敏度高、可远距离量测和多点量测、采集数据快速、自动化程度高等优点,而且便于将量测仪器与计算机连接,为采用计算机控制和分析处理试验数据创造了有利条件。在结构试验中,非电量转换为电量的方式很多,包括电阻式、振弦式、电磁感应式、压电式、电容式等各种转换元件。其中电阻应变计是最基本的传感转换元件。它不仅可以量测应变,而且还可利用位移、倾角、曲率、力等参量与应变的相关关系,加上一些机械弹性元件制成各种量测传感器。因此,对电阻应变计的工作原理应了解和掌握。

表 3-1 几种常用的应变量测方法的仪器与主要性能

序号	使用仪表		工作原理	主要性能	特 点	使用要求
1	机械式仪表	双杠杆应变仪	当滑动刀口 6 随结构位移 Δl 时,杠杆 5 绕 o 转动,推动指针(第二杠杆)3 转动,在度盘 2 上指示。仪器放大倍数 $K=\dfrac{bc}{ad}$,则应变 $\varepsilon=\dfrac{\Delta l}{l}=\dfrac{读数差值}{K\,l}$	标距 $l=20$ mm,把固定刀口改向装入,可改为 10 mm,加上放大尺可得大于 20 mm 的多种标距;放大率 K_1 通常为 1 000 左右,刻度值:0.001 mm	标距可调,使用方便,可重复使用,适应性强;量程有限,超过需调整,最多只能调三次,安装需一定技术	仪器误差应不大于 1.0%;非金属材料测点应贴金属薄片保护刀口并防止失灵;安装夹持力要适当;螺丝夹具固定时,可能产生第二个固定点,使标距不明确,最好采用弹簧固定
2		手持应变仪	结构变形前后分别将固定于两个刚性杆 3 上的脚尖 1 插入预定的两个粘贴测点的脚标 5 内,读数差值即 Δl,$\varepsilon=\dfrac{\Delta l}{l}$	标距 l:50~250 mm 多种,刻度值:0.01 mm 和 0.001 mm 两种	无需固定量测,可一仪多用;标距大,精度高,使用简便,特别适于大标距和测点密集处的测量。但量测要有一定的技术和经验	位移计要求不低于 1 级,量程 1 mm 以上;测点上应粘贴脚标(带穴金属);每次量测时施力和姿势应一致。每次使用前应在标准杆(附件)上校对
3		百分表应变装置	两个固定在测点上的脚标 2,一个固定位移计 1,一个固定刚性杆 3,结构变形即由位移计测出	标距 l:任意选择刻度值 0.01 mm 和 0.001 mm 两种	精度高,标距可调至很大,特别适合大标距的量测,如砌体结构等	位移计要求不低于 1 级,脚标应粘贴牢固,被测表面有曲率变化的不宜采用
4	电测仪器	电阻应变式引伸传感器	两个 Z 形刀片 6 粘结在测点上,结构变形时,卡在刀片上的弹簧片 4 由于弹簧支撑 5 的作用或测点的位移产生弯曲,使电阻片输出信号(全桥连接)	标距 l:10~20 mm;阻值:120 Ω 灵敏系数:2.0	体积小,重量轻,使用灵活,没有应变计粘贴的影响,可重复使用	精度要求同应变计,使用前应先率定

续表 3-1

序号	使用仪表		工作原理	主要性能	特点	使用要求
5	电测传感器	差动电阻式传感器	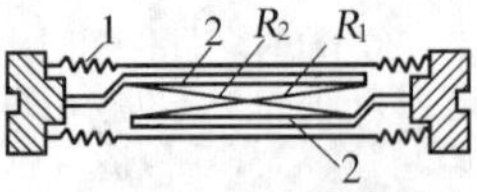两端头随结构测点相对移动，使刚性杆 2 也相对移动，引起电阻丝 R_1、R_2 的阻值改变，接成半桥互补，即产生信号输出。可埋在混凝土中，也可把两端焊在钢筋上	混凝土应变传感器，标距：100 mm、250 mm 两种；分度值：6 $\mu\varepsilon$，钢筋应变传感器可测直径 $\phi20\sim\phi40$ 钢筋应变	可埋在大体积钢筋混凝土内，引出导线遥测，可用电阻应变仪量测，不能重复使用	埋设时应固定牢固，保持位置和方向准确
6	电测传感器	电感式应变传感器	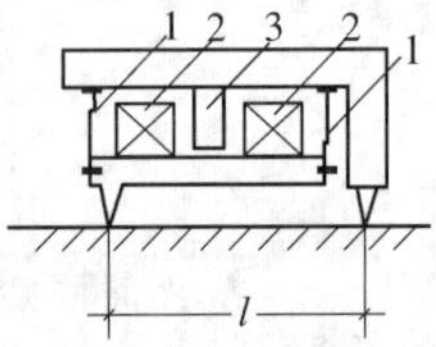两刀口 1，随结构相对位移后，线圈 2 铁芯 3 在线内位置改变电感发生变化，其变化与 Δl 呈线性关系	小标距：1～10 mm；大标距：20～100 mm；分度值：5 $\mu\varepsilon$	对温、湿度变化的适应性较好；可在高压液体中量测；量程大；精度高。但安装技术较复杂	安装固定压力要适当，仪器误差应不大于 1.0%
7	电测传感器	弦式应变传感器	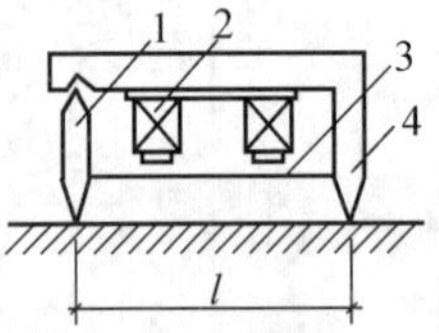活动刀口 1 随试件位移 Δl，使钢弦 3 频率改变，通过线圈 2 输出频率信号，改变值与 Δl 呈线性关系	标距：20 mm、50 mm、100 mm；分度值：2 $\mu\varepsilon$	量测不受湿度及长导线影响；工作稳定可靠；安装较复杂；对有弯曲变形表面量测需要修正	安装要求正确，固定压力要适当，防止倾斜，误差要求不大于 1.0%
8	电测传感器	混凝土应变计	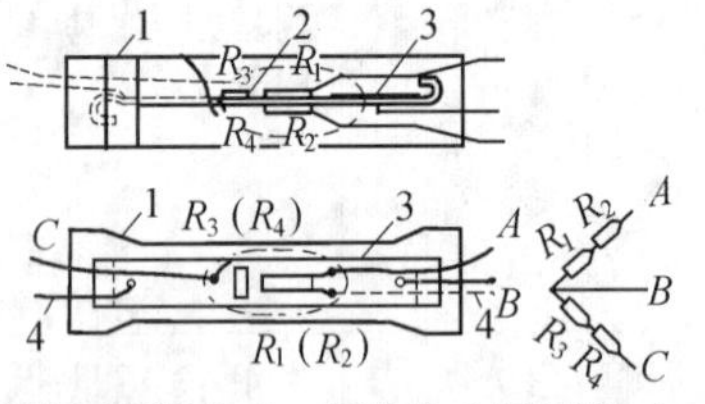预埋在混凝土内，水泥块 1 随混凝土变形，使钢片 3 产生应变反应到应变片 2 输出信号；虚线为防水处理包扎层	标距：50 mm、100 mm、200 mm，可以自制、自行调节	浇筑混凝土前预埋混凝土内，引出导线，防水性能好，应变反应灵敏，并可消除弯曲影响，但只能使用一次	预埋时应固定正确、牢固，浇筑混凝土时应小心勿碰断，并注意引出导线，导线应加套管并加防水处理

3.4.3 电阻应变片的工作原理

由物理学可知，金属电阻丝的电阻 R 与长度 l 和截面面积 A 有如下关系：

$$R=\rho\frac{l}{A} \qquad (3-1)$$

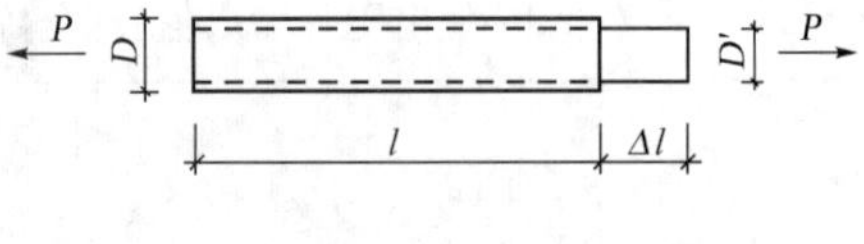

图 3-1　金属丝的电阻应变原理

式中　R ——电阻(Ω)；

ρ ——电阻率(Ω · mm^2/m)；

l ——电阻丝长度(m);

A ——电阻丝截面面积(mm^2)。

当电阻丝受到拉伸或压缩后,如图 3-1 所示,其长度、截面面积和电阻率都随之发生变化,其电阻变化规律可由式(3-1)两边取对数然后再进行微分得到:

$$\frac{dR}{R} = \frac{dl}{l} - \frac{dA}{A} + \frac{d\rho}{\rho} \qquad (3-2)$$

式中 $\dfrac{dl}{l}$ ——金属丝长度的相对变化,即应变;

$\dfrac{dA}{A}$ ——金属丝截面面积的相对变化;

$\dfrac{d\rho}{\rho}$ ——电阻率的相对变化,由于 $\dfrac{d\rho}{\rho}$ 非常小,一般可以忽略不计。

根据材料的变形特点,可设 $\dfrac{dl}{l} = \varepsilon$,$\dfrac{dA}{A} = -2\upsilon\varepsilon$,于是,式(3-2)可写为

$$\frac{dR}{R} = (1 + 2\upsilon)\varepsilon \qquad (3-3)$$

令 $$K_0 = 1 + 2\upsilon \qquad (3-4)$$

于是有: $$\frac{dR}{R} = K_0\varepsilon \qquad (3-5)$$

式中 υ ——电阻丝材料的泊松比;

K_0 ——电阻丝的灵敏系数。

对某一种金属材料而言,υ 为定值,K_0 为常数。

式(3-5)就是利用电阻丝量测应变的理论根据。当金属电阻丝用胶贴在构件上与构件共同变形时,ε 即代表构件的应变。式(3-5)说明电阻丝感受的应变和它的电阻相对变化呈线性关系。

3.4.4 电阻应变计的构造和性能

电阻应变计的构造如图 3-2 所示。为使电阻丝更好地感受构件的变形,电阻丝一般做成栅状。基底使电阻丝和被测构件之间绝缘并使丝栅定位。覆盖层保护电阻丝免受划伤并避免丝栅间短路。应变片电阻丝一般采用直径仅为 0.025 mm 左右的镍铬或康铜细丝,端部用引出线和量测导线连接。

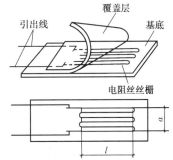

图 3-2 电阻应变计构造示意

电阻应变片主要有下列几项性能指标

(1) 标距 l:电阻丝栅在纵轴方向的有效长度。

(2) 使用面积:以标距 $l \times$ 丝栅宽度 a 表示。

(3) 电阻值 R:一般均按 120 Ω 设计。当用非 120 Ω 应变计时,应按仪器的说明进行修正。

(4) 灵敏系数 K:电阻应变片的灵敏系数,K 值一般比单根电阻丝的灵敏系数 K_0 小,这是由于应变片的丝栅形状对灵敏度的影响,一般用抽样法试验测定 K 值,通常 $K = 2.0$ 左右。

(5) 应变极限:应变计保持线性输出时所能量测的最大应变值。主要取决于金属电阻丝的材料性质,还和制作及粘贴用胶有关。一般情况下为 1%～3%。

（6）机械滞后：试件加载和卸载时应变片$(\Delta R/R)-\varepsilon$特性曲线不重合的程度。

（7）疲劳寿命。

（8）零飘：在恒定温度环境中电阻应变计的电阻值随时间的变化。

（9）蠕变：在恒定的荷载和温度环境中，应变计电阻值随时间的变化。

（10）绝缘电阻：电阻丝与基底间的电阻值。

其他还包括横向灵敏系数、温度特性、频响特性等性能。横向灵敏系数指应变计对垂直于其主轴方向应变的响应程度，它对主轴方向应变的量测准确性有一定影响，可通过改进电阻应变计的形状等方面减小横向灵敏度，如箔式应变计和短接式应变计(图3-3a,3-3c)的横向灵敏度接近于零。应变计的温度特性指金属电阻丝的电阻随温度变化以及电阻丝和被测试件材料因线膨胀系数不同引起阻值变化所产生的虚假应变，又称应变片的热输出。由此引起的测试误差较大，可在量测线路中接入温度补偿片来消除这种影响。在进行动态量测时，应变计的响应时间约为2×10^{-7} s，可认为应变片对应变的响应是立刻的，其工作频响随不同的应变计标距而异，当$l=100$ mm时，$f=25$ kHz左右。

应变计出厂时，应根据每批电阻应变计的电阻值、灵敏系数、机械滞后等指标对其名义值的偏差程度将电阻应变片分成若干等级标注在包装盒上；使用时，根据试验量测的精度要求选定所需电阻应变计的规格等级。

除绕丝式电阻应变片外，还有各种不同基底、不同丝栅形状、不同金属电阻材料的应变计(图3-3)。各生产厂家均有详细列出规格性能的产品目录供选用。

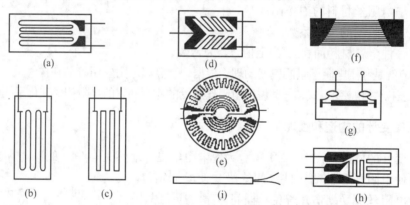

(a)、(d)、(e)、(f)、(h)—箔式电阻应变计；(b)—丝绕式电阻应变计；
(c)—短接式电阻应变计；(g)—半导体应变计；(i)—焊接电阻应变计

图3-3　各种电阻应变计

3.4.5　电阻应变仪的测量电路

电阻应变片的金属电阻丝K_0值在1.7～3.6，制成电阻应变计后，K值一般在2.00左右，机械应变一般在$10^{-3}\sim10^{-6}$范围内，其$\Delta R/R$约为$2\times10^{-3}\sim2\times10^{-6}$。这样微弱的电信号很难直接检测出来，必须依靠放大仪器将信号放大。电阻应变仪是电阻应变计量测应变的专用放大仪器。根据电阻应变仪工作频率范围可分为静态电阻应变仪和动态应变仪。静态应变仪本身带有读数及指示装置，作多点量测时，需配用预调平衡箱，通过多点转换开关或自动转换，依次将各测点与应变仪接通，逐点量测。动态应变仪需将动态应变仪量测的放大信号接入记录仪器后才能得到量测值;一台动态应变仪上有多路放大线路,当进行多点量测时,每一测点接通一路放大线路同时进行量测。

电阻应变仪由测量电路、放大器、相敏检波器和电源等部分组成。其中测量电路涉及电阻应变片和电阻应变仪之间的连接方法,试验研究人员应对其测量原理有基本的了解才能进行实际操作。放大器、相敏检波器等的电路结构,对于应变仪的使用人员仅需一般了解即可。

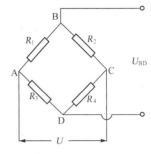

图3-4 惠斯登电桥

测量电路的作用是将应变计的电阻变化转换为电压或电流的变化,一般采用惠斯登电桥和电位计式两种测量电路,后者仅用在动态参量的量测。

惠斯登电桥由四个电阻 R_1、R_2、R_3、R_4 作为四个桥臂组成电路(图3-4)。在电桥的 A、C 端输入电压 U 后,若四个桥臂的电阻值满足下式:

$$\frac{R_1}{R_2}=\frac{R_3}{R_4} \tag{3-6}$$

则电桥 B、D 端的输出电压 U_{BD} 为零,此时称为电桥平衡。若四个桥臂电阻不满足式(3-6),则在 B、D 端就有电压输出。

若 R_1、R_2、R_3、R_4 为电阻应变计,由于试件应变 ε 引起 $\Delta R/R$ 的变化后,B、D 端输出的电压可由电工学求出。在电桥初始平衡,桥臂电阻满足 $R_1/R_2=R_3/R_4$ 的前提下,当各桥臂电阻变化时,引起的输出电压增量 ΔU_{BD} 为

$$\Delta U_{BD}=\frac{R_1R_2}{(R_1+R_2)^2}\left(\frac{\Delta R_1}{R_1}-\frac{\Delta R_2}{R_2}-\frac{\Delta R_3}{R_3}+\frac{\Delta R_4}{R_4}\right)U \tag{3-7}$$

若使 $R_1=R_2$,$R_3=R_4$;则 ΔU_{BD} 为

$$\Delta U_{BD}=\frac{U}{4}\left(\frac{\Delta R_1}{R_1}-\frac{\Delta R_2}{R_2}-\frac{\Delta R_3}{R_3}+\frac{\Delta R_4}{R_4}\right) \tag{3-8}$$

在选用电阻应变计时,不难使 $R_1=R_2$,$R_3=R_4$;(R_1 和 R_2,R_3 和 R_4 阻值差的允许范围为 $\pm0.5\%\times R$)。

将 $K_\varepsilon=\frac{\Delta R}{R}$ 代入式(3-8)得:

$$\Delta U_{BD}\frac{KU}{4}(\varepsilon_1-\varepsilon_2-\varepsilon_3+\varepsilon_4) \tag{3-9}$$

式中 ε 为各应变片所感受的试件应变,若为压应变,需以 -ε 代入。由式(3-9)可看出,ΔU_{BD} 与四个电阻应变片所测应变值的代数和成正比。当需要单独量测某一点的应变时,可令 $R_3=R_4=$ 常数,将 R_3、R_4 接为仪器内部的精密无感电阻,仅将两个电阻应变计接入 AB 及 BC 两个桥臂,此时电桥输出端的输出电压为

$$\Delta U_{BD}=\frac{U}{4}\left(\frac{\Delta R_1}{R_1}-\frac{\Delta R_2}{R_2}\right)=\frac{KU}{4}(\varepsilon_1-\varepsilon_2) \tag{3-10}$$

为了将因电阻应变计的温度特性而引起的热输出消除,可将量测试件应变的电阻应变片(称工作片)接入 AB 桥臂,将另一片性能相同的电阻应变片贴在和试件相同的材料上,置于相同的温度环境且不承受荷载,其阻值变化只反映电阻应变片的热输出,将其接入 BC 桥臂,由式(3-10)可知,它正好抵消了工作片的热输出。这种接桥方法称为半桥量测。接入 BC 桥臂

的电阻应变片称为温度补偿片,一片温度补偿片可以补偿若干个工作片。

当四个桥臂都接入电阻应变计时,称为全桥量测。此时,利用式(3-9),将处于拉、压应变状态的电阻应变片恰当地接入桥臂,可提高量测的灵敏度。例如在量测位移、倾角、加速度的传感器中,常用弹性悬臂梁的应变来反映这些参量,当按图3-5所示方法贴片和接桥时,仪器读数将比用半桥量测时增大4倍。

表3-2给出了电阻应变计的各种布置和接桥方法,不仅适用于各种传感器,也适用在试验结构上。例如测定钢筋的σ-ε曲线时,常用2或3接法,以消除试件初始弯曲对量测结果的影响;又如一外力未知的弹性压弯构件,当需单独分辨出轴力或弯矩对截面应力的影响时,可按2、3、或8、9方式布片和接桥。

静态应变仪一般采用"零位读数法"进行测量。当电阻应变计产生应变,电桥失去平衡有电流输出时,输出信号经放大器输入指示仪表,调节电位器R_S使电桥重新平衡(图3-6)。R_S滑动触点的位移与应变的大小成正比。仪器的R_S调节旋钮上已按某一灵敏系数值(如$K=2$)直接用应变值刻度。为适应不同灵敏系数的电阻应变片,根据式(3-9),可调节电位器R_K以改变供桥电压U,使R_S上所刻的应变值适合不同K值的电阻应变片。R_K称为灵敏系数调节旋钮。在使用电阻应变仪时,应将R_K旋扭置于相应应变片K值的位置。

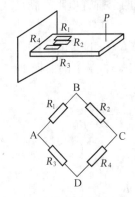

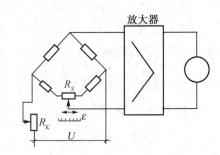

图3-5　传感器中电阻应变片的布片和接桥　　　　图3-6　电桥输出的零位测定法

实际测量桥路由于受接触电阻、导线电阻等的影响,即使精心选用了电阻值相同的电阻应变计的布置与桥路连接方法,各桥臂电阻总有差异;此外,电桥中分布的电容和电感,对电桥平衡也有影响。因此电桥中还设置了电阻调平衡电路和电容调平衡电路。

所有上述桥臂端接线柱A、B、C、D电位器调节旋钮R_S、灵敏系数调节旋钮R_K、电阻调平衡旋扭及电容调平衡旋扭都在电阻应变仪的面板或后板上,测试人员要懂得操作。

动态应变仪多用偏位法量测,没有电位器R_S和灵敏系数调节电位器R_K。每台动态应变仪上都有给出的标准应变信号的标定电阻作为整理记录曲线时的标准尺度。在试验开始前,调好应变仪的放大倍率,在记录纸上标出与标准应变信号相应的长度(图3-7)。动态应变仪的电桥部分是一单独的电桥盒,用电缆与应变仪主体相连。

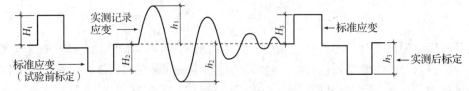

图3-7　动态应变仪实测记录波形与标准应变标定曲线

表 3－2　电阻应变计的布置与桥路连接方法

序号	受力状态及其简图	工作片数	电桥型式	电桥线路	温度补偿	测量电桥输出	测量项目及应变值	特点
1	轴向拉(压)	1	半桥		另设补偿片	$U_{BD}=\dfrac{1}{4}UK\varepsilon$	拉(压)应变 $\varepsilon_r=\varepsilon$	不易清除偏心作用引起的弯曲影响
2	轴向拉(压)	2	全桥		另设补偿片	$U_{BD}=\dfrac{1}{2}UK\varepsilon$	拉(压)应变 $\varepsilon_r=2\varepsilon$	输出电压提高1倍,可消除弯曲影响
3	轴向拉(压)	2	半桥		互为补偿	$U_{BD}=\dfrac{1}{4}UK\varepsilon(1+\upsilon)$	拉(压)应变 $\varepsilon_r=(1+\upsilon)\varepsilon$	输出电压提高到(1+υ)倍,不能消除弯曲影响
4	轴向拉(压)	4	半桥		互为补偿	$U_{BD}=\dfrac{1}{4}UK\varepsilon(1+\upsilon)$	拉(压)应变 $\varepsilon_r=(1+\upsilon)\varepsilon$	输出电压提高到(1+υ)倍能消除弯曲影响且可提高供桥电压
5	轴向拉(压)	4	全桥		互为补偿	$U_{BD}=\dfrac{1}{2}UK\varepsilon(1+\upsilon)$	拉(压)应变 $\varepsilon_r=2(1+\upsilon)\varepsilon$	输出电压提高到2(1+υ)倍且能消除弯曲影响
6	拉伸	4	全桥		互为补偿	$U_{BD}=UK\varepsilon$	拉应变 $\varepsilon_r=4\varepsilon$	输出电压提高到4倍
7	弯曲	2	半桥		互为补偿	$U_{BD}=\dfrac{1}{2}UK\varepsilon$	弯曲应变 $\varepsilon_r=2\varepsilon$	输出电压提高1倍且能消除轴向拉(压)影响
8	弯曲	4	全桥		互为补偿	$U_{BD}=UK\varepsilon$	弯曲应变 $\varepsilon_r=4\varepsilon$	输出电压提高4倍且能消除轴向拉(压)影响
9	弯曲	2	半桥		互为补偿	$U_{BD}=\dfrac{1}{4}UK(\varepsilon_1-\varepsilon_2)$	两处弯曲应变之差 $\varepsilon_r=\varepsilon_1-\varepsilon_2$	可测出横向剪力V值 $V=\dfrac{EW}{\alpha_1-\alpha_2}\varepsilon_r$
10	扭转	1	半桥		另设补偿片	$U_{BD}=\dfrac{1}{4}UK\varepsilon$	扭转应变 $\varepsilon_r=\varepsilon$	可测出扭矩M_t值 $M_t=M_t\dfrac{E}{1+\upsilon}\varepsilon_r$
11	扭转	2	半桥		互为补偿	$U_{BD}=\dfrac{1}{2}UK\varepsilon$	扭转应变 $\varepsilon_r=2\varepsilon$	输出电压提高1倍可测剪应变$\gamma=\varepsilon_r$

实测动应变根据实测记录波形按下式计算:

$$\varepsilon_s=\frac{h_1}{H_1}\cdot\varepsilon_b \tag{3-11}$$

45

式中　ε_s——实测应变值；

　　　ε_b——标定应变值(图3-7所示)；

　　　h_1——实测波高(图3-7所示)；

　　　H_1——标定波高(图3-7所示)。

随着电子技术的发展,各种新型的动、静态电阻应变仪不断涌现,如数字显示式静态应变仪、快速自动打印数字记录静态应变仪(图3-8)等。今后还会有更新颖的产品,但只要掌握上述量测电路的基本原理,阅读有关的技术说明书后,选用和操作各种仪器就不会太困难。

图3-8　数字式自动记录静态应变仪

3.4.6　电阻应变计的使用技术

电阻应变量测作为电测方法,具有许多优点,但是应严格按照要求操作使用,才能发挥其优点,否则将适得其反。

1)应变计粘贴技术

应变计是传感元件,粘贴的质量好坏对测量数据影响很大,粘贴技术要求十分严格,要求测点基底平整、清洁、干燥;粘结基底的电绝缘性、化学稳定性及工艺性能良好,粘贴强度高(剪切强度不低于3～4 MPa),温湿度影响小。选用的应变计规格型号应尽量相同;粘贴前后阻值不改变;粘贴干燥后,敏感栅对地绝缘电阻一般不低于500 MΩ;应变线性好、滞后、零漂、蠕变等要小,保证应变能正确传递。粘贴的具体方法及步骤列于表3-3。

表3-3　电阻应变计粘贴技术

顺序	工作内容		方法	要求
1	应变片检查分选	外观检查	借助放大镜肉眼检查	应变片应无气泡、霉斑、锈点,栅极应平直、整齐、均匀
		阻值检查	用万用电表检查	应无短路或断路
			用单臂电桥测量电阻值并分组	同一测区应用阻值基本一致的应变计,相差不大于0.5%
2	测点处理	测点检查	检查测点处表面状况	测点应平整、无缺陷、无裂缝等
		打磨	用1#砂皮或磨光机打磨	表面达▽5,平整、无锈、无浮浆等,并不使断面减少
		清洗	用棉花蘸丙酮或酒精等清洗	棉花干擦时无污染物
3	应变计粘贴	胶打底	用环氧树脂:邻苯二甲酸二丁酯:乙二胺100:(10～15):(8～10)或环氧树脂:聚酰胺=100:(90～10)	胶层厚度0.05～0.1 mm,硬化后用0#砂皮磨平
		测线定位	用铅笔等在测点上划出纵横中心线	纵线应与应变方向一致
		上胶	用镊子夹应变计引出线,在背面上一层薄胶,测点也涂上薄胶,将片对准放上	测点上十字中心线与应变计上的标志应对准
		挤压	在应变计上盖一小片玻璃纸,用手指沿一个方向滚压,挤出多余胶水	胶层应尽量薄,并注意应变计位置不滑动
		加压	快干胶粘贴,用手指轻压1～2 min,其他则适当方法加压1～2 h	胶层应尽量薄,并注意应变计位置不滑动

顺序	工作内容		方法	要求
4	固化处理	自然干燥	在室温 15℃ 以上,湿度 60% 以下1~2 天	胶强度达到要求
		人工固化	气温低、湿度大,则在自然干燥 12 h 后,用人工加温(红外线灯照射或电热吹风)	加热温度不超过 50℃,受热应均匀
5	粘贴质量检查	外观检查	借助放大镜肉眼检查	应变计应无气泡、粘贴牢固、方位准确
		阻值检查	用万用电表检查应变计	无短路和断路
			用单臂电桥量应变计阻值	电阻值应与粘贴前基本相同
		绝缘度检查	用兆欧表检查应变计与试件绝缘度	一般量测应在 50 MΩ 以上,恶劣环境或长期观测应大于 500 MΩ
			接入应变仪观察零点飘移	不大于 $2\ \mu\varepsilon/15$ min
6	导线连接	引出线绝缘	应变计引出线底下贴胶布或胶纸	保证引出线不与试件形成短路
		固定点设置	用胶固定端子或用胶布固定电线	保证电线轻微拉动时,引出线不断
		导线焊接	用电烙铁把引出线与导线焊接	焊点应圆滑、丰满、无虚焊等
7	防潮防护		根据环境条件,贴片检查合格接线后,加防潮、防护处理。防护一般用胶类防潮剂浇注或加布带绑扎	防潮剂必须敷盖整个应变计并稍大 5 mm 左右;防护应能防机械损坏

2)温度补偿技术

粘贴在试件测点上的应变片所反映的应变值,除了试件受力的变形外,通常还包含试件与应变片受影响而产生的变形和由于试件材料与应变片的温度线胀系数不同而产生的变形等。这些由于"温度效应"所产生的应变称为"视应变",属于虚假应变。结构试验中常采用温度补偿方法加以消除。常用的消除温度影响方法有两种:

(1)温度补偿应变片法

选一个与试件材质相同的温度补偿块,用与试件工作应变片相同的应变片及相同的工艺粘贴,量测时放在试件同一温度场中,用同样导线连接在桥路的工作桥臂上,如图 3-9 所示。根据电桥邻臂输出相减的原理,达到温度效应所产生的应变得以消除的目的。这个粘贴在温度补偿块上,只发生温度效应的应变片,称为温度补偿应变片。这种方法称为温度补偿应变片法。

一个温度应变片可以补偿一个工作应变片,称单点补偿;也可以连续补偿多个工作应变片,称为多点补偿。这要根据试验目的要求和试件材料不同而定。如钢结构,材料的导热性较好,应变片通电后散热较快,可以一个补偿应变片连续补偿 10 个应变片;混凝土等材料散热性能差,一个补偿应变片连续补偿的工作应变片不宜超过 5 个,最好使用单点补偿。

(2)应变片温度互补偿法

某些检测结构或构件,存在着机械应变值相同,但应变符号相反。比例关系已知,温度条件又相同的 2 个或 4 个测点,可以将这些应变片按照符号不同,分别接在相应的邻臂上,这样在等臂的条

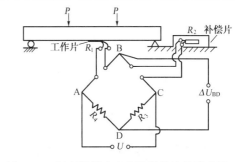

图 3-9 温度补偿应变片法桥路连接示意图

件下,既都是工作应变片,又互为温度补偿,如图3-10所示。但图示接法不适用于混凝土等非匀质材料。

以上两种方法都是通过桥路连接方法实现温度补偿的,又统称为桥路补偿法。

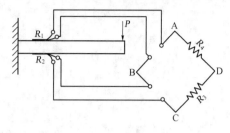

图3-10 工作应变片温度互补偿法桥路

此外,还有用温度自补偿应变片法,即使用一种敏感栅的温度影响能自动消除的特殊应变片,目前国外已有应用于测定混凝土内部应力的大标距自补偿应变片。

3) 应变测点的布置

在了解了应变量测方法和各种量测应变仪器的特性后,要进一步考虑如何布置应变测点,还需要对试验结构有初步的理论分析作为指导。测点一般布置在最不利截面的应力最大处,如最大弯矩截面的上、下表面;剪力最大截面的中间高度处或弯矩、剪力同时都较大处。对于钢筋混凝土结构,受拉区混凝土在出现裂缝后便逐渐退出工作,应在受拉区主筋上布置应变片。可采用预埋应变片及预埋木块两种方法。预埋应变片是在浇注混凝土之前将应变片贴在钢筋上,应变片及其引出导线应作防水防潮等妥善处理,防止应变片受潮后绝缘电阻下降而失效,造成不可弥补的测点损失。在做应变片防水保护时还应注意使钢筋和混凝土之间粘结力的损害范围尽可能小。预埋木块是用小木块在欲贴应变片处留出位置,待混凝土达到强度后取出木块,贴上电阻应变片。此方法较稳妥,缺点是木块形成的空洞将损失一部分混凝土计算面积。

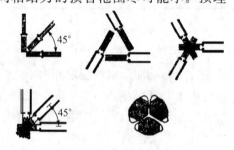

板壳结构上各点均受双向应力,且主应力方向一般未知,每个测点应布置3个应变计。若采用电阻应变片,则可用各种应变花(图3-11)。

图3-11 电阻应变花

应变花中各应变片之间的夹角已在制造时准确固定,使用极为方便。测得各应变片的应变值后,根据变形条件和广义虎克定律,可求出各点的主应力、剪应力及主应力的方向

$$
\left.
\begin{aligned}
\sigma_{max} &= \frac{E}{1-\mu}A + \frac{E}{1+\mu}\sqrt{B^2+C^2} \\
\sigma_{min} &= \frac{E}{1-\mu}A - \frac{E}{1+\mu}\sqrt{B^2+C^2} \\
\tau_{max} &= \frac{E}{1+\mu}\sqrt{B^2+C^2} \\
\theta_{p} &= \frac{1}{2}\tan^{-1}\frac{C}{B}
\end{aligned}
\right\}
\qquad (3-12)
$$

式中 E、μ 为材料的弹性模量和泊松比;A、B、C 为随不同应变片夹角而异的系数。表3-4列出了几种常用应变花的系数值。

四片直角和四片等角的应变花多一片应变片,可任选其中三片的应变值算出主应力及剪应力,另一片用作校核。

表 3 - 4　由应变花计算应力的系数

应 变 花		A	B	C
名称	形　式			
三片直角	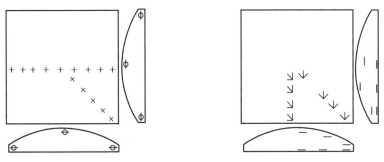	$\dfrac{\varepsilon_1+\varepsilon_3}{2}$	$\dfrac{\varepsilon_1-\varepsilon_3}{2}$	$\dfrac{2\varepsilon_2-\varepsilon_1-\varepsilon_3}{2}$
三片等角		$\dfrac{\varepsilon_1+\varepsilon_2+\varepsilon_3}{3}$	$\dfrac{2\varepsilon_1-\varepsilon_2-\varepsilon_3}{3}$	$\dfrac{\varepsilon_2-\varepsilon_3}{\sqrt{3}}$
四片等角		$\dfrac{\varepsilon_1+\varepsilon_3}{2}$	$\dfrac{\varepsilon_1-\varepsilon_3}{2}$	$\dfrac{\varepsilon_2-\varepsilon_4}{\sqrt{3}}$
四片直角		$\dfrac{\varepsilon_1+\varepsilon_2+\varepsilon_3+\varepsilon_4}{4}$	$\dfrac{\varepsilon_1-\varepsilon_3}{2}$	$\dfrac{\varepsilon_4-\varepsilon_2}{2}$

　　当板壳结构本身及荷载都对称时,通常只需在半跨内布置测点,另半跨仅需布置一些重要测点用来校核和比较(图 3 - 12)。板壳试验时,均布荷载常加在结构的上表面,因此可将测点布置在结构的下表面,或将荷载位置在局部稍加调整,在上表面留出位置布置测点。

　　当结构处于弹性阶段时,可借助测定截面的应变分布来确定该截面的内力。此时只需在截面上布置与未知内力(如轴力 N,x 方向的弯矩 M_x,y 方向的弯矩 M_y)数量相等的应变片便可,但是为了消除由于荷载或材料不均匀性引起的偏心影响以及校核用,通常至少布置两个对称测点,如图 3 - 13 所示。由材料力学的基本公式根据测得的应变值可计算出截面内力:

图 3 - 12　板壳结构应变检测点布置

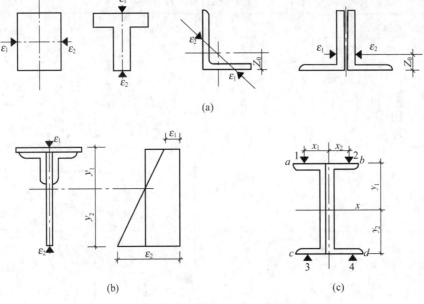

图 3-13　测定截面内力时应变测点的布置

拉、压截面(图 3-13a)：
$$N=\left(\frac{\varepsilon_1+\varepsilon_2}{2}\right)EA \tag{3-13}$$

压弯或拉弯截面(图 3-13b)：
$$N=\frac{EA}{h}(\varepsilon_1 y_2+\varepsilon_2 y_1) \tag{3-14}$$

$$M=\frac{EI}{h}(\varepsilon_2-\varepsilon_1) \tag{3-15}$$

式中 E 为结构材料的弹性模量，A 为截面面积，I 为截面惯性矩，其他如图中所示。对于承受轴力 N 及 M_x、M_y 双向弯矩的截面(如图 3-13c 所示)，可由下面的 4 个方程式中任选 3 式算出所测 N、M_x、M_y，另一式可作校核用。

$$\left.\begin{array}{l}\varepsilon_1=\dfrac{N}{EF}-\dfrac{M_x}{EI_x}y_1-\dfrac{M_y}{EI_y}x_1\\[2mm]\varepsilon_2=\dfrac{N}{EF}-\dfrac{M_x}{EI_x}y_1+\dfrac{M_y}{EI_y}x_2\\[2mm]\varepsilon_3=\dfrac{N}{EF}+\dfrac{M_x}{EI_x}y_2-\dfrac{M_y}{EI_y}x_1\\[2mm]\varepsilon_4=\dfrac{N}{EF}+\dfrac{M_x}{EI_x}y_2+\dfrac{M_y}{EI_y}x_2\end{array}\right\} \tag{3-16}$$

　　进行桁架及框架试验时，测定结构内力分布应变片布置各有不同。桁架的上弦杆除承受轴力外还受弯矩影响，需测定三个以上截面的应变；下弦杆和腹杆仅承受轴力，测定两个靠近端部截面的应变即可(图 3-14a 所示)。对于框架结构，其框架柱的弯矩为直线分布时，可布置测定两个截面的应变；框架梁的弯矩为折线分布时需量测 3 个截面的应变(图3-14b所示)。
　　上述确定结构内力的方法只适用于处于弹性阶段的结构。对于钢筋混凝土构件，因材料的工作性能与弹性工作相差很远,很难从截面的应变来确定内力。但由截面应变可确定构件轴线上零反弯点的位置,从而得出超静定梁或框架的内力图形。在估计的反弯点位置附近截面两侧各布置1～2个应变计,即可找出弯矩为零的位置,即反弯点的位置(图3-15)。

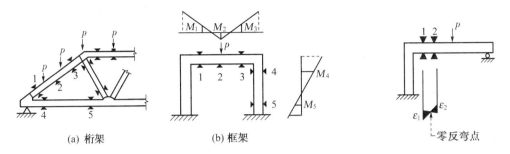

图3-14　确定结构内力的应变测点布置　　　图3-15　确定零反弯点应变测点布置

对于公路和铁路桥涵、核反应堆压力容量等大体积混凝土结构,常常要量测混凝土内部的应力分布,需要用埋入式应变计(图3-16)。使用各种埋入式应变计,应注意埋入应变计与混凝土材料之间的刚度及热膨胀的匹配问题,否则会引起应力集中及过大的热应力输出使量测值失真。

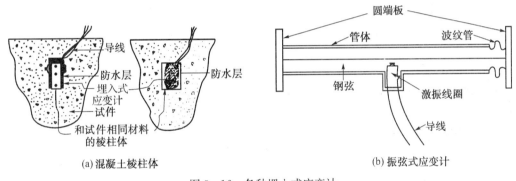

图3-16　各种埋入式应变计

3.5　位移量测

测量结构的位移能反映结构的整体变形和结构总的工作性能。通过位移测定,不仅可了解结构的刚度及其变化,还可区分结构的弹性和非弹性性质。结构任何部位的异常变形或局部损坏都会在位移上得到反映。因此,在确定测试项目时,首先应考虑结构构件的整体变形,即位移的量测。

位移量测的主要内容为某一特征点(一般为跨中或集中荷载下位移最大处)的荷载-位移曲线(图3-17a),以及各特征荷载值下构件纵轴线的位移曲线(如图3-17b所示)。

图3-18为各种位移量测仪表。其中常用的是百分表、电子百分表(又称应变式位移传感器)及线性差动电感式位移计(LVDT)等。当位移值较大时,可用多圈电位器。水准仪和经纬仪也是量测大位移的方便工具,它们便于作多点和远距离量测。分度值1 mm的标尺和磁尺等也可用于大位移的量测。利用激光量测高耸结构物顶端位移(图3-18e)是一种非接触式量测方法,在动力试验中用它量测位移亦很方便。近几年来,在大型桥梁施工监控和健康监测

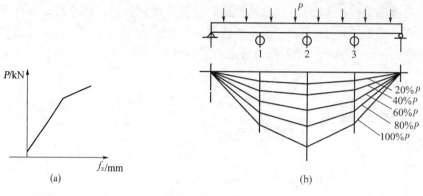

图 3 - 17 结构的位移曲线

中,推广应用远距离测量位移的全站仪(图 3 - 18f),其主要特点,长焦距望远镜高精度水准仪和经纬仪组合并附有数据存储系统。图 3 - 18g 所示的 GPS 卫星跟踪位移测量系统,其主要特点是通过卫星远距离实时监测结构的位移变化,适用于大跨度桥梁的安全健康监测,具有更先进的卫星跟踪系统。

选用位移量测仪表时,应参考事先估算的理论值以防量程不够或精度不满足要求。

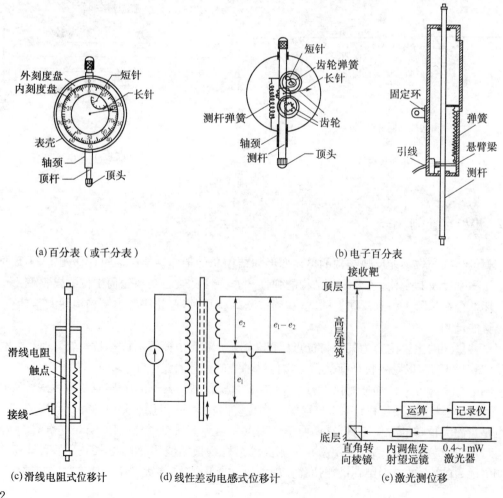

52

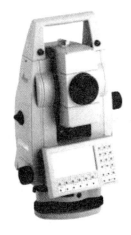

(f) 全站仪

(g) GPS接受器

图 3-18　各种量测位移仪表和方法

　　量测结构位移时需特别注意支座沉降的影响。例如在作简支梁静载试验时(图 3-19a)，当荷载较大时，试验梁下的地面将产生图 3-19b 所示的变形，支承点 A、B 处的地面变形以及支座装置和支墩等的间隙都会使试验梁的支座向下沉降，测得的跨中挠度 f_c' 包含了支座沉降(图 3-19c)，需将它们扣除。因此，在量测位移时，必须在支座处布置位移计，以便在整理试验结果时加以修正。当试验场地的地面未经很好处理时，还应注意支座及跨中附近的地面变形对仪表固定点的影响。

　　对于宽度大于 60 cm 的梁或单向板，试验时结构可能因荷载在平面外方向的不对称而引起转动变形，应在试件两侧布置两列位移量测仪表(图 3-20)。

　　量测构件的挠度曲线时，沿构件长度方向应至少布置 5 个位移计。对于板壳结构，应沿两个方向分别布置位移测点。

　　对于拱或刚架结构，还需测量支座处的水平位移；对于桁架结构，一般还需测定上弦杆出平面方向的水平位移，以观测出平面失稳情况。

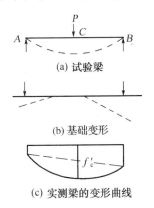

(a) 试验梁

(b) 基础变形

(c) 实测梁的变形曲线

图 3-19　支座沉降对位移量测的影响

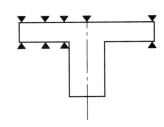

图 3-20　宽梁及板的对称测点布置

3.6 其他变形量测

除应变和位移外,截面转角、曲率、节点相对滑移等变形性能都是结构分析的重要资料。可用基本仪表和各类转换元件配以不同的附件及夹具制成传感器进行测定。图 3-21 所示为用千分表和电阻应变片配以不同的附件量测变形的例子。在掌握了量测的基本方法之后,试验研究人员可针对量测要求,扩充各种传感元件的使用范围,自行设计制造各类传感器。

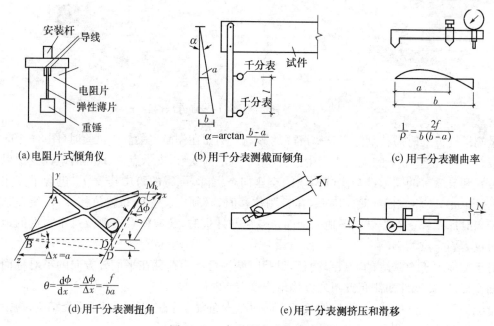

(a)电阻片式倾角仪   (b)用千分表测截面倾角   (c)用千分表测曲率

(d)用千分表测扭角   (e)用千分表测挤压和滑移

图 3-21   各种测变形的传感器

3.7 裂缝量测

监测钢筋混凝土结构或构件的裂缝发生,以及裂缝的宽度、长度随荷载的发展情况,对于确定开裂荷载、研究结构的破坏过程,尤其是研究预应力结构的抗裂及变形性能等都十分重要。

目前最常用来发现裂缝的方法,是在构件表面刷一薄层石灰浆,然后借助放大镜用肉眼观察裂缝。为便于记录和描述裂缝的发生部位,可在构件表面上划分 50 mm×50 mm 左右的方格。当需要更精确地确定开裂荷载时,可在受拉区连续搭接布置应变计,以监测第一批裂缝的出现(如图 3-22 所示),

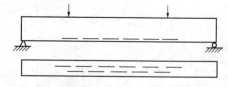

图 3-22   连续搭接布置应变计监测裂缝的发生

当出现裂缝时,跨裂缝的应变计读数就会发生异常变化。由于裂缝出现的位置不易确定,往往需要在较大的范围内连续布置应变计,因而将占用过多的仪表,提高试验费用。近来发展了用导电漆膜发现裂缝的方法,将一种具有小电阻值的弹性导电漆在经过仔细清理的拉区混凝土表面涂成长 100~200 mm、宽 10~12 mm 的连续搭接条带,待其干燥后接入电路,当混凝土裂缝宽度扩展达 1～5 μm 时,随混凝土一起拉长的漆膜就出现火花直至烧断。也可沿截面高度以一定的间隔涂刷漆膜,以确定裂缝长度的发展。另一种发现裂缝的方法是利用材料开裂时发射声能所形成的声波,将声发射传感器置于试件表面或内部,显示或记录裂缝的出现。声发射法既能发现构件表面的裂缝,还能发现内部的微细裂缝,但此法不能准确给出裂缝的位置。

裂缝宽度的量测一般用刻度放大镜(如图 3-23 所示),近几年开发了多种采用电测直接显示裂缝宽度和裂缝深度的裂缝测试仪(图 3-24 所示),特别适合在现场检测使用。

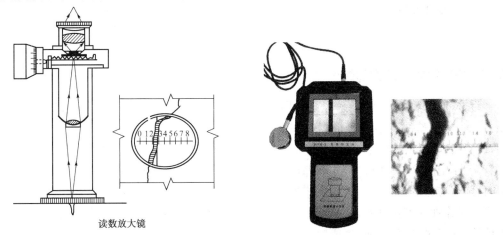

读数放大镜

图 3-23　量测裂缝宽度的仪器　　　　　　图 3-24　电子裂缝测试仪

3.8　力的测定

3.8.1　常规用力传感器

荷载及超静定结构的支座反力是结构试验中经常需要测定的外力。当用油压千斤顶加载时,因千斤顶附带的压力表示值较粗略,特别在卸载时,压力表示值不能正确反映实际荷载值。因此,需在千斤顶和试件间安装测力环或测力传感器。各种荷载量级的拉、压测力传感器都有定型产品可供选用。图 3-25 为各种测力计及测力传感器。使用前须经率定。测定预应力钢丝张拉力使用的钢丝张力计(图 3-25c)的工作原理是利用在一定的横向力作用下横向位移与钢丝张力成反比的关系确定钢丝的张拉力。

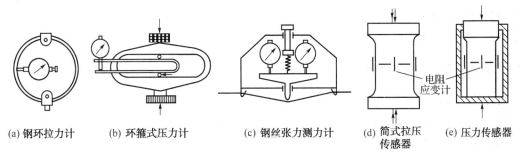

(a) 钢环拉力计　　(b) 环箍式压力计　　(c) 钢丝张力测力计　　(d) 简式拉压　　(e) 压力传感器
　　　　　　　　　　　　　　　　　　　　　　　　　　　　　　传感器

55

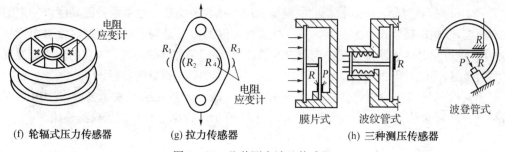

(f) 轮辐式压力传感器　　(g) 拉力传感器　　　(h) 三种测压传感器

图 3-25　几种测力计及传感器

3.8.2　斜拉桥索力测量传感器

近 20 年来,大跨度斜拉桥及系杆拱桥急剧增多,斜拉索索力的安全监控成为重要的检测项目。索力的检测目前主要采用三种方法:一是采用测振传感器(如表 3-5 中 891-2 型或 941B 型)测量拉索的频率,利用频率与索拉力的关系求得索力;二是采用压磁传感器,在施工时直接安装在拉索锚头位置,实时监测索力的变化,其测量原理是利用压磁效应,在拉索有应力时,随着应力的变化拉索的导磁率发生变化;三是采用加速度传感器安装在拉索上,其原理是当振子作加速度运动时,质量块 m 将受到与运动方向相反的惯性力($F=ma$)的作用而输出电信号,并经过 A/D 转换,生成数字信号,确定索力大小的变化。

3.9　振动参量的量测

振幅、频率、相位及阻尼是结构动力试验中为获得结构的振型、自振频率、位移、速度和加速度等结构动力特性所需量测的基本参数,而且这些参数是随时间变化的。

振动量测设备的基本组成是传感器、放大器和显示记录设备三部分。振动量测中的传感器通常称为测振传感器或称拾震器,它与静力试验中的传感器有所不同,所测数据是随机的,不是静止的。振动量测中的放大器不仅将信号放大,还可将信号进行积分、微分和滤波等处理,可分别量测出振动参量中的位移、速度及加速度。显示记录部分是振动测量系统中重要部分,在结构动力特性的研究中,不但需要量测振动参数的大小量级,还需要量测振动参数随时间历程变化的全部数据资料。

目前有各种规格的测振传感器和与之配套的放大器可供选用。根据被测对象的具体情况及各种传感器的性能特点,合理选择测振传感器是成功进行动力试验的关键。因此应较深入地了解和掌握有关测振传感器的工作原理与技术特性。

3.9.1　测振传感器的力学原理

由于结构振动是具有随机特性的传递作用,做动力试验时很难在振动体附近找到一个静止点作为测振的基准点。为此,必须在测振仪器内部设置惯性质量弹簧系统,建立一个基准点。如惯性式测振传感器,其力学模型如图 3-26 所示。使用时,将测振传感器安放在振动体的测点上并与振动体紧密固定成一体,仪器外壳和振动体一起振动,通过测量惯性质量相对于仪器外壳的运动来获得振动体的振动参数。由于这是一种非直接的测量方法,所以振动传感器本身的动力特性对测量结果有重要影响。下面讨论在怎样的条件下，测振传感器才能正确反映被测物体的振动参量。

设计测振传感器时，一般使惯性质量 m 只能沿 x 方向运动，并使弹簧质量（即阻尼）和惯性质量 m 相比，小到可以忽略不计。设振动体按下列规律振动：

$$x = X_0 \sin \omega t \qquad (3-17)$$

当传感器外壳与振动体一起运动，以 y 表示质量块 m 相对于传感器外壳的位移，则质量块的总位移为 $x+y$。则由质量块 m 所受的惯性力、阻尼力和弹性力之间的平衡关系，可建立振动体系的运动微分方程为

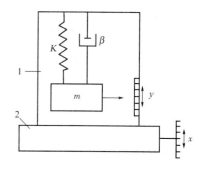

1—测振传感器；2—振动体

图 3-26　测振传感器的力学模型

$$m \frac{\mathrm{d}^2(x+y)}{\mathrm{d}t^2} + \beta \frac{\mathrm{d}y}{\mathrm{d}t} + Ky = 0 \qquad (3-18)$$

或

$$m \frac{\mathrm{d}y}{\mathrm{d}t^2} + \beta \frac{\mathrm{d}y}{\mathrm{d}t} + Ky = mX_0 \omega^2 \sin \omega t$$

式中　x ——振动体相对于固定参考坐标的位移；

　　　X_0 ——被测振动的振幅；

　　　y ——质量块 m 相对于仪器外壳的位移；

　　　ω ——被测振动的圆频率；

　　　β ——阻尼（由弹簧系统产生）；

　　　K ——弹簧刚度。

这是单自由度、有阻尼的强迫振动方程，其通解为

$$y = B \cdot e^{-nt} \cos(\sqrt{\omega^2 - n^2} t + \alpha) + y_0 \sin(\omega t - \varphi) \qquad (3-19)$$

其中 $n = \dfrac{\beta}{2m}$，φ 为相位角。第一项为自由振动解，由于阻尼而很快衰减；第二项 $y_0 \sin(\omega t - \varphi)$ 为强迫振动解，其中

$$y_0 = \frac{X_0 \left(\dfrac{\omega}{\omega_0}\right)^2}{\sqrt{\left[1 - \left(\dfrac{\omega}{\omega_0}\right)^2\right]^2 + \left(2D \dfrac{\omega}{\omega_0}\right)^2}} \qquad (3-20)$$

$$\varphi = \arctan \frac{2D \dfrac{\omega}{\omega_0}}{1 - \left(\dfrac{\omega}{\omega_0}\right)^2} \qquad (3-21)$$

式中　D ——阻尼比，$D = \dfrac{n}{\omega_0}$；

　　　ω_0 ——质量弹簧系统的固有频率，$\omega_0 = \sqrt{\dfrac{K}{m}}$。

由式(3-19)可知，传感器惯性质量系统的稳定振动方程如下：

$$y = y_0 \cdot \sin(\omega t - \varphi) \qquad (3-22)$$

将式(3-22)与式(3-17)相比较,可以看出质量块 m 相对于仪器外壳的运动规律与振动体的运动规律一致,频率都等于 ω,但振幅和相位不同。

质量块 m 的位移振幅 y_0 与振动体的位移振幅 X_0 之比为

$$\frac{y_0}{X_0} = \frac{\left(\frac{\omega}{\omega_0}\right)^2}{\sqrt{\left[1-\left(\frac{\omega}{\omega_0}\right)^2\right]^2 + \left(2D\frac{\omega}{\omega_0}\right)^2}} \tag{3-23}$$

其相位相差一个相位角 φ。

根据式(3-23)和式(3-21)以 $\frac{\omega}{\omega_0}$ 为横坐标,以 $\frac{y_0}{X_0}$ 和 φ 为纵坐标,并使用不同的阻尼作出如图 3-27 和图 3-28 的曲线,分别称为测振仪器的幅频特性曲线和相频特性曲线。

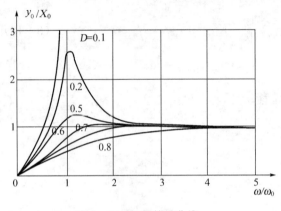

图 3-27 幅频特性曲线

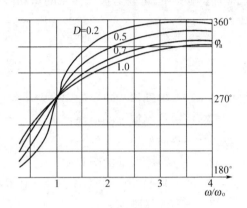

图 3-28 相频特性曲线

分析图 3-27 和图 3-28 的曲线,当 $\frac{\omega}{\omega_0}$ 增加时,也就是振动体振动频率较之仪器的固有频率大很多时,不管阻尼比 D 大还是小,y_0/X_0 趋近于 1,而 φ 趋近于 180°。也就是质量块的相对振幅和振动体的振幅趋近于相等而相位相反,这是测振仪器工作的理想状态。要保证达到理想状态,只有在试验过程中,使 y_0/X_0 和 φ 保持常数。但从图 3-27 和图 3-28 可以看出,y_0/X_0 和 φ 都随阻尼比 D 和频率而变化。这是由于仪器的阻尼取决于内部构造连接摩擦等不稳定因素。然而从幅频特性曲线中不难发现,当 $\omega/\omega_0 \geqslant 1$ 时,这种变化基本上与阻尼比 D 无关。当 $\omega/\omega_0 < 1$ 时,y_0/X_0 的趋于 0,仪器将不反映被测振动。只有通过调整频率关系,限定 ω/ω_0 值,才有可能实现 y_0/X_0 和 φ 保持常数。所以,在设计和选用测振器时应优先确定 ω/ω_0 的值,即尽可能使测振器的固有频率比被测振动的频率尽可能的小,即使 ω/ω_0 值尽可能的大。在实际使用中,对精度要求较高的振动测试,应使 $\omega/\omega_0 > 10$;对一般要求的测试,可取 $\omega/\omega_0 = 5\sim10$。对于一般厂房和民用建筑物,其第一自振频率为 2~3 Hz,对于大跨桥梁和高耸结构物,如电视塔和大跨斜拉桥及悬索桥等柔性结构的自振频率则更低,这就要求传感器有很低的固有频率 ω_0。可以适当加大惯性质量或适当选择阻尼器的阻尼值以延伸传感器的频率下限。

当振动体以 $x = X_0\sin\omega t$ 规律运动时,对运动方程进行两次微分,可得其加速度为

$$\frac{\mathrm{d}^2 x}{\mathrm{d}t^2} = -X_0\omega^2\sin\omega t - a_m\sin\omega t \tag{3-24}$$

式中 $a_m = x_0\omega^2$ 为被测振动的加速度幅值,负号表示被测振动的加速度的方向与被测振动的位移方向相反,相位相差 $180°$。同样可得惯性式加速度传感器的幅频特性,如式(3-25),图中纵坐标为 $y_0\omega_0^2/a_m$,横坐标为 ω/ω_0。

$$\frac{y_0}{a_m}=\frac{1}{\omega_0^2\sqrt{\left[1-\left(\dfrac{\omega}{\omega_0}\right)^2\right]^2+4D^2\left(\dfrac{\omega}{\omega_0}\right)^2}} \tag{3-25}$$

根据式(3-25)其幅频特性曲线如图3-29所示。从图中可以看出,当 $\dfrac{\omega}{\omega_0}\leqslant 1$ 时,$y_0\omega_0^2/a_m$ 渐趋平稳,$y_0\omega_0^2/a_m=1$,即当振动体的频率远小于传感器的自振频率时,传感器所测振幅与振动体的加速度振幅成正比。其相位差 φ_a,趋近于 $180°$,如式(3-26)所示。这是惯性式加速度传感器的理想工作状态。

$$\varphi_a=\arctan\frac{2D\left(\dfrac{\omega}{\omega_0}\right)}{1-\left(\dfrac{\omega}{\omega_0}\right)^2}+\pi \tag{3-26}$$

其相位特性曲线仍可采用图3-28(取右边纵轴为 φ_a),当 $\dfrac{\omega}{\omega_0}\leqslant 1$ 时,$\varphi_a\approx\pi$,φ_a 基本上不随频率而变化。

综上所述,使用惯性式传感器时,必须特别注意振动体的频率与传感器的自振频率的关系。当 $\dfrac{\omega}{\omega_0}\geqslant 1$ 时,传感器可以很好地量测振动体的振动位移;当 $\dfrac{\omega}{\omega_0}\leqslant 1$ 时,传感器可以正确地反映振动体的加速度特性,图3-29为加速度传感器的幅频特性曲线。对加速度进行两次积分就可得到位移,反之,对位移的两阶微分就得到加速度。因此,可以利用放大器的微积分电路,将测得的加速度转换为位移。在实际工程中,当遇到被测对象的振动频率很低,很难找到频率很低的惯性位移传感器,就可以选用加速度传感器通过两次积分得到振动位移。

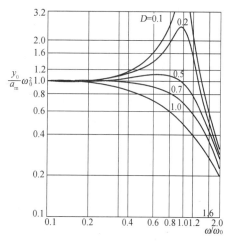

图3-29 加速度传感器的幅频特性曲线

3.9.2 测振传感器量测参量的转换

测振传感器除应正确反映结构物的振动外,还须不失真地将位移、加速度等振动参量转换为电量,输入放大器。转换的方式很多,有磁电式、压电式、电阻应变式、电容式、光电式、热电式、电涡流式等等。表3-5列出了几种常用测振器的主要特性。磁电式传感器基于磁电感应原理,能线性地感应振动速度,所以通常又称为感应式速度传感器。它一般适用于实际结构物的振动测试中,缺点是体积大而重,因而有时会对被测系统有影响,使用频率范围较窄。压电晶体式体积小,重量轻,自振频率高,适用于模型试验。电阻应变式低频性能好,放大器采用动态应变仪。差动电容式抗干扰力强,低频性能好,能测到低达 $0\ Hz$ 的加速度值,和压电晶体式同样具有体积小,重量轻的优点,但其灵敏度比压电晶体式高,后续仪器简单,因此是一种很有前途的传感器。机电耦合伺服式加速度传感器,由于引进了反馈的电气驱动力,改变了原有的质量弹簧系统的自振频率 ω_0,因而扩展了工作频率范围,同时还提高了灵敏度和量测精度。在强振观测中,已有用它代替原来各类加速度传感器的趋势。

表 3-5　国内几种常用的测振传感器(速度传感器)

| 型号 | 名称 | 频率响应 /Hz | 速度灵敏度/ $[mV \cdot (cm \cdot s^{-1})^{-1}]$ | 最大可测 | | 特点 | 生产厂 |
				位移 /mm	加速度 /m·s⁻²		
CD—2 型	磁电式传感器	2~500	302	±1.5	10	测相对振动	北京测振仪器厂
CD—4 型	速度传感器	2~300	600	±15	5	测大位移	
701 型	脉动仪	0.5~100	1 650	大档:±6 小档:±0.9	—	低频、大位移	
701 型	测振传感器	0.5~100	1 650	大档:±6 小档:±0.6	—	低频、大位移	哈尔滨工程力学研究所
702 型	测振传感器	2~3	—	±50	—		
891—2 型	测振传感器	0.5~100	300	300	40	低频、小位移	哈尔滨工程力学研究所
891—4 型	测振传感器	0.5~30	500	200	20	低频,小位移	哈尔滨工程力学研究所
941B 型	测振传感器	0.25~100	230	500	20	超低频	哈尔滨工程力学研究所

注:891-2,891-4 和 941B 型测振传感器亦称为加速度传感器。

目前国内应用最多的测振传感器大部分是惯性式测振传感器,主要有磁电式速度传感器和压电式加速度传感器。

1) 磁电式速度传感器

这种形式的传感器是基于电磁感应的原理制成的,特点是灵敏度高、性能稳定、输出阻抗低、频率响应范围有一定宽度,通过对质量弹簧系统参数的不同设计,可以使传感器既能量测非常微弱的振动,也能测比较强的振动,是多年来工程振动测量最常用的测振传感器。

图 3-30 为一种典型的磁电式速度传感器,磁钢和壳体相固连安装在所测振动体上,并与振动体一起振动,芯轴与线圈组成传感器的可动系统并由弹簧片和壳体连接,可动系统就是传感器的惯性质量块,测振时惯性质量块和仪器壳体相对移动,因而线圈和磁钢也相对移动,从而产生感应电动势,根据电磁感应定律,感应电动势 E 的大小为

$$E = BLnv \tag{3-27}$$

式中　B ——线圈所在磁钢间隙的磁感应强度;

　　　L ——每匝线圈的平均长度;

　　　n ——线圈匝数;

　　　v ——线圈相对于磁钢的运动速度,即所测振动物体的振动速度。

从上式可以看出,对于确定的仪器系统 B、L、n 均为常量。所以感应电动势 E 也就是测振传感器的输出电压是与所测振动的速度成正比的。对于这种类型的测振传感器,惯性质量块的

位移反映测振动的位移,而传感器输出的电压与振动速度成正比,所以也称为惯性式速度传感器。

建筑工程中经常需要测 10 Hz 以下甚至 1 Hz 以下的低频振动,这时常采用摆式测振传感器,这种类型的传感器将质量弹簧系统设计成转动的形式,因而可以获得更低的仪器固有频率。图 3-31 是典型的摆式测振传感器,根据所测振动是垂直方向还是水平方向,摆式测振传感器有垂直摆、倒立摆和水平摆等几种形式,摆式测振传感器也是磁电式传感器,它与差动式的分析方法是一样的,输出电压也与振动速度成正比。

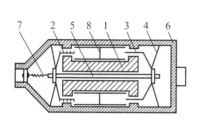

1—磁钢;2—线圈;3—阻尼环;4—弹簧片;

5—芯轴;6—外壳;7—输出线;8—铝架

图 3-30　磁电式速度传感器

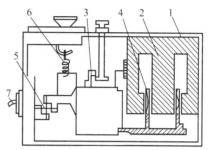

1—外壳;2—磁钢;3—重锤;4—线圈;

5—十字簧片;6—弹簧;7—输出线

图 3-31　摆式传感器

磁电式测振传感器的主要技术指标有:

(1) 固有频率 f_0 是传感器质量弹簧系统本身的固有频率,是传感器的一个重要参数,它与传感器的频率响应有很大关系。固有频率决定于质量块 m 的质量大小和弹簧刚度。对于差动式测振传感器

$$f_0 = \frac{1}{2\pi}\sqrt{\frac{K}{m}} \tag{3-28}$$

(2) 灵敏度 k 即传感器的测振方向感受到一个单位振动速度时,传感器的输出电压。

$$k = E/v$$

k 的单位通常是 mV/(cm·s)$^{-1}$。

(3) 频率响应在理想的情况下,当所测振动的频率变化时,传感器的灵敏度不改变,但无论是传感器的机械系统还是机电转换系统都有一个频率响应问题。所以灵敏度 k 随所测频率不同有所变化,这个变化的规律就是传感器的频率响应。对于阻尼值固定的传感器,频率响应曲线只有一条,有些传感器可以由试验者选择和调整阻尼,阻尼不同传感器的频率响应曲线也不同。

(4) 阻尼系数就是磁电式测振传感器质量弹簧系统的阻尼比,阻尼比的大小与频率响应有很大关系,通常磁电式测振传感器的阻尼比设计为 0.5~0.7。

如上所述,磁电式测振传感器的输出电压是与所测振动的速度成正比的,要求得到振动的位移或加速度可以通过积分电路或微分电路来实现。

2) 压电式加速度传感器

从物理学知道,一些晶体当受到压力并产生机械形变时,在它们相应的两个表面上出现异号电荷,当外力去掉后,又重新回到不带电状态,这种现象称为压电效应。压电晶体受到外力产生的电荷 Q 由下式表示

$$Q = G\sigma A \tag{3-29}$$

式中　　G——晶体的压电常数；

σ——晶体的压强；

A——晶体的工作面积。

在压电材料中，石英晶体是较好的一种，它具有高稳定性、高机械强度和能在很宽的温度范围内使用的特点，但灵敏度较低，在计量仪器上用得最多的是压电陶瓷材料，如钛酸钡、锆钛酸铅等。它们经过人工极化处理而具有压电性质，采用良好的陶瓷配制工艺可以得到高的压电灵敏度和很宽的工作温度，而且易于制成所需形状。

压电式加速度传感器是一种利用晶体的压电效应把振动加速度转换成电荷量的机电换能装置。这种传感器具有动态范围大(可达 10^5 g)，频率范围宽、重量轻、体积小等特点。因此被广泛应用于振动测量的各个领域，尤其在宽带随机振动和瞬态冲击等场合，几乎是唯一合适的测试传感器。

压电式加速度传感器的结构原理如图 3-32 所示，压电晶体片上的质量块 m，用硬弹簧将它们夹紧在基座上。传感器的力学模型如图 3-33 所示，质量弹簧系统的弹簧刚度由硬弹簧的刚度 K_1 和晶体的刚度 K_2 组成，因此 $K=K_1+K_2$。阻尼系数 $\beta=\beta_1+\beta_2$。在压电式加速度传感器内，质量块的质量 m 较小，阻尼系数也较小，而刚度 K 很大，因而质量、弹簧系统的

固有频率 $\omega_m=\sqrt{\dfrac{K}{m}}$ 很高，根据用途可达若干千赫，高的甚至可达 $100\sim200$ kHz。

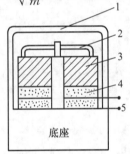

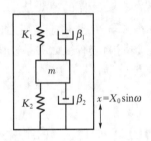

1—外壳；2—硬弹簧；3—质量块；

4—压电晶体；5—输出端

图 3-32　加速度传感器的结构原理　　　　图 3-33　传感器的力学模型

由前面的分析可知，当被测物体的频率 $\omega\ll\omega_0$ 时，质量块相对于仪器外壳的位移就反映所测振动的加速度值。

压电式加速度传感器，根据压电晶体片的受力状态不同有各种不同形式，如图 3-34 所示。

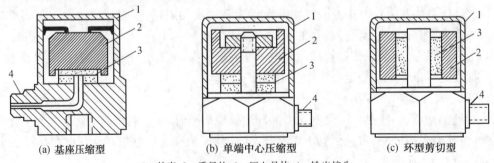

(a) 基座压缩型　　　　　(b) 单端中心压缩型　　　　　(c) 环型剪切型

1—外壳；2—质量块；3—压电晶体；4—输出接头

图 3-34　各种不同形式的压电式加速度传感器

压电式加速度传感器的主要技术指标有:灵敏度、安装谐振频率、频率响应、横向灵敏度比和幅值范围(动态范围)等。使用时根据其使用说明书上的技术指标加以选择。

除上述惯性式传感器外,还有非接触式传感器和相对式传感器。它们的转换原理都是磁电式。非接触式是借振动体和传感器之间的间隙随振动而变化致使磁阻发生变化,当被测物体为非导磁材料时,需在测点处贴一导磁材料,其灵敏度与传感器和振动体之间的间距、振动体的尺寸以及导磁性等有关,量测的精度不很高,可用在不允许把传感器装在振动体上的情况,如高速旋转轴或振动体本身质量小,装上传感器后传感器的附加质量对它影响很大等情况。相对式传感器能测量两个振动物体之间的相对运动,使用时,将其外壳和顶杆分别固定在被测的两个振动体上,当然,如将其外壳固定在不动的地面上,便可测振动体的绝对运动。

3)放大器和记录仪器

测振放大器是振动测试系统中的信号放大系统,它的输入特性须与传感器的输出特性相匹配,而它的输出特性又必须满足记录及显示设备的要求,选用时还要注意其频率范围。常用的测振放大器有电压放大器和电荷放大器两种。电压放大器结构简单,可靠性好,但当它和压电式传感器联用时,对导线的电容变化极敏感。电荷放大器的输出电压与导线电容量的变化无关,这对远距离测试带来很大的方便。在目前的振动测试中,压电式加速度传感器常与电荷放大器配合使用。

记录仪器是将被测振动参数随时间变化的过程记录下来的设备。随着数字技术的发展,过去常用的光线示波记录仪和磁带记录仪等已很少采用,现在普遍将测振放大器的输出信号通过滤波器(亦称调制器)滤波后直接输入计算机进行采集记录,并配置数据分析软件进行实时处理,使振动测试更快捷、方便。

3.10 光纤传感器的应用

3.10.1 光纤传感技术应用概论

自1970年光纤技术开发以来,主要应用于远距离光纤通信,其主要特点是高清晰、大容量,传送速度快,由过去的电模拟信号传送变换为数字信号传送,这使得光通信技术获得突破性发展。光纤技术应用于土木建筑工程检测是20世纪80年代中期开始的,主要得益于光纤传感器的开发和成功研制,可以说这是土木工程结构试验检测技术的一场革命,国内外发展应用非常迅速。

根据光纤传感理论,光纤传输的光信号受到外界因素的影响(如温度、压力、变形等),导致光波参数(如光强、相位、频率、偏振、波长等)发生变化,通过量测光波参数的变化即可知道导致光波参数变化的各种物理量的大小。因此,以土木建筑物为试验检测对象的众多量测项目,如温度、应力应变、变形、位移、速度、振动频率、加速度、作用力以及煤气浓度等都可得以应用。目前国内外利用光纤传感器对混凝土大坝、隧道、地下工程施工时的内部水化热引起的温度分布监控,混凝土内部裂缝、结构内部的应力、应变的检测,以及结构的振动测量取得了成功。光纤传感技术除了广泛应用于室内试验之外,对高速公路、大型桥梁和建筑物等的野外检测更显优势,与传统的电测技术相比较,有以下突出优点:

（1）光纤传感器体积小，重量轻，结构简单，安装方便，埋入土木工程结构内部几乎不受温湿度和绝缘不良的影响；

（2）光纤传感器的应用场合，其信号回路不受电器设备和雷电等电磁场干扰的影响；

（3）光缆容量大，可以实现多通道多用途测量，可以省去大量导线的配置和接线的麻烦，省力、省事；

（4）灵敏度和精度高；

（5）以光纤技术为基础的数字化信号适合高速远距离传送信息的突出优点，可以实现对超高层建筑物和超大跨度桥梁的远距离量测和安全健康监测。

根据可以调制的物理参数，光纤传感器可分为应变型、位移型、加速度型等。目前已得到广泛应用的光纤传感器主要有应变型和加速度型，包括光纤光栅应变传感器和光纤光栅加速度传感器。

3.10.2　光纤光栅应变传感器

1）基本原理

光纤光栅是通过改变光纤芯区折射率，产生小的周期性调解而成。光纤光栅应变传感器是通过光纤内部写入的光栅反射或透射布喇格波长光谱的检测，实现被测对象应变的测量。其构造原理如图 3-35 所示。

其工作原理见图 3-36 所示，当光栅粘贴或埋入结构的待测部位，一宽带光源入射光纤时，光纤将反射一中心波长的窄带光，当光栅周围应变、应力等物理量发生变化，导致光栅栅距 Λ 变化，使窄带光发生改变，通过测量窄带中心波长的变化，就可知道光栅处的应变情况。但必须指出，决定光纤光栅传感器量测效果的成败，粘贴和安装技术是关键。

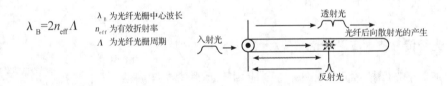

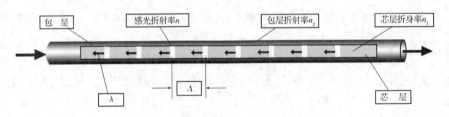

图 3-35　光纤光栅传感元件构造原理图

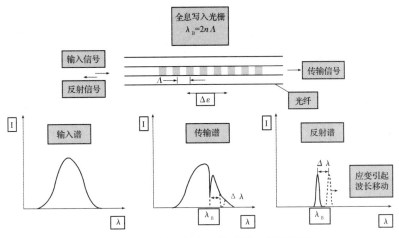

图 3-36 光纤光栅应变传感器工作原理图

2）光栅信号调解仪（或称光栅信号分析仪）

光纤光栅应变传感器通过对光纤内部的光栅反射或折射的中心波长信号来调制被测应变,由光纤本身进行信号传输,通过光栅信号调解仪（或称为光栅信号分析仪）,图 3-37 所示,将波长信号调解为数字信号的应变并传输到计算机。

3）光纤光栅应变传感测量系统组成

光纤光栅应变传感测量系统由光纤光栅传感器、连接光缆、光连接器、信号处理调解仪（或称光栅信号分析仪）、报警控制系统和计算机组成。如图 3-38 所示。

图 3-37　光栅信号分析仪

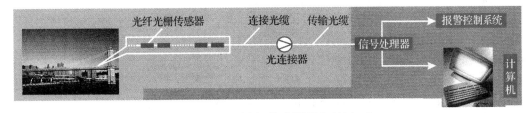

图 3-38　光纤光栅传感器测量系统组成

3.10.3　光纤光栅加速度传感器

光纤光栅加速度传感器,其力学模型可简化为一个单自由度质量——弹簧系统（图3-39所示）。

当振子作加速度运动时,质量块 m 将受到与运动方向相反的惯性力 $F=ma$ 的作用,此时光纤受力发生变化,从而光纤的长度发生变化,光纤的固定端与质量块m之间的光纤长度变

65

化量 L 与相应的应力关系为

$$ma = EA(\Delta L / L) \qquad (3-30)$$

式中　E——光纤的杨氏模量；

　　　A——光纤的横截面面积。

又依据光纤光栅传感原理：

$$\Delta\lambda_b = 0.78\varepsilon\lambda_b \qquad (3-31)$$

式中　λ_b——光纤光栅反射波长；

　　　$\Delta\lambda_b$——光纤光栅波长的改变量；

　　　ε——光纤的轴向应变，且 $\varepsilon = \Delta L / L$。

综合式（3-30）、（3-31）有

$$ma = EA(\Delta\lambda_b / 0.78\lambda_b) \qquad (3-32)$$

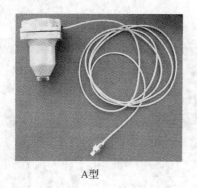

m—质量块　c—阻尼　k—弹簧

图 3-39　力学模型图

$\Delta\lambda_b$ 与振动加速度成正比。依此光纤光栅感受被测物体的振动信息，经传输光纤从测量环境传回，采用光纤光栅动态调解仪探测光纤光栅反射波长的改变量，并通过二次仪表测出振动信号。

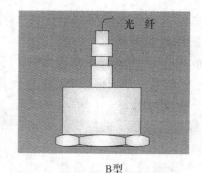

A型　　　　　　　　　　　　　　　　　B型

图 3-40　光纤光栅加速度传感器

3.10.4　振弦式光纤传感器的基本原理

1）基本原理

以光纤作为振动弦，根据振动弦不同张力的变化而产生弦的固有频率的变化原理，再由振动弦的不同振动频率通过光纤传送所测物理量的变化。图 3-41 为振弦式光纤传感器的构造和原理图。根据振动理论可知，弦的振动频率与张力的平方根成正比，弦的张力与外力作用的变化有关，可以通过实测弦的振动频率变化求得变化的外力及其变形。弦的张力 T 与振动频率 f 的关系，可由下式表达：

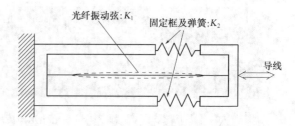

图 3-41　振弦式光纤传感器的构造与原理图

$$f = \frac{1}{nl}\sqrt{\frac{Tg}{\rho}} = \alpha\sqrt{T} \qquad (3-33)$$

式中　l ——振动弦的长度；

T ——弦的张力；

ρ ——弦的单位长度的重量；

g ——重力加速度；

n ——振动方式所对应的系数，一般 $n=2,1,1/2,\cdots$；

α ——实验系数。

另外根据图 3-41 所示，振动弦的弹性系数 K_1，振动弦固定框的弹性系数 K_2，振动弦张力的振动周期初始值 T_0，外力 F 的关系由下式表示：

$$\frac{T_0-T}{K_1}=\frac{F}{K_1-K_2}\qquad(3-34)$$

式中　$K_1=EA/l$，式(3-33)中的振动频率 f 和式(3-34)中的外力 F 的关系由下式表示：

$$f=\alpha\sqrt{T_0-\frac{K_1}{K_1+K_2}F}\qquad(3-35)$$

由式(3-35)可知，这种传感器结构方式，基本上由外力 F 支配，由此可以看出，选择传感器时要求传感器的刚性要远远小于被测定结构物的刚性，光纤应变传感器的使用才有可能。

2) 振弦式光纤传感器的测量系统

振弦式光纤传感器的测量系统构成如图 3-42 所示。由振弦式光纤传感器，电源、光源和量测显示部分以及传送信号的光纤导线组成。

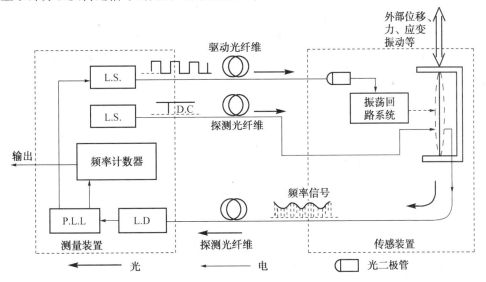

图 3-42　振动弦式光纤传感器的测量系统组成

3.10.5　光纤传感器的品种

自从光纤传感器问世以来，在品种和用途上有了很大发展。目前主要有：结构表面光纤光栅应变传感器、混凝土内部光纤应变传感器、光纤温度传感器、光纤裂缝传感器和光纤速度型传感器等。

3.11 数据采集系统

3.11.1 数据采集系统的组成

通常,数据采集系统的硬件由三个部分组成:传感器部分、数据采集仪部分和计算机(控制器)部分。

传感器部分包括前面所提到各种电测传感器,它们的作用是感受各种物理变量,如力、线位移、角位移、应变和温度等,并把这些物理量转变为电信号。一般情况下,传感器输出的电信号可以直接输入数据采集仪;如果某些传感器的输出信号不能满足数据采集仪的输入要求,则还要加上放大器等。

数据采集仪部分包括:① 与各种传感器相对应的接线模块和多路开关,其作用是与传感器连接,并对各个传感器进行扫描采集;② A/D转换器,对扫描得到的模拟量进行 A/D 转换,转换成数字量;③ 主机,其作用是按照事先设置的指令或计算机发给的指令来控制整个数据采集仪,进行数据采集;④ 储存器,可以存放指令、数据等;⑤ 其他辅助部件。数据采集仪的作用是对所有的传感器通道进行扫描,把扫描得到的电信号进行 A/D 转换成数字量,再根据传感器特性对数据进行传感器系数换算(如把电压数换算成应变或温度,等等),然后将这些数据传送给计算机,或者将这些数据存入磁盘,打印输出。

计算机的主要作用是作为整个数据采集系统的控制器,控制整个数据采集过程。在采集过程中,通过数据采集程序的运行,计算机对数据采集仪进行控制。采集数据还可以通过计算机进行处理,实时打印输出和图像显示并存入磁盘文件。此外,计算机还可用于试验结束后的数据处理。

3.11.2 数据采集系统常用的几种类型

数据采集系统可以对大量数据进行快速采集、处理、分析、判断、报警、直读、绘图、储存、试验控制和人机对话等,可进行自动化数据采集和试验控制,它的采样速度可高达每秒几万个数据或更多。目前国内外数据采集系统的种类很多,按其系统组成的模式大致可分为以下几种:

(1) 大型专用系统

将采集、分析和处理功能融为一体,具有专门化、多功能和高档次的特点。

(2) 分散式系统

由智能化前端机、主控计算机或微机系统、数据通信及接口等组成,其特点是前端可靠近测点,消除了长导线引起的误差,并且稳定性好、传输距离远、通道多。

(3) 小型专用系统

这种系统以单片机为核心,小型、便携、用途单一、操作方便、价格低,适用于现场试验时的测量。

(4) 组合式系统

这是一种以数据采集仪和微型计算机为中心,按试验要求进行配置组合成的数据采集系统,它适用性广,价格便宜,是一种比较容易普及的系统。

图 3-43 所示是以数据采集仪为主配置的数据采集系统,它是一种组合式系统。可满足

不同的试验要求。传感器部分中,可根据试验任务,只把要用的传感器接入系统。传感器与系统连接时,可以按传感器输出的形式进行分类,分别与采集仪中相应的测量模块连接。例如,应变计和应变式传感器与应变测量多路开关连接;热电偶温度计与热电偶测温多路开关连接;热敏电阻温度计和其他传感器可与相应的多路开关连接。该数据采集仪的主机具有与计算机高级语言相类似的命令系统,可进行设置、测量、扫描、触发、转换计算、存储和子程序调用等操作,还具有时钟、报警、定速等功能。该数据采集仪具有各种不同的功能模块,例如积分式电压表模块用于 A/D 转换,高速电压表用于动力试验的 A/D 转换,控制模块用于控制盘驱动器、打印机和其他仪器,各种多路开关模块用于与各种传感器连成测量电路,执行扫描和传输各种电信号,等等。这些模块都是插件式的,可以根据数据采集任务的需要进行组装,把所需要用的模块插入主机或扩充箱的槽内。图中配置的计算机部分,可以进行实时控制数据采集,也可以使采集仪主机独立进行数据采集。进行实时控制数据采集时,通过数据采集程序的运行,计算机向数据采集仪发出采集数据的指令;数据采集仪对指定的通道进行扫描,对电信号进行A/D 转换和系数换算,然后把这些数据存入输出缓冲区;计算机再把数据从数据采集仪读入计算机内存,对数据进行计算处理,实施打印输出和图像显示,存入磁盘文件。

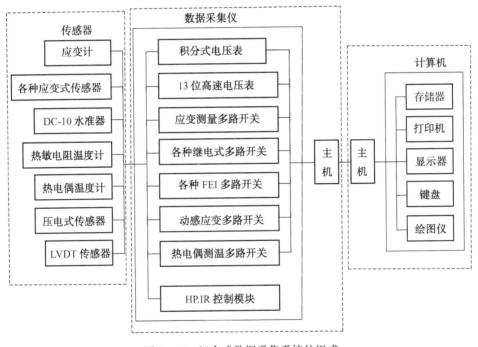

图 3-43　组合式数据采集系统的组成

复习思考题

3-1　量测仪表通常有哪几部分组成?量测技术包括哪些内容?

3-2　名词解释:量程、刻度值、灵敏度、频率响应。

3-3　量测仪表的选用原则是什么?

3-4　量测仪表为什么要率定?其目的和意义是什么?

3-5　如何测定结构的应力?测量应变时对标距有何要求?常用的量测方法有哪几种?

3-6 电测应变的理论根据是什么？电阻应变计的主要技术指标有哪些？

3-7 何谓全桥测量和半桥测量？电桥的输出特性是什么？

3-8 电测应变为什么要温度补偿？温度补偿的方法有哪几种？

3-9 对结构上的应变测点布置有何要求？如何测量结构杆件的反弯点位置？

3-10 结构的位移测点如何布置？为什么首先要考虑量测结构的整体变形？

3-11 裂缝测量主要有哪几个项目？裂缝宽度如何测量？

3-12 力的测定方法有哪些？

3-13 惯性式测振传感器力学原理是什么？如何使测振传感器的工作达到理想状态？

3-14 光纤光栅应变传感器的构造和工作原理是什么？光栅信号分析仪作用是什么？

3-15 光纤光栅加速度传感器的工作原理是什么？

3-16 数据采集系统由几部分组成？常用的数据采集系统有哪几种类型？

4 工程结构模型试验

4.1 模型试验的基本概念

结构试验除了在原型结构上进行试验和对工程结构中的局部构件(如梁、板、柱等)尺寸规模不大的可做足尺试验外,其余大多是通过各相关条件模拟的模型试验。主要考虑到足尺整体结构试验的试验设备加载能力和经济原因,通常都是做缩尺比例的结构模型试验,而且缩尺比例较小,并具有实际工程结构的全部或部分特征。只要设计的模型满足相似条件,其试验数据可根据相似关系直接换算为原型结构的数据。本章所讨论的就是这种缩尺比例的结构模型试验(如图 4-1)。一般主要用于研究性试验。

(a) 钢筋混凝土多层框架结构振动台模型试验

(b) 钢筋混凝土框架转换层抗震模型试验

(c) 钢筋混凝土筏板基础缩尺模型试验

(d) 大跨度网壳结构有机玻璃模型试验

图 4-1 结构模型试验

4.2 模型试验的相似理论基础

4.2.1 模型相似的概念

这里所讲的相似是指模型和实物相对应的物理量相似,它比通常所讲的几何相似概念更广泛些。所谓物理现象相似,是指除了几何相似之外,还有物理过程的相似。下面将分别介绍与结构性能有关的几个主要物理量的相似。

1) 几何相似

几何学中的相似如两个三角形相似,要求对应边也成比例(图 4-2)。即 $\dfrac{a'}{a}=\dfrac{b'}{b}=\dfrac{c'}{c}=S_L$,$S_L$ 称为长度相似常数。结构模型与原结构满足结构相似就要求模型与原结构之间所有对应部分的尺寸都成比例,除跨度比 $\dfrac{L_m}{L_p}=S_L$(m 及 p 分别表示模型结构和原型结构)外,其面积比、截面模量比及惯性矩比均应分别满足 $\dfrac{A_m}{A_p}=S_L^2$;

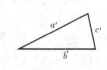
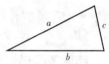

图 4-2 几何相似

$\dfrac{W_m}{W_p}=S_L^3$;$\dfrac{I_m}{I_p}=S_L^4$ 的相似条件。

2) 荷载相似

荷载相似要求模型和原型结构在对应点所受的荷载方向一致,大小成比例(图 4-3),称为荷载相似。由图 4-3 可知

$$\frac{a_m}{a_p}=\frac{b_m}{b_p}=S_L$$

$$\frac{P_{1m}}{P_{1p}}=\frac{P_{2m}}{P_{2p}}=S_P$$

式中　S_P 为荷载相似常数(集中荷载),S_L 为尺寸相似常数。

线荷载相似常数:$S_w=S_\sigma \cdot S_L$

均布荷载相似常数:$S_q=S_\sigma$

弯矩或扭矩相似常数:$S_M=S_\sigma \cdot S_L^3$

式中　S_σ 为应力相似常数。

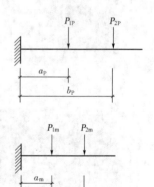

图 4-3 荷载相似

当同时要考虑结构自重时,还需考虑重量分布的相似。即:

$S_{mg}=\dfrac{m_m g_m}{m_p g_p}=S_m \cdot S_g$,通常 $S_g=1$。式中 S_m 和 S_g 分别为质量和重力加速度的相似常数。而 $S_m=S_\rho S_L^3$,所以 $S_{mg}=S_m S_g=S_\rho S_L^3$($S_\rho$ 为质量密度相似常数)。

3) 质量相似

在研究工程振动等问题时,要求结构的质量分布相似,即对应部分的质量(通常简化为对应点的集中质量)成比例(图 4-4)。有

$$\frac{m_{1m}}{m_{1p}}=\frac{m_{2m}}{m_{2p}}=\frac{m_{3m}}{m_{3p}}=S_m$$

S_m为质量相似常数。在关于荷载相似的讨论中已提及$S_{mg}=S_\rho \cdot S_L^3$,但常限于材料力学特性要求而不能同时满足$S_\rho$的要求,此时需要在模型结构上附加质量块以满足$S_{mg}$的要求。

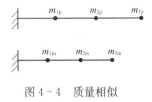

图4-4 质量相似

对于具有分布质量的部分,采用单位密度(单位体积的质量)ρ表示更为合适,质量密度相似常数为:$S_\rho = \dfrac{\rho_m}{\rho_p}$

4) 刚度相似

研究与结构变形有关问题时,要用到刚度。表示材料刚度的参数是弹性模数E和G,若模型和实物各对应点处材料的拉压弹性模数和剪切弹性模数成比例,就是材料的弹性模数相似。

$$\frac{E_{1m}}{E_{1p}}=\frac{E_{2m}}{E_{2p}}=\frac{E_{3m}}{E_{3p}}=S_E$$

$$\frac{G_{1m}}{G_{1p}}=\frac{G_{2m}}{G_{2p}}=\frac{G_{3m}}{G_{3p}}=S_G$$

S_E为拉、压弹性模数相似常数;S_G为剪切弹性模数相似常数。

5) 时间相似

对于结构动力问题,若模型结构上的速度、加速度与原型结构上的速度、加速度在对应的位置和对应的时刻保持一定的比例,并且运动方向一致,则称为速度和加速度相似。所谓时间相似不一定是指相同的时刻,而只是要求对应的间隔时间成比例。

$$\frac{t_{1m}}{t_{1p}}=\frac{t_{2m}}{t_{2p}}=\frac{t_{3m}}{t_{3p}}=S_t$$

S_t为时间相似常数。

6) 边界条件相似

模型结构和原型结构在与外界接触的区域内的各种条件保持相似,即要求结构的支承条件相似、约束情况相似、边界受力情况相似。模型结构的支承和结束条件可以由与原型结构构造相同的条件来满足和保证。

4.2.2 模型结构设计的相似条件与确定方法

模型结构试验的过程能客观反映出参与该模型工作的各有关物理量相互之间的关系。由于模型结构和原型结构存在相似关系,因此也必须反映出模型与原型结构各相似常数之间的关系。这种各相似常数之间所应满足的一定的组合关系就是模型与原型结构之间的相似条件,也就是模型设计时需要遵循的原则。因此,模型设计的关键是要写出相似条件。

确定相似条件的方法有方程式分析法和量纲分析法两种。

1) 方程式分析法

运用方程式分析法确定相似条件,相当方便、明确,但必须在进行模型设计前对所研究的物理过程中各物理量之间的函数关系,即对试验结果和试验条件之间的关系提出明确的数学方程式,才有可能确定。下面举一简单的例子来说明采用方程式分析法确定相似条件的过程。图4-5为研究一简支梁在集中荷载作用下的作用点处的弯矩、应力和挠度,设计一个缩小比例的模型试验梁。并假定梁在弹性范围内工作,其他时间因素对材料性能的影响(如时效、徐变等)可忽略。

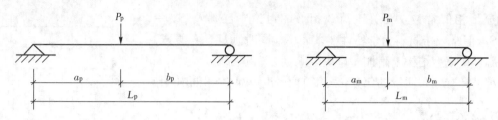

图 4 - 5　简支梁受集中力作用的相似

模型试验梁的相似条件

由结构力学可知：

荷载 P 作用点截面处的弯矩为 $\qquad M=\dfrac{Pab}{L}$ （4 - 1）

荷载 P 作用点截面处的正应力为 $\qquad \sigma=\dfrac{Pab}{WL}$ （4 - 2）

荷载 P 作用点截面处的挠度为 $\qquad f=\dfrac{Pa^2b^2}{3EIL}$ （4 - 3）

首先应满足几何相似

$$\frac{L_m}{L_p}=\frac{a_m}{a_p}=\frac{b_m}{b_p}=S_L; \quad \frac{A_m}{A_p}=S_L^2; \quad \frac{W_m}{W_p}=S_L^3; \quad \frac{I_m}{I_p}=S_L^4$$

模型梁和原型梁相似，则在对应点上的弯矩、应力和挠度都应符合式（4 - 1）、式（4 - 2）和式（4 - 3）。即对于原型梁为

$$M_p=\frac{P_p a_p b_p}{L_p}$$ （4 - 5）

$$\sigma_p=\frac{P_p a_p b_p}{W_p L_p}$$ （4 - 6）

$$f_p=\frac{P_p a_p^2 b_p^2}{3L_p E_p I_p}$$ （4 - 7）

要求材料的弹性模量 E 相似，即 $S_E=\dfrac{E_m}{E_p}$；要求作用在梁上荷载 P 相似，即 $S_p=\dfrac{P_m}{P_p}$。

当要求模型梁上集中荷载作用点处的弯矩、应力和挠度和原型梁相似时，则弯矩、应力和挠度的相似常数分别为：$S_M=\dfrac{M_m}{M_p}$；$S_\sigma=\dfrac{\sigma_m}{\sigma_p}$；$S_f=\dfrac{f_m}{f_p}$。

将以上各物理量的相似常数代入式（4 - 5）、式（4 - 6）、式（4 - 7）则可得

$$\frac{M_m}{S_M}=\frac{P_m a_m b_m}{L_m}\cdot\frac{1}{S_p\cdot S_L}$$

$$M_m\frac{S_L S_P}{S_M}=\frac{P_m a_m b_m}{L_m}$$ （4 - 8）

$$\frac{\sigma_m}{S_\sigma}=\frac{P_m a_m b_m}{W_m L_m}\cdot\frac{S_L^2}{S_P}$$

$$\sigma_m\cdot\frac{S_P}{S_\sigma S_L^2}=\frac{P_m a_m b_m}{W_m L_m}$$ （4 - 9）

74

$$\frac{f_{\mathrm{m}}}{S_{\mathrm{f}}}=\frac{P_{\mathrm{m}}a_{\mathrm{m}}^2b_{\mathrm{m}}^2}{3L_{\mathrm{m}}E_{\mathrm{m}}I_{\mathrm{m}}}\cdot\frac{S_ES_L}{S_P}$$

即

$$f_{\mathrm{m}}\cdot\frac{S_P}{S_{\mathrm{f}}S_ES_L}=\frac{P_{\mathrm{m}}a_{\mathrm{m}}^2b_{\mathrm{m}}^2}{3L_{\mathrm{m}}E_{\mathrm{m}}I_{\mathrm{m}}} \tag{4-10}$$

显然只有当

$$\frac{S_M}{S_P\cdot S_L}=1 \tag{4-11}$$

$$\frac{S_\sigma S_L^2}{S_P}=1 \tag{4-12}$$

$$\frac{S_{\mathrm{f}}S_ES_L}{S_P}=1 \tag{4-13}$$

才满足

$$M_{\mathrm{m}}=\frac{P_{\mathrm{m}}a_{\mathrm{m}}b_{\mathrm{m}}}{L_{\mathrm{m}}} \tag{4-14}$$

$$\sigma_{\mathrm{m}}=\frac{P_{\mathrm{m}}a_{\mathrm{m}}b_{\mathrm{m}}}{W_{\mathrm{m}}L_{\mathrm{m}}} \tag{4-15}$$

$$f_{\mathrm{m}}=\frac{P_{\mathrm{m}}a_{\mathrm{m}}^2b_{\mathrm{m}}^2}{3L_{\mathrm{m}}E_{\mathrm{m}}I_{\mathrm{m}}} \tag{4-16}$$

这说明只有当式(4-11)、式(4-12)、式(4-13)成立,模型结构才能与原型结构相似,因此,式(4-11)、式(4-12)、式(4-13)是模型与原型应满足的相似条件。

这时可以由模型试验获得的数据乘以相应的相似常数,推算得到原型结构的数据。

即

$$M_P=\frac{M_{\mathrm{m}}}{S_M}=\frac{M_{\mathrm{m}}}{S_P\cdot S_L} \tag{4-17}$$

$$\sigma_P=\frac{\sigma_{\mathrm{m}}}{S_\sigma}=\sigma_{\mathrm{m}}\cdot\frac{S_L^2}{S_P} \tag{4-18}$$

$$f_P=\frac{f_{\mathrm{m}}}{S_{\mathrm{f}}}=f_{\mathrm{m}}\cdot\frac{S_ES_L}{S_P} \tag{4-19}$$

2) 量纲分析法

当结构或荷载条件比较复杂,我们还没有掌握其试验过程中各物理量之间的函数关系,即对试验结果和试验条件之间的关系不能提出明确的函数方程式时,采用方程式分析法确定相似条件是不可能的,这时候就可以用量纲分析法确定相似条件。量纲分析法仅需知道哪些物理量影响试验过程中的物理现象,量测这些物理量的单位系统的量纲就行了。

量纲(或称因次)的概念是在研究物理量的数量关系时产生的,它说明量测物理量时所用单位的性质。如测量距离用 m、cm 等不同的单位,但它们都属于长度这一性质,因此把长度称为一种量纲,以"L"表示。时间用 h、min、s 等单位表示,是有别于长度的另一种量纲,以"T"表示。每一种物理量都对应有一种量纲。有些物理量是无量纲的,用"1"表示,有些物理量是由量测与它有关的量后间接求出的,其量纲由与它有关的物理量的量纲导出,称为导出量纲。在一般的结构工程问题中,各物理量的量纲都可由长度、时间、力这三个量纲导出,故可将长度、时间、力三者取为基本量纲,称为绝对系统。另一组常用的基本量纲为长度、时间、质量,称为质量系统。还可选用其他的量纲作为基本量纲，但基本量纲必须是互相独立的和完整的，即在这组基本量纲中，任何一个量纲不可能由其他量纲组成而且所研究的物理过程中的全部有关物理量的量纲都可由这组基本量纲组成。常用的物理量的量纲表示法见表 4-1。

略去严格的证明，关于量纲可简要归结如下：

（1）两个物理量相等不仅要求它们的数值相同，而且要求它们的量纲相同。

（2）两个同量纲参数的比值是无量纲参数，其值不随所取单位的大小而变。

（3）一个物理方程式中，等式两边各项的量纲必须相同。常把这一性质称为"量纲和谐"，"量纲和谐"的概念是量纲分析法的基础。

表 4-1　常用物理量及物理常数的量纲

物理量	质量系统	绝对系统	物理量	质量系统	绝对系统
长　度	L	L	功　率	ML^2T^{-3}	FLT^{-1}
时　间	T	T	面积二次矩	L^4	L^4
质　量	M	$FL^{-1}T^2$	质量惯性矩	ML^2	FLT^2
力	MLT^{-2}	F	表面张力	MT^{-2}	FL^{-1}
温　度	θ	θ	应　变	1	1
速　度	LT^{-1}	LT^{-1}	密　度	ML^{-3}	$FL^{-4}T^2$
加速度	LT^{-2}	LT^{-2}	弹性模量	$ML^{-1}T^{-2}$	FL^{-2}
角　度	1	1	泊松比	1	1
角速度	T^{-1}	T^{-1}	动力粘度	$ML^{-1}T^{-1}$	$FL^{-2}T$
角加速度	T^{-2}	T^{-2}	运动粘度	L^2T^{-2}	L^2T^{-1}
压强和应力	$ML^{-1}T^{-2}$	FT^{-2}	热线胀系数	θ^{-1}	θ^{-1}
力　矩	ML^2T^{-2}	FL	热导率	$MLT^{-3}\theta^{-1}$	$FT^{-1}\theta^{-1}$
能量、热能	ML^2T^{-2}	FL	比　热	$L^2T^{-2}\theta^{-1}$	$L^2T^{-2}\theta^{-1}$
冲　力	MLT^{-1}	FT	热容重	$ML^{-1}T^{-2}\theta^{-1}$	$FL^{-2}\theta^{-1}$

（4）导出量纲可和基本量纲组成无量纲组合，但基本量纲之间不能组成无量纲组合。

（5）若在一个物理过程中共有 n 个物理参数，其中有 k 个基本量纲，则可以组成 $n-k$ 个独立的无量纲参数组合。无量纲参数组合简称"π 数"。

（6）一个物理方程式若含 n 个参数 $X_1,X_2,\cdots,X_n$ 和 k 个基本量纲，则此物理方程式可改写成有 $n-k$ 个独立的 π 数的方程式，即方程

$$f(X_1,X_2,\cdots,X_n)=0$$

可改写成　　　　　　　　　　$$\varphi(\pi_1,\pi_2,\cdots,\pi_{n-k})=0$$

就是说，任何一种可以用数学方程定义的物理现象都可以用与单位无关的量——无量纲数 π 来定义。有的文献把这一性质称为 π 定理或第二相似定理，是英国学者 Buckingham 在 1914 年提出的。π 定理在量纲分析中起着重要的作用。

若两个物理过程相似，其 π 函数 φ 相同，相应各物理量之间仅是数值大小不同。根据上述量纲的基本性质，可证明这两个物理过程的相应 π 数必然相等。这就是用量纲分析法求相似条件的依据：相似物理现象的相应 π 数相等。有的文献把这一结论称为第一相似定理。

仍以图 4-5 所示简支梁为例来说明如何用量纲分析法求相似条件。如前所述，用量纲分析

法求相似条件不需要事先提出代表物理过程的方程式,仅需知道参与物理过程的主要物理量。

根据已掌握的知识,受横向集中荷载的梁(图 4-5)其应力 σ 和位移 f 是长度 l、荷载 P、弹性模量 E 的函数,可表示为

$$F(\sigma,l,P,E,f)=0$$

$n=5,k=2$,其 π 函数为

$$\varphi(\pi_1,\pi_2,\pi_3)=0$$

又有量纲参数组成 π 数的一般形式为

$$\pi=X_1^{a_1}X_2^{a_2}X_3^{a_3}\cdots X_n^{a_n} \tag{4-20}$$

其中 $a_2,a_2,a_3,\cdots,a_n$ 为待求的指数,本例的 π 数为

$$\pi=\sigma^{a_1}l^{a_2}P^{a_3}E^{a_4}f^{a_5}$$

以量纲式表示

$$[1]=[F]^{a_1}[L]^{-2a_1}[L]^{a_2}[F]^{a_3}[F]^{a_4}[L]^{-2a_4}[L]^{a_5}$$

根据量纲和谐的要求:

对量纲 $[F]$:$a_1+a_3+a_4=0$

对量纲 $[L]$:$-2a_1+a_2-2a_4+a_5=0$

两个方程包含 5 个未知数,是不定方程式。可先确定其中三个未知数从而获得其解,若先确定 a_1、a_4、a_5,则

$$\pi=\sigma^{a_1}l^{2a_1+2a_4-a_5}P^{-a_1-a_4}E^{a_4}f^{a_5}$$

$$=\left(\frac{\sigma l^2}{P}\right)^{a_1}\left(\frac{El^2}{P}\right)^{a_4}\left(\frac{f}{l}\right)^{a_5}$$

若分别取

$$a_1=1;\ a_4=a_5=0$$
$$a_4=1;\ a_1=a_5=0$$
$$a_5=1;\ a_1=a_4=0$$

可得三个独立的 π 数:

$$\pi_1=\frac{\sigma l^2}{P};\quad \pi_2=\frac{El^2}{P};\quad \pi_3=\frac{f}{l}$$

若 a_1,a_4,a_5 取其他数值,则可得其他 π 数,但互相独立的只有 3 个。

模型结构和原型结构相似的条件是相应的 π 数相等,即

$$\frac{\sigma_m l_m^2}{P_m}=\frac{\sigma_p l_p^2}{P_p};\quad \frac{E_m l_m^2}{P_m}=\frac{E_p l_p^2}{P_p};\quad \frac{f_m}{l_m}=\frac{f_p}{l_p}$$

以各相似常数代入,即得模型梁和原型梁的相似条件为

$$\frac{S_\sigma S_L^2}{S_P}=1;\qquad \frac{S_f S_E S_L}{S_P}=1$$

它们和用方程式分析法得出的相似条件式(4-12)、式(4-13)相同。

至此,可将量纲分析法归纳为:列出与所研究的物理过程有关的物理参数,根据 π 定理和量纲和谐的概念找出 π 数,并使模型和原型的 π 数相等,从而得出模型设计的相似条件。

需要注意的是 π 数的取法有着一定的任意性,而且当参与物理过程的物理量较多时,可组成

的 π 数很多。若要全部满足与这些 π 数相应的相似条件,条件将十分苛刻,有些是不可能达到也不必要达到的。另一方面,若在列物理参数时遗漏了那些对问题有主要影响的物理参数,就会使试验研究得出错误的结论或得不到解答。因此,需要恰当地选择有关的物理参数。量纲分析法本身不能解决物理参数选择得是否正确的问题。物理参数的正确选择取决于模型试验者的专业知识以及对所研究的问题初步分析的正确程度。甚至可以认为,如果不能正确选择有关的参数,量纲分析法就无助于模型设计。在进行模型试验时,研究人员在结构方面的知识十分重要。

在实际应用时,由于技术和经济等方面的原因,一般很难完全满足相似条件,即做到模型和实物完全相似。因此,常常简化和减少一些次要的相似要求,采用不完全相似的模型。只要能够抓住主要影响因素,略去某些次要因素并利用结构的某些特性来简化相似条件,不完全相似的模型试验仍可保证结果的准确性。例如在一般梁的模拟中,对材料的刚度相似要求常常略去 G 而只要求 E 相似。此时,模型和实物材料的泊松系数 v 不相等,是不完全刚度相似,但并不影响梁的试验结果。对于钢筋混凝土结构的模型,由于很难使模型结构中钢筋和混凝土两者之间的粘结情况和实际结构中的粘结情况完全相似;当进入塑性阶段产生大变形后,力的平衡关系需按变形后的几何位置得出,要求模型和原型结构材料的应变相等、刚度相似,这些要求很难满足;因此对钢筋混凝土结构,很难做到模型和原型结构的完全相似。目前用于模型混凝土的材料仅能基本满足要求(见第 4.5.1 节)。但已有的钢筋混凝土模型试验结果表明,只要在模型设计时正确抓住主要的相似要求,小比例的钢筋混凝土模型试验可以相当成功。这里还要再强调模型设计者的专业知识,不完全相似模型试验的成功与否,在很大程度上取决于模型设计者的结构知识和经验。

4.3 模型的分类

为便于进行试验规划和模型设计,常按试验目的的不同将结构模型分成以下几类。

4.3.1 弹性模型

弹性模型试验的目的是要从中获得原结构在弹性阶段的资料,研究范围仅局限于结构的弹性阶段。

由于结构的设计分析大部分是弹性的,所以弹性模型试验常用在混凝土结构的设计过程中,用以验证新结构的设计计算方法是否正确或为设计计算提供某些参数。目前来说,结构动力试验模型一般也都是弹性模型。

弹性模型的制作材料不必和原型结构的材料完全相似,只需模型材料在试验过程中具有完全的弹性性质。

弹性模型不能预计实际结构物在荷载下产生的非弹性性能,如混凝土开裂后的结构性能,钢材达流限后的结构性能等等。

弹性模型的试验方法,除了一般的用应变仪测定应变外,还有在弹性模型上涂脆性材料,画照相网格或用光弹性模型进行光弹性试验。

4.3.2 强度模型

强度模型的试验目的是预计原结构的极限强度以及原结构在各级荷载作用下直到破坏荷

载甚至极限变形时的性能。

近年来,由于钢筋混凝土结构非弹性性能的研究较多,钢筋混凝土强度模型试验技术得到很大发展。试验成功与否很大程度上取决于模型混凝土及模型钢筋的材性和原结构材料材性的相似程度。目前,钢筋混凝土结构的小比例强度模型还只能做到不完全相似的程度,主要的困难是材料的完全相似难以满足。

4.3.3 间接模型

间接模型试验的目的是要得到关于结构的支座反力及弯矩、剪力、轴力等内力的资料(如影响线图等)。因此,间接模型并不要求和原型结构直接相似。例如框架的内力分布主要取决于梁、柱等构件之间的刚度比,梁柱的截面形状不必直接和原型结构相似。为便于加工制作,常常用圆形截面代替实际结构的型钢截面或其他截面。这种不直接相似的模型试验结果对它的试验目的来说,并不失去其准确性。间接模型现在已被计算机分析所取代。很少使用。

4.4 模型设计

模型设计一般按照下列程序进行:

(1) 根据任务明确试验的具体目的,选择模型类型;

(2) 在对研究对象进行理论分析和初步估算的基础上用方程式分析法或量纲分析法确定相似条件;

(3) 确定模型的几何尺寸,亦即定出长度相似常数 S_L;

(4) 根据相似条件定出其他相关的各相似常数;

(5) 绘制模型施工图。

结构模型几何尺寸的变动范围很大,缩尺比例可以从几分之一到几百分之一,需要综合考虑各种因素如模型的类型、模型材料、模型制作条件及实验条件等才能确定出一个最优的几何尺寸。小模型所需荷载小,但制作困难,加工精度要求高,对量测仪表要求亦高;大模型所需荷载大,但制作方便,对量测仪表可无特殊要求。一般来说,弹性模型的缩尺比例较小,而强度模型,尤其是钢筋混凝土结构的强度模型的缩尺比例较大,因模型的截面最小厚度、钢筋间距、保护层厚度等方面都受到制作时的可操作性的限制,不可能取得太小。目前最小的钢丝网水泥砂浆板壳模型厚度可做到 3 mm,最小的梁、柱截面边长可做到 60 mm。

几种模型结构常用的缩尺比例列于表 4-2 中。

表 4-2 模型的缩尺比例表

结构类型	弹性模型	强度模型
壳体	$\frac{1}{200} \sim \frac{1}{50}$	$\frac{1}{30} \sim \frac{1}{10}$
公路桥、铁路桥	$\frac{1}{25}$	$\frac{1}{20} \sim \frac{1}{4}$
反应堆容器	$\frac{1}{100} \sim \frac{1}{50}$	$\frac{1}{20} \sim \frac{1}{4}$
板结构	$\frac{1}{25}$	$\frac{1}{10} \sim \frac{1}{4}$

结构类型	弹性模型	强度模型
坝	$\dfrac{1}{400}$	$\dfrac{1}{75}$
研究风荷载用的结构	$\dfrac{1}{300}\sim\dfrac{1}{50}$	一般不用强度模型

一般情况下,相似常数的个数多于相似条件的个数,除长度相似常数 S_L 为首先确定的条件外,还可先确定几个量的相似常数,再根据相似条件推出对其余量的相似常数要求。由于目前模型材料的力学性能还不能任意控制,所以在确定各相似常数时,一般根据可能条件先选定模型材料,亦即先确定 S_E 及 S_σ 再确定其他量的相似常数。

一般的静力弹性模型,当以长度及弹性模量的相似常数 S_L、S_E 为设计时首先确定的条件时,所有其他量的相似常数都是 S_L 和 S_E 的函数或等于 1。表 4－3 列出了一般静荷载弹性模型的相似常数要求。

表 4－3　结构静力试验模型的相似常数

	物理量	量纲	相似常数
材料特性	应力 σ	FL^{-2}	S_E
	弹性模量 E	FL^{-2}	S_E
	泊松比 ν	—	1
	密度 ρ	FT^2L^{-4}	S_E/S_L
	应变 ε	—	1
几何尺寸	线尺寸 l	L	S_L
	线位移 x	L	S_L
	角变位 β	—	1
	面积 A	L^2	S_L^2
	惯性矩 I	L^4	S_L^4
荷载	集中荷载 P	F	$S_E S_L^2$
	线荷载 W	FL^{-1}	$S_E S_L$
	均布荷载 q	FL^{-2}	S_E
	弯矩及扭矩 M	FL	$S_E S_L^3$
	剪力 Q	F	$S_E S_L^2$

钢筋混凝土结构的强度模型要求正确反映原型结构的弹塑性性质,包括给出和原型结构相似的破坏形态、极限变形能力以及极限承载能力。对模型材料的相似要求就更为严格。理想的模型混凝土和模型钢筋应和原结构的混凝土和钢筋具有相似的 σ-ε 曲线,并且在极限强度下的变形 ε_c 和 ε_r 相等(图 4－6)。当模型材料满足这些要求时,由量纲分析得出的钢筋混凝土强度模型的相似条件如表 4－4 中第(3)栏所示。注意这时 $S_{Er}=S_{Ec}=S_{\sigma c}$(角标 r 和 c 分别表示钢筋和混凝土),亦即要求模型钢筋的弹性模量相似常数等于模型混凝土的弹性模量相似常数和应力相

似常数。由于钢材是目前能找到的唯一适用于模型的加筋材料,因此 $S_{Er}=S_{Ec}=_{\sigma c}$ 这一条件很难满足,除非 $S_{Er}=S_{Ec}=S_{\sigma c}=1$,也就是模型结构采用和原形结构相同的混凝土和钢筋。此条件下对其余各物理量的相似常数要求列于表 4-4 中第(4)栏。其中模型混凝土密度相似常数为 $1/S_L$,要求模型混凝土的密度为原形结构混凝土密度的 $1/S_L$ 倍。当需考虑结构本身的质量和重量对结构性能的影响时,为满足密度相似的要求,需在模型结构上施加附加质量。

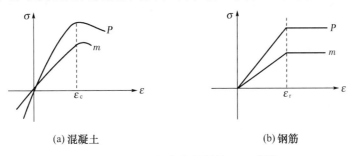

(a) 混凝土　　　　　　　　　　　　　　　(b) 钢筋

图 4-6　理想相似材料的 σ-ε 曲线

表 4-4　钢筋混凝土强度模型的相似常数

物理量		量　纲	理想模型	实际模型	不完全相似模型
(1)		(2)	(3)	(4)	(5)
材料特性	混凝土应力 σ_c	FL^{-2}	$S_{\sigma c}$	1	S_σ
	混凝土应变 ε_c	—	1	1	S_ε
	混凝土弹性模量 E_c	FL^{-2}	$S_{\sigma c}$	1	S_σ/S_ε
	混凝土泊松比 ν_c	—	1	1	1
	混凝土密度 ρ_c	FT^2L^{-4}	$S_{\sigma c}/S_L$	$1/S_L$	S_σ/S_L
	钢筋应力 σ_r	FL^{-2}	$S_{\sigma c}$	1	S_σ
	钢筋应变 ε_r	—	1	1	S_ε
	钢筋弹性模量 E_r	FL^{-2}	$S_{\sigma c}$	1	1
几何尺寸	线尺寸 l	L	S_L	S_L	S_L
	线位移 δ	L	S_L	S_L	$S_\varepsilon S_L$
	角变位 β	—	1	1	S_ε
	钢筋面积 A_s	L^2	S_L^2	S_L^2	$S_\sigma S_L^2/S_\varepsilon$
荷载	集中荷载 P	F	$S_\sigma S_L^2$	S_L^2	$S_\sigma S_L^2$
	线荷载 W	FL^{-1}	$S_\sigma S_L$	S_L	$S_\sigma S_L$
	均布荷载 q	FL^{-2}	S_σ	1	S_σ
	弯矩 M	FL	$S_\sigma S_L^2$	S_L^2	$S_\sigma S_L^2$

　　混凝土的弹性模量和 σ-ε 曲线直接受骨料及其级配情况的影响,模型混凝土的骨料多为中、粗砂,其级配情况亦和原结构不同,因此实际情况下 $S_{Ec}\neq 1$,$S_{\sigma c}$ 和 $S_{\varepsilon c}$ 亦不等于 1(图4-7)。在 $S_{Er}=1$ 的情况下,为满足 $S_{\sigma r}=S_{\sigma c}$,$S_{\varepsilon r}=S_{\varepsilon c}$ 需调整模型钢筋的面积,如表 4-4 中第(5)栏所

示。严格地讲,这是不完全相似,对于非线性阶段的试验结果会有一定的影响。

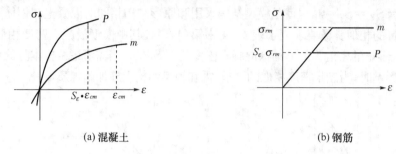

(a) 混凝土   (b) 钢筋

图 4-7 不完全相似材料的 σ-ε 曲线

当研究钢筋混凝土的剪力、裂缝等问题时,要求模型混凝土的抗拉性能以及混凝土和钢筋间的粘结情况和原型相似,无疑这是十分困难的,因为目前对原型结构中粘结力机理的了解还很有限。

对于砌体结构由于它也是由块材(砖、砌块)和砂浆两种材料复合组成,除了在几何比例上缩小并对块材作专门加工和给砌筑带来一定困难外,同样要求模型和原型有相似的应力应变曲线,实用上就是采用与原型结构相同的材料。砌体结构模型的相似常数见表 4-5。

表 4-5 砌体结构模型试验的相似常数

	物理量	量纲	一般模型	实用模型
材料特性	砌体应力 σ	FL^{-2}	S_σ	1
	砌体应变 ε	—	1	1
	砌体弹性模量 E	FL^{-2}	S_σ	1
	砌体泊松比 ν	—	1	1
	砌体质量密度 ρ	FL^{-3}	S_σ/S_L	$1/S_L$
几何尺寸	长度 L	L	S_L	S_L
	线位移 x	L	S_L	S_L
	角变位 β	1	1	1
	面积 A	L^2	S_L^2	S_L^2
荷载	集中荷载 P	F	$S_\sigma S_L^2$	S_L^2
	线荷载 W	FL^{-1}	$S_\sigma S_L$	S_L
	面荷载 q	FL^{-2}	S_σ	1
	力矩 M	FL	$S_\sigma S_L^3$	S_L^3

在进行动力模型设计时,除考虑长度 L 和力 F 这两个基本物理量外,还需考虑时间 T 这一基本物理量。而且,结构的惯性力常常是作用在结构上的主要荷载,必须考虑模型和原型结构的材料质量密度的相似。在材料力学性能的相似要求方面还应考虑应变速率对材性的影响,动力模型的相似条件同样可用量纲分析法得出。表 4-6 为动力模型各量的相似常数要求。其中相似常数项下的第(1)栏为理想相似模型的相似常数要求,从中可看出,由于动力问

题中要模拟惯性力、恢复力和重力三种力,所以,对模型材料的弹性模量和比重的要求很严格,为 $S_E/(S_g S_\rho)=S_L$。通常,$S_g=1$,则模型材料的弹性模量应比原型的小或密度比原型的大。对于由两种材料组成的钢筋混凝土结构模型,这一条件很难满足。曾有人把振动台装在离心机上,通过增大重力加速度来调节对材料施加附加质量的相似要求,这也是解决材料密度相似要求的途径。但仅适用于质量在结构空间分布的准确模拟要求不高的情况。当重力对结构的影响比地震运动等动力引起的影响小得多时,可以忽略重力影响,则在选择模型材料及相似材料时的限制就放松得多。表 4-6 中相似常数项下的第(2)栏即为忽略重力后的相似常数要求。

表 4-6 结构动力模型的相似常数

物 理 量		量 纲	相 似 常 数	
			(1)	(2)忽略重力
材料特性	应力 σ	FL^{-2}	S_E	S_E
	应变 ϵ	—	1	1
	弹性模量 E	FL^{-2}	S_E	S_E
	泊松比 ν	—	1	1
	密度 ρ	FT^2L^{-4}	S_E/S_L^*	S_ρ
	能量 EN	FL	$S_E S_L^3$	$S_E S_L^2$
几何尺寸	线尺寸 l	L	S_L	S_L
	线位移 δ	L	S_L	S_L
荷载	集中力 P	F	$S_E S_L^2$	$S_E S_L^2$
	压力 q	FL^{-2}	S_E	S_E
动力特征	质量 m	$FL^{-1}T^2$	$S_\rho S_L^3$	—
	刚度 K	FL^{-1}	$S_E S_L$	—
	阻尼 C	$FL^{-1}T$	S_m/S_L	—
	频率 ω	T^{-1}	$S_L^{-1/2}$	$S_L^{-1}(S_E/S_\rho)^{1/2}$
	加速度 a	LT^{-2}	1	$S_L^{-1}(S_E/S_\rho)^{1/2}$
	重力加速度 g	LT^{-2}	1	忽略
	速度 v	LT^{-1}	$S_L^{1/2}$	$(S_E/S_\rho)^{1/2}$
	时间、周期 t	T	$S_L^{1/2}$	$S_L(S_E/S_\rho)^{-1/2}$

＊亦可用附加质量:$(g\rho L/E)_m=(g\rho L/E)_\rho$

从表中还可看出,模型的自振频率较高,是原型的 $1/\sqrt{S_L}$ 倍或 $S_L^{-1}(S_E/S_P)^{1/2}$ 倍。输入荷载谱及选择振动台或激振器时,应注意这一要求。

4.5 模型材料与模型试验应注意的问题

4.5.1 模型材料

适用于制作模型的材料很多,但没有绝对理想的材料。因此正确地了解材料的性质及其对试验结果的影响,对于顺利完成模型试验往往有决定性的意义。

模型试验对模型材料有下列几项要求:

(1) 保证相似要求。要求模型设计满足相似条件,以致模型试验结果可按相似常数相等条件推算到原型结构上去。

(2) 保证量测要求。要求模型材料在试验时能产生足够大的变形,使量测仪表有足够的读数。因此,应选择弹性模量适当低一些的模型材料,但也不能过低,以至于因仪器防护、仪器安装装置或重量等因素而影响试验结果。

(3) 要求材料性能稳定。不受温度、湿度的变化影响而发生较大变化。一般模型结构尺寸较小,对环境变化很敏感,以至于其产生的影响远大于它对原型结构的影响,因此材料性能稳定是很重要的。

(4) 要求材料徐变小。一切用化学合成方法生产的材料都有徐变,由于徐变是时间、温度和应力的函数,故徐变对试验的结果影响很大,而真正的弹性变形不应该包括徐变。

(5) 要求加工制作方便。选用的模型材料应易于加工和制作,这对于降低模型试验费用是极为重要的。

一般讲来,对于研究弹性阶段应力状态的模型试验,模型材料应尽可能与一般弹性理论的基本假定一致,即材料是匀质,各向同性,应力与应变呈线性变化,且有不变的泊松系数。对于研究结构的全部特性(即弹性和强度以及破坏时的特性)的模型试验,通常要求模型材料与原型材料的特性相似,最好是模型材料与原型材料一致。

下面对模型试验中常采用的金属、塑料、石膏、水泥砂浆以及细石混凝土材料做简单的介绍:

1) 金属

金属的力学特性大多符合弹性理论的基本假定,如果试验对量测的准确度有严格的要求,则它是最合适的材料。在金属中,常用的材料是钢材和铝合金。铝合金允许有较大的应变量,并有良好的导热性和较低的弹性模量,因此金属模型中铝合金用得较多。钢和铝合金的泊松比约为 0.30,比较接近于混凝土材料。尽管用金属制作模型有许多优点,但它存在一个致命的弱点是加工困难,这就限制了金属模型的使用范围。此外金属模型的弹性模量较塑料和石膏的都高,荷载模拟较困难,因此用金属制作模型的并不多。

2) 塑料或有机玻璃

塑料作为模型材料的最大优点是强度高而弹性模量低(约为金属弹性模量的 0.1~0.02),加工容易。缺点是徐变较大,弹性模量受温度变化的影响也大,泊松比(约为 0.35~0.50)比金属及混凝土的都高,而且导热性差。可以用来制作模型的塑料有很多种,热固性塑料如环氧树脂、聚酯树脂,热塑性塑料如聚氯乙烯、聚乙烯、有机玻璃等,以有机玻璃用得最多。

有机玻璃是一种各向同性的匀质材料,弹性模量为 $(2.6\sim2.3)\times10^3$ MPa,泊松比为

0.33～0.35,抗拉比例极限大于 30 MPa。因为有机玻璃的徐变较大,试验时为了避免明显的徐变,应使材料中的应力不超过 7 MPa,而此时的应力已能产生 2 000 微应变($\mu\varepsilon$),对于一般应变测量已能保证足够的精度。

材料市场上有各种规格的有机玻璃板材、管材和棒材提供,给模型加工制作提供了方便。有机玻璃模型一般用木工工具就可以进行加工,而用胶粘剂或热气焊接组合成型。通常采用的粘结剂是氯仿溶剂,将氯仿和有机玻璃粉屑拌和而成粘结剂。由于材料是透明的,所以连接处的任何缺陷都容易检查出来。对于曲面的模型,可将有机玻璃板材加热到 110℃软化,然后在模子上热压成曲面。

由于塑料和有机玻璃具有加工容易的特点,故大量被用来制作板、壳体、框架和桥梁及其他形状复杂的结构模型。

3) 石膏

用石膏制作模型,其优点是加工容易,成本较低,泊松比与混凝土十分接近,且石膏的弹性模量可以改变,其缺点是抗拉强度低,且要获得均匀和准确的弹性特性比较困难。

纯石膏的弹性模量较高,而且很脆,凝结也快,故用作模型材料时,往往需掺入一些掺和料(如硅藻土、塑料或其他有机物)和控制用水量,来改善石膏的性能。一般石膏与硅藻土的配合比为 2∶1,水与石膏的配合比为 0.8～0.3,则这样形成的材料弹性模量可在 400～4 000 MPa之间任意调整。值得注意的是加入掺和料后的石膏在应力较低时是弹性的,而应力超过破坏强度的 50%时出现塑性。

制作石膏模型,首先按原型结构的缩尺比例制作好浇注石膏的模具;在浇注石膏之前应仔细校核模具的尺寸,然后把调好的石膏浆注入尺寸准确的模具。为了避免形成气泡,在搅拌石膏时应先将硅藻土和水调配好,待混合数小时后再加入石膏。石膏一般存放在气温为 35℃及相对湿度为 40%的空调室内进行养护,时间至少一个月。由于浇注模型表面的弹性性能与内部不同,因此制作模型时先将石膏按模具浇注成整体,然后再进行机械加工(割削和铣)形成模型。

石膏用来制作弹性模型,也可大致模拟混凝土的塑性工作。配筋的石膏模型常用来模拟钢筋混凝土板壳的破坏(如塑性铰线的位置等)。

4) 水泥砂浆

水泥砂浆相对于上述已提过的几种材料而言比较接近混凝土,但基本性能无疑与含有大骨料的混凝土存在差别。所以水泥砂浆主要是用来制作钢筋混凝土板壳等薄壁结构的模型,而采用的钢筋是细直径的各种钢丝或铅丝等。

值得注意的是未经退火的钢丝没有明显的屈服点,如果需要模拟热轧钢筋,则应进行退火处理。细钢丝的退火处理必须防止金属表面氧化而削弱断面面积。

5) 细石混凝土

用模型试验来研究钢筋混凝土结构的弹塑性工作或极限能力,较理想的材料可算是细石混凝土了。小尺寸的混凝土与实际尺寸的混凝土结构虽然有差别(如收缩和骨料粒径的影响等),但这些差别在很多情况下是可以忽略的。

非弹性工作时的相似条件一般不容易满足,而小尺寸混凝土结构的力学性能的离散性也较大,因此混凝土结构模型的比例不宜用得太小,最好其缩尺比例在 1/2～1/25 之间取值。目前模型的最小尺寸(如板厚)可做到 3～5 mm,而要求的骨料最大粒径不应超过该尺寸的 1/3。

这些条件在选择模型材料和确定模型比例时应该给予考虑。

钢筋和混凝土之间的粘结情况对结构非弹性阶段的荷载-变形性能以及裂缝的分布和发展有直接的关系。特别承受反复荷载(如地震荷载)时,结构的内力重分配受裂缝开展和分布的影响,所以粘结力问题应予以充分重视。由于粘结问题本身的复杂性,细石混凝土结构模型很难完全模拟结构的实际粘结力情况。从已有的研究工作中,为了使模型的粘结情况与实际的粘结情况接近,通常是使模型上所用钢筋产生一定程度的锈蚀或用机械方法在模型钢筋表面压痕,使模型结构粘结力和裂缝分布情况比用光面钢丝更接近实际情况。

另外用于小比例强度模型的还有微粒混凝土,又称模型混凝土,由细骨料、水泥和水组成。按试验相似主要条件要求作配比设计,因为强度模型的成功与否在很大程度上取决于模型材料和原结构材料间的相似程度,而影响微粒混凝土力学性能的主要因素是骨料体积含量、级配和水灰比。在设计时应首先基本满足弹性模量和强度条件,而变形条件则可放在次要地位,骨料粒径依模型几何尺寸而定,与前述细石混凝土要求相同,一般不大于截面最小尺寸的1/3。

4.5.2 模型试验应注意的问题

模型试验和一般结构试验的方法在原则上相同,但模型试验也有自己的特点,下面针对这些特点提出在试验中应注意的问题。

(1) 模型尺寸。在模型试验中对模型尺寸的精度要求比一般结构试验对构件尺寸的要求严格得多,所以在模型制作中控制尺寸的误差是极为重要的。由于结构模型均为缩尺比例模型,尺寸的误差直接影响试验的测试结果。为此,在模型制作时,一方面要对模板的尺寸把握住精度要求,另一方面还要注意选择体积稳定,不易随湿度、温度而有明显变化的材料作为模板。对于缩尺比例不大的结构,强度模型材料以选择与原结构同类的材料为好,若选用其他材料,如塑料,因材质本身不稳定或制作时不可避免的加工工艺误差,这些都将对试验结果产生影响,因此,在模型试验之前,须对所设应变测点和重要部位的断面尺寸进行仔细量测,以此尺寸作为分析试验结果的依据。

(2) 试件材料性能的测定。模型材料的各种性能,如应力-应变曲线、泊松比、极限强度等等,都必须在模型试验之前就准确地测定。通常测定塑料的性能可用抗拉及抗弯试件;测定石膏、砂浆、细石混凝土和微粒混凝土的性能可用各种小试件,形状可参照混凝土试件(如立方体、棱柱体等)。考虑到尺寸效应的影响,模型的材性小试件尺寸应和模型的最小截面或临界截面的大小基本相应。试验时要注意这些材料也有龄期的影响。对于石膏试件还应注意含水量对强度的影响;对于塑料应测定徐变的影响范围和程度。

(3) 试验环境。模型试验对周围环境的要求比一般结构试验严格。对于塑料模型试验的环境温度,一般要求温度变化不超过±1℃。对于温度影响比较敏感的石膏模型,最好能够在有空调的室内进行试验。一般的模型试验,为了减小温度变化对模型试验的影响,应选择温度较稳定的时间(如夜间)里进行。

(4) 荷载选择。模型试验的荷载必须在试验进行之前先仔细校正。重物加载如砝码、铁块都应事先经过检验。如用杠杆和千斤顶施加集中荷载,则加载设备都要经过设计并准确制造,使用前还要进行标定。此外,若试验要完全模拟实际的荷载有困难时,可改用明确的集中荷载。这样比勉强模拟实际荷载好,以至于整理和推算试验结果时不会引入较大的误差。

(5) 变形量测。一般模型的尺寸都很小,所以通常应变量测多采用电阻应变计。对于复杂应力状态下的模型,可先用脆性漆法求得主应力的方向,然后再粘贴电阻应变计。对于塑料模型因塑料的导热性很差,应采取措施,减少电阻应变计受热后升温而带来的误差。若采用箔式应变计,应设立单独的温度补偿计,并降低电阻应变仪的桥路电压。

模型试验的位移量测仪表的安装位置应特别准确,否则将模型试验结果换算到原型结构上会引起较大的误差。如果模型的刚度很小,则应注意量测仪表的重量和固定等因素的影响。

总之,模型试验比一般结构试验要求严格得多,因为模型试验结果较小的误差推算到原型结构就可能是较大的误差。因此,模型试验工作必须考虑周全,决不能有半点马虎。

复习思考题

4-1 什么是结构模型试验?其基本概念是什么?

4-2 模型的相似是指哪些方面相似?相似常数的含义是什么?请举例。

4-3 模型结构的相似条件是指什么?为什么模型设计时首先要确定相似条件?采用什么方法确定相似条件?

4-4 量纲分析法的基本概念是什么?何谓 π 定理?

4-5 模型设计的设计程序和步骤应注意些什么?对钢筋混凝土结构、砖石结构、结构的静力试验和动力试验等各自有何不同要求?

4-6 对不同的模型材料有何要求?请举例。

4-7 针对模型的特点,在模型试验中应注意哪些问题?

5 试验误差分析与数据处理

5.1 概述

试验中采集到的数据是数据处理所需要的原始数据,但这些原始数据往往不能直接说明试验的成果或解答试验所提出的问题。将原始数据经过整理换算、统计分析及归纳演绎后,得到能反映结构性能的数据、公式、图表等,这样的过程就是数据处理。例如由结构试验中最普遍采集的应变数据,计算出结构的内力分布;由结构的加速度数据积分得出其速度、位移等。

由于量测是观测者在一定的环境条件下,借助于必需的量测仪表或工具进行的,因此,一切量测的结果都难免存在误差。在试验中,对同一量的多次量测结果总是不能完全相同,即均与被测试物理量的真实值有差别,且间接量测结果还有运算过程中产生的误差。误差的产生,可能是由于仪器自身存在的缺陷、试件所不可避免的差别、观测者自身的差错或是量测时所处的外界条件的影响等因素造成的。

本章主要介绍误差分析方法和数据处理步骤,以及试验结果的表达方法。

5.2 间接测定值的推算

试验量测方法可分为直接量测和间接量测两类。所谓直接量测就是将被测试的物理量和所选定的度量单位进行比较,例如将某一重量与 1 kg 相比较,得出千克数;而间接量测则是根据各个物理量之间已知的函数关系,从直接测定的某些量的数值计算另一些量,例如通过应变(或位移)、材料的弹性模量、构件的几何尺寸的量测来推算出结构的承载能力。

试验中经常遇到的情况是所要求的物理量并不便于或不宜于直接量测,而是要通过采集一些相关数据后,通过一系列的变换将其换算为所需要的物理量。例如,将采集到的应变换算成相应的力、位移及曲率等。于是,为进行间接测定值的推算,量测人员应该熟悉试验对象的各个物理量之间的相互关系,这样才能用最方便、可靠、经济、有效的手段得到所需要的数据(详见 6.4 节)。

5.3 静力试验误差分析

被量测物理量的真实值与量测值之间的差别称为误差,由于误差是必然存在的,因此,应该对其产生的原因及处理方法进行探讨。

5.3.1 误差的概念与分类

在量测以后,应该对所测得的数据进行加工处理,分析出最接近真实值的量测结果,估计量测的精确度,这就需要研究误差理论和试验数据处理方法。

误差按其性质可分为三类：

1）过失误差

过失误差主要是由于量测人员粗心大意、操作不当或思想不集中所造成的,例如读错数据、记录错误等。严格地讲,过失误差不能称之为误差,而是由于观测者的过失所产生的错误,是可以避免的。因此,量测中如果出现很大误差,且与事实有明显不符时,应分析其产生的原因。若确系过失所致,则应将其从试验数据中剔除,且应分析出现此类误差的原因,以免再次出现相同错误。

2）系统误差

系统误差通常是由于仪器的缺陷、外界因素的影响或观测者感觉器官的不完善等固定原因引起的,难以消除其全部影响。但是系统误差服从一定的规律,符号相同,是对量测结果有积累影响的误差。例如由于电阻应变仪灵敏系数不准确、温度补偿不完善、周围环境湿度的影响引起的仪器的飘移等。在查明产生系统误差的原因后,这种误差一般可以通过仪器校正来消除,或通过改善量测方法来避免或消除,也可以在数据处理时对量测结果进行相应的修正。

3）随机误差

在消除过失误差和系统误差后,量测数据仍然有着微小的差别,这是由于各种随机（偶然）因素所引起的可以避免的误差,其大小和符号各不相同,称为随机误差。例如电压的波动,环境温度、湿度的微小变化,磁场干扰等。

虽然无法掌握每一随机误差发生的规律,但一系列测定值的随机误差服从统计规律,量测次数越多,则这种规律性越明显。

随机误差具有下列特点：

（1）在一定的量测条件下,随机误差的绝对值不会超过一定的限度。这说明量测条件决定了每一次量测所允许的误差范围；

（2）随机误差数值是有规律的,绝对值小的出现机会多,绝对值大的出现机会少；

（3）绝对值相等的正负误差出现的机会相同；

（4）随机误差在多次量测中具有抵偿性质,即对于同一量进行等精度量测时,随着量测次数的增加,随机误差的算术平均值将逐渐趋于零。因此,多次量测结果的算术平均值更接近于真实值。

5.3.2 误差理论基础

从以上的分析中可知,系统误差及过失误差均可以通过采取一定的措施,加强量测人员的技术水平和工作责任心来避免。

随机误差是由一些偶然因素造成的,虽然其大小和符号均难以预计,但从统计学的观点而言,它是服从统计规律的。误差理论所研究的就是随机误差对量测结果的影响。

1）量测值的误差分布规律

无论是采用直接量测方法还是间接量测方法,严格地说,都是测不到任何物理量的真实值的,试验所能得到的仅是某物理量的近似值。于是,需要找到近似值与真实值之间的关系,从而在一组观测值中确定一个最大或然值,用它来代表所测试的那个物理量。以下以电阻应变片为例研究一组观测值的概率分布。

【例5-1】电阻应变片在制造过程中存在着一定的公差,这种差别会影响到试验量测的精

度,所以在出厂前需要对某些参数进行测定。为测定电阻应变片的灵敏系数,抽样 100 片,测得灵敏系数如下:

$K_1 = 2.487, K_2 = 2.469, K_3 = 2.473, \cdots, K_{100} = 2.485$ （下角标代表电阻应变片的序号）。

为了找出随机误差的分布规律,需通过分组、列表、作图来加以整理。具体步骤如下:

(1) 计算极限差值

$$\Delta K_{max} = K_{max} - K_{min} = 2.487 - 2.443 = 0.044$$

(2) 分组

根据 K 值的大小按顺序分组,一般可分 10～15 组。先分为 11 组,则每组的差距间隔为

$$差距间隔 = \frac{\Delta K_{max}}{11} = \frac{0.044}{11} = 0.004$$

(3) 列表

表 5-1　应变片 K 值的分组数据

组号	各组 K 值间距	K 值间距中值	出现次数	出现概率%
1	2.443～2.447	2.445	1	1
2	2.447～2.451	2.449	2	2
3	2.451～2.455	2.453	5	5
4	2.455～2.459	2.457	10	10
5	2.459～2.463	2.461	21	21
6	2.463～2.467	2.465	24	24
7	2.467～2.471	2.469	20	20
8	2.471～2.475	2.473	10	10
9	2.475～2.479	2.477	5	5
10	2.479～2.483	2.481	1	1
11	2.483～2.487	2.485	1	1

(4) 作图

为了直观地了解随机误差的分布规律,根据表中的数据作图如下:

以 O 为原点,横坐标表示灵敏系数 K 值,纵坐标表示相应的 K 值出现的概率。根据各组值及值间距可以绘出直方图,图 5-1 中条形面积表示差值在 0.004 内相应的 K 值所对应的 N。若以各组中值及相应的 N 值为横坐标及纵坐标,连成如图所示的光滑曲线。为便于说明误差的方向规律性,将原点移至 O'（即 $K = 2.465$）处,于是可以看出曲线以 N' 轴为对称轴并对称分布,中间高,两边低。并且 K 值有集中的趋势,即纵坐标大的表示出现机会多。实践中发现,形状如图 5-1 的随机误差分布最多,应用也最广,这种分布称为正态分布。

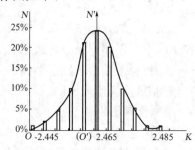

图 5-1　K 值的误差分布规律

由于被量测的可以是任一物理量,所以可以用同样的作图方法表示其分布规律。

除了正态分布曲线外,还有其他规律的分布曲线。在土木工程试验中,许多数据的随机误差,诸如力学参数、材料强度等,大多服从正态分布。

(1)正态分布

若用 δ 表示随机误差,用 y 表示同一随机误差的出现概率密度,用 σ 表示由总体中所有随机误差算出的标准差(亦即均方差)。则有

$$\sigma = \sqrt{\frac{\sum \delta_i^2}{n}} \tag{5-1}$$

式中　δ_i——第 i 个量测数据与真实值的差值,即 $\delta_i = x_i - x$,其中 x 为真实值;

　　　x_i——表示第 i 个量测数据;

　　　n——数据个数。

随机误差正态分布规律可以用下式表示:

$$y = \frac{1}{\sigma \sqrt{2\pi}} e^{-\frac{\delta^2}{2\sigma^2}} \tag{5-2}$$

正态误差分布曲线具有如下性质:

① $y(\delta) = y(-\delta)$,即正负误差出现的概率相等,这正是随机误差的性质;

② 误差出现在 $(-\infty, +\infty)$ 之间的概率:

$$P(\infty) = \int_{-\infty}^{+\infty} y \mathrm{d}\delta = 1 \tag{5-3}$$

上式说明,误差 δ 出现在 $(-\infty, +\infty)$ 之间的概率为 1。

③ 当 $\delta = \pm\infty$ 时,$y = 0$;$\delta = 0$ 时,$y = y_{\max} = \frac{1}{\sigma \sqrt{2\pi}}$

这一性质说明小误差($\delta = 0$ 附近)出现的概率比大误差(δ 较大)出现的概率要大,这正是随机误差所具有的集中趋势。

将随机误差正态分布曲线代入式(5-3),得

$$\frac{1}{\sigma \sqrt{2\pi}} \int_{-\infty}^{+\infty} e^{-\frac{\delta^2}{2\sigma^2}} \mathrm{d}\delta = 1 \tag{5-4}$$

若用新的变量 $Z = \delta/\sigma$ 代入式(5-4),则有

$$\frac{1}{\sqrt{2\pi}} \int_{-\infty}^{+\infty} e^{-\frac{Z^2}{2}} \mathrm{d}z = 1 \tag{5-5}$$

由式(5-5)可知,误差在 $(Z_\alpha, +\infty)$ 之间的概率为

$$P(Z > Z_\alpha) = \frac{1}{\sqrt{2\pi}} \int_{Z_\alpha}^{+\infty} e^{-\frac{Z^2}{2}} \mathrm{d}z = \frac{\alpha}{2} \tag{5-6}$$

同理,随机误差小于 $-Z_\alpha$ 的概率也是 $\frac{\alpha}{2}$,这样,随机误差出现在 $[-Z_\alpha, Z_\alpha]$ 区间的概率为 $1 - \alpha$。

表 5-2 为各种 Z_α 值及相应的 $\frac{\alpha}{2}$ 值。由表可见,随着 Z_α 的增大,$\frac{\alpha}{2}$ 的概率减少得很快。

当 $Z_\alpha = 2$(即 $\delta = 2\sigma$)时,$\frac{\alpha}{2} = 0.0228$,亦即平均在每 100 次量测中,只有 2.28 次随机误差大于

表 5-2 正态分布表(对应于 Z_a 的 $\frac{\alpha}{2}$ 数值表)

Z_α	0.00	0.01	0.02	0.03	0.04	0.05	0.06	0.07	0.08	0.09
0.0	0.500 0	0.496 0	0.492 0	0.488 0	0.484 0	0.480 1	0.476 1	0.472 1	0.468 1	0.464 1
0.1	0.460 2	0.456 2	0.452 2	0.448 3	0.444 3	0.440 4	0.436 4	0.432 5	0.428 6	0.424 7
0.2	0.420 7	0.416 8	0.412 9	0.409 0	0.405 2	0.401 3	0.397 4	0.393 6	0.389 7	0.385 9
0.3	0.382 1	0.378 3	0.374 5	0.370 7	0.366 9	0.363 2	0.359 4	0.355 7	0.352 0	0.348 3
0.4	0.344 6	0.340 9	0.337 2	0.333 6	0.330 0	0.326 4	0.322 8	0.319 2	0.315 6	0.312 1
0.5	0.308 5	0.305 0	0.492 0	0.298 1	0.294 6	0.291 2	0.287 7	0.284 3	0.281 0	0.277 6
0.6	0.274 3	0.270 9	0.452 2	0.264 3	0.261 1	0.257 8	0.254 6	0.251 4	0.248 3	0.245 1
0.7	0.242 0	0.238 9	0.412 9	0.232 7	0.229 7	0.226 6	0.223 6	0.220 6	0.217 7	0.214 8
0.8	0.211 9	0.209 0	0.374 5	0.203 3	0.200 5	0.197 7	0.194 9	0.192 2	0.189 4	0.186 7
0.9	0.184 1	0.181 4	0.337 2	0.176 2	0.173 6	0.171 1	0.168 5	0.166 0	0.163 5	0.161 1
1.0	0.158 7	0.156 2	0.301 5	0.151 5	0.149 2	0.146 9	0.144 6	0.142 3	0.140 1	0.137 9
1.1	0.135 7	0.133 5	0.267 6	0.129 2	0.127 1	0.125 1	0.123 0	0.121 0	0.119 0	0.117 0
1.2	0.115 1	0.113 1	0.235 8	0.109 3	0.107 5	0.105 5	0.140 38	0.102 0	0.100 3	0.098 5
1.3	0.096 8	0.095 1	0.206 1	0.091 8	0.090 1	0.088 5	0.086 9	0.085 3	0.083 8	0.082 3
1.4	0.080 8	0.079 3	0.178 8	0.076 4	0.074 9	0.073 5	0.072 1	0.070 8	0.069 4	0.068 1
1.5	0.066 8	0.065 5	0.153 9	0.063 0	0.061 8	0.060 6	0.059 4	0.058 2	0.057 1	0.055 9
1.6	0.054 8	0.053 7	0.131 4	0.051 6	0.050 5	0.049 5	0.048 5	0.047 5	0.046 5	0.045 5
1.7	0.044 6	0.043 6	0.111 2	0.041 8	0.040 9	0.040 1	0.039 2	0.038 4	0.037 5	0.036 7
1.8	0.035 9	0.035 1	0.093 4	0.033 6	0.032 9	0.032 2	0.031 4	0.030 7	0.030 1	0.029 4
1.9	0.028 7	0.028 1	0.077 8	0.026 6	0.026 2	0.025 6	0.025 0	0.024 4	0.023 9	0.023 2
2.0	0.022 8	0.022 2	0.064 3	0.021 2	0.020 7	0.020 2	0.019 7	0.019 2	0.018 8	0.018 3
2.1	0.017 9	0.017 4	0.052 6	0.016 6	0.016 2	0.015 8	0.015 4	0.015 0	0.014 6	0.014 3
2.2	0.013 9	0.013 6	0.042 7	0.012 9	0.012 5	0.012 2	0.011 9	0.011 6	0.011 3	0.011 0
2.3	0.010 7	0.010 4	0.034 4	0.009 90	0.009 64	0.009 39	0.009 14	0.008 89	0.008 66	0.008 42
2.4	0.008 20	0.007 98	0.027 4	0.007 55	0.007 34	0.007 14	0.006 95	0.006 76	0.006 57	0.006 39
2.5	0.006 21	0.005 87	0.021 7	0.005 70	0.005 54	0.005 39	0.005 23	0.005 08	0.004 94	0.004 80
2.6	0.004 66	0.004 40	0.017 0	0.004 27	0.004 15	0.004 02	0.003 91	0.003 97	0.003 68	0.003 57
2.7	0.003 47	0.003 26	0.013 2	0.003 17	0.003 07	0.002 98	0.002 89	0.002 80	0.002 72	0.002 64
2.8	0.002 56	0.002 40	0.010 2	0.002 33	0.002 26	0.002 19	0.002 12	0.002 05	0.001 99	0.001 93
2.9	0.001 87	0.001 75	0.007 76	0.001 69	0.001 64	0.001 59	0.001 54	0.001 49	0.001 44	0.001 39
Z_α	0.0	0.1	0.2	0.3	0.4	0.5	0.6	0.7	0.8	0.9
3.0	0.001 35	0.000 988	0.000 483	0.000 483	0.000 337	0.000 233	0.000 159	0.000 108	0.000 072	0.000 048

2σ；而当 $Z_a=3$(即 $\delta=3\sigma$)，平均在每 100 次量测中，只有 0.135 次随机误差大于 3σ，出现的机会很小，这为量测数据的取舍提供了理论依据。在一般的量测中，由于经费、时间等条件的制约，量测的次数通常不会超过几十次。所以，可以认为无论如何均不会有绝对值超过 3σ 的随机误差出现。通常把这个可能出现的最大随机误差称为随机误差的极限误差 $\Delta_{\lim}$，亦即

$$\Delta_{\lim} = \pm 3\sigma$$

由于过失误差和系统误差是不服从正态分布规律的，因此随机误差的正态分布理论不仅可以用于确定标准差、估计被量测的误差范围及发生概率，还可以用作检验数据中是否存在过失误差和系统误差的判断准则。

在某些试验中,例如结构工程试验中,诸如材料强度的误差、构件承载力的误差等,因为其正误差在工程上偏于安全,所以只有负误差的限值。通常用极限误差 $\Delta_{\lim}=-3\sigma$ 表示,误差不小于 -3σ 的概率为 $1-\dfrac{\alpha}{2}=0.998\,65$。极限误差的取值也因对象的重要程度不同而异,有用 2σ 作为极限误差的,也有用误差在 $[-Z_\alpha,Z_\alpha]$ 范围内出现的概率(即 $1-\alpha$)直接表示的,如 $90\%,95\%,\cdots$。这个概率在生产中称为产品的合格率或保证率。

2)误差的表示方法

在处理试验数据时,总是希望得到被测试物理量的真实值。在试验中,真实值的理解为:在观测次数无限多时,根据误差分布性质可知:正负误差出现的概率相等。因此,将各观测值相加,取其平均值。在消除了系统误差及过失误差的情况下,该平均值接近于真实值。由于在一般的试验中,观测次数是有限的,因此,从有限次数的观测中得出的平均值只能是近似的真实值,也将其称为最佳值。

(1)算术平均值

算术平均值是最常用的平均值,可表示如下:

$$\bar{x}=\frac{1}{n}\sum x_i \tag{5-7}$$

式中 $\bar{x}$ ——算术平均值;

x_i ——第 i 个量测值;

n ——量测的次数。

(2)标准误差(又称为均方根误差 σ)

算术平均值用于表达量测数据集中的位置,而数据的离散程度则用标准差表示。由于标准差与随机误差的符号无关,并且可以较为明显地反映个别数据所存在的较大误差,所以常被用于估计量测精确度的标准。在相同条件下所进行的相同量测,具有相同的标准差。通常用样本的标准差的无偏估计代替总体的标准差,即

$$s=\sqrt{\frac{\sum\limits_{i=1}^{n}d_i^2}{n-1}} \tag{5-8}$$

式中 s ——标准误差;

d_i ——第 i 个量测值与算术平均值之差,称为离差,即 $d_i=x_i-\bar{x}$。

(3)变异系数

在精确度分析中,为了进行相对精确度的比较,还要用变异系数 C_v(也称为相对标准差或相对误差)表示

$$C_v=\frac{\sigma}{\bar{x}} \tag{5-9}$$

变异系数表示试验的精确度,能较全面地鉴定试验结果的质量。C_v 常用百分数表示,其数值越小,则精确度越高。

可以证明,绝对误差与标准误差之间的关系为

$$\delta=\frac{s}{\sqrt{n}}=\sqrt{\frac{\sum\limits_{i=1}^{n}d_i^2}{n(n-1)}} \tag{5-10}$$

式中　δ——绝对误差，$\delta = \bar{x} - x$；

　　　s——标准误差；

　　　$\bar{x}$——算术平均值；

　　　x——真实值；

　　　n——量测的次数。

由式(5-10)可见，利用离差可以求出绝对误差，这样就可以利用算术平均值表示真实值。必须指出的是，这种表示只是更为接近真实值而已。当量测次数增加时，绝对误差 δ 减少。但是，增加的量测次数是有限的，当 $n=10$ 时再增加量测次数，δ 的减少已不明显。因此，试验中是否需要增加量测次数应视试验的具体情况决定。

【例 5-2】电阻应变片在出厂时抽测 100 片的灵敏系数 K 如表 5-3 所示，试求其最佳值。

表 5-3　应变片灵敏系数 K

K 值	出现次数	离差 d_i	d_i^2
2.445	1	−0.020	4.00×10^{-4}
2.449	2	−0.016	2.56×10^{-4}
2.453	5	−0.012	1.44×10^{-4}
2.457	10	−0.008	0.64×10^{-4}
2.461	21	−0.004	0.16×10^{-4}
2.465	24	0	0
2.469	20	0.004	0.16×10^{-4}
2.473	10	0.008	0.64×10^{-4}
2.477	5	0.012	1.44×10^{-4}
2.481	1	0.016	2.56×10^{-4}
2.485	1	0.020	4.00×10^{-4}

$$\bar{K} = 2.465,\ \sum_{i=1}^{n} d_i^2 = 0.494\,4 \times 10^{-2}$$

最佳值　$K = \bar{K} \pm \delta_K$

其中　$\delta_K = \delta = \dfrac{s}{\sqrt{n}} = \sqrt{\dfrac{\sum\limits_{i=1}^{n} d_i^2}{n(n-1)}} = 0.707 \times 10^{-3}$

于是可得　$K = 2.465 \pm 0.707 \times 10^{-3}$

5.3.3　量测值的取舍

1）过失误差的剔除依据

凡是在量测时不能作出合理解释的误差均可视为过失误差，应该将其从数据中剔除。

剔除数据需要有充分的依据。按照统计理论，绝对值越大的随机误差出现的概率越小，且其数值总是限于某一范围。因此，可以选择一个"鉴别值"去与误差相比较，当误差的绝对值大于"鉴别值"时，则认为该数据中存在有过失误差，可以将其剔除。

2）常用的"鉴别值"确定准则

（1）三倍标准误差（3σ）准则

前面已经讲过，当误差 $\delta \geqslant 3\sigma$ 时，在 $\pm 3\sigma$ 范围内，误差出现的概率 $P = 99.7\%$，即误差 $|\delta| > 3\sigma$ 的概率为 $1 - P = 0.3\%$，亦即 300 次量测中才有可能出现一次。因此，在大量的量测中，当某一个数据误差的绝对值大于 3σ 时，可以舍去。按照 3σ 准则，能被舍去的量测值数目很少，所以对试验数据的精确度要求不是很高。

（2）肖维纳（Chauvenet）准则

按照统计理论，较大误差出现的概率很小。肖维纳准则可表述为：在 n 次量测中，某数据的剩余误差可能出现的次数小于半次时，便可剔除该数据。

由表 5-2，误差 $|\delta| > 3\sigma$ 的概率为 α。设 $|\delta| > 3\sigma$ 的次数为 0.5，其概率为 $\dfrac{0.5}{n} = \alpha$，于是有

$$\alpha = \frac{1}{2n} \tag{5-11}$$

判别时，凡是概率小于 $\dfrac{1}{2n}$，相应的量值可以舍去，否则就应当保留。

计算时可由式（5-11）求出 α，再由表（5-2）查出 $Z_\alpha (Z_\alpha = K/S)$，$K$ 的最大值就是鉴别值

$$K = Z_\alpha s \tag{5-12}$$

式中　s——标准误差。

当 $|x_i - \bar{x}| > K$ 时，则认为 x_i 含有过失误差，应该予以剔除。可以根据量测次数 n，从表（5-4）中查找 Z_α。

表 5-4　Z_α 表

n	Z_α	n	Z_α	n	Z_α	n	Z_α
5	1.65	14	2.10	23	2.30	50	2.58
6	1.73	15	2.13	24	2.32	60	2.64
7	1.80	16	2.16	25	2.33	70	2.69
8	1.86	17	2.18	26	2.34	80	2.74
9	1.92	18	2.20	27	2.35	90	2.78
10	1.96	19	2.22	28	2.37	100	2.81
11	2.00	20	2.24	29	2.38	150	2.93
12	2.04	21	2.26	30	2.39	200	3.03
13	2.07	22	2.28	40	2.50	500	3.29

【例 5-3】对某物理量进行了 10 次量测，数据见表 5-5，分别按三倍标准误差和肖维纳准则，剔除过失误差。

表 5-5　量测数据

序号	x_i	d_i	d_i^2
1	45.3	1.2	1.44
2	47.2	0.7	0.49
3	46.3	-0.2	0.04

序号	x_i	d_i	d_i^2
4	49.1	2.6	6.76
5	46.9	0.4	0.16
6	45.9	-0.7	0.49
7	46.7	0.2	0.04
8	47.1	0.6	0.36
9	45.7	-0.8	0.64
10	45.1	-1.4	1.96

3) 按确定准则的误差剔除方法

① 按照三倍标准误差(3σ)准则

从表(5-5)中数据可以求出

$$\bar{x} = \frac{\sum\limits_{i=1}^{n} x_i}{n} = 46.53; \qquad s = \sqrt{\frac{\sum\limits_{i=1}^{n} d_i^2}{n-1}} = 1.17; \qquad 3\sigma \approx 3s = 3.51$$

根据 3σ 准则,表中数据可以全部保留。

② 按照肖维纳准则

由表 5-4,查得 $n=10$ 时,$Z_a = 1.96$,$Z_a s = 2.29$,离差 $d_4 = 2.6 > 2.29$,根据肖维纳准则,$x_4 = 49.1$ 应该剔除。

对于剩余的 9 个数据可见表 5-6。

表 5-6 剩余数据

序号	x_i	d_i	d_i^2
1	45.3	1.2	1.44
2	47.2	0.7	0.49
3	46.3	-0.2	0.04
5	46.9	0.4	0.16
6	45.9	-0.7	0.49
7	46.7	0.2	0.04
8	47.1	0.6	0.36
9	45.7	-0.8	0.64
10	45.1	-1.4	1.96

此时,$\bar{x}' = 46.24$,$s' = 0.84$

由表 5-4,查得 $n=9$ 时,$Z_a = 1.92$,$Z_a s = 1.61$。

由表 5-6，所有离差均小于 $Z_\alpha s$，根据肖维纳准则，应该全部予以保留。

从以上两种方法可以看出，三倍标准误差准则最为简单，但是不太严格，几乎保留了所有的数据。肖维纳准则考虑了量测次数的影响，比三倍标准误差准则要严格得多。

在剔除过失误差时，一次只能剔除数值最大的那个。然后由剩下的数据重新计算新的鉴别值后，再次进行鉴别，直至消除了过失误差为止。否则，就有可能将正常数据误以为含有过失误差而剔除。

5.3.4 间接测定值的误差分析

量测可分为直接量测和间接量测。间接量测就是用其他几个直接量测的量的函数来表示被量测的物理量。

例如，材料单向弹性应力计算：

$$\sigma = E\varepsilon$$

式中　σ——材料应力；

　　　E——材料弹性模量；

　　　ε——材料应变。

显然，材料应力的计算精确度依赖于其弹性模量及应变的量测精确度，也就是说，后两者的量测误差将会对前者产生影响。因此，要讨论的问题为：函数的误差和函数中诸量的误差之间存在的关系。也就是误差的传递关系。

设间接量测值 X 是直接量测值 $Z_1, Z_2, \cdots, Z_n$ 的函数

$$X = f(Z_1, Z_2, \cdots, Z_n) \tag{5-13}$$

若以 $\Delta Z_1, \Delta Z_2, \cdots, \Delta Z_n$ 分别表示 $Z_1, Z_2, \cdots, Z_n$ 的误差，而用 ΔX 表示由 $\Delta Z_1, \Delta Z_2, \cdots, \Delta Z_n$ 引起的误差，则可得

$$X + \Delta X = f(Z_1 + \Delta Z_1, Z_2 + \Delta Z_2, \cdots, Z_n + \Delta Z_n) \tag{5-14}$$

将上式按泰勒级数展开，经运算可以得到

$$\Delta X = \Delta Z_1 \frac{\partial f}{\partial Z_1} + \Delta Z_2 \frac{\partial f}{\partial Z_2} + \cdots + \Delta Z_n \frac{\partial f}{\partial Z_n} \tag{5-15}$$

相对误差为

$$
\begin{aligned}
e &= \frac{\Delta X}{X} \\
&= \frac{\Delta Z_1}{X} \frac{\partial f}{\partial Z_1} + \frac{\Delta Z_2}{X} \frac{\partial f}{\partial Z_2} + \cdots + \frac{\Delta Z_n}{X} \frac{\partial f}{\partial Z_n} \\
&= e_1 \frac{\partial f}{\partial Z_1} + e_2 \frac{\partial f}{\partial Z_2} + \cdots + e_n \frac{\partial f}{\partial Z_n}
\end{aligned}
\tag{5-16}
$$

于是，最大绝对误差和最大相对误差分别为

$$\Delta X_{\max} = \pm \left(\left| \Delta Z_1 \frac{\partial f}{\partial Z_1} \right| + \left| \Delta Z_2 \frac{\partial f}{\partial Z_2} \right| + \cdots + \left| \Delta Z_n \frac{\partial f}{\partial Z_n} \right| \right)$$

$$e_{\max} = \pm \left(\left| e_1 \frac{\partial f}{\partial Z_1} \right| + \left| e_2 \frac{\partial f}{\partial Z_2} \right| + \cdots + \left| e_n \frac{\partial f}{\partial Z_n} \right| \right)$$

以上讨论的是已知自变量的误差，求出函数的误差。在试验中，往往要求间接量测的最终

误差不超过某一给定值。间接测定值的误差应该控制在什么范围之内,这实际上是误差的逆运算问题,解决这个问题对选择试验仪器、改善试验技术是有很大帮助的。

由式 5-15 可以看出,对于给定的函数误差,自变量可以有不同的组合,这样在实际运用时会产生较多的困难。一种切实可行的方法是认为各自变量对函数的影响相等,即

$$\frac{\partial f}{\partial Z_1}\Delta Z_1 = \frac{\partial f}{\partial Z_2}\Delta Z_2 = \cdots = \frac{\partial f}{\partial Z_n}\Delta Z_n \leqslant \frac{\Delta X}{n} \qquad (5-17)$$

于是得

$$\Delta Z_1 \leqslant \frac{\Delta X}{n\frac{\partial f}{\partial Z_1}}, \Delta Z_2 \leqslant \frac{\Delta X}{n\frac{\partial f}{\partial Z_2}}, \cdots, \Delta Z_n \leqslant \frac{\Delta X}{n\frac{\partial f}{\partial Z_n}} \qquad (5-18)$$

【例 5-4】在进行圆形构件拉伸试验时,已知:试件拉应力 $\sigma = \frac{4P}{\pi d^2}$,圆直径 $d = 10$ mm,拉力为 $P = 10$ kN。若要求应力测定值的极限允许误差 $|\Delta\sigma_{max}| \leqslant 2$ N/mm^2,求拉力 P 及试件直径 d 的允许误差。

解: $\qquad \left|\frac{\partial\sigma}{\partial d}\right| = \frac{8P}{\pi d^3}, \qquad \left|\frac{\partial\sigma}{\partial P}\right| = \frac{4P}{\pi d^2}, \qquad n = 2$

由式(5-18)

$$\Delta P \leqslant \frac{|\Delta\sigma_{max}|}{n\left|\frac{\partial\sigma}{\partial P}\right|} = \frac{2\pi d^2}{2\times 4} = 7.854 \text{ N}$$

$$\Delta d \leqslant \frac{|\Delta\sigma_{max}|}{n\left|\frac{\partial\sigma}{\partial d}\right|} = \frac{2\pi d^3}{2\times 8P} = 0.039 \text{ mm}$$

最后得出拉力 P 的最大允许误差为 7.854 N,直径 d 的最大允许误差为 0.039 mm。

5.4 试验结果的表达方法

将原始数据经过整理换算和误差分析后,通过统计和归纳,得出试验结果。常用的试验数据和试验结果表达方式有列表表示法、图形表示法和经验公式表示法,它们将试验数据按照一定的规律和科学合理的方式表达,对数据进行分析,从而能直观、清楚地反映试验结果。

5.4.1 列表表示法

列表法的优点是简单易行,形式紧凑,便于数据的比较和参考。列表时,表的名称应简明扼要,对于表格中那些不加说明即可了解的名称及单位,应尽可能用符号表示,数字的写法应整齐统一。至于表格的具体形式、内容,则应随不同试验而有所不同,具体应根据试验情况及要求而定。

表 5-7 为某桩基的大应变动测结果表。第 6 章中表 6-5 所列为试验梁不同加固方式及主要试验结果。

表 5-7 某桩基的大应变动测结果表

桩号	桩径 /cm	桩长 /m	桩底标高 /m	桩侧摩阻力 /kN	桩尖端承载力 /kN	动测总承载力 /kN	桩底持力层 评 价
19#-2	170	32.07	−30.85	11 605.4	9 834.3	21 439.7	桩底持力层 正常
21#-2	170	28.10	−26.82	10 053.1	11 437.3	21 490.3	桩底持力层 较好

5.4.2 图形表示法

用图形来表达试验数据可以更加清楚、直观地表现各变量之间的关系,土木工程试验中较常用的是曲线图和形态图。

1) 曲线图

用曲线图来表达试验数据及物理现象的规律性,它的优点是直观、明显,可以较好地表达定性分布和整体规律分布。作曲线图时,在图下方应标明图的编号及名称。一个曲线图中可以有若干条曲线,当图中有多于一条曲线时,可以用不同的线型、不同的记号或不同的颜色加以区别,也可以用文字说明来区别各条曲线;若需对图中的内容加以说明,可以在图中或图名下加上注解。

绘制试验曲线时,除了要保证曲线连续、均匀外,还应保证试验曲线与实际量测值的偏差平方和最小。图 5-2 是某文化活动中心基础温度测试曲线图,图中的两条曲线分别反映了测试过程中,该基础的表面及内部的温度变化情况。图 5-3 为通过计算机数据采集系统得到的某黄河大桥动态应变曲线。还有其他曲线,如第 6 章中图 6-8 所示试验梁荷载-挠度曲线,图6-9 所示试验梁荷载-应变曲线。

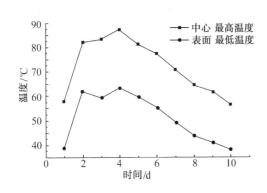

图 5-2 某文化活动中心基础温度测试图

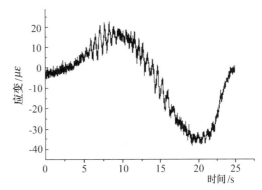

图 5-3 某黄河大桥动态应变曲线

2) 形态图

在土木工程试验中,诸如混凝土结构的裂缝情况、钢结构的屈曲失稳、结构的变形状态、结构的破坏状态等是一种随机的过程性发展状态,难以用具体的数值加以表达。这类状态可以用形态图来表示。详见第 6 章中图 6-7 所示,试验梁的裂缝形态和破坏特征。

形态图的制作方式主要为照片和手工绘制:

(1) 照片可以如实地反映试验中的实际情况。缺点是有时不能特别突出重点,将一些不

需要的细节也包含在内,另外如果照片不够清晰会对试验的分析判断产生影响;

（2）手工绘制的形态图可对试验的实际情况进行概括和抽象,突出重点。制图时,可根据需要制作整体图或局部图,还可以把各个侧面的形态图连成展开图。例如,随着构件裂缝的发展,在图上随时标明裂缝的位置、高度、宽度等。手工绘制的缺点是诸如裂缝位置、宽度等不能较准确地按比例表达。

形态图用以表示结构的损伤情况、破坏形态等,是其他表达方法所无法替代的。制作形态图可以与试验同时进行,这样可以对试验过程加以描述。形态图可以将照相及手工绘制方式同时制作,使试验得到比较完善的描述。

5.4.3　经验公式表示法

通常,试验的目的包括以下方面:

（1）测定某一物理量,如材料的弹性模量等;

（2）由试验确定某个指标,如结构的承载能力、破坏状况,或验证某种计算方法等;

（3）推导出某一现象中各物理量之间的关系。

试验中,由于模型制作、量测仪器、加载设备及试验人员的错觉等都可能引起试验结果的误差。因此,必须对试验结果进行处理,整理出各个物理量之间的函数关系,由此,确定理论推导出的公式中的一些系数,或者完全用试验结果分析得出各物理量之间的函数关系式,这就是经验公式法。

1）经验公式的选择

经验公式不仅要求各物理量之间的函数关系明确,还要形式紧凑,便于分析运算及推广普及。一个理想的经验公式应该形式简单,待定常数不能太多,且要能准确反映试验数据,反映各个物理量之间的关系。

对于试验数据,一般没有简单的方法直接选定经验公式。比较常用的方法是先用曲线图将各物理量之间的关系表现出来,再根据曲线判定公式的形式,最后通过试验加以验证。

目前,有一些计算软件能够非常方便、迅速地给出所需要的数据拟合曲线（经验公式）,且不仅有多项式拟合还有指数、双曲线等拟合方式。在了解了曲线拟合方法的前提下,可以根据实际情况选用。

多项式是比较常用的经验公式,在可能的条件下应尽量采用这种类型。为了确定多项式的具体形式,应首先确定其次数,然后再确定其待定常数。下面介绍两种常用的确定一元多项式待定常数的方法:

（1）最小二乘法

目前较多使用的计算软件中,用以进行数据多项式拟合一般采用的是最小二乘法原理,详细可参考相关资料。

（2）分组平均法

进行试验时,如果量测 n 次,得到 n 组数据,可以建立 n 个测定公式。而试验最终要求的是最可靠的那一个。如果用图形曲线表示,根据实测的数据,可以绘制 n 条曲线,如图 5-4 所示。通常

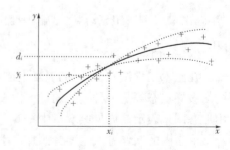

图 5-4　试验曲线示例

在作图时,应使实测点均匀分布在曲线的两侧,然后根据这条曲线定出经验公式。但是,究竟哪一条曲线最为合适,仅仅用作图求解,其结果往往标准不一,因人而异。分组平均法是确定经验公式常用的一种方法。其基本原理是使经验公式的离差的代数和等于零,即

$$\sum d_i = 0$$

若对应于 x_i 时,量测值为 y_i,而曲线上的 y 值为

$$y = f(x_i, a_0, a_1, a_2, \cdots, a_n)$$

离差为

$$d_i = y_i - y$$

可以得出各点的 d_i。

若测定公式中的待定常数有 m 个,而测定公式为 n 个($n > m$)。将 n 组数据代入选定的经验公式中,得到 n 个方程。再将它们分成 m 组分别求和,得到 m 个方程后联立求解,可得式中的待定常数,这就是分组平均法。

【例 5-5】设有经验公式: $y = b + mx$,相应的量测及计算如表 5-8,试用分组平均法,求系数 b、m。

表 5-8　量测数据举例

序号	x	y	代入经验公式 $y = b + mx$
1	1.0	3.0	$b + m = 3.0$
2	3.0	4.0	$b + 3m = 4.0$
3	8.0	6.0	$b + 8m = 6.0$
4	10.0	7.0	$b + 10m = 7.0$
5	13.0	8.0	$b + 13m = 8.0$
6	15.0	9.0	$b + 15m = 9.0$
7	17.0	10.0	$b + 17m = 10.0$
8	20.0	11.0	$b + 20m = 11.0$

因经验公式中只有两个待定常数,所以将表中的 8 个方程分成两组,即 1~4 为一组,5~8 为一组,这样得到两个方程

$$\begin{cases} 4b + 22m = 20.0 \\ 4b + 65m = 38.0 \end{cases}$$

联立求解可得

$$\begin{cases} b = 2.698 \\ m = 0.419 \end{cases}$$

代入原方程得所求的经验公式为

$$y = 2.698 + 0.419x$$

【例5-6】经量测得到的某物体运动的速度与时间的关系如表5-9所示,试求速度与时间关系的经验公式:$\bar{v}=f(t)$。

表5-9 量测数据及$\bar{v}$

时间 t (sec)	速度 $\bar{v}$ (m/s)	时间 t (sec)	速度 $\bar{v}$ (m/s)
0.0	3.195 0	0.5	3.228 2
0.1	3.229 9	0.6	3.180 7
0.2	3.253 2	0.7	3.126 6
0.3	3.261 1	0.8	3.059 4
0.4	3.251 6	0.9	2.975 9

从试验曲线的形态看,可近似选定经验公式为二次多项式

$$\bar{v}=a_0+a_1t+a_2t^2$$

下面是采用两种方法分别求解多项式的系数的结果。

(1)采用最小二乘法求解

按照最小二乘法所求得的经验公式为

$$\bar{v}=3.195\ 1+0.442\ 5\ t-0.765\ 3\ t^2$$

定义贝塞尔概差为

$$\gamma=0.674\ 5\sqrt{\frac{d_i^2}{n-N}} \tag{5-19}$$

式中　n——测定值的数目;

　　　N——公式中常数的数目(即方程数)。

$(n-N)$的意义是当常数个数为N时,需要解N个联立方程,所求的经验公式一定通过N个点,N个点的离差为0。剩下的$(n-N)$个点与曲线有一定离差,所以应以这些离差的平方和除以被离差的个数$(n-N)$来计算概差。

此时贝塞尔概差为

$$\gamma=0.674\ 5\sqrt{\frac{d_i^2}{n-N}}=0.001\ 9$$

(2)分组平均法

按照分组法所求得的经验公式为

$$\bar{v}=3.195\ 0+0.444\ 8\ t-0.768\ 3\ t^2 \tag{5-20}$$

由式5-19,分组法计算值的概差为

$$\gamma=0.674\ 5\sqrt{\frac{d_i^2}{n-N}}=0.005\ 1$$

2)多元线性回归分析

上面叙述了试验数据的一元回归方法。事实上,因变量只与一个自变量有关的情形仅是最简单的情况,在实际工作中,经常遇见的是影响因变量的因素多于一个,这就要采用多元回

归分析。由于许多非线性问题都可以化成线性问题求解,所以,较为常见的是多元线性回归问题,即试验结果可表达为

$$y=a_0+a_1x_1+a_2x_2+\cdots+a_nx_n$$

其中,自变量为 $x_i(i=1,2,\cdots,n)$,回归系数为 $a_i(i=0,1,2,\cdots,n)$ 。

类似于一元线性回归方法中所采用的最小二乘法,多元线性回归也用最小二乘法求得,详细可参见有关数学书籍,这里不再赘述。

5.5 周期振动试验的数据处理

动力试验中所得到的数据一般是随时间连续变化的,从这些数据中,可以分析得到诸如结构模态参数、荷载特性等与结构动力反应有关的信息,从而建立结构的动力模型或处理有关工程的动力反应问题。

5.5.1 简谐振动

类似于图5-5所示的简单的正弦或余弦振动曲线称为简谐振动,诸如振幅、振动频率、阻尼比、振型等数据一般均可直接在振动记录图上进行分析。

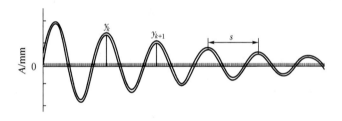

图 5-5 简谐振动曲线

图5-5中所示为自由振动的加速度记录,可以直接由曲线求得振动参数如下:

阻尼比
$$\xi=\frac{1}{2\pi}\ln\frac{y_k}{y_{k+1}} \tag{5-21}$$

式中 y_k 、 y_{k+1} ——分别为相邻振幅值。

自振频率
$$f=\frac{s_0}{s}f_0 \tag{5-22}$$

式中 s ——被测波形的波长;

s_0 ——发生信号的波长;

f_0 ——发生信号的频率。

值得注意的是,由于波长 s_0 、 s 一般都比较小, y_k 与 y_{k+1} 差别也不大,不易量测准确。因此,通常取 n 个波,以提高量测的精度,于是阻尼比可改为

$$\xi=\frac{1}{2\pi n}\ln\frac{y_k}{y_{k+n}} \tag{5-23}$$

另外,被测曲线的振幅为

$$A=\frac{y}{K} \tag{5-24}$$

式中　y——记录曲线的振幅；

　　　　K——测振仪器的放大倍数。

5.5.2　复杂周期振动

由于实际结构的复杂性以及干扰的存在，许多振动现象虽然呈现周期性的变化规律，但已不是简谐振动形式，而是任意的周期性曲线。这时，一般难以从振动记录观察出其规律性，而需要对其进行整理分析，才可总结出其特点。

傅立叶曾经证明过，一切周期性的函数均可以分解成一个包括正弦和余弦的级数。对于复杂周期振动，常用的分析方法是将这类周期性曲线用傅立叶级数表示，求出各次谐波的振幅和相互的相位关系，这样的分析一般称为频谱分析。关于傅立叶级数可参见相关资料。目前，有一些专用的分析软件可以比较方便地进行简谐分析的数值计算，这大大地提高了计算的效率。

对复杂振动进行频谱分析后，将其分解为简谐分量的组合。把这些分量画成如图 5-6 所示的振幅谱和图 5-7 所示的相位谱，可以清楚地表示出该复杂振动的组成情况及各简谐分量之间的关系。

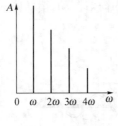

图 5-6　振幅谱

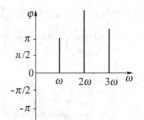

图 5-7　相位谱

5.6　实验模态分析简介

在传统的结构动力学分析方法中，要想获得结构在已知外力作用下的动力反应一般要经过以下两个步骤：

(1) 建立动力学数学模型；

(2) 求解相应的动力学方程。

结构的动力学数学模型一般由质量、刚度及阻尼分布等结构参数构成，越是复杂的结构，其相应的动力学数学模型也越复杂。在求解结构动力学问题时，通常需要借助原型结构的动载试验来验证或获取数学模型中假设的结构参数，才能得到与实际结构相一致的数学模型，显然，建立可信的数学模型是一个工作量很大的过程。

所谓的实验模态分析法就是不采用那些描述结构动力特性的参数（如质量、刚度及阻尼分布等），而利用实验方法求得结构的振动模态参数（如固有频率、模态阻尼和振型等）。与传统的动力分析法相比，实验模态分析法可以快速、准确、简便地确定结构的动力特性。利用实验模态分析法还可由结构的动力响应反推结构的激励荷载，从而为控制结构动力反应提供必要资料。

近年来，随着数据量测技术、振动再现过程及系统识别技术的发展，提供了解决结构动力学问题的一个新方法——实验模态分析法的实现。与一般振动问题类似,实验模态分析法讨论的是系统的激励(输入)、响应(输出)以及系统的动态特性三者之间的关系。如图 5-8 所示,当输入的振动过程 $x(t)$ 作用于系统(即结构)后,系统就在 $x(t)$ 的激励下产生了输出的振动响应 $y(t)$,这时,$y(t)$ 必然反映了结构自身的特性。

实验模态分析法包括以下三方面内容:

(1) 振动的实现和控制;

(2) 数据采集;

(3) 数据处理。

图 5-8　机械阻抗法示意图

可用于计算模态参数的实验模态分析处理方法有多种(如主模态分析法、传递函数法、随机减量法等),但每种方法对结构的振动实现的要求不同,详细可参见有关资料。虽说不同的实验模态分析方法各有利弊,但传递函数法因其试验简单迅速,相比起来不失为一种较为成熟的方法。

机械阻抗法是传递函数分析法中应用较多的一种方法,其基本内容是在结构上某一点进行激振(输入),并在结构的任意一点上量测由该激振所引起的响应(输出),采集传递函数。常用的输入及输出一般均为运动量,如位移 $X(\omega)$、速度 $V(\omega)$、加速度 $A(\omega)$ 或力 $Q(\omega)$ 等。机械阻抗是频率的函数,它是振动结构的输出与输入在频率域之比。机械阻抗有确定的量纲,其各种表示形式见表 5-10。在一般激振情况下,实质上机械阻抗就是结构动力学中的频响特性或传递函数。对于复杂的多自由度系统,则需用阻抗和导纳矩阵(传递函数矩阵)来表示。

显而易见,传递函数是系统自身所固有的动力特性的反映,与激振力的性质无关。根据结构动力学中的振动模态理论,传递函数可以用结构模态参数来表示。如位移导纳函数矩阵 $[Y(\omega)]$ 与模态参数之间的关系为

$$[Y(\omega)]=\sum_{i=1}^{n}\frac{\{\phi\}_i\{\phi\}_i^{\mathrm{T}}}{K_i-\omega^2 M_i+j\omega c_i} \tag{5-25}$$

式中　K_i ——第 i 阶模态刚度;

　　　M_i ——第 i 阶模态质量;

　　　c_i ——第 i 阶模态阻尼;

　　　$\{\phi\}_i$ ——第 i 阶固有振型;

　　　$\{\phi\}_i^{\mathrm{T}}$ ——$\{\phi\}_i$ 的转置;

　　　$j=\sqrt{-1}$。

表 5-10　机械阻抗表现形式

导纳:运动/力		阻抗:力/运动	
位移导纳	$Y(\omega)=\dfrac{X(\omega)}{Q(\omega)}$	位移阻抗	$Z(\omega)=\dfrac{Q(\omega)}{X(\omega)}$
速度导纳	$\dot{Y}(\omega)=\dfrac{V(\omega)}{Q(\omega)}$	速度阻抗	$\dot{Z}(\omega)=\dfrac{Q(\omega)}{V(\omega)}$
加速度导纳	$\ddot{Y}(\omega)=\dfrac{A(\omega)}{Q(\omega)}$	加速度阻抗	$\ddot{Z}(\omega)=\dfrac{Q(\omega)}{A(\omega)}$

式(5-25)建立了从传递函数确定模态参数的理论,即:只要实验中量测出足够多的频响函数值,就可以计算出各模态参数。由频响函数识别模态参数的方法有多种,如较近似的图解

模态分析法(又称相位分离技术)和较精确的数字模态分析法等。

由式(5-24)可见,传递函数的识别取决于测试数据的精度。因此,在进行模态参数识别之前需按照第5.5节中所述对试验量测数据进行处理。目前,实验模态分析法还仅局限在用于结构的线性阶段。

复习思考题

5-1 在出厂前抽测的某种应变片 100 片的阻值 Ω 见表 5-11,求该种应变片的最佳阻值。

表 5-11 应变片阻值/Ω

Ω	119.3	119.5	119.7	119.9	120.1	120.3	120.5	120.7	120.9	121.1
次数	1	4	9	14	21	22	15	8	4	2

5-2 表 5-12 是对某物体自振频率进行的 10 次量测的结果,请分别按照 3σ 准则、肖维纳准则及格拉贝斯准则分析数据。

表 5-12 某物体自振频率测试数据

序号	1	2	3	4	5	6	7	8	9	10
自振频率	14.3	16.1	15.9	14.8	15.2	15.5	16.7	15.4	15.7	15.1

5-3 在对某立方块进行抗压试验时,已知压应力 $\sigma = \dfrac{F}{a^2}$,立方块横截面边长 $a = 100$ mm,压力为 $F = 20\ 000$ N。如果要求应力测定值极限允许误差 $|\Delta\sigma_{max}| \leqslant 4$ N/mm^2,求压力 F 及截面边长 a 的允许误差。

5-4 经量测得到的物体某截面应力与该物体所受外力的关系如表 5-13 所示,试分别用最小二乘法及分组平均法求应力与外力关系的经验公式:$\bar{\sigma} = f(P)$。

表 5-13 某物体所受外力与其截面应力测试数据

外力 P/N	应力 $\bar{\sigma}/(N \cdot mm^{-2})$	外力 P/N	应力 $\bar{\sigma}/(N \cdot mm^{-2})$
1 000	1.13	6 000	1.33
2 000	1.19	7 000	1.38
3 000	1.22	8 000	1.41
4 000	1.24	9 000	1.46
5 000	1.30	10 000	1.51

中篇　土木工程结构荷载试验

6 工程结构静载试验

6.1 概述

结构静载试验是土木工程结构试验中最基本的结构性能试验。静载试验主要用于模拟结构承受静荷载作用下的工作情况,试验时,可以观测和研究结构或构件的承载力、刚度、抗裂性等基本性能和破坏机理。土木工程结构是由许多基本构件组成的,它们主要是承受拉、压、弯、剪、扭等基本作用力的梁、板、柱等系列构件。通过静力试验可以深入了解这些构件在各种基本作用力下的荷载与变形的关系,以及混凝土结构的荷载与裂缝的关系,还有钢结构的局部或整体稳定等问题。

通过大量的工程实践和为编制各类结构设计规范而进行的试验研究,为结构静载试验积累了许多经验。随着试验技术和试验方法的日趋成熟,我国先后编制了《预制混凝土构件质量检验评定标准》(GBJ321－90)、《混凝土结构试验方法标准》(GB50152－92)和修订版(GB/T50152－2012)、《混凝土结构施工质量验收规范》(GB50204－2013)和《建筑结构检测技术标准》(GB50344－2004)。这些标准通过不断地修订和完善,既统一了生产检验性试验方法,又对一般性科研性试验方法提出了基本要求,对科研和生产具有广泛的实用性。基本反映了既有中国特色又与国际接轨的试验方法标准。可以说,这几部标准对提高我国结构工程质量和促进土木工程学科的科学研究已产生了积极的影响。

6.2 静载试验加载和量测方案的确定

6.2.1 加载方案

加载方案的确定与试验性质和试验目的、试件的结构形式和大小、荷载的作用方式和选用加载设备的类型、加载制度的选择和要求以及试验经费等众多因素有关,需要综合考虑。通常在满足试验目的的前提下,尽可能按试验方法标准中规定的技术要求进行,使确定的方案合理、经济和安全可靠。关于加载方法第 2 章已有详细介绍,这里仅就加载程序和加载制度进行讨论。

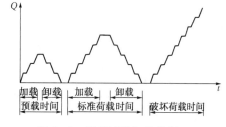

图 6-1 静载试验加载程序

试验加载程序是指试验进行期间荷载与时间的关系。加载程序可以有多种,应根据试验对象的类型和试验目的与要求不同而选择,一般结构静载试验的加载程序分为预载、标准荷载(正常使用荷载)、破坏荷载三个阶段。图 6-1 为钢筋混凝土结构构件的一种典型的静载试验加载程序。有的试验只要加至正常使用荷载,试验后试件还可使用,现场结构或构件的检验性试验多属此类。对于研究性试验,当加至标准荷载后,对钢结构可以卸载重复试验,对混凝土结构一般不卸载而继续加载,直至试件进入破坏阶段,以获得结构的破坏过程、破坏形态和承载力指标。

加载制度的确定与分级加(卸)载的目的:一是为了控制加(卸)载速度,二是便于观察试验过程中结构的变形等情况,三是为了统一加载步骤。

1) 预载阶段

预载的目的:① 使试件的支承部位和加载部位接触良好,进入正常工作状态;② 检查全部试验装置的可靠性;③ 检查全部观测仪表工作正常与否。总之,通过预载可以发现问题而进一步改进或调整,是试验前的一次预演。

预载一般分 2~3 级进行,预载值一般不宜超过标准荷载值的 40%,对混凝土构件,预载值应小于计算开裂荷载值。

2) 正式加载阶段

(1) 荷载分级

标准荷载之前,每级加载值宜为标准荷载的 20%,一般分五级加至标准荷载,标准荷载以后,每级不宜大于标准荷载的 10%,当荷载加至计算破坏荷载的 90%以后,为了确定准确的破坏荷载值,每级应取不大于标准荷载的 5%。对需要做抗裂检测的结构,加载至计算开裂荷载的 90%后,应改为不大于标准荷载的 5%施加,直至第一条裂缝出现。

当试验结构同时施加水平荷载时,为保证每级荷载下的竖向荷载和水平荷载的比例不变,试验开始时首先应施加与试件自重成比例的水平荷载,然后再按规定的比例同步施加竖向和水平荷载。

(2) 分级间隔时间

为了保证在分级荷载下所有量测内容的仪表读数准确和避免不必要的误差,要求不同结构在每级荷载加完后应有一定的级间停留时间,其目的是使结构在荷载作用下的变形得到充分发挥和达到基本稳定后再量测。为此试验方法标准中规定,钢结构一般不少于 10 min,混凝土结构、砌体结构和木结构应不少于 15 min。

(3) 恒载时间

是指结构在短期标准荷载作用下的持续时间。结构在标准荷载下的状态是结构的长期实际工作状态。为了尽量缩小短期试验荷载与实际长期荷载作用的差别,恒载时间应满足下列要求:钢结构不少于 30 min;钢筋混凝土结构不少于 12 h;木结构不少于 24 h;砖砌体结构不少于 72 h。

(4) 空载时间

空载时间是指卸载后到下一次重新开始加载之间的间隔时间。空载时间规定对于研究性试验是完全必要的,因为结构经受荷载作用后的残余变形和变形的恢复情况均可说明结构的工作性能。要使残余变形得到恢复需要有一定的空载时间,相关试验标准规定:对一般钢筋混凝土结构取 45 min;跨度大于 12 m 的结构取 18 h;钢结构取 30 min。为了解变形恢复过程,需定期观测和记录变形值。

3) 卸载阶段

卸载一般按加载级距进行,也可放大 1 倍或分 2 次卸完。视不同结构和不同试验要求而定。

6.2.2 观测方案

1) 确定观测项目

在确定观测项目时,首先应考虑结构的整体变形,因为整体变形最能反映结构工作的全貌,结构任何部位的异常变形或局部破坏都能在整体变形中得到反映。例如:通过对钢筋混凝土简支梁跨中控制截面内力(弯矩)与挠度曲线的量测(图 6-2),不仅可以知道结构刚度的变化,而且可以了解结构的开裂、屈服、极限承载力和极限变形以及其他方面性能,其挠度曲线的不正常发展变化,还能反映结构的其他特殊情况。

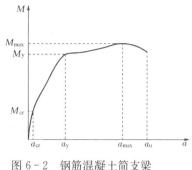

图 6-2 钢筋混凝土简支梁
弯矩-挠度曲线

对于一般生产鉴定性检验,也应量测结构的整体变形。在缺乏量测仪器的情况下,只测定最大挠度一项也能作出基本的定量分析,说明结构变形测量是观测项目中必不可少的,也是最基本的。关于曲率和转角变形的量测以及支座反力的量测,也是实测分析的重要观测项目,在超静定结构中应用较多,通过其量测可以绘制结构的内力图。

局部变形量测是必不可少的观测项目。如钢筋混凝土结构的裂缝出现直接说明其抗裂性能,而控制截面上的应变大小和方向则可分析推断截面应力状态,验证设计与计算方法是否合理正确。在破坏性试验中,实测应变又是推断和分析结构最大应力及极限承载力的主要指标。在结构处于弹塑性阶段时,实测应变、曲率或转角、位移也是判定结构工作状态和结构抗震性能的主要依据。

2) 测点布置

对结构或构件进行内力和变形等各种参数的量测时,测点的选择和布置有以下原则:

(1) 在满足试验目的的前提下,测点宜少不宜多,保证重点部位的测点。

(2) 测点的位置必须有代表性,便于分析和计算。

(3) 为了保证量测数据的可靠性,在结构的对称部位应布置一定数量的校核点。

(4) 测点的布置应使试验工作安全、方便地进行,特别是当控制部位的测点大多数处于比较危险的位置时,应妥善考虑安全措施。

3) 仪器选择与测读原则

综合多方面因素,选择仪器应考虑下列问题:

(1) 选用仪器仪表:必须能满足试验所需的精度和量程要求,尽可能测读方便。

(2) 现场试验:由于环境影响因素多,尽可能选用干扰少的机械式仪表。

(3) 试验结构的变形与时间有关:测读时间应有一定限制,必须遵守相关试验方法标准的规定,尤其当试件进入弹塑性阶段,变形增加较快,应尽可能选用自动记录仪表。对于某些大型结构试验,从量测方便和安全考虑,宜采用远距离自动量测。

(4) 量测仪器的规格和型号:选用时应尽可能相同,这样既有利于读数方便,又有利于数据分析,减少读数和数据分析的误差。

(5) 测读原则:仪器的测读时间应在每加一级荷载后的间歇时间内,全部测点读数时间应基本相同,只有在同一时间测得的数据才能说明结构在某一承载状态下的实际情况。

对重要控制点的量测数据,应边记录边整理,并与预先估算的理论值进行比较,以便发现问题,查找原因,及时修正试验进程。

每次记录仪表读数时,应同时记下当时的天气情况,如温度、湿度、晴天或阴雨天等,以便发现气候变化对读数的影响。

对于具体结构静载试验的操作过程,将通过下面试验实例作详细介绍。

6.3 结构静载试验实例

6.3.1 实例1:碳纤维布加固钢筋混凝土梁受弯承载力的试验研究

1）试验目的

碳纤维增强聚合物(Carbon Fiber Reinforced Polymer,简称 CFRP),又称碳纤维布(板),用于土木工程结构加固是近几年国内外开发应用的一项新技术。由于 CFRP 具有高于普通钢材数倍的抗拉强度和较高的弹性模量,极好的抗腐蚀性能,而且重量轻,施工方便等优点,在许多情况下比其他加固方法更有优势。如何应用于工程实践,必须通过实际结构的加固试验进行理论研究。试验时,重点了解:

(1) 碳纤维布加固钢筋混凝土梁后,其受弯承载力的提高程度;

(2) 碳纤维布粘贴面积或层数对加固效果的影响;

(3) 碳纤维布加固后,对受弯梁挠度、裂缝及破坏形态的影响。

2）试件设计与制作

试验梁设计为矩形截面简支梁,其截面尺寸、跨度见图 6-3,配筋详见表 6-1。

表 6-1　试验梁配筋表

梁号	纵向配筋	配筋率	架立筋	箍筋	配箍率	箍筋间距
W/La	2φ6	0.11%	2φ6	φ6	0.25%	@150,仅在剪跨内
W/Lc	2Φ14	0.76%	2φ6	φ6	0.47%	@80,仅在剪跨内

混凝土设计强度等级为 C30,配筋为 HPB235 和 HRB335 级钢,钢筋和混凝土的实测力学性能见表 6-2。

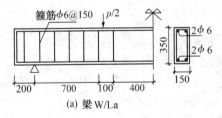

(a) 梁 W/La

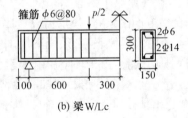

(b) 梁 W/Lc

图 6-3　试验梁尺寸及截面配筋图

表 6-2　试件用钢筋、混凝土实测力学性能指标

材料名称	直径/mm	f_g/MPa	f_b/MPa	E_s/MPa	极限应变/%	备注
钢筋	φ6	461	393	2.0×10^5	10	HPB 235
	Φ14	554	373	2.0×10^5	10	HRB335
混凝土	梁号	f_{cu}/MPa	f_c/MPa	E_c/MPa	极限应变/%	设计强度等级
	W/La	30.8	24.6	3.05×10^4	0.3	C30
	W/Lc	32.6	26.1	3.9×10^4	0.3	C30

3) 试件的加固方式和碳纤维布粘贴方法

将制作好的试验梁受拉区底表面打磨平整,去掉表面疏松层,清除浮灰,并用清洁剂(丙酮等)清洗混凝土加固表面,然后涂均匀的粘结剂,将裁剪好的碳纤维布贴到上面,并压平赶出气泡。当粘贴二层以上碳纤维布时重复上述过程,最后在贴好碳纤维布表面再均匀涂一层粘结剂。约一周左右待粘结剂完全固化后,方可进行试验。试验梁编号及加固情况见表 6-5 和图 6-3 及图 6-4。

加固用碳纤维布采用日本产 FTS-C1-20 型,其主要性能指标见表 6-3。粘结剂采用日本产 FR-NS 型和国产 FN-1 型环氧类建筑结构胶。

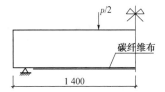

图 6-4　试验梁加固示意图

4) 加载装置与加载方式

本次试验的加载装置见图 6-5。采用两点加载,由分配梁来实现。加载方法采用油压千斤顶,分级加载。当接近纵筋屈服时,适当增加荷载等级密度以确定屈服荷载,然后再加至试验梁破坏。

表 6-3　碳纤维布的性能指标

型号	厚度/mm	抗拉强度/MPa	弹性模量/MPa	极限拉应变($\mu\varepsilon$)
FTS-C1-20	0.111	3 550	2.35×10^5	15 100

5) 仪表布置与量测内容

试验量测仪表布置和量测内容见图 6-5 和表 6-4。

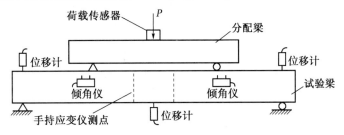

图 6-5　加载装置及仪表布置

表 6-4　量测仪表布置及量测内容说明

仪表名称	量　测　内　容
位移计	量测跨中截面挠度和支座沉降

仪表名称	量 测 内 容
倾角仪	量测试验梁纯弯区段的截面转角和曲率变化
手持应变仪	量测试验梁纯弯区段跨中沿截面高度的平均应变值
电阻应变片	① 在制作试件时,分别在纵筋和箍筋的不同部位粘贴应变片,量测在加载过程中钢筋的应力变化 ② 在跨中梁底面加固的碳纤维布上粘贴应变片,量测在各级荷载下碳纤维布的应变值变化
荷载传感器	测量和校核油压千斤顶的加载值
裂缝读数放大镜	量测在各级荷载下的裂缝发展和裂缝宽度

6) 主要试验结果

梁 W/La 为少筋梁(纵向配筋率 0.11%),梁号 W/Lc 为适筋梁(纵向配筋率为 0.76%)。

(1) 试验梁未加固和加固后的纯弯区段沿截面高度的实测平均应变对比。图 6 - 6 为沿梁截面高度的平均应变分布,由图 6 - 6 中可以看出,试验梁未加固,贴一层和贴三层碳纤维布加固后,梁截面中和轴位置和受压区高度有明显不同,反映了加固后有显著影响,但其截面应变分布基本符合平截面假定。

(2) 极限承载力与试验梁破坏特征。表 6 - 5 为碳纤维布的不同加固方式对试验梁极限承载力影响的实测结果。

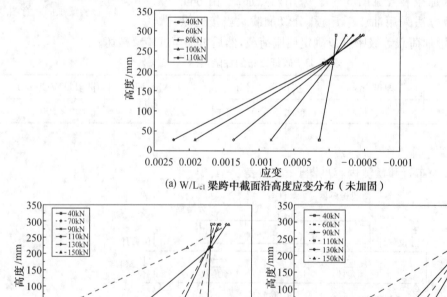

(a) W/L$_{c1}$ 梁跨中截面沿高度应变分布（未加固）

(b) W/L$_{c3}$ 梁跨中截面沿高度应变分布（贴一层）　　(c) W/L$_{c7}$ 梁跨中截面沿高度应变分布（贴三层）

图 6 - 6　沿梁截面高度的平均应变分布

在试验梁底部受拉区粘贴碳纤维布加固,等于增加纵向配筋。由表 6 - 5 中可以看出,其加固效果对少筋梁 W/La 特别显著,粘贴一层和二层碳纤维布极限承载力分别提高143％和233％。对适筋梁的极限承载力提高亦很明显,达到24％～48％。

表6-5　试验梁不同加固方式及主要试验结果

| 梁号 | 粘结剂 | 碳纤维布加固方式 | 屈服荷载/kN | | 极限荷载/kN | | 裂缝宽度/mm | 破坏特征 |
			试验值	提高％	试验值	提高％		
W/La		基准梁（未加固）	—		30	0	—	做到开裂（出现少筋梁破坏特征）
W/La1	J_1	破坏后贴一层布	—		73	143	—	粘结破坏（混凝土被拉下）
W/La2	J_1	破坏后贴二层布	—		100	233	—	剪切破坏
W/Lc1		基准梁（未加固）	110	0	125	0	0.40	受压区混凝土压坏
W/Lc3	J_1	粘贴一层布	120	9	165	32	0.18	碳纤维布拉断破坏
W/Lc5	J_3	粘贴一层布	120	9	155	24	0.20	混凝土与胶界面剥离破坏
W/Lc7	J_1	粘贴三层布	130	18	185	48	0.09	粘结破坏

注：表中粘结剂 J_1 为日本产 FR-NS 型胶；J_3 为国产 FN-1 型建筑结构胶。

　　试验表明,采用碳纤维布加固后对试验梁的裂缝有很大的抑制作用。图6-7为有代表性的梁加固前后的裂缝形态和破坏特征,可见,由于碳纤维布的约束作用,加固后梁的裂缝发展较为缓慢,裂缝间距变小,数量增多,宽度变小。由于混凝土与粘结胶界面上存在剪应力,当荷载增大,裂缝形态和破坏特征都会与未加固的梁有明显差别。

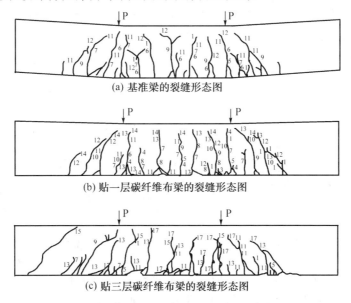

(a) 基准梁的裂缝形态图

(b) 贴一层碳纤维布梁的裂缝形态图

(c) 贴三层碳纤维布梁的裂缝形态图

图6-7　梁的裂缝形态图及破坏特征(单位:kN)

　　(3) 实测试验梁加固前后跨中挠度变化见图6-8。不同加固方式的试验梁荷载-应变关系曲线见图6-9。

115

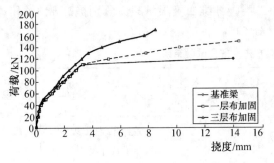

图 6-8　梁 W/Lc 的荷载-挠度关系图

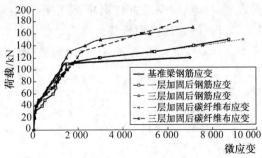

图 6-9　梁 W/Lc 的荷载-应变关系图

6.3.2　实例 2:北京西站 45 m 跨预应力钢桁架静载模型试验

1) 试验目的

北京西站主站房设计采用了大跨(45 m)预应力钢桁架结构,这是我国首次采用的预应力巨型钢结构工程。为此,在实验室内进行了 1:6 大尺寸模型试验。其试验目的如下:

(1) 预加应力方案的选择,根据荷载平衡法原理,通过对钢桁架施加预应力能大大降低桁架杆件内力高峰值,减少结构变形,改善结构性能,减小截面尺寸,节约钢材。希望通过模型结构试验找到最佳预应力施加方法。施加预应力应视作外荷载,主要平衡钢桁架的自重。

(2) 通过对钢桁架模型的荷载试验,得出施加预应力后的主桁架在竖向荷载作用下的桁架结构受力性能和承载能力。

2) 预加应力方案的论证

预应力主桁架钢结构形式见图 6-10。

考虑到主桁架分两阶段承受外荷载,为了充分发挥预应力的效果,预应力的施加也分两个阶段进行。第一阶段,主桁架两端铰支时,对主桁架施加第一组预应力;第二阶段,主桁架上、下弦节点端部固支时,分别对主桁架的上弦直线束和折线束施加第 2、3 组预应力,详见图6-11。

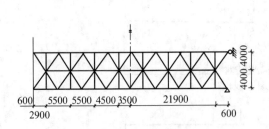

图 6-10　钢桁架结构形式

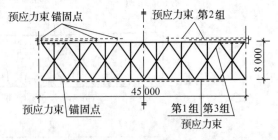

图 6-11　钢桁架预应力束布置和张拉次序

根据理论分析,通过分阶段施加预应力,主桁架的上、下弦杆内力有较大幅度的降低,大部分斜腹杆内力也有不同程度的减小,说明预应力反向荷载作用产生了明显效果。

3) 模型试验设计与模型制作

试验模型包括中部和边部主桁架各一榀,并通过交叉支撑连成一体。桁架杆件断面、节点大样及加劲肋等根据相似原理和原设计图按 1:6 比例制作,材料为 16MnQ345 桥钢。

4）模型荷载试验

（1）试验加载装置和加载方法

图 6-12 为钢桁架模型试验的加载装置。加载采用千斤顶和分配梁加载系统对上弦杆各节点施加竖向集中荷载。下弦各节点处采用锚入地面槽道的花篮螺栓及力传感器加载。预应力束的布置形式与实际工程相同，张拉力的大小按与原结构的比例折减。预应力的张拉按选择方案分 3 组进行。

（2）测点布置与量测方法

测点布置见图 6-12，对两榀主桁架模型的主要受力杆件即上、下弦杆及端部两节间的腹杆上重点布置了应变测点；两端下弦杆支座处水平和垂直方向设置了支座力传感器；上、下弦杆各节点处及支座处均设置了位移测点，各位移测点采用电测位移计；在预应力束锚固端设置了内缩量测点，在预应力束钢套管上设置了测点，主要量测预应力损失值。整个桁架共设置测点 214 个，所有测点量测均采用 7V07 数据自动采集应变测量系统记录。

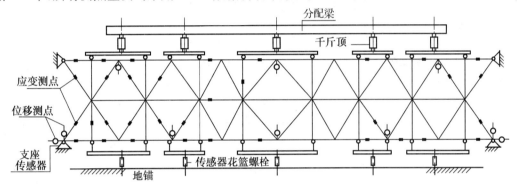

图 6-12　加载装置与测点布置

5）模型试验结果

（1）主要杆件应力实测结果

边部主桁架模型上、下弦跨中节间杆件应力变化情况如图 6-13 所示。由图可见主要受力杆件应力变化规律明确，理论值与实测值误差较小，结构处于弹性阶段，正常使用阶段工作性能良好。表 6-6 列出了中部主桁架主要节点处杆件应力实测结果，应力变化规律如图 6-14 所示。

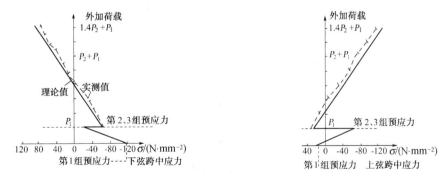

图 6-13　边部主桁架荷载-应力曲线

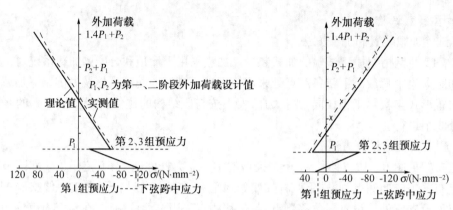

图 6-14　中部主桁架荷载-应力曲线

表 6-6　中部主桁架节点处杆件应力

位置	节点	支座节点	上弦	下弦	上弦
	杆件	支座斜杆	第二端杆	中部	中部
计算平均值(MPa)		−62.1	95.9	68.1	−65.8
	1	−76.5	127.1	90.1	−89.5
	2	−70.9	106.3	74.3	−73.1
	3	−49.7	79.2	57.1	−42.7
	4	−40.1	53.4	41.3	−38.3
试验平均值(MPa)		−59.3	91.5	65.7	−60.9

注:表中数据为中部主桁架在第二阶段荷载作用下的结果。

（2）桁架模型挠度实测结果

主桁架模型下弦各节点实测挠度变化情况如图 6-15 所示。最大挠度值为−3.4 mm,线弹性规律明显,对称性好。

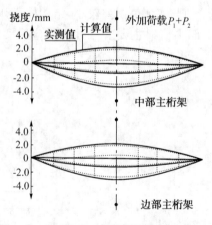

图 6-15　桁架挠度曲线

118

（3）预应力束张拉对钢桁架模型结构使用阶段受力影响的实测结果

① 试验对各阶段施加的预应力在模型结构内的应力分布进行了测试,实测结果如表6-7所示。试验表明,理论分析值与实测值比较吻合,误差很小。

表6-7　各阶段预应力施加后主桁架应力实测值与计算值比较

类型 \ 位置	中部主桁架预应力值(MPa)				边部主桁架预应力值(MPa)			
	上弦跨中	上弦端部	下弦跨中	下弦端部	上弦跨中	上弦端部	下弦跨中	下弦端部
计算值	95.6	−71.9	−126.0	49.6	96.4	−60.9	−101.2	37.3
实测值	99.1	−74.6	−129.4	52.1	99.5	−62.4	−105.3	39.6

注:预应力值为各组预应力总和。

② 预应力的反向荷载作用对减小钢桁架内力的实测结果。通过分阶段施加预应力对钢桁架内力的实测表明,可以显著地减小上、下弦杆及大部分斜腹杆的内力。经与理论计算比较,第一阶段主桁架下弦杆预应力直线束张拉后,使主桁架弦杆在该阶段荷载作用下最大受拉轴力减小50%～65%,第二阶段第2、3组上弦杆预应力直线束和桁架折线束张拉后使主桁架上弦杆在荷载作用下的跨中最大受压轴力减小60%～70%,上弦杆端部受拉轴力减小70%左右,下弦杆跨中最大受拉轴力减小40%左右,下弦杆端部受压轴力减小35%左右。同时节点刚性导致的次弯矩也有大幅度降低,大部分斜腹杆内力都有不同程度的降低,充分说明施加预应力后的反向荷载作用对减小钢结构内力产生了明显效果。这对推广预应力钢结构提供了有力依据。

6.3.3　实例3:波形钢腹板预应力混凝土组合箱梁结构模型试验

1）试验目的

目前,国内外大跨度桥梁普遍采用预应力混凝土组合箱梁结构。但由于箱梁结构设计理论尚不完善,尤其混凝土箱梁腹板斜裂缝较多,抗剪设计有缺陷。本次试验目的是:研究波形钢腹板预应力混凝土简支箱梁在对称加载和偏心加载情况下的结构特性和抗剪性能,比较试验值和计算值,验证计算分析结果,完善计算模型。为桥梁大跨度钢腹板混凝土箱梁结构设计提供理论和试验依据。

主要探讨采用波形钢腹板,箱梁腹板的抗剪效果和抗剪计算方法。

2）试件设计

试验梁的梁长为2.6m,计算跨径2.4m,梁高为0.3m,顶板宽为0.8m,底板宽为0.35m。顶板中部厚为40mm,翼缘厚30mm,底板厚30mm。波形钢腹板厚为1mm,波高12mm。另设4块横隔板,以便布置无连接体外预应力筋。模型箱梁的具体尺寸见图6-16和图6-17,图6-18所示为模型箱梁试验照片。

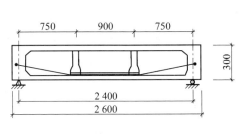

图6-16

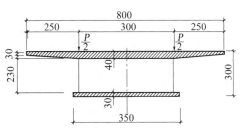

图6-17

图 6-18　箱梁模型结构试验现场照片

梁体采用体内普通非预应力钢筋和体外预应力钢筋混合配置。配筋采用 Q235 普通钢筋,预应力钢筋采用直径为 5 mm 的矫直回火高强钢丝,控制应力为 1 255 MPa。混凝土等级为 C30,水灰比取 0.625,骨灰比取 0.30。骨料为表面光滑的河砾石,粒径不大于 5 mm。水泥为 32.5 普通硅酸盐水泥,钢腹板为 Q235 优质低碳钢。

3）加载方式

加载方式采用单点及双点两种,双点加载又分轴线位置加载和偏心位置加载,加载工况见表 6-8 所示。单点加载直接用千斤顶完成,双点加载则需将千斤顶置于分配梁上。理论计算的弹性荷载为 $P = 20$ kN,极限荷载为 40 kN。弹性范围内,采用等荷载增量,并随时观测挠度,当发现挠度突然增大时,即暂停加载。随后减小荷载增量,若出现梁体严重开裂,或裂缝超标,则终止加载,此时即测得极限承载力。

表 6-8　模型箱梁试验加载工况表

纵向＼横向	对称加载	偏心加载	中心加载
单点荷载	1	2	3
双点荷载	4		5

4）测试项目和测点布置

试验主要观测项目为:

（1）预加力时箱梁顶板的应变;

（2）单点加载条件下的箱梁桥面板的横向应变;

（3）双点对称加载时箱梁的挠度与各控制点的应变;

（4）双点偏心荷载时箱梁的挠度与各控制点的应变；

（5）双点对称或偏心加载下箱梁的极限承载力。

应变片分别布置在顶板、钢腹板和底板，如图6-19、图6-20所示，主要观测断面为跨中和1/4断面。除个别点位为两相应变片外，一般均为三相应变花。挠度主要观测跨中和支点断面的竖向位移和横向位移。挠度计为百分表。

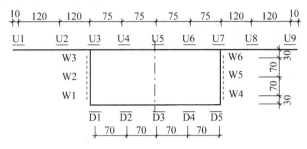

图6-19 箱梁断面应变片布置图

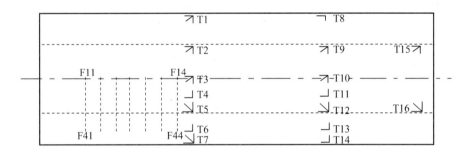

图6-20 箱梁顶板应变片布置图

5）试验结果

（1）实测跨中横断面纵向应力沿高度分布见图6-21所示。

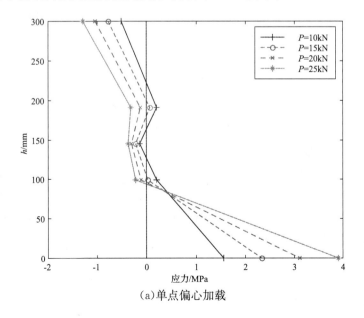

（a）单点偏心加载

121

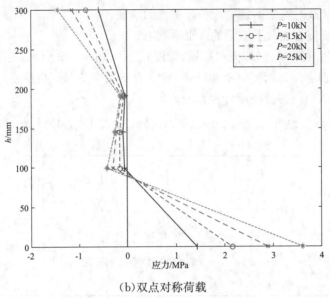

（b）双点对称荷载

图 6-21　实测跨中横断面纵向应力沿高度分布图

（2）箱梁底板在双点对称荷载作用下的截面挠度-荷载曲线（图 6-22 所示）。

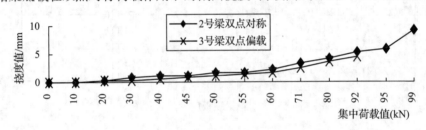

图 6-22　双点荷载作用下截面荷载-挠度曲线图

（3）集中荷载对称作用于两侧腹板时（工况 1），上翼缘板最大剪力滞效应（图 6-23 所示）发生在翼板与腹板交界处，$\lambda=1.13$，悬臂板顶端剪力滞系数最小为 $\lambda=0.74$。

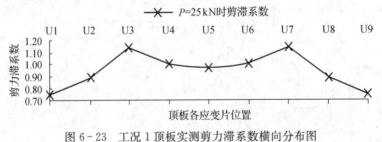

图 6-23　工况 1 顶板实测剪力滞系数横向分布图

（4）箱梁开裂荷载、破坏荷载都接近计算值（表 6-9），箱梁裂缝一般产生于底板某一位置，位置并不确定，裂缝间距比较均匀，见图 6-24 所示。

表 6-9　全过程加载计算值与实测值对比表

梁号	开裂荷载/kN		破坏荷载/kN		破坏特征
	设计	实测	设计	实测	
2	51.7	45.0	89.3	94.0	腹板与底板结合部开裂
3	51.7	55.5	89.3	90.4	腹板与底板结合部偏载侧开裂

图 6-24　箱梁底板裂缝分布图

在加载后期除了底板横向开裂外,在波形钢腹板与底板交界处沿纵向开裂,尤其是纵向双点加载位置纵向裂缝更为明显(图 6-25 所示)。随着纵向裂缝和横向裂缝不断扩大,结构刚度迅速降低,导致箱梁挠度迅速增大而破坏。破坏特征为腹板与下翼板结合部碎裂(如图6-25所示)。

图 6-25　钢腹板与底板交界处的纵向裂缝破坏图

6.4　静载试验量测数据的整理要点

量测数据包括在准备阶段和试验阶段采集到的全部原始数据,是分析试验结果的重要依据。实测数据的整理是大量、复杂而细致的工作。首先对所有原始资料均应由试验、测读、记录、校对和试验主持人审核、签字后方可备存,并集中管理。然后及时对试验原始记录数据进行运算,一般均应算出在各级荷载下的仪器读数增量和累计值,并经过必要的换算和修正,统一计量单位。最后用曲线或图表给以表达(详见 6.3 节试验实例)。对于研究性试验,在探讨计算方法时,可进一步采用方程式表达方法(详见第 5.4.3 介绍)。本节仅对静载试验中部分基本数据的整理要点作简单介绍。

6.4.1 整体变形的量测数据整理要点

1) 挠度的计算与修正

结构或构件的挠度是指其本身的挠曲程度。由于试验时受到支座沉降、结构或构件自重和加载设备重量、加载图式及预应力反拱等的影响,所以要确定结构或构件在各级荷载作用下的短期实际挠度时,应对所测挠度值进行修正。下面以简支构件为例,其挠度修正应按下式计算:

$$a_s^\circ = (a_q^\circ + a_g^\circ)\psi \tag{6-1}$$

$$a_q^\circ = a_3 - \frac{1}{2}(a_1 + a_2) \tag{6-2}$$

$$a_g^\circ = \frac{M_g}{M_b}a_b^\circ \ 或\ a_g^\circ = \frac{P_g}{P_b}a_b^\circ \tag{6-3}$$

式中　　a_q°——消除支座沉降后的跨中挠度实测值;

　　　　a_g°——构件自重和加载设备自重产生的跨中挠度值;

　　　　M_g——构件自重和加载设备自重产生的跨中弯矩值;

　　M_b,a_b°——从外加试验荷载开始至构件出现裂缝前一级荷载的加载值产生的跨中弯矩值和跨中挠度实测值;

　　　　ψ——用等效集中荷载代替均匀荷载时的加载图式修正系数,按表 6-10 采用。

由于仪表初读数是在构件和试验装置安装后进行,加载后量测的挠度值中不包括自重引起的挠度变化,因此在构件挠度值中应加上构件自重和设备自重产生的跨中挠度。a_g° 的值可近似认为构件在开裂前是处在弹性工作阶段,弯矩-挠度为线性关系,故采用弯矩比折算法,按公式(6-3)计算,但对于屋架、桁架其自重等产生的挠度可按荷载-挠度曲线作图法修正,见图 6-26 所示。

试验构件消除支座沉降的原理和方法见图 6-27 所示,并按公式(6-2)修正计算。若量测的挠度值不是跨中挠度值时,支座沉降的影响应按测点距离的比例或图解法修正。

当支座处因遇障碍,在支座反力作用线上不能安装位移计时,可将仪表安装在离支座反力作用线内侧 d 距离处,在 d 处所测挠度比支座沉降大,因而跨中实测挠度将偏小,应对(6-1)式中的 a_q° 乘以系数 ψ_a。ψ_a 为支座测点偏移修正系数。

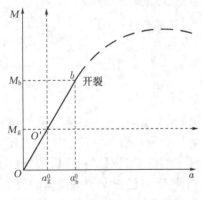

图 6-26　自重挠度计算图

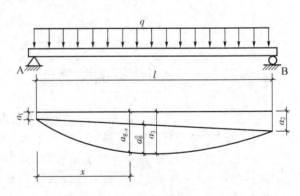

图 6-27　考虑支座沉降影响时梁的挠度变形

124

对预应力混凝土结构,当预应力钢筋锚固后,对混凝土产生的预压作用而使结构产生反拱,构件越长反拱值越大。因此实测挠度中应扣除预应力反拱值 a_p,即公式(6-1)可写作

$$a_s^\circ = (a_q^\circ + a_g^\circ - a_p)\psi \qquad (6-4)$$

式中 a_p 为预应力反拱值,对研究性试验取实测值 a_p°,对检验性试验取计算值 a_p^c,不考虑超张拉对反拱的加大作用。

若等效集中荷载的加载图式不符合表6-10所列图式时,应根据内力图形用图乘法或积分法求出挠度,并与均布荷载下的挠度比较,从而求出加载图式修正系数 Ψ。

表 6-10　加载图式修正系数

名　称	加　载　图　式	修正系数 Ψ
均布荷载	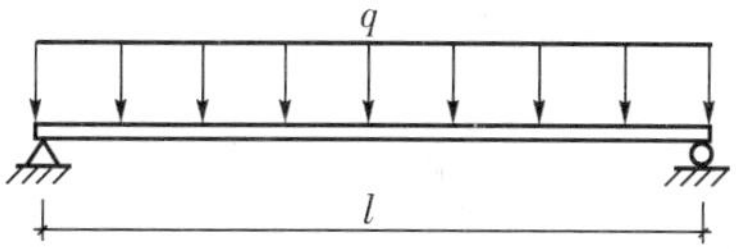	1.0
二集中力,四分点,等效荷载	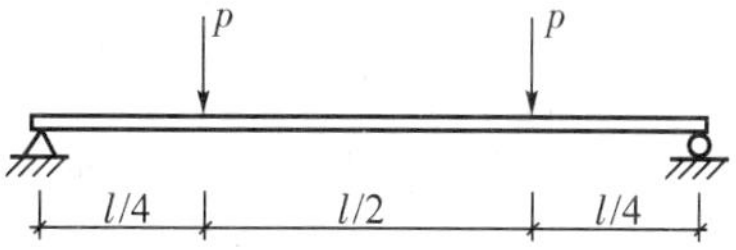	0.91
二集中力,三分点,等效荷载	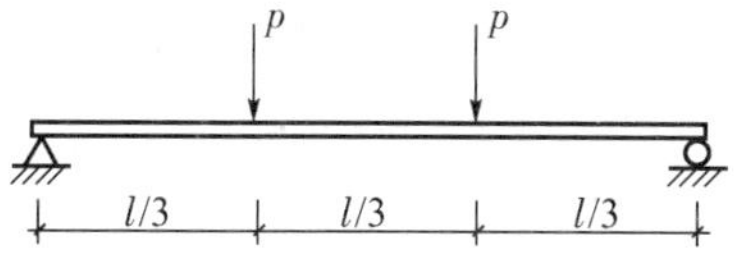	0.98
四集中力,八分点,等效荷载	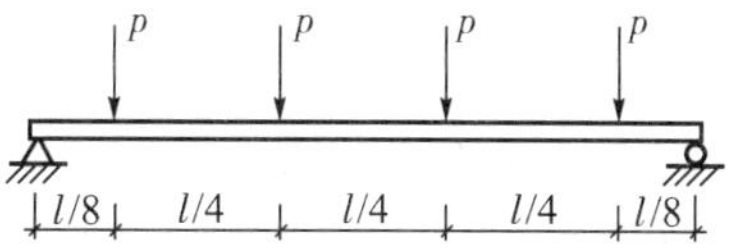	0.99
八集中力,十六分点,等效荷载	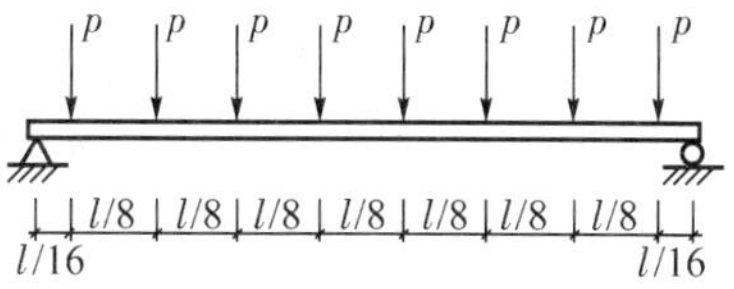	1.0

上述修正方法是建立在假设构件刚度 EI 为常数的基础上的。因此,对于钢筋混凝土构件,裂缝出现后沿全长各截面的刚度为变量,仍按上述图式修正将有一定误差。

2) 求出最大挠度值

经过修正后得到的最大挠度值,是结构的静力性能的一项重要指标。是结构性能检验中最重要的控制值。

3) 绘出荷载-挠度曲线

荷载-挠度曲线是反映挠度值随荷载变化的规律,能说明结构的受力状态(弹性阶段还是塑性阶段),同时也能从某些突变点反映结构的局部现象(出现开裂或接点松动等)。详见6.3节实例。

6.4.2　应力应变测量数据的整理要点

(1) 对于机械式引伸计,如手持式引伸仪、杠杆引伸计、电测引伸计和千分表测应变装置

等实际上是测长仪。它们所测得的读数值是反映所选用标距内结构的绝对变形量,而不是应变值。因此,要求的应变需将读数值除以标距,即

$$\varepsilon = \frac{\Delta l}{L} \qquad (6-5)$$

式中　ε ——所求应变值;

　　　Δl ——仪器的读数差值;

　　　L ——仪器选用标距。

若机械式引伸仪有放大倍数 K,所求应变还应除以放大倍数,即

$$\varepsilon = \frac{\Delta l}{KL} \qquad (6-6)$$

（2）电阻应变仪的量测应变的修正

电阻应变仪能够直接读出结构的应变值,各分级荷载作用下仪器的读数差就是实际应变值,即 ε＝仪器的读数差。

当用同一台电阻应变仪同时量测混凝土和钢筋的应变时,两种材料所选用的电阻应变片的灵敏系数一般是不相同的,而仪器的灵敏系数度盘上只能固定在一个位置上,则需对另一种灵敏系数测点的读数进行修正。另外一般动态应变仪没有灵敏系数调节装置,仪器是按灵敏系数 K＝2 设计和标定的,而一般电阻应变片的灵敏系数不可能都是 2。所以在上述两种情况下需对读数值进行修正,修正公式为:

$$\varepsilon_t = \varepsilon_r \frac{K_r}{K_t} \qquad (6-7)$$

式中　ε_t ——实际应变;

　　　ε_r ——应变仪上读出的应变;

　　　K_t ——应变片的灵敏系数;

　　　K_r ——应变仪上的灵敏系数定位值。

当导线长度大于 10 m 时,对以电阻为参数的量测系统,其导线本身的电阻 R_L 就不可忽略,此时桥臂电阻为 $R_1 = R + R_L$,其中导线电阻 R_L 在加载试验过程中不发生变化,此时应变仪上的应变读数值应按下式修正:

$$\varepsilon_t = \varepsilon_r \left(1 + \frac{R_L}{R}\right) \qquad (6-8)$$

式中　R ——电阻应变片电阻值(Ω);

　　　R_L ——导线的实测电阻值(Ω)。

（3）求出最大应力值

测得应变值后,按物理学和材料力学方法,计算应力。当结构处于弹性阶段时,其单向应力为 $\sigma = E\varepsilon$。同时根据实测最大应变求得控制截面上的最大应力,并与设计值比较。

（4）绘出荷载-应力(应变)曲线

详见 6.3 节试验实例介绍。

6.4.3　间接测定值的推算要点

在工程试验中,表达最后试验结果的数据中,许多是由直接测定值经过推算得到的,被称

为间接测定值。因此,处理基本数据时,要进行大量间接值的推算工作。例如电阻应变式测力传感器量测荷载和支座反力,电阻应变式倾角仪量测截面转角,由仪器读取的是应变值,需根据传感器的荷载-应变或转角-应变的标定曲线或换算系数,经过换算才能得到实测的荷载值或转角值。

目前,常用的测定受弯构件曲率的方法,是采用测定试件截面上、下表面的应变,再由下列公式:

$$\frac{1}{\rho} = \frac{\varepsilon_1 + \varepsilon_a}{h} \tag{6-9}$$

换算成曲率(式中 ε_1、ε_a 为试件截面上、下表面的实测应变值,h 为截面高度)。

总之,间接推算的工作量很大,其内容需根据不同的量测内容和量测方法而定。

6.5 结构性能的检验(产品检验)

结构性能检验多数是预制混凝土构件的检验。这些构件大多是在专门预制厂生产,也有很多大型构件(屋架和桥梁的箱梁等),由于运输不方便而在施工现场预制,然后作为产品出售给用户在工程上使用或施工单位自产自用。根据我国产品质量法规定,工业产品必须进行产品出厂检验,出厂附有产品合格证。为此,我国建设部专门颁布了国家标准《混凝土结构工程施工质量验收规范》GB50204-2013。标准第9.1.2条和附录B的规定:预制构件应按标准图或设计要求的试验参数及检验指标进行结构性能检验。检验合格后才能使用。具体检验项目和检验要求列于表6-11。

表6-11 结构性能检验要求

预制构件类型及要求	检验项目与检验要求			
	承载力	挠度	抗裂	裂缝宽度
钢筋混凝土构件及允许出现裂缝的预应力构件预应力混凝土构件中非预应力杆件	检	检	检	检
不允许出现裂缝的预应力构件	检	检	检	不检
设计成熟、数量较少的大型构件,并有制作质量措施的	不检	检	检	检
当采用加强材料和制作质量控制措施的具有可靠实践经验的现场预制大型构件	可免检			

检验数量:标准中规定对成批生产的构件,应按同一工艺正常生产的不超过1 000件且不超过3个月的同类产品为一批。当连续检验10批且每批的结构性能检验结果均符合国家标准 GB50204-2013规定要求时,对同一工艺正常生产的构件可改为不超过2 000件且不超过3个月的同类产品为一批,在每批中应随机抽取一个构件作为试件进行试验。

检验方法:按GB50204标准中的附录C规定的方法,采用短期静力加载检验。

6.5.1 预制构件承载力检验

预制构件承载力按下列规定进行检测。

(1)当按《混凝土结构设计规范》GB50010-2010规定进行检验时,应满足下式要求:

127

$$\gamma_u^0 \geqslant \gamma_0 [\gamma_u] \tag{6-10}$$

式中　γ_u^0——构件的承载力检验系数实测值，即试件的荷载实测值与荷载设计值（均含自重）的比值；

　　γ_0——结构构件的重要性系数；按设计要求确定，当无专门要求时取 1.0；

　　$[\gamma_u]$——构件的承载力检验系数允许值，按表 6-12 采用。

表 6-12　预制构件承载力检验系数允许值

受力情况	达到承载能力极限状态的检验标志		$[\gamma_u]$
轴心受拉、偏心受拉、受弯、大偏心受压	受拉主筋处的最大裂缝宽度达到 1.5mm 或挠度达到跨度的 1/50	热轧钢筋	1.20
		钢丝、钢绞线、热处理钢筋	1.35
	受压区混凝土破坏	热轧钢筋	1.30
		钢丝、钢绞线、热处理钢筋	1.45
	受拉主筋拉断（或屈服）		1.50
受弯钢筋受剪	腹部斜裂缝达到 1.5 mm 或斜裂缝末端受压混凝土剪压破坏		1.40
	沿斜截面混凝土斜压破坏，受拉主筋在端部滑脱，或其他锚固破坏		1.55
轴心受压、小偏心受压	混凝土受压破坏		1.50

注：热轧钢筋系指 HPB235 级、HRB335 级、HRB400 级和 RRB400 级。

（2）当按构件实配钢筋的承载力进行检验时，应满足下式要求：

$$\gamma_u^0 \geqslant \gamma_0 \eta [\gamma_u] \tag{6-11}$$

式中　η——构件承载力检验修正系数；根据现行国家标准《混凝土结构设计规范》GB50010-2010 按实配钢筋的承载力计算确定。

承载力检验的荷载设计值是指承载能力极限状态下，根据构件设计控制截面上的内力设计值与构件检验的加载方式，经换算后确定的荷载值（包括自重）。

6.5.2　预制构件的挠度检验

预制构件的挠度应按下列规定进行检验：

（1）当按《混凝土结构设计规范》GB50010-2010 规定的挠度允许值进行检验时，应满足下列公式要求：

$$a_s^0 \leqslant [a_s] \tag{6-12}$$

$$[a_s] = \frac{M_k}{M_q(\theta - 1) + M_k} [a_f] \tag{6-13}$$

式中　a_s^0, $[a_s]$——分别为在标准荷载作用下的挠度实测值和挠度检验允许值；

　　M_k, M_q——分别为按荷载标准组合和荷载永久组合计算的弯矩值；

　　θ——考虑荷载长期作用对挠度增大的影响系数，按现行《混凝土结构设计规范》GB50010-2010 确定；

　　$[a_f]$——受弯构件的挠度限值，按现行国家标准 GB50010-2010 确定。

（2）当按实配钢筋确定的构件挠度值进行检验，或仅作为挠度、抗裂或裂缝宽度检验时，

应满足下列公式要求,并同时还应满足式(6-12)的要求:

$$a_s^0 \leqslant 1.2 a_s^c \tag{6-14}$$

式中 a_s^c ——在荷载标准值作用下,按实配钢筋确定的构件短期挠度计算值,按现行《混凝土结构设计规范》GB50010-2010确定。

正常使用极限状态的荷载标准值是指正常使用极限状态下,根据构件设计控制截面上的荷载标准组合效应与构件检验的加载方式,经换算后确定的荷载值。

6.5.3 预制构件的抗裂检验

在正常使用阶段下允许出现裂缝的构件,应对其进行抗裂性检验。预制构件的抗裂性检验应符合下列要求:

$$\gamma_{cr}^0 \geqslant [\gamma_{cr}] \tag{6-15}$$

$$[\gamma_{cr}] = 0.95 \frac{\sigma_{pc} + \gamma f_{tk}}{\sigma_{sc}} \tag{6-16}$$

式中 γ_{cr}^0 ——构件抗裂检验系数实测值,即构件的开裂荷载实测值与荷载标准值(均包括自重)之比;

$[\gamma_{cr}]$ ——构件的抗裂检验系数允许值;

γ ——混凝土构件截面抵抗矩塑性影响系数,按现行《混凝土结构设计规范》GB50010-2010计算确定;

σ_{ck} ——由荷载标准值产生的构件抗拉边缘混凝土法向应力值,按现行《混凝土结构设计规范》GB50010-2010确定;

σ_{pc} ——由预加力产生的构件抗拉边缘混凝土法向应力值,按现行国家标准GB50010-2010确定;

f_{tk} ——混凝土抗拉强度标准值。

6.5.4 预制构件裂缝宽度检验

对正常使用阶段允许出现裂缝的构件,应限制其裂缝宽度。预制构件的裂缝宽度应满足下列要求:

$$w_{s,max}^0 \leqslant [w_{max}] \tag{6-17}$$

式中 $w_{s,max}^0$ ——在荷载标准值作用下,受拉主筋处最大裂缝宽度实测值(mm);

$[w_{max}]$ ——构件检验的最大裂缝宽度允许值,按表6-13取用。

表6-13 构件检验的最大裂缝宽度允许值(mm)

设计要求的最大裂缝宽度限值	0.20	0.30	0.40
$[w_{max}]$	0.15	0.20	0.25

6.5.5 预制构件结构性能评定与验收

(1)当结构性能的全部检验结果均符合 GB50204—2013 中相关规定的检验要求时,该批构件的结构性能应通过验收。

（2）当第一次构件的检验结果不能全部符合上述的标准要求，但能符合第二次检验要求时，可再抽两个试件进行检验。第二次检验时，对承载力和抗裂检验要求降低 5％；对挠度检验提高 10％（详见表 6-14 规定）。当第二次抽取的两个试件的全部检验结果均符合第二次检验要求时，则该批构件可通过验收。

表 6-14　复式抽样再检的条件

检验项目	标准要求	二次抽样检验指标	相对放宽
承载力	$\gamma_0[\gamma_u]$	$0.95\gamma_0[\gamma_u]$	5％
挠　度	$[a_s]$	$1.10[a_s]$	10％
抗　裂	$[\gamma_{cr}]$	$0.95[\gamma_{cr}]$	5％
裂缝宽度	$[w_{max}]$	—	0

（3）对第二次抽取的第一个试件的全部检验结果都能满足本标准要求时，则该批构件结构性能可通过验收。

应该指出，对每一个试件，均应完整地取得三项检验指标。只有三项指标均合格时，该批构件的性能才能评为合格。在任何情况下，只要出现低于第二次抽样检验指标的情况，即应判为不合格。

复习思考题

6-1　一般结构静载试验的加载程序分为哪几个阶段？预载的目的是什么？对预载的荷载值有何要求？

6-2　正式加载试验应如何分级？对分级间隔时间有何要求？对在短期标准荷载作用下的恒载时间有何规定？为什么？

6-3　对结构或构件进行内力和变形测量时，对测点的选择和布置有哪些要求？矩形梁和箱梁的应变测点布置有何不同？钢桁架的测点如何布置？

6-4　碳纤维布加固混凝土梁的原理是什么？通常对梁的横向部位和纵向受拉区部位加固主要起什么作用？加载试验过程中应注意什么？

6-5　对预应力钢桁架施加的预应力是外荷载吗？主要作用是什么？为什么预应力束布置 3 组？

6-6　受弯构件的实测挠度值如何计算和修正？

6-7　采用机械式仪器测量结构应变时，仪表读数值表示什么？应变值如何计算？

6-8　电阻应变测量时，若应变计的灵敏系数 K 值不相同，实测应变值如何修正？

6-9　间接测定值的换算要求有哪些？应注意什么？请举例。

6-10　量测数据的整理包括哪些内容？试验结果的表达方法有哪几种？

6-11　预制混凝土构件结构性能检验时，对不允许出现裂缝的预应力构件应检验哪些项目？对允许出现裂缝的构件应检验哪些项目？

7 工程结构的动载试验

7.1 概述

各种类型的土木工程结构（房屋建筑、桥梁等），在实际使用过程中除了受静荷载作用外，常常还受各种动荷载作用，因此在工程结构中经常有许多动荷载引起的振动问题对结构安全和产品质量所产生的不利影响，需要通过试验检测寻求解决办法。解决工程振动问题，通常采用结构动力分析和试验研究两种方法进行。结构动载试验就是通过实验方法对各类受动荷载作用的结构进行动力性能试验研究。随着结构动力加载设备和振动测试技术的发展，结构的动力加载试验研究和现场实测已成为人们研究结构振动问题的重要手段。动力加载试验和实测工程结构在动荷载下的振动影响，主要解决以下问题：

（1）实测工程结构物在实际动荷载下的振动反应（振幅、频率、加速度、动应力等）。通过量测得到的数据和资料，用来研究由于受振动影响的结构性能是否安全可靠。

① 实测动力机器作用下的厂房结构振动；

② 实测在车辆移动荷载作用下的桥梁振动；

③ 实测在风荷载作用下高层建筑或高耸构筑物（电视塔、输电铁塔、斜拉桥和悬索桥的索塔等）所引起的风振反应；

④ 实测大雨对斜拉桥的斜拉索产生的雨振对索塔的振动反应；

⑤ 实测爆炸产生的瞬时冲击荷载对结构引起的振动影响。

（2）采用各种类型的激振手段，对原型结构或模型结构进行动力特性试验。主要测量工程结构物的自振频率、阻尼系数和振型等，动力性能参数亦称自振特性参数或振动模态参数。这是研究结构动力设计和抗风性能的基本参数。

① 在实际结构中，动荷载作用影响在很大程度上取决于结构的自振周期。为了判定动荷载作用的影响大小，必须了解各类结构的自振周期。据调查，对于不同类型的工程结构在同一动荷载作用下，其动力反应相差几倍，甚至十几倍。为此，国内外专家对各类结构自振特性的实测和研究十分重视。

② 通过结构动力性能加载试验和工程实测，了解结构的自振频率，可以避免和防止动荷载作用所产生的干扰力与结构发生共振现象，以及对仪器设备的生产和人体健康所产生的不利影响，根据实测结果可以采取必要的措施进行隔振或减振。

③ 结构受动力作用后，结构受损开裂使其刚度发生变化，刚度的减弱使结构的自振周期变长，阻尼增大。由此，可以通过实测结构自身动力特性的变化来识别结构的损伤程度，为结构的可靠度诊断提供依据。

（3）工程结构或构件（桥梁、行车梁等）的疲劳试验。研究和实测移动荷载及重复荷载作用下的结构疲劳强度。

动载试验与静载试验比较，动载试验具有一定的特殊性。首先造成结构振动的动荷载是随时间而改变的,其中有些是确定性振动,例如机器设备产生的振动,可以根据机器转速用确定函数来描述其有规律的振动。而在很多实际情况下遇到的属于随机振动,即不确定性振动。对于确定性振动和随机振动从量测到数据分析处理,其方法和难易程度都有较大差别。其次是结构在动荷载作用下的反应与结构本身动力特性有密切关系,动荷载产生的动力效应,有时远远大于相应的静力效应,甚至一个不大的动荷载就可能使结构遭受严重破坏。因此,结构的动载试验要比静载试验复杂得多。

7.2 工程结构动力特性的试验测定

工程结构的动力特性又称结构的自振特性,是反映结构本身所固有的动态参数,主要包括结构的自振频率、阻尼系数和振型等一些基本参数。这些特性是由结构的组成形式、质量分布、结构刚度、材料性质、构造连接等因素决定,而与外荷载无关。

工程结构的动力特性可以根据结构动力学的原理计算得到,但由于实际结构的组成形式、刚度、质量分布和材料性质等因素不同,经过计算得出的理论值有一定误差,因此结构的动性特性参数需要通过试验测定。为此,采用试验手段研究各种结构物的动力特性受到关注和重视。由于建筑物的结构形式各异,其动力特性相差很大,所采用试验方法和仪器设备也不完全相同,其试验结果会出现较大差异。但因为结构动力特性试验一般不会破坏结构,通常可以在实际结构上进行多次反复试验,以获得可靠的试验结果。

用试验方法实测结构的自振特性,就要设法对结构激振,使结构产生振动,根据试验仪器记录到的振动波形图进行分析计算即可得到。

结构动力性能试验的激振方法主要有人工激振法和环境随机激振法。人工激振法又可分为自由振动法和强迫振动法。

7.2.1 人工激振法测定结构动力特性

1) 自由振动法

在试验中采用初位移或初速度的突卸或突加荷载的方法(详见 2.7 节),使结构受一冲击荷载作用而产生有阻尼的自由振动。在现场试验中可用反冲激振器(简易火箭法)对结构产生冲击荷载;在工业厂房中可以通过锻锤、冲床、行车刹车等使厂房产生自由振动;在桥梁上则可用载重汽车越过障碍物或紧急刹车产生冲击荷载;在实验室内进行模型试验时可用锤击法使模型产生自由振动。

试验时一般将测振传感器布置在结构可能产生最大振幅的部位,但要避开某些杆件可能产生的局部振动。

图 7-1 表示结构自由振动时的振动记录图例。图 7-1a 是突卸荷载产生的自由振动记录;图 7-1b 是撞击荷载位置与测震器布置较远时的振动记录;图 7-1c 是吊车刹车时的制动力引起的厂房自由振动图形;图 7-1d 是结构作整体激振时,其组成构件也作振动,它们之间频率相差较大,从而形成两种波形合成的自由振动图。

(1) 自振频率的测定

从实测得到的有阻尼的结构自由振动图上,可以根据时间讯号直接测量振动波形的周期,如图 7-2,为了消除荷载影响,起始的第一、第二个波不同。同时,为了提高精确度,可以取若干个波的总时间除以波的数量得出平均数作为基本周期。其倒数就是基本频率，即 $f=1/T$。

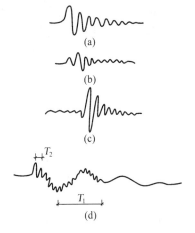

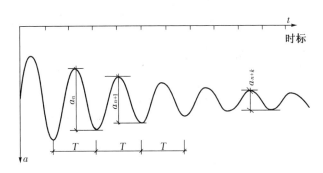

图 7-1　各种类型的自由振动记录　　　　图 7-2　周期和阻尼系数的确定

（2）结构的阻尼特性测定

结构的阻尼特性用对数衰减率或阻尼比来表示。根据动力学公式，在有阻尼的自由振动中，相邻两个振幅按指数曲线规律衰减，二者之比为常数，即

$$\frac{a_{n+1}}{a_n}=e^{-\gamma T} \tag{7-1}$$

对上式两边取对数，则对数衰减率 λ 为

$$\lambda=\gamma T=\ln\frac{a_n}{a_{n+1}} \tag{7-2}$$

在实际工程测量中，常采用平均对数衰减率，在实测振动图中量取 k 个周期进行计算，即

$$\lambda_{平均}=\frac{1}{k}\ln\frac{a_n}{a_{n+k}} \tag{7-3}$$

阻尼比

$$\xi=\frac{\lambda}{2\pi} \tag{7-4}$$

式中　　a_n ——第 n 个波峰的峰值；

　　　　a_{n+k} ——第 $n+k$ 个波峰的峰值；

　　　　λ ——对数衰减率；

　　　　γ ——波曲线衰减系数；

　　　　T ——周期；

　　　　ξ ——阻尼比。

由于实测振动波形记录图一般较难找到理想的零线，所以测量阻尼时，可采用波形的峰-峰量法，如图 7-2 所示。这样比较方便而且准确度高。因此，用自由振动法得到的周期和阻尼系数均比较准确。

2）强迫振动法

强迫振动法亦称共振法。一般采用惯性式机械离心激振器对结构施加周期性的简谐振动，使结构产生简谐强迫振动。由结构动力学可知，当干扰力的频率与结构本身自振频率相等时,结构就出现共振。利用共振现象测定结构的自振特性。

机械式激振器的原理和激振方法已在第 2.7 章节中介绍过。试验时,应将激振器牢牢地固定在结构上,不让其跳动,否则会影响试验结果。激振器的激振方向和安装位置要根据所测试结构的情况和试验目的而定。一般说来,整体建筑物的动荷载试验多为水平方向激振,楼板或桥梁的动荷载试验多为垂直方向激振。要特别注意,激振器的安装位置应选在所要测量的各个振型曲线都不是"节点"的地方。

(1) 结构的固有频率(第一频率或基本频率)测定

利用激振器可以连续改变激振频率的特点,使结构发生第一次共振、第二次共振⋯⋯至结构产生共振时振幅出现最大值,这时候记录下振动波形图,在图上可以找到最大振幅对应的频率就是结构的第一自振频率(即基本频率)。然后,再在共振频率附近进行稳定的激振试验,仔细地测定结构的固有频率和振型。图 7-3 为对结构进行频率扫描激振时所得到的发生共振时的记录波形图。根据记录波形图可以作出频率-振幅关系曲线或称共振曲线。当采用偏心式激振器时,应注意到转速不同,激振力大小也不一样。激振力与激振器转速的平方成正比。为了准确地定出共振曲线,应把振幅折算为单位激振力作用下的振幅,即振幅除以相应的激振力,或把振幅换算为在相同激振力作用下的振幅,即 A/ω^2,A 为振幅,ω^2 为激振器的圆频率。

以 $\dfrac{A}{\omega^2}$ 为纵坐标,ω 为横坐标,作出共振曲线,图 7-3 和图 7-4,曲线上振幅最大峰值所对应的频率即为结构的固有频率(或称基本频率)。基本频率是结构的动力特性最重要的参数。

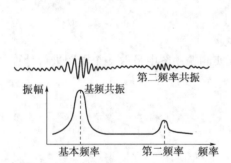

图 7-3 共振时的振动图形和共振曲线

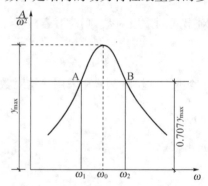

图 7-4 由共振曲线求阻尼系数和阻尼比

(2) 由共振曲线确定结构的阻尼系数和阻尼比

按照结构动力学原理,采用半功率法($\dfrac{\sqrt{2}}{2}$ 即 0.707 法)由共振曲线图求得结构的阻尼系数和阻尼比。具体作法如下:

由图 7-4 所示,共振曲线的纵坐标最大值 y_{max} 的 0.707 倍处作一水平线与共振曲线相交于 A 和 B 两点,其对应横坐标 ω_1 和 ω_2,则半功率点带宽为

$$\Delta\omega = \omega_2 - \omega_1 \tag{7-5}$$

阻尼系数

$$\beta = \frac{\Delta\omega}{2} = \frac{\omega_2 - \omega_1}{2} \tag{7-6}$$

阻尼比

$$\xi = \frac{\beta}{\omega} \tag{7-7}$$

（3）结构的振型测量

结构振动时,结构上各点的位移、速度和加速度都是时间和空间的函数。由结构动力学可知,当结构按某一固有频率振动时各点的位移之间呈现一定的比例关系。如果这时沿结构各点将其位移连接起来,形成一定形式的曲线,则称为结构按此频率振动的振动型式,亦称对应该频率时的结构振型。对应于基本频率、第二频率、第三频率分别有基本振型(第一振型)、第二振型、第三振型。

采用共振法测量结构振型是最常用的基本试验方法。为了易于得到所需要的振型,在结构上布置激振器或施加激振力时,要使激振力作用在振型曲线上位移最大的部位。为此在试验前需要通过理论计算,对可能产生的振型要心中有数。然后决定激振力的作用点,即安装激振器的位置。对于测点的数量和布置原则,视结构形成而定,要求能满足获得完整的振型曲线即可。对整体结构如高层建筑试验时,沿结构高度的每个楼层或跨度方向连续布置水平或垂直方向的测振传感器。当激振器使结构发生共振时,同时记录下结构各部位的振动图,通过比较各点的振幅和相位,即可给出该频率的振型图。图7-5为共振法测量某多层建筑物的振型。图7-5a为测振传感器的布置;图7-5b为共振时记录下的振动波形图;图7-5c为建筑物的振型曲线。必须注意,绘制振型曲线时,要根据相位,规定位移的正负值。

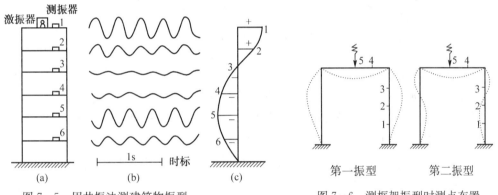

图 7-5　用共振法测建筑物振型　　　　图 7-6　测框架振型时测点布置

对于框架结构,激振器布置在框架横梁的中间(如图7-6所示),测振传感器布置在梁和柱子的中间、柱端及1/4处,这样便能较好地测出框架结构的振型曲线。图7-6为第一振型和第二振型。

对于桥梁结构的振型测量方法与上述方法基本相同,桥梁结构多数为梁、板结构,激振器一般布置在跨中位置,测点沿跨度方向(从跨中到两端支座处)连续布置垂直方向的测振传感器,视跨度大小一般不少于五个测点,以便将各测点的振幅(位移)连接形成振型曲线。亦可用自由振动法即采用载重汽车行驶到梁跨中位置紧急刹车,使桥梁产生自由振动。但只能测量到结构的第一振型(主振型)。

7.2.2　环境随机振动法测量结构动力特性

环境随机振动法又称为脉动法,即利用脉动来测量和分析结构动力特性的方法。人们在试验观测中发现,建筑物由于受外界环境的干扰而经常处于微小而不规则的振动之中,其振幅一般在 0.01 mm 以下,这种环境随机振动称之为脉动。

建筑物或桥梁的脉动与地面脉动、风动或气压变化有关,特别是受火车和机动车辆行驶、机器设备开动等所产生的扰动,以及大风或其他冲击波的影响尤为显著,其脉动周期为 $0.1\sim0.8$ s。由于任何时候都存在着环境随机振动,而由此引起建筑物或桥梁结构的脉动是经常存在的。其脉动源不论是风动还是地面脉动,都是不规则的和不确定的变量,在随机理论中称此变量为随机过程,它无法用一个确定的时间函数来描述。由于脉动源是一个随机过程,因此所产生的建筑物或桥梁结构的脉动也必然是一个随机过程。大量试验证明,建筑物或桥梁的脉动有一个重要性质,它能明显地反映出其本身的固有频率和其他自振特性。所以采用脉动法测量和分析结构动力特性成为目前最常用的试验方法。我国在 20 世纪 50 年代就开始应用此方法,但由于受测量仪器和分析手段的限制,一般只能获得第一振型及频率。20 世纪 70 年代以后,随着计算机技术的发展和动态信号处理机的应用,使这一方法获得了突破性进展和更广泛应用。其关键技术是可以从测量获得的脉动信号中识别出结构的固有频率、阻尼比、振型等多种模态参数,还可以识别出整体结构的扭转空间振型。同时一些专用计算机和频谱分析仪的相继出现,更完善了动态信号数据处理和分析手段,可以进一步获得比较完整的动力性能参数。

采用脉动法的优点,不需要专门的激振设备,而且不受结构形式和大小的限制,适用于各种结构。由于脉动信号比较微弱,测量时要选用低噪声和高灵敏度的测振传感器和放大器,并配有足够快速度的记录设备。

脉动法测量的记录波形图的分析通常采用以下几种方法:

1)主谐量法

(1)基本概念

从结构脉动反应的时程记录波形图上,发现连续多次出现"拍"现象,因此根据这一现象可以按照"拍"的特征直接读取频率量值。其基本原理是根据建筑物的固有频率的谐量是脉动信号中最主要的成分,在实测脉动波形记录上可直接反映出来。振幅大时,"拍"现象尤为明显,其波形光滑处的频率总是多次重复出现,这就充分反映了结构的某种频率特性。如果建筑物各部位在同一频率处的相位和振幅符合振型规律,那么就可以确定该频率就是建筑物的固有频率。通常基本频率出现的机会最多,比较容易确定。对一些较高的建筑物、斜拉桥或悬索桥的索塔,有时第二、第三频率也可能出现,但相对基本频率出现的次数少。一般记录的时间要长一些,分析结果的可靠性就大一些。在记录比较规则的部分,确定是某一固有频率后,就可分析出频率所对应的振型。

(2)应用实例

上海外滩某大厦是新中国成立前建成的一幢高层建筑,主楼为 18 层,顶楼最高处为 25 层,建筑立面和平面形状如图 7-7a,整个结构大致是对称的。由于建造历史已久,为了检查其结构的安全性,专门对该建筑物进行了动力特性的实测和分析。

① 测点布置见图 7-7a,主要在大楼的楼梯处安放测点,使用 701 测震器测量水平振动。测点位于 2.5 m 层、5.5 m 层、10.5 m 层、17.5 m 层和顶层。

② 大楼固有频率和振型实测结果见图 7-7。其中图 7-7b 为脉动记录图中大楼长轴方向的水平振动波形。从时标线可以读出脉动周期为 $T_1=0.88$ s,即固有频率 $f_1=\dfrac{1}{0.88}=1.14$ Hz,并可读出某一瞬时各测点记录图上的振幅值,根据各点测量通道的放大倍数值(仪器标定结果得出),即可算出各测点的振幅值(详见表 7-1)。

表 7 - 1　各测点的振幅计算值

测　　　点	记录图上各测点同一时刻的振幅值/mm	放 大 倍 数 k	计 算 振 幅 值 /μm
顶层	9	600	15
17.5 m 层	11	940	12.5
10.5 m 层	18	1 890	9.5
5.5 m 层	13	2 040	6.3
2.5 m 层	8	1 440	5.5

　　根据各测点的振幅值,可作出振型曲线,图 7 - 7c。同样在测定建筑物短轴方向水平振动的记录曲线中,可算出周期 $T_1 = 1.15$ s,固有频率 $f_1 = 0.87$ Hz。记录图中有一段出现了第二频率的振动图形,图 7 - 7d,在同一瞬时有几点相位差 180°,读取第二周期 $T_2 = 0.35$ s,其固有频率为 $f_2 = 2.9$ Hz,同样方法可得出第二振型曲线,图 7 - 7e。

　　2) 频谱分析法

　　(1) 基本概念

　　在脉动法测量中采用主谐量法确定基本频率和主振型比较容易,测定第二频率及相应振型时,由于脉动信号在记录曲线中出现的机会少,振幅也小,所测得的值误差较大,而且运用主谐量法无法确定结构的阻尼特性。

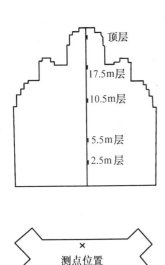

(a)

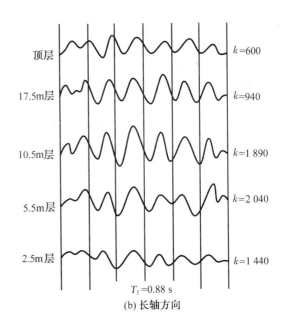

(b) 长轴方向

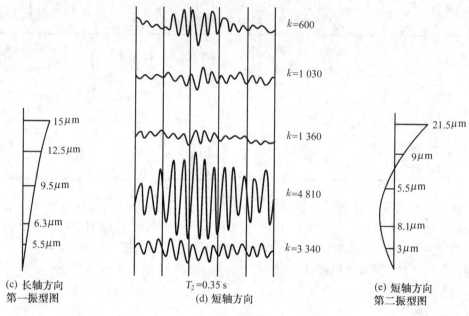

(c) 长轴方向 第一振型图　　　(d) 短轴方向　　　(e) 短轴方向 第二振型图

$T_2 = 0.35$ s

图 7-7　用脉动法测建筑物动力特性

（2）应用实例

对于一般工程结构的脉动记录波形应看成是各种频率的谐量合成的结果。而建筑物固有频率的谐量和脉动源卓越频率处的谐量为其主要成分。因此,运用富里埃级数积分方法将脉动信号分解并作出其频谱图,在频谱图上建筑物固有频率处和脉动源的振动频率处必然出现突出的波峰,一般在基频处更为突出,而二频、三频处有时也很明显,但也不是所有波峰都是建筑物的固有频率,需要通过分析加以识别,这就是频谱分析法的基本原理。但要注意,用频谱分析法分析脉动记录图时,应采用较快的速度记录振动波形,所记录曲线的长度要远大于建筑物的基本周期。而且要用专门的频谱分析仪即可得到建筑物的脉动频谱图。图 7-8 为专用计算机分析得出的某建筑物的脉动频谱图。图中横坐标为频率,纵坐标为振幅。三个突出的波峰 1、2、3 为建筑物的前三个固有频率。

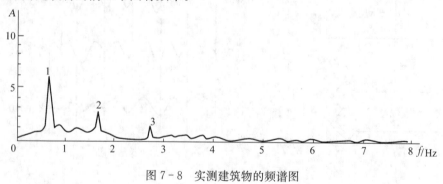

图 7-8　实测建筑物的频谱图

3）功率谱分析法

从频谱分析法人们可以利用脉动振幅谱即功率谱（又称均方根谱）的峰值确定建筑物的固有频率和振型,用各峰值处的半功率带确定阻尼比。

将建筑物各测点处实测所得到的记录信号输入到傅立叶信号分析仪进行数据处理,就可以得到各测点的脉动振幅谱(均方根谱) $\sqrt{G_g(f)}$ 曲线(图 7-9 所示)。然后根据振幅谱曲线图的峰值点对应的频率确定各阶固有频率 f_i。由于脉动源是由多种情况产生,所以实测到的振幅谱曲线上的所有峰值并不都是系统整体振动的固有频率,这就要从各测点

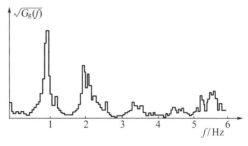

图 7-9 振幅谱图

振谱图综合分析加以识别,单凭一条曲线判断不了,一般说来,如果各测点的振幅谱图上都有某频率的峰值,而且幅值和相位(下面叙述)也符合振型规律,这就可以确定为该系统的固有频率。

根据振幅谱图上各峰值处半功率带宽 f_i 确定系统的阻尼比 ξ:

$$\xi_i = \frac{\Delta f_i}{2 f_i} \qquad (i=1,2,3,\cdots) \tag{7-8}$$

一般对阻尼比 ξ_i 要准确测量比较困难。要求信号分析仪的频率分辨率高,尤其对阻尼和振动频率比小的振动系统。如果分辨率不高,则误差会更大。

由振幅谱曲线图的峰值还可以确定固有振型幅值的相对大小,但不能确定振型幅的正负号。为此可以选择某一有代表性的测点,例如将建筑物顶层的信号作为标准,再将各测点信号分别与标准信号作互谱分析,求出各个互谱密度函数的相频特性 $\theta_{kg}(f)$。若 $\theta_{kg}(f)=0$ 说明两点同相位,若 $\theta_{kg}(f)=\pm\pi$ 说明两点相位相反。这样就可以确定振幅值的正负号了。

以上仅是对建筑物脉动进行功率谱分析方法的简要叙述,要准确获得结构的实际动力特性参数,问题还有很多,具体操作时应参考专门的文献资料。特别是新的振动模态参数识别技术(或称实验模态分析法)的发展和应用,为快速而准确地确定结构的动力特性开辟了新途径。

7.3 工程结构的动力反应试验测定

工程结构一般在动荷载持续作用下会产生强迫振动。强迫振动所引起的结构动力反应,即动位移、动应力、振幅、频率和加速度等。有时会对结构安全和生产中的产品质量产生不利影响,对人类健康构成危害。产生强迫振动的动荷载大部分是直接作用的,例如工业厂房的动力机械设备作用;桥梁在汽车、火车通过时的作用;风荷载对高层建筑和高耸构造物的作用,以及地震力或爆炸力对结构的作用等。但也有部分动荷载对结构不是直接作用,即属于外部干扰力(如汽车、火车及附近的动力设备等)对结构间接作用引起的振动,在设计时难以确定的。因此在科研和生产活动中,人们常常通过结构振动实测,用直接量测得到的动力反应参数来分析研究结构是否安全和最不安全部位,存在什么问题。若属于外部干扰力引起的振动,亦可通过实测数据查明影响最大的主振源在何处。根据这些实测结果,对结构的工作状态作出评价,并对结构的正常使用提出建议和解决方案。

7.3.1 寻找主振源的试验测定

引起结构动力反应的动荷载常常是很复杂的,许多情况下是由多个振源产生的。若是直

接作用在结构上的动力设备,可以根据动力设备本身的参数(如转速等)进行动荷载特性计算。但在很多场合下,属于外界干扰力间接作用引起的,振动反应不可能用计算方法得到,这时就得用试验方法确定。首先要找出对结构振动起主导作用而危害最大的主振源,然后测定其特性,即作用力的大小、方向和性质。

1)测定方法

(1)逐台开动法

当有多台动力机械设备同时工作时,可以逐台开动,实测结构在每个振源影响下的振动反应,从中找出影响最大的主振源。

(2)实测波形识别法

根据不同振源将会引起规律不同的强迫振动这一特点,其实测振动波形一定有明显的不同特征(图7-10所示)。因此可采用波形识别法判定振源的性质,作为探测主振源的参考依据。

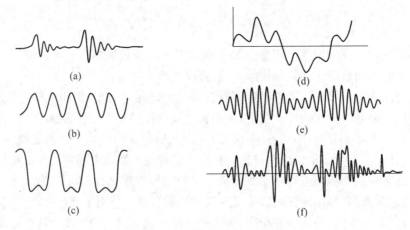

图7-10 各种振源的振动记录图

当振动记录波形为间歇性的阻尼振动,并有明显尖峰和衰减特点时,表明是冲击性振源引起的振动,如图7-10a。

图7-10b为单一简谐振动并接近正弦规律的振动图形,这可能是一台机器或多台转速相同的机器所产生的振动。

图7-10c是两个频率相差2倍的简谐振源引起的合成振动图形。图7-10d为三个简谐振源引起的更为复杂的全盛振动图形。振动图形符合"拍振"规律时,振幅周期性地由小变大,又由大变小,如图7-10e所示。这表明有可能是两个频率相近的简谐振源共同作用;另外也有可能只有一个振源,但其频率与结构的固有频率接近。

图7-10f是属于随机振动一类的记录图形,可能是由随机性动荷载引起的,例如液体或气体的压力脉冲。

根据实测记录波形图再进行频谱分析,可作为进一步判断主振源的依据,在频谱图上可以清楚地识别出合成振动是由哪些频率成分组成的,哪一个频率成分具有较大的振幅,从而判断哪一个振源是主振源。

2)检测实例

某厂钢筋混凝土框架,高17.5 m,上面有一个3 000 kN的化工容器(图7-11)。此框架建成投产后即发现水平横向振动很大,人站在上面就能明显地感觉到,但框架本身及其周围并无大的动力设备。振动从何而来一时看不出,于是以探测主振源为目的进行了实测。在框架顶部、中部和地面设置了测振传感器,实测振动记录见图 7-12。可以看出框架顶部 17.50 m、8 m 处、±0.00 m 处的振动记录图的形式是一样的,不同的是顶部振动幅度大,人感觉明显;地面振动幅度小,人感觉不出,只能用仪器测出;所记录的振动明显地是一个"拍振"。这种振动是由两个频率值接近的简谐振动合成的结果。运用分析"拍振"的方法可得出,组成"拍振"的两个分振动的频率分别是 2.09 Hz 和 2.28 Hz,相当于 125.4 次/min 和 136.8 次/min。经过调查,原来距此框架 30 多米处是该厂压缩机车间。此车间有六台大型卧式压缩机,其中 4 台为 136 转/min,2 台为 125 转/min。因此可以确定出振源即大型空气压缩机。

确定主振源后,根据实测振幅和框架顶层的化工容器的质量,进一步推算振动产生加速度和惯性力。

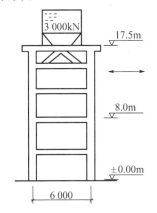

图 7-11　钢筋混凝土框架简图

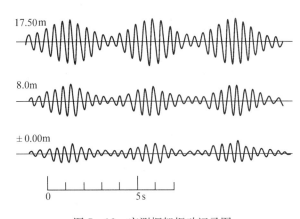

图 7-12　实测框架振动记录图

7.3.2　结构动态参数的量测

对结构动态参数的量测就是在现场实测结构的动力反应。在生产实践中经常会遇到,很多是在特定条件下要求进行的。一般根据在动荷载作用时结构产生振动的影响范围,选择振动影响最大的特定部位布置测点,记录下实测振动波形,分析其振动产生的影响是否有害。例如:现在许多大、中城市的高层建筑逐年增多,高层建筑建造时需要打桩,打桩时所产生的冲击荷载对周围居住建筑的振动影响很大。特别是住户密集地区,住户所产生的不安全感极为强烈。有些旧建筑由于年久失修,墙体振开裂了,地基下沉,房屋在摇晃,显得不安全。这就需要在打桩影响范围内的住户建筑布置测点,实测打桩对周围建筑物的振动影响。根据实测结果,采取必要的措施,对住户有个安全与否的交代。还有为了校核结构强度就应将测点布置在最危险的部位;若是测定振动对精密仪器和产品生产工艺的影响,则需要将测点布置在精密仪器的基座处和产品生产工艺的关键部位;如果是测定机器运转时(如织布机和振动筛等)所产生的振动频率对操作人员人体健康的影响,则必须将测点布置在操作人员经常所处的位置上。根据实测结果,参照国家相关标准作出结论。

7.3.3　工程结构动力系数的试验测定

承受移动荷载的结构如吊车梁、桥梁等,常常要测定其动力系数,以判定结构的工作情况。

移动荷载作用于结构上所产生的动挠度，往往比静荷载时产生的挠度大。动挠度和静挠度的比值称为动力系数。结构动力系数一般用试验方法实测确定。为了求得动力系数，先使移动荷载以最慢的速度驶过结构，测得挠度（如图7-13a），然后使移动荷载按某种速度驶过，这时结构产生最大挠度（实际测试中采取以各种不同速度驶过，找出产生最大挠度的某一速度），如图7-13b。从图上量得最大静挠度 y_j 和最大动挠度 y_d，即可求得动力系数 μ。

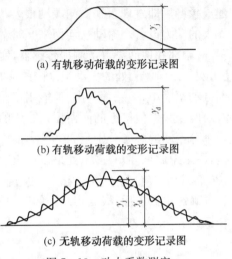

(a) 有轨移动荷载的变形记录图

(b) 有轨移动荷载的变形记录图

(c) 无轨移动荷载的变形记录图

图7-13　动力系数测定

$$\mu = \frac{y_j}{y_d} \qquad (7-9)$$

上述方法只适用于一些有轨的动荷载，对于无轨的动荷载（如汽车）不可能使两次行驶的路线完全相同。有的移动荷载由于生产工艺上的原因，用慢速行驶测最大静挠度也有困难，这时可以采取只试验一次用高速通过，记录图形如图7-13c。取曲线最大值为 y_d，同时在曲线上绘出中线，相应于 y_d 处中线的纵坐标即 y_j。按上式即可求得动力系数。

量测动挠度一般采用差动式位移传感器，配备信号放大器和记录仪即可。

7.3.4　工程结构动应力的试验测定

关于动应力的测定方法，可以在结构上粘贴电阻应变片，采用动态应变仪直接测量。详见第3.4章节和图3-7介绍。

7.4　工程结构疲劳试验

7.4.1　概述

工程结构中存在着许多疲劳现象，如桥梁、吊车梁，直接承受悬挂吊车作用的屋架和其他主要承受重复荷载作用的构件等。其特点都是受重复荷载作用。这些结构物或构件在重复荷载作用下达到破坏时的强度比其静荷载强度要低得多，这种现象称为疲劳。结构疲劳试验的目的就是要了解在重复荷载作用下结构的性能及其变化规律。

疲劳问题涉及的范围比较广，对某一种结构物而言，它包含材料的疲劳和结构构件的疲劳。如钢筋混凝土结构中有钢筋的疲劳、混凝土的疲劳和组成构件的疲劳等。目前疲劳理论研究工作正在不断发展，疲劳试验也因目的要求不同而采取不同的方法。这方面国内外试验研究资料很多，但目前尚无标准化的统一试验方法。

近年来，国内外对钢结构构件特别是钢筋混凝土构件的疲劳性能的研究比较重视，其原因在于：

（1）普遍采用极限强度设计和高强材料，以致许多结构构件处于高应力状态下工作；

（2）正在扩大钢筋混凝土构件在各种重复荷载作用下的应用范围，如吊车梁、桥梁、轨枕、海洋石油平台、压力机架、压力容器等等；

（3）使用荷载作用下采用允许截面受拉开裂设计；

（4）为使重复荷载作用下构件具有良好的使用性能，改进设计方法，防止重复荷载导致过大的垂直裂缝和提前出现斜裂缝。

疲劳试验一般均在专门的结构疲劳试验机上进行，并通过脉冲千斤顶对结构构件施加重复荷载，也有采用偏心轮式激振设备。目前，国内对疲劳试验还是采取对构件施加等幅匀速脉动荷载，借以模拟结构构件在使用阶段不断反复加载和卸载的受力状态。其荷载作用如图 7 - 14 所示。

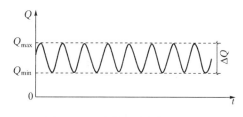

图 7 - 14　疲劳试验荷载简图

下面以钢筋混凝土结构为例介绍疲劳试验的主要内容和方法。

7.4.2　疲劳试验项目

（1）对于鉴定性疲劳试验，在控制疲劳次数内应取得下述有关数据，同时应满足现行设计规范的要求。

① 抗裂性及开裂荷载；

② 裂缝宽度及其发展；

③ 最大挠度及其变化幅度；

④ 疲劳强度。

（2）对于科研性的疲劳试验，按研究目的和要求而定。如果是正截面的疲劳性能，一般应包括：

① 各阶段截面应力分布状况，中和轴变化规律；

② 抗裂性及开裂荷载；

③ 裂缝宽度、长度、间距及其发展；

④ 最大挠度及其变化规律；

⑤ 疲劳强度的确定；

⑥ 破坏特征分析。

7.4.3　疲劳试验荷载

1）疲劳试验荷载取值

疲劳试验的上限荷载 Q_{max} 是根据构件在最大标准荷载最不利组合下产生的弯矩计算而得，荷载下限根据疲劳试验设备的要求而定。如 AMSLER 脉冲试验机取用的最小荷载不得小于脉冲千斤顶最大动负荷 3%。

2）疲劳试验荷载频率

疲劳试验荷载在单位时间内重复作用次数（即荷载频率）会影响材料的塑性变形和徐变，另外频率过高时对疲劳试验附属设施带来的问题也较多。目前，国内外尚无统一的频率规定，主要依据疲劳试验机的性能而定。

荷载频率不应使构件及荷载架发生共振，同时应使构件在试验时与实际工作时的受力状态一致，为此荷载频率 θ 与构件固有频率 ω 之比应满足下列条件：

$$\frac{\theta}{\omega}<0.5 \text{ 或} >1.3$$

3）疲劳试验的控制次数

构件经受下列控制次数的疲劳荷载作用后，抗裂性（即裂缝宽度）、刚度、强度必须满足现行规范中有关规定，例如：

中级工作制吊车梁：$n=2\times10^6$ 次；

重级工作制吊车梁：$n=4\times10^6$ 次。

7.4.4 疲劳试验的步骤

构件疲劳试验的过程，可归纳以下几个步骤：

1）疲劳试验前预加静载试验

对构件施加不大于上限荷载 20% 的预加静载 1～2 次，消除松动及接触不良，压牢构件并使仪表运转正常。

2）正式疲劳试验

第一步先做疲劳前的静载试验，其目的主要是为了对比构件经受反复荷载后受力性能有何变化。荷载分级加到疲劳上限荷载。每级荷载可取上限荷载 20%，临近开裂荷载时应适当加密，第一条裂缝出现后仍以 20% 的荷载施加，每级荷载加完后停歇 10～15 min，记取读数，加满后分两次或一次卸载。也可采取等变形加载方法。

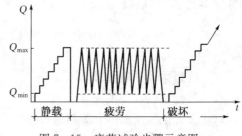

图 7-15　疲劳试验步骤示意图

第二步进行疲劳试验，首先调节疲劳机上下限荷载，待示值稳定后读取第一次动载读数，以后每隔一定次数（如 30 万～50 万次）读取数据。根据要求可在疲劳过程中进行静载试验（方法同上），完毕后重新启动疲劳机继续疲劳试验。

第三步做破坏试验。达到要求的疲劳次数后进行破坏试验时有两种情况。一种是继续施加疲劳荷载直至破坏，得出承受荷载的次数。另一种是作静载破坏试验，这时方法同前，荷载分级可以加大。疲劳试验的步骤如图 7-15 所示。

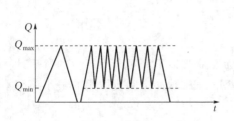

图 7-16　带裂缝疲劳试验步骤示意图

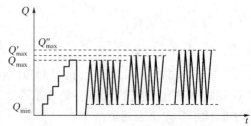

图 7-17　变更荷载上限的疲劳试验

应该注意，不是所有疲劳试验都采取相同的试验步骤，随试验目的和要求的不同，可有多种多样，如带裂缝的疲劳试验，静载可不分级缓慢地加到第一条可见裂缝出现为止，然后开始疲劳试验（如图 7-16）。还有在疲劳试验过程中变更荷载上限（如图 7-17）。提高疲劳荷载的上限，可以在达要求疲劳次数之前，也可在达到要求疲劳次数之后。

7.4.5 疲劳试验的观测

1）疲劳强度

构件所能承受疲劳荷载作用次数 n，取决于最大应力值 $\sigma_{\max}$（或最大荷载 $\sigma_{\max}$）及应力变化幅度 ρ（或荷载变化幅度），按设计要求取最大应力值 $\sigma_{\max}$，疲劳应力比值 $\rho=\sigma_{\min}/\sigma_{\max}$。依据此条件进行疲劳试验，在控制疲劳次数内，构件的强度、刚度、抗裂性应满足现行规范要求。

当进行科研性疲劳试验时，构件是以疲劳极限强度和疲劳极限荷载作为最大的疲劳承载能力。构件达到疲劳破坏时的荷载上限值为疲劳极限荷载。构件达到疲劳破坏时的应力最大值为疲劳极限强度。为了得到给定 ρ 值条件下的疲劳极限强度和疲劳极限荷载，一般采取的办法是：根据构件实际承载能力，取定最大应力值 $\sigma_{\max}$ 作疲劳试验，求得疲劳破坏时荷载作用次数 n，从 $\sigma_{\max}$ 与 n 双对数直线关系中求得控制疲劳次数下的疲劳极限强度作为标准疲劳极限强度。它的统计值作为设计验算时疲劳强度取值的基本依据。

疲劳破坏的标志应根据相应规范的要求而定，对科研性的疲劳试验有时为了分析和研究破坏的全过程及其特征，往往将破坏阶段延长至构件完全丧失承载能力。

2）疲劳试验的应变测量

一般采用电阻应变片测量动应变，测点布置依试验具体要求而定。测试方法为采用动态电阻应变仪（如 YD 型和 TM－92 型）配备电脑组成数据采集测量系统。这种方法简便且具有一定的精度，可多点测量。

3）疲劳试验的裂缝测量

由于裂缝的开始出现和微裂缝的宽度对构件安全使用具有重要意义。因此，裂缝测量在疲劳试验中也是重要的，目前测裂缝的方法还是利用光学仪器目测或采用裂缝自动测量仪等。

4）疲劳试验的动挠度测量

疲劳试验中动挠度测量可采用差动电感式位移计和电阻应变式位移传感器等，如国产 CW－20 型差动电感式位移计（量程 20 mm），配备动态应变放大器和电脑组成测量系统，直接读出最大荷载和最小荷载下的动挠度。

7.4.6 疲劳试验试件的安装要点与疲劳加载试验方法存在的缺陷

构件的疲劳试验不同于静载试验，它连续试验时间长，试验过程振动大，因此构件的安装就位以及相配合的安全措施尤为重要，否则将会产生严重后果。

（1）严格对中。荷载架上的分布梁、脉冲千斤顶、试验构件、支座以及中间垫板都要对中。特别是千斤顶轴心一定要同构件断面纵轴在一条直线上。

（2）保持平稳。疲劳试验的支座最好是可调的，即使构件不够平直也能调整安装水平。另外千斤顶与试件之间、支座与支墩之间、构件与支座之间均要求密切接触。应采用砂浆找平但不宜铺厚，因为厚砂浆层容易压酥。

（3）安全防护。疲劳破坏通常是脆性断裂，事先没有明显预兆。为防止发生意外事故，对人身安全、仪器安全均应很好地注意。

现行的疲劳试验都是采取试验室等幅疲劳试验方法，即疲劳强度是以一定的最小值和最大值重复荷载试验结果而确定。实际上结构构件是承受变化的重复荷载作用，随着测试技术的不断进步，等幅疲劳试验将被符合实际情况的变幅疲劳试验代替。

另外，疲劳试验结果的离散性是众所周知的，即使在同一应力水平下的许多相同试件，它们的疲劳强度也有显著的变异,显然这与疲劳试验方法存在缺陷有关。因此,对于疲劳试验结果的处理,大都是采用数理统计的方法进行分析。

各国结构设计规范对构件在多次重复荷载作用下的疲劳设计都是提出原则要求,而无详细的计算方法,有些国家则在有关文件中加以补充规定。目前,我国正在积极开展结构疲劳的研究工作,结构疲劳试验的试验技术、试验方法也在相应的迅速发展。

7.5 工程结构的风洞试验

7.5.1 风的定义与风作用力对建筑物的危害

风是由强大的热气流形成的空气动力现象,其特性主要表现在风速和风向。而风速和风向随时都在变化,风速有平均风速和瞬时风速之分,瞬时风速最大可达 60 m/s 以上。对建筑物将产生很大的破坏力。风向多数是水平向的,但极不规则。我国将风力划分为 12 个等级,6级以上的大风就要考虑风荷载对建筑物的影响。风还有台风、旋风、飓风和龙卷风之分,这些都属于破坏力很大的强风。最具破坏性的是 2008 年 5 月份席卷缅甸的"纳吉斯"飓风,引发巨大海啸致使 14 万人丧命,100 多万人无家可归。我国东南沿海地区经常遭受到强台风的袭击,每年都会造成许多房屋倒塌和人员伤亡。2009 年 8 月 8 日"莫拉克"台风,致使台湾台南地区和福建沿海地区 400 多人丧生,880 万人受灾,大量基础设施和房屋遭受严重破坏,经济损失超过 100 亿元人民币。为此,很多专家学者致力于工程结构的抗风研究。

7.5.2 工程结构在风荷载作用下的实测试验

要了解作用在工程结构上的风力特性,多数需要通过实测试验才能得到。实测试验就是建筑物在自然风作用下的状态,包括位移、风压分布和建筑物的振动参数的测定。风荷载可以看作是静荷载和动荷载的叠加。对于一般刚性结构,风的动力作用很小,可视为静荷载。但对于高耸结构,如烟囱、水塔、电视塔、斜拉桥和悬索桥的索塔以及超高层建筑物(30 层以上)等,则必须视为动荷载。这些高耸结构在风力作用下的受力和振动情况非常复杂。实测时由于在现场自然条件下进行,通常选定经常有强风发生的地区和有代表性的建筑物,需要应用各种类型的仪器综合配套,同时测出结构顶部的瞬时风速、风向;建筑物表面的风压以及建筑物在风力作用下的位移、应力和振动特性等物理量,然后对大量的实测数据进行综合分析,得出不同等级的风力对建筑作用的影响程度,为结构的抗风设计提供依据。

由于实测试验要等待有强风的情况下才能测量,耗时很长,一般要一年左右,而且需要大量的人力、物力和财力,难度较大。我国 1974~1975 年曾在广州组织了全国十多个科研单位和大专院校,包括气象、地球物理、建筑结构等各类专业人才,对广州宾馆 27 层框架结构进行风力特性测定,历时一年多,其中测到 8 级以上大风多次,11 级以上台风 2 次。这是国内第一次使用激光测位移技术测量大楼顶层的风作用水平位移;第一次采用风压力盒(贴在大楼从上到下的墙面上)测定风压分布,均获得到大量珍贵资料,为我国制定风荷载规范填补了缺乏实测数据的空白,为高层结构的抗风设计奠定了基础。

7.5.3 工程结构缩尺模型的风洞试验

1) 风洞试验装置

风洞是产生不同速度和不同方向(单向、斜向、乱方向)气流的专用试验装置。为适应各种不同结构形成的风洞试验,风洞的构造形成和尺寸也各不相同。目前日本筑波国立土木研究所拥有世界上最大的单回路铅直回流形式的风洞实验室,宽41m,高4m,长30m(图7-18所示),

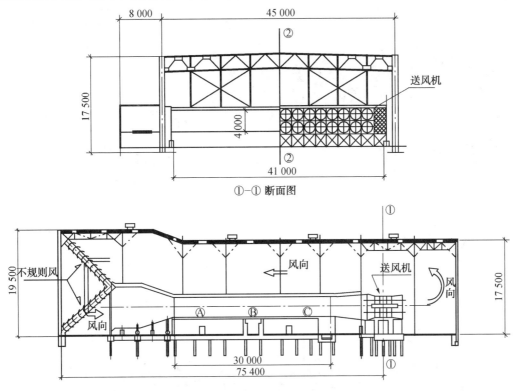

①-① 断面图

②-② 断面图 Ⓐ 一般气流试验位置 Ⓑ 斜风试验位置 Ⓒ 不规则风试验位置

图7-18 大型风洞试验设施构成图(日本筑波国立土木研究所)

由36台直径1.8 m的风机组成(如图7-19)。根据研究需要,风洞可以产生各种形式的强风。主要适用进行长大型桥梁的缩尺模型风洞试验。图7-20a为日本多多罗大桥(世界最大斜拉桥之一,主跨880 m)风环境缩尺模型风洞试验;图7-20b为日本明石海峡大桥(世界最长悬索桥,主跨1 990 m)缩尺模型风洞试验。我国同济大学风洞实验室拥有三座大、中、小配套的边界层风洞实验设施,其中TJ-3型试验风洞尺寸为宽15 m,高2 m,长14 m,是国内最大的风洞实验室,仅次于日本,位居世界第二。1995年和1999年分别进行了上海国际金融大厦($H=226$ m)模型风洞试验(图7-21)和南京长江二桥南汊桥(斜拉桥,主跨628 m)缩尺模型风洞试验(图7-22)。

图7-19 送风机(里侧)(日本筑波国立土木研究所)

（a）多多罗大桥地形模型试验（缩尺 1/200）　　　　　　　　（b）明石海峡大桥全桥模型

图 7-20　日本大型桥梁缩尺模型风洞试验（日本筑波国立土木研究所）

图 7-21　上海浦东国际金融大厦缩尺模型风洞试验（$H=226$ m）（同济大学风洞实验室）

图 7-22　南京长江二桥南汊主桥(斜拉桥)缩尺模型风洞试验(同济大学风洞实验室)

2) 风洞试验量测系统方框图

图 7-23 为风洞试验量测系统方框图。

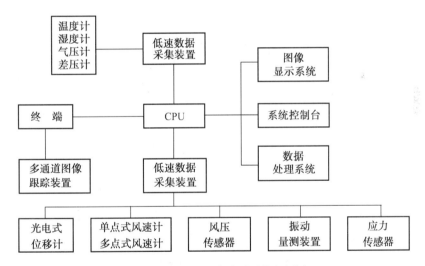

图 7-23　风洞试验量测系统方框图

3) 测试项目

(1) 不同形式的风和不同风速作用下结构的应力、位移、变形等;

(2) 不同形式的风和不同风速作用下结构的振动动力特性。

4) 日本明石海峡大桥全桥模型风洞试验动力特性部分实测结果

日本明石海峡大桥主跨 1 990 m 为世界最长悬索桥,全桥尺寸见图 7-24,于 1993 年在日本建设省土木研究所大型风洞实验室进行了全桥模型(比例 1/100)风洞实验(见图 7-20b)。

图 7-25 为全桥模型风洞实验的耦合颤振实测波形图。

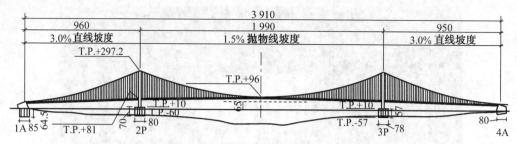

图 7 - 24　日本明石海峡大桥示意图

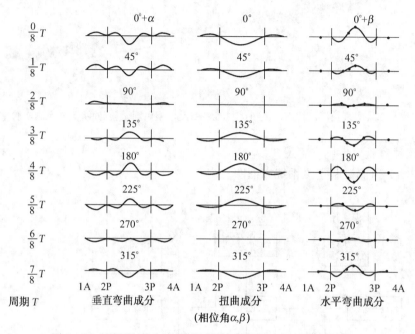

图 7 - 25　明石海峡大桥模型风洞试验的耦合颤振实测波形图

复习思考题

7 - 1　工程结构的动力特性是指哪些参数？它与结构的哪些因素有关？

7 - 2　结构动力特性试验通常采用哪些方法？

7 - 3　采用自由振动法如何测得结构的自振频率和阻尼？

7 - 4　采用共振法如何测定结构的自振频率和阻尼？振型是如何确定的？

7 - 5　采用脉动法测量结构动力特性有哪些优点？脉动法的实测振动波形图通常采用哪些方法可以分析得出结构的动力特性？

7 - 6　工程结构的动力反应是指哪些参数？如何测定？测定这些动力反应参数有何意义？

7 - 7　结构的动力系数的概念是什么？如何测定？

7 - 8　结构疲劳试验的荷载值和荷载频率应如何确定？

7 - 9　什么叫风洞试验？风洞试验主要量测些什么内容？

8 土木工程结构抗震试验

8.1 概述

8.1.1 结构抗震试验的目的和任务

地震是地球内部应力释放的一种自然现象,强烈的地震会造成道路、桥梁和建筑物的破坏,并危及人类生命和财产安全。全世界每年大约发生 500 万次地震,其中造成灾害的强烈地震平均每年发生十几次。我国是一个多地震国家,平均每年至少有 2 次 5 级以上的地震。特别是 1975 年 2 月 4 日辽宁海城和营口发生的 7.4 级地震、1976 年 7 月 28 日河北唐山发生的 7.8 级地震、2008 年 5 月 12 日四川汶川发生的 8 级地震,这三次特大地震,均造成大量房屋和桥梁倒塌破坏和几十万人伤亡,财产损失达数千亿元。这些血的教训,促使了人们对抗震防灾减灾技术的深入研究。

为了防止建筑物、道路、桥梁等基础设施免遭地震破坏,减少人员伤亡,研究人员从抗震设计理论和抗震试验方法方面对结构抗震性能进行了大量的研究。结构抗震性能一般从结构的强度、刚度、延性、耗能能力、刚度退化等方面来衡量,结构的抗震能力是结构抗震性能的表现。根据我国现行抗震设计规范的要求,结构应具有"小震不坏、中震可修、大震不倒"的抗震能力。因此,结构抗震试验研究的主要任务有:

(1) 研究开发具有抗震性能的新材料;

(2) 对不同结构的抗震性能(包括抗震构造措施)进行试验研究,寻求新的抗震设计方法;

(3) 通过对结构物的地震作用模型试验,研究结构的破坏特征与破坏过程,验证结构的抗震性能和抗震能力,评定其安全性;

(4) 为制定和修改抗震设计规范提供科学依据。

8.1.2 结构抗震试验的特点和分类

1) 特点

地震作用对结构物的作用,实质上就是结构承受多次反复的水平荷载作用。因此,工程结构抗震试验的特点就是探索和再现结构在地震的反复作用下产生的变形来消耗地震作用输给的能量。结构抗震试验通常要求做到结构屈服以后,进入非线性工作阶段直至完全破坏的过程,能观测到结构的强度、非线性变形性能和结构的实际破坏状态。

结构抗震试验在设备和技术难度及复杂性方面都比结构静力试验要大得多,其主要原因是:

(1) 结构抗震试验的荷载一般均以动态或模拟动态形式出现,荷载的速度或加速度及频率将对结构产生动力响应。例如,加速度产生的惯性力,其荷载的大小又与结构本身的质量直接相关;荷载对结构产生的共振使应变、挠度等显著增大。

（2）应变速率的大小会直接影响结构的材料强度。动荷载作用对结构的应变速率会产生影响，加载速度越快，引起结构或构件的应变速率越高，使试件强度和弹性模量也相应得到提高。在冲击荷载作用下，材料强度与弹性模量的变化更加明显。以往的试验表明，在动荷载反复作用下，结构的强度要比静力的低周反复加载提高 10% 以上。

近年来，随着结构抗震试验设备和试验技术的发展，结构抗震动力加载试验逐渐引起了专家学者的关注，并开始在结构抗震研究的实践中得到应用。

2) 结构抗震试验方法的分类

结构抗震试验一般可分为结构抗震静力试验和结构抗震动力试验两大类，其中结构抗震静力试验又分为伪静力试验和拟动力试验；结构抗震动力试验又分为模拟地震振动试验和建筑物强震观测试验。其方法分类见图 8-1 所示。

结构抗震试验方法
- 室内试验
  - 伪静力试验(低周反复加载试验)
  - 拟动力试验(联机试验)
  - 模拟地震振动台试验
- 现场试验
  - 建筑物的强震观测
  - 在天然地震试验场建专门的试验结构长期观测

图 8-1　结构抗震试验分类

8.1.3　结构抗震试验方法的发展和抗震技术规范化

自 1974 年辽宁海城和 1976 年唐山特大地震后，我国投入了大量人力物力进行抗震防灾减灾研究。相继颁布《建筑结构抗震设计规范》（GB50011-2001）版和 2010 年修改版（GB50011-2010）；1995 年和 1996 年颁布《结构抗震试验方法标准》（GB50023-95）和《建筑物抗震试验方法规程》（JGJ101-96）；2000 年颁布了《中国地震动参数区划图》（GB18306-2001）。2008 年汶川大地震后，国家十分重视对上述标准及规范的修订和提高，颁布了《建筑工程抗震设防分类标准》（GB50233-2008）。这一系列举措，无疑将对我国抗震防灾减灾工作发挥积极作用。

抗震试验方法规程出台后，对抗震试验方法的发展和规范化起到了重要的推动作用。近年来，随着科学技术的发展，抗震试验设备和试验技术得到迅速发展，由过去的模拟地震试验发展到当前的通过数字技术输入实际采集的地震波再现地震试验，使之更接近实际地震作用。

8.2　结构的伪静力试验(亦称低周反复加载试验)

8.2.1　伪静力试验的基本概念

结构伪静力试验一般以试验结构或试件的荷载值或位移值作为控制量，在正、反两个方向对试件进行反复加载和卸载（如图 8-2a、图 8-2b 所示），使试件从弹性阶段到塑性阶段直至破坏的一种全过程试验，加载过程的周期远大于结构的基本周期。**因此，伪静力试验实质是用静力加载方法来近似模拟地震作用，并由其评价结构的抗震性能和抗震能力，故称其为伪静力试验或低周反复加载试验。这种方法是 1969 年日本东京大学高梨教授首先提出的，日后成为国际上应用最广泛的结构抗震试验方法。**该试验方法的研究对象主要是钢筋混凝土框架结构、剪力墙、梁柱节点和砌体结构及钢框架结构。伪静力试验中的加载历程可人为控制,并可按需要随时加以修正;改变加载历程随时可以暂停试验,以观察结构的开裂情况和变形过程及破坏形态。

由于是用静力模拟地震作用,因此它与实际地震作用的历程无关,不能完全反映实际地震作用下的结构变形速率的影响,这是伪静力试验的不足之处。

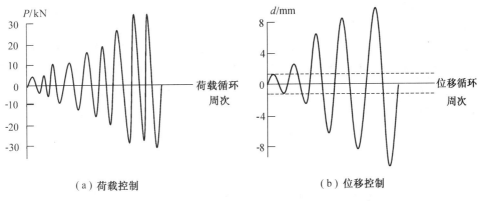

（a）荷载控制　　　　　　　　　　　（b）位移控制

图 8-2　伪静力试验中低周反复加载控制方法

8.2.2　加载设备与加载反力装置

1）加载设备

（1）单向作用千斤顶:作用原理与普通油压千斤顶一样,但必须要求大冲程,即活塞行程大于 100 mm 以上,以满足结构大变形的需要。千斤顶行程中点安装结构变形的左、右或上、下对称位置,行程一拉一压,以满足反复加载要求。

（2）伺服液压加载千斤顶(又称为拉压千斤顶):其主要特点是安装有伺服阀,千斤顶活塞在油缸内可通过伺服阀控制油路产生拉、压双向作用,如图 2-15 所示,以满足反复加载的要求。

（3）电液伺服控制加载系统:是将伺服液压技术、自动控制技术和专用计算机相结合的反复加载控制技术,其工作原理详见第 2.5.3 节和图 2-15～图 2-18 所示。

2）加载支承反力装置

在伪静力试验中,试验结构主要是模拟地震作用的水平反复荷载作用。因此结构除了需要满足竖向荷载的反力装置外,还必须有能满足水平反复加载的反力装置,详见第 2.5 节。并要求加载反力装置尽可能模拟结构的实际边界条件。目前常用的反力装置有反力墙、反力台座、钢结构竖向加载反力架等组成。反力墙有移动式钢结构反力支架与台座锚固形成水平荷载反力装置。目前应

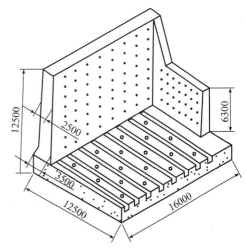

图 8-3　钢筋混凝土 L 形双面反力墙

用最多的是钢筋混凝土或预应力混凝土反力墙,有做成单面反力墙(如图2-11所示)和L型双面反力墙(图8-3所示),以满足单向水平加载和双向水平加载的模拟地震作用的要求。

3)不同结构或试件的伪静力试验加载装置设计实例

伪静力试验加载装置的设计应根据不同结构或试件及试验研究的目的,提供与实际结构受力情况尽可能一致的模拟边界条件,即尽可能使试件满足试验的支承方式和受力条件的要求。以下介绍几种典型的加载装置:

(1)梁式压弯构件伪静力试验加载装置

图8-4所示的梁式受弯构件,在低周反复加载试验后,塑性铰一般出现在试验荷载作用点的左、右两侧。试验时,试件既要满足支座上下的简支条件,又要能满足试件在轴压下的纵向变形。当反复加载时,特别当向上施加荷载时,要通过平衡重消除自重的影响。一般情况下,这种简支静定结构的边界条件容易满足。

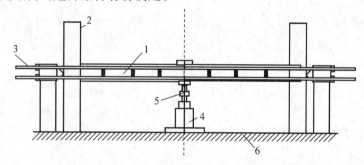

1—试件;2—荷载支承架;3—拉杆;4—双向液压加载器;

5—荷载传感器;6—试验台座

图8-4 梁式压弯构件伪静力试验加载装置

(2)砖石或砌块墙体试验装置

① 模拟墙体受竖向荷载作用的伪静力试验装置(图8-5所示)。

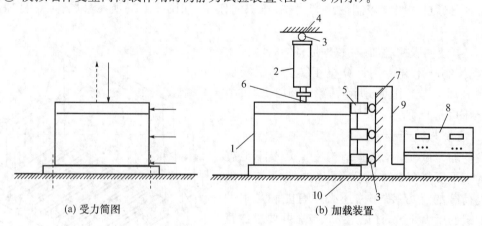

(a) 受力简图　　　　　　　　(b) 加载装置

1—试件;2—竖向荷载加载器;3—滚轴;4—竖向荷载支承架;5—水平荷载双作用加载器;

6—荷载传感器;7—水平荷载支承架;8—液压加载控制台;9—输油管;10—试验台座

图8-5 模拟墙体受竖向荷载作用的伪静力试验装置

② 模拟墙体受弯矩作用的伪静力试验装置(图8-6所示)。

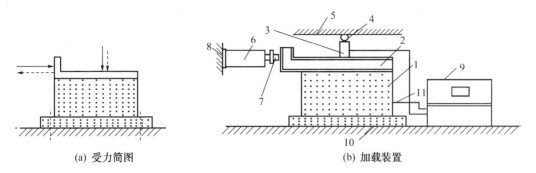

(a) 受力简图　　　　　　　　　　　(b) 加载装置

1—试件；2—L型刚性梁；3—竖向荷载加载器；4—滚轴；5—竖向荷载支承架；6—水平荷载双作用加载器；
7—荷载传感器；8—水平荷载支承架；9—液压加载控制台；10—试验台座；11—输油管

图8-6　模拟墙体顶部受弯矩作用的伪静力试验装置

③ 模拟墙体顶部水平位移的固定平移式伪静力试验装置

这是为了模拟墙体实际受力与边界条件，以满足在试验中只允许墙体顶部产生水平位移而不产生转动而设计的一种固定平移式加载装置，如图8-7所示。这种装置首先由日本建设省建筑研究所开发和应用。

(3) 框架节点及梁柱组合件试验装置

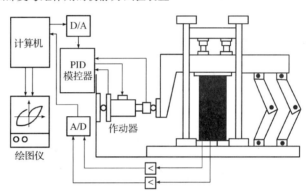

图8-7　固定平移式加载装置

① 框架节点及梁柱组合体有侧移柱端加载的伪静力试验装置，图8-8所示。

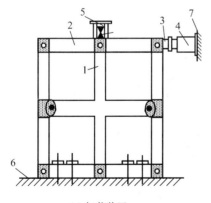 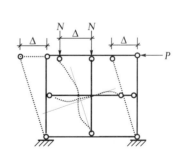

(a) 加载装置　　　　　　　　　　(b) 试件受载后的变形图

1—试件；2—几何可变的框式试验架；3—竖向荷载加载器；4—水平荷载加载器；
5—荷载传感器；6—试验台座；7—水平荷载支承架或反力墙

图8-8　框架节点及梁柱组合体有侧移柱端加载试验装置

在框架结构中,当侧向水平荷载作用时,框架产生水平向侧移变形。这时,节点上柱反弯点可看作水平方向可移动的铰。相对于上柱反弯点可看作为固定铰,而节点两侧梁的反弯点均为水平可移动的铰,其变形如图8-9a所示。这样的边界条件考虑了柱子的荷载-位移($P-\Delta$)效应,比较符合节点在实际结构中的受力状态。试验时,由固定在反力支承装置上的水平双作用液压加载器对框架试验架顶部施加低周反复水平荷载,使之形成如图8-8b所示的柱顶加载有侧移的边界条件。

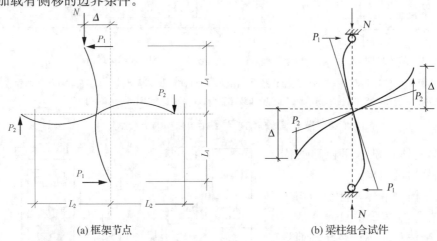

(a) 框架节点　　　　　　　　　　　(b) 梁柱组合试件

图8-9　框架节点及梁柱组合试件的边界模拟

② 框架节点及梁柱组合体梁端加载的伪静力试验装置

在实际试验中,当以梁端塑性铰或节点核心区为主要研究对象时,可采用在梁端施加反对称反复荷载的方案。这时,节点边界条件是上、下柱反弯点均为不动铰;梁的两侧反弯点为自由端。试验采用如图8-10所示的装置。试件安装在荷载支承架内,在柱的上下端都安装有铰支座,在柱顶由液压加载器施加固定的轴向荷载。在梁的两端用四个液压加载器同步施加

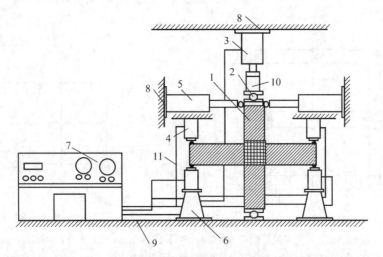

1—试件;2—柱顶球铰;3—柱端竖向加载器;4—梁端加载器;5—柱端侧向支撑;6—支座;
7—液压加载控制台;8—荷载支承架;9—试验台座;10—荷载传感器;11—输油管

图8-10　框架节点及梁柱组合体梁端加载试验装置

反对称的低周反复荷载。也可使用两台双向作用加载器或电液伺服加载器代替两对反向加载的液压加载器作梁端反对称反复加载。其变形如图8-8b所示。

8.2.3 伪静力试验的加载制度

1）单向反复加载制度

目前国内外较为普遍采用的单向反复加载方案有荷载控制、位移控制和荷载及位移混合控制等三种加载制度。

（1）控制荷载的加载制度

荷载控制方法是通过施加于结构或构件的作用力数值的变化控制低周反复加载的要求，但必须事先对试验结构的承载力进行估算，根据估算的承载力分级控制加载，如图8-2a所示，若估算的承载力过高，在加载过程中容易发生失控，所以一般很少采用。

（2）控制位移的加载制度

控制位移加载方法是目前国内外结构抗震试验中所采用的最为普遍和最多的加载方法，这种方法以位移为控制值，或以结构的屈服位移为标准值，以标准位移值的倍数作为加载控制值。这里所指的位移概念是广义的，可以是线位移，也可以是转角位移、曲率或应变等。

位移控制的加载又分为变幅加载、等幅加载及变幅和等幅混合加载3种，如图8-11所示。实际应用时，根据不同试验对象和试验目的来选择。

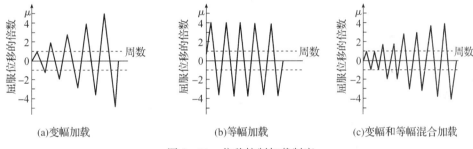

图8-11　位移控制加载制度

① 变幅位移控制加载（图8-11a）多数用于确定结构的恢复力特性或建立恢复力模型，一般以图中纵坐标为延性悉数 μ 或位移值，横坐标为反复加载循环次数。每一周次后增加位移的幅值。通过实验所得滞回曲线可以建立试件的恢复力模型。通过反复加载循环次数的多少研究得出结构的恢复力特性。

② 等幅位移控制加载（图8-11b所示）时在整个试验过程中始终按等幅位移施加水平荷载。这种加载制度主要用于研究结构的耗能性能、强度退化和刚度退化率。

③ 变幅和等幅混合位移控制加载制度是将等幅位移和变幅位移两种加载制度混合起来控制（图8-11c），这种加载制度主要用于综合研究结构的抗震性能和不同加载位移控制幅值对试件受力的影响。

（3）控制荷载和控制位移的混合加载制度

混合加载是先控制荷载，后控制位移的加载制度（参见图8-21），先控制作用力加载时不管实际位移是多少。对混凝土结构而言，先观测结构的开裂，开裂后逐步加到屈服荷载，此时作用力增加缓慢，而结构的变形增量逐步增大。记录下屈服荷载下的最大位移值，即屈服位移值。停止作用力控制加载,转变为位移控制加载,以屈服位移值作为标准位移值的倍数控制,反复循环直到加至结构破坏。反复加载次数越多,结构延性越好。一般框架结构抗震试验多应用混合加载制度,其操作方法严格按《建筑抗震试验方法规程》JGJ101-96中规定的要求执行。在结构屈服后仍用荷载控制是危险的,因为作动器会根据反馈的荷载与控制值的差,继续增加位移,但这时刚度可能是负值,增加位移的结果使荷载差值更大,作动器位移更快增长,结构很快倒塌。

2) 双向反复加载制度

为了研究地震对结构构件的组合效应,克服在采用结构单方向(平面内)加载时不考虑另一方向(平面外)地震作用对结构影响的局限性,可在 x、y 两个主轴方向同时施加低周反复荷载。针对不同结构形式,如框架柱或压杆的空间受力和框架梁柱节点在两个主轴方向所在平面内的受力等,可分别选用双向同步或非同步的加载制度(见图 8-12)。

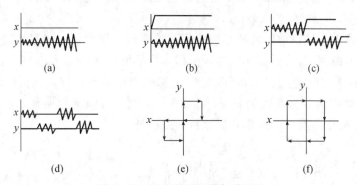

图 8-12 双向低周反复加载制度

(1) x、y 方向双向同步加载

与单向反复加载相同,加载与构件截面主轴成 α 角的方向斜向加载,使 x、y 两个方向的分量同步作用。反复加载同样可以采用位移控制、荷载控制和两者混合控制的加载制度。

(2) x、y 方向双向非同步加载

非同步加载是在构件截面的 x、y 两个主轴方向分别施加低周反复荷载。由于 x、y 两个方向可以不同步地先后和交替加载,一般采取的加载方案有以下几种:① x 轴方向不加载,y 轴方向反复加载;或 y 轴方向不加载,x 轴方向反复加载(如图 8-12a 所示)。② x 轴方向加载后保持恒载,y 轴方向反复加载(如图 8-12b 所示)。③ x、y 轴方向先后反复加载(如图 8-12c 所示)。④ x、y 两方向交替反复加载(如图 8-12d 所示)。⑤ x、y 两方向的 8 字形加载(如图 8-12e 所示)或方形加载(如图 8-12f 所示)。

8.2.4 伪静力试验测试项目

伪静力试验的测试项目应根据试验的具体内容、目的和要求确定。在我国,伪静力试验多数针对砖石或砌块的墙体试验、钢筋混凝土框架结构的节点和梁柱组合体试验。主要测试项目有:

1) 墙体试验

(1) 墙体变形

① 墙体的荷载-变形曲线

将由墙体顶部布置的电测位移计和水平液压加载器端部的荷载传感器测得的位移、荷载信

号,绘制成墙体的荷载-变形曲线,即墙体的恢复力曲线。砖石或砌块的墙体试验见图8-13所示。

② 墙体侧向位移

主要是量测试件在水平方向的低周反复荷载作用下的侧向变形。可在墙体另一侧沿高度在其中心线上均匀布置五个测点,既可测得墙顶最大位移值,又可测得侧向的位移曲线(如图8-13所示),并可由底梁处测得的位移值消除试件整体平移的影响。同时可由安装在底梁两侧的竖向位移计测得墙体的转动。如果将安装仪表的支架固定在试件的底梁上,试件整体平移的影响则自动消除。

③ 墙体剪切变形

可由布置在墙面对角线上的位移计来量测(如图8-14所示)。

（2）墙体应变

墙体应变量测需要布置三向应变测点(即应变花),从而求得主拉应力和剪切应力。测试时,由于墙体材料的不均匀性,较多使用大标距电阻应变片及机械式仪表,在较大标距内测得特定部位的平均应变。

（3）裂缝观测

要求量测墙体的初裂位置、裂缝发展过程和墙体破坏时的裂缝分布形式。目前,大多用肉眼或读数放大镜观测裂缝。实际上,微裂缝往往发生在肉眼看见之前。可以利用应变计读数突增的方法,检测到最大应力和开裂部位。

（4）开裂荷载及极限荷载

只要准确测到初始裂缝,就可以确定开裂荷载。以荷载-变形曲线上的转折点为开裂荷载实测值;以荷载-变形曲线上荷载的最大值为极限荷载。此时,还需要记录竖向荷载的加载数值。

2）钢筋混凝土框架节点及梁柱组合体试验

（1）节点梁端或柱端位移

在控制位移加载时,由量测的梁端或柱端加载截面处的位移控制加载量和加载程序(见图8-15)。

（2）梁端或柱端的荷载-变形曲线

由所测位移和荷载绘制试验全过程的荷载-变形曲线。

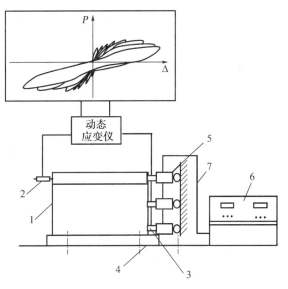

1—试件;2—位移传感器;3—荷载传感器;4—试验台座;
5—作动器;6—液压加载装置;7—油管
图8-13 墙体荷载-变形曲线量测系统

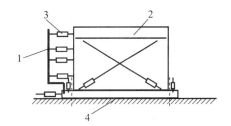

1—安装在试验台座上的仪表支架;
2—试件;3—位移计;4—试验台座
图8-14 墙体侧向位移和剪切
变形的测点布置

159

（3）节点梁柱部位塑性铰区段转角和截面平均曲率

在梁上，可在距柱面$\frac{1}{2}h_b$（h_b为梁高）或h_b处布置测点；在柱上，可在距梁面$\frac{1}{2}h_c$（h_c为柱宽）处布置测点，如图8-15所示。

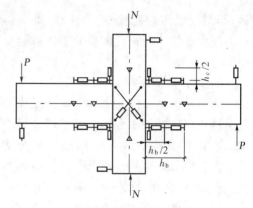

（4）节点核心区剪切变形

由量测核心区对角线的变形计算确定。

（5）节点梁柱主筋应变

主筋上的应变由布置在梁柱与节点交界

图8-15　梁柱节点试验测点布置

截面处的纵筋上的应变测点量测。为测定钢筋塑性铰的长度，可按试验要求沿纵筋布置一定数量的测点。

（6）节点核心区箍筋应变

测点可按节点核心区箍筋排列位置的对角线方向布置，这样可以测得箍筋的最大应力。如果沿柱的轴线方向布置，则可测得沿柱轴线垂直截面上箍筋应力的分布规律，每一箍筋上布置2～4个测点，这样可以估算箍筋的抗剪能力和核心区混凝土剪切破坏后的应变发展情况。

（7）节点和梁柱组合体混凝土裂缝开展及分布情况

（8）荷载值与支承反力

8.2.5　伪静力试验的数据整理要点

荷载-变形滞回曲线及有关参数是伪静力试验结果的主要表达方式，它们是研究结构抗震性能的基本数据，可用以评定结构的抗震性能。例如可以从结构的强度、刚度、延性、退化率和能量耗散等方面的综合分析，来判断诸如结构是否具有良好的恢复力特性、是否具有足够的承载能力和一定的变形及耗能能力来抗御地震作用。同时，这些指标的综合评定可用于比较各类结构、各种构造和加固措施的抗震能力，建立和完善抗震设计理论。

1）强度

伪静力试验中各阶段强度指标的确定方法如下：

（1）开裂荷载

试件出现垂直裂缝或斜裂缝时的荷载P_c。

（2）屈服荷载

试件刚度开始明显变化时的荷载P_y。

（3）极限荷载

试件达到最大承载能力时的荷载P_u。

（4）破坏荷载

试件经历最大承载能力后，达到某一剩余能力时的荷载值。目前的试验标准和规程规定可取极限荷载的85%。

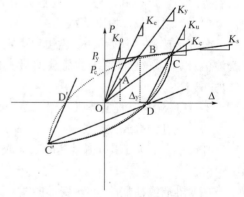

图8-16　结构反复加载时的刚度

2）刚度

结构刚度是结构变形能力的反映。结构在受地震作用后通过自身的变形来平衡和抵抗地震作用的干扰和影响，而结构的地震反应将随着结构刚度的改变而变化。

由伪静力试验的 $P-\Delta$ 曲线可以看出其刚度一直是在变化之中的，它与位移及循环次数均有关。在非线性恢复力特性中，由于是正向加载、卸载，反向加载的重复荷载试验，且有刚度的退化现象存在，其刚度问题远比单调加载时要复杂，见图 8-16。

（1）加载刚度

初次加载的 $P-\Delta$ 曲线有一个切向刚度 K_0；当荷载加到 P_c 时，连接 OA 可得开裂刚度 K_c；荷载继续增加到 P_y 时，连接 OB 可得屈服刚度 K_y；$P-\Delta$ 曲线的 C 点为受压区混凝土压碎剥落点，连接 BC 可得屈服后刚度 K_s。

（2）卸载刚度

从 C 点卸载后到 D 点时，荷载为 0。这时连接 CD 可得卸载刚度 K_u。卸载刚度与开裂刚度或屈服刚度非常接近，并将随着结构的受力特性和自身构造而改变。

（3）重复加载刚度

从 D 点到 C′点为反向加载，从 C′到 D′为反向卸载。

从 D′开始正向重复加载时，刚度随着循环次数的增加而降低，且与 DC′段相对称。

（4）等效刚度

连接 OC，得到作为等效线性体系的等效刚度 K_c，它随着循环次数的增加而不断降低。

3）骨架曲线

在变位移幅值加载的低周反复加载试验中，骨架曲线是将各次滞回曲线的峰值点连接后形成的包络线，图 8-17 是伪静力试验骨架曲线示意图。由图可见，低周反复加载的骨架曲线与单调的荷载-位移曲线相似，但极限荷载稍小一些。

4）延性系数

延性系数 μ 是最大荷载点相应的变形 δu 与屈服点变形 δy 之比，即 $\mu = \dfrac{\delta u}{\delta y}$。这里的变形指的是广义变形，它可以是位移、曲率、转角等。延性的大小对结构的抗震能力有很大的影响。

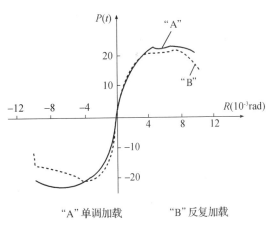

图 8-17　伪静力试验的骨架曲线

5）退化率

结构强度或刚度的退化率是指在控制位移作等幅低周反复加载时，每施加一次荷载后强度或刚度降低的速率。它反映在一定的变形条件下，强度或刚度随着反复荷载次数增加而降低的特性，退化率的大小反映了结构是否经受得起地震的反复作用。当退化率小的时候，说明结构有较大的耗能能力。

6）滞回曲线

滞回曲线是指加载一周得到的荷载-位移（$P-\Delta$）曲线，滞回环面积大小反映了试件的耗能能力。根据结构恢复力特性的试验结果,可将滞回曲线归纳为梭形、弓形、反 S 形及 Z 形四种基本形状,如图 8-18 所示。

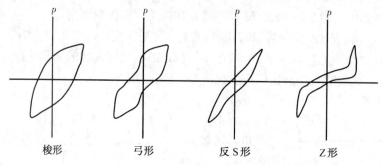

图 8-18　四种典型的滞回曲线

这四种滞回曲线的发生各有特点:

(1) 梭形:通常发生于受弯、偏压、压弯以及不发生剪切破坏的弯剪构件;

(2) 弓形:通常发生于剪跨比较大、剪力较小,且配有一定箍筋的弯剪构件和偏压构件,它反映了一定的滑移影响;

(3) 反 S 形:通常发生于一般框架和有剪刀撑的框架、梁柱节点及剪力墙等,它反映了更多的滑移影响;

(4) Z 形:通常发生于小剪跨而斜裂缝又可以充分发展的构件以及锚固钢筋有较大滑移的构件,它反映了大量的滑移影响。

但是,结构的滞回曲线并非一定仅仅是以上四种之一。在许多有大剪力和锚固钢筋滑动的结构中,经常开始是梭形,继而发展为弓形、S 形直至最终发展为 Z 形。因此,也有人将后三种形状的滞回曲线均视为反 S 形滞回曲线。事实上,是滑移量决定了滞回曲线的形状。

图 8-19 为一梁柱节点滞回曲线举例。在钢筋屈服前,曲线成梭形;当斜裂缝出现后,曲线变成了弓形;当刚度显著退化后,曲线出现了 S 形。

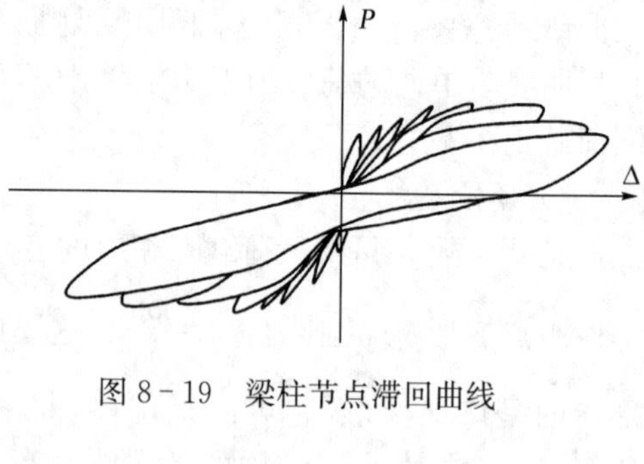

7) 能量耗散

结构吸收能量的好坏,可以用滞回曲线所包围的滞回环面积及其形状来衡量。

图 8-19　梁柱节点滞回曲线

8.2.6　伪静力试验实例

实例 1:多、高层建筑预应力转换层结构的低周反复荷载试验

1) 工程概况

近年来,我国高层建筑迅速发展。从建筑功能上看,上部只需要小空间的轴线布置,以满足旅馆、住宅的需要;中部需要中等大小的室内空间,以满足办公用房的需要;下部则需要大空间,以满足商店、餐厅等公用设施的需要。正常的结构布置应是下部刚度大、柱网密,上部柱网大、刚度减小,显然,高层建筑的功能要求与合理自然的结构布置正好相反。因此,对结构进行反常规设计,就必须在结构转换处设置转换层。

预应力开洞大梁是一种较为理想的转换层结构形式,但在设计中,尚有下列问题有待于研究:

(1) 预应力转换层结构的抗震性能如何?

(2) 梁上开洞对于整个转换层的受力性能有何影响?

(3) 洞口的应力分布和破坏特点如何?

为了解决以上问题,对其进行了低周反复荷载试验。

2) 试件设计及试验装置

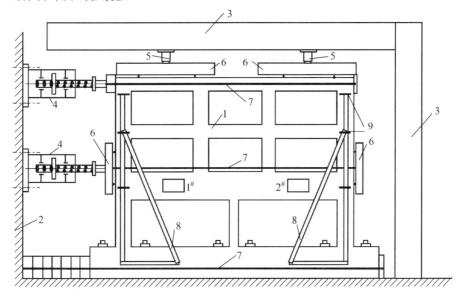

1—试件;2—反力墙;3—钢梁柱;4—电液伺服拉压千斤顶;
5—油压千斤顶;6—分配梁;7—拉杆;8—表架;9—位移传感器

图 8-20 试件简图及试验装置示意图

试件按实际工程的 1:5 设计,考虑到试验室条件,取三层。混凝土采用 C50(加载时,实测强度 $f_{cu}=28$ MPa,预应力筋用高强碳素钢丝 $\phi^s 5$,$f_{ptk}=1\,570$ MPa),采用后张法有粘结预应力。试件简图及试验装置示意图见图 8-20。

3) 试验过程及主要结果

(1) 试验量测内容

本次试验的主要量测内容有:量测开洞梁跨中的挠度及中柱处的反拱,水平荷载下和节点处的侧向位移,梁及柱中各截面的应变,沿洞口周围的应力及裂缝情况等。

(2) 试验过程

① 预加应力阶段;

② 竖向荷载阶段;

③ 低周反复水平力作用阶段。

加载制度见图 8-21,加载示意图见图 8-22。

163

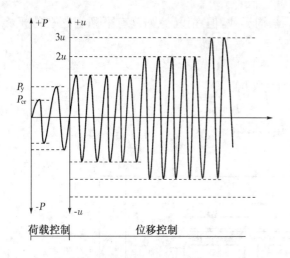

图 8-21　荷载和位移混合加载制度

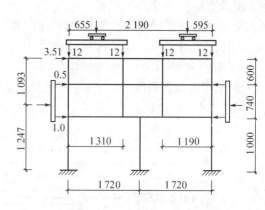

图 8-22　加载示意图

（3）主要试验结果

预加应力阶段和竖向荷载下的结构性能属弹性阶段，所以其试验结果与计算值是一致的。因而，这两个阶段的试验不做赘述。下面简述低周反复荷载下的试验结果。

① 裂缝开展

试验表明，开洞梁的裂缝开展情况是比较满意的。一方面，裂缝开展速度慢、宽度小，在使用荷载作用下，当竖向荷载为 4×120 kN 时，主要是洞口交角处出现裂缝，在竖向荷载 4×120 kN 和水平荷载 77 kN 时，开洞梁端部出现第一条弯曲裂缝。另一方面，裂缝的闭合能力较强，一旦卸去外载，梁上的裂缝很快闭合。裂缝在开洞梁上的分布，主要集中在洞口周围以及两端支座处，而弯矩较大的中间支座和上柱传力处找不到裂缝，这说明预应力筋作用明显。

② 洞口处的应力分布

根据实际工程需要，在转换层大梁的跨中设置了二个大孔洞（300×150），见图 8-20 所示 1# 和 2# 洞，其洞口高度超过梁高的 1/3。因此，这次试验中也量测了孔洞对整个转换层大梁性能（特别是抗剪强度）的影响。由于两边上柱距洞口的距离不一样，1# 洞正好处于受力点 45°扩散角上，2# 洞处于 45°扩散角以外。这样的设计无意中给试验带来了两种不同的结果，有助于比较洞口不同布置对抗剪强度的影响，也为实际工程提供了有价值的参考。

量测结果表明：1# 洞上下弦杆裂缝较多，上弦杆中钢筋在 91 kN 水平力作用下屈服，随着水平力不断增大，上弦杆形成一条由洞边至上柱根的斜向贯通裂缝即临界斜裂缝，破坏时被临界斜裂缝分开的两部分有较明显的相对错动，裂缝内有混凝土被压碎，这种破坏属于剪压破坏。2# 洞下弦杆裂缝不太多，框架破坏时钢筋也未屈服，上弦杆的裂缝形式和 1# 洞相似，但没有贯通，下弦杆出现一条垂直裂缝。

③ 试件的极限承载力和破坏特征

框架在竖向荷载加至 4×120 kN 时开始加水平荷载，并将垂直荷载稳定在 4×120 kN。第一、二、三层的最初水平荷载分别为 2 kN、1 kN、7 kN，然后以 1，2，3…倍数递增。试件水平荷载分别为 10 kN、5 kN、35 kN，此时试件的内力与实际工程的内力成正比。当水平荷载继续增加时，跨中和中间支座弯矩的增长较两端支座弯矩慢，当水平拉力为 84 kN 时，第二层小梁端部钢筋首先进入屈服状态;当水平拉力为 91 kN 时,1$^\#$ 洞上弦内钢筋开始屈服,它标志着转换层即将进入破坏阶段,此时推算出洞口处的剪力 64 kN,而大梁截面的最大剪力设计值为 117.6 kN,说明洞口的存在降低了梁的抗剪能力,使梁提前破坏。在 91kN 水平力作用下,2$^\#$ 洞口钢筋没有屈服,这是因为 2$^\#$ 洞口的剪力比 1$^\#$ 洞口小,只有 53 kN。另外,2$^\#$ 洞口处的位置比 1$^\#$ 洞有利。跨中、中支座、端支座处在水平荷载为 91 kN 时的实测弯矩值以及最大极限弯矩设计值如表 8-1 所示。

表 8-1 实测弯矩值及最大极限弯矩设计值

水平力 /kN	位置	实测剪力 /kN	截面最大剪力 设计值/kN	按实际工程推算的 使用剪力值/kN
91	1$^\#$ 洞	64	117.6	35

水平力 /kN	位置	实测弯矩 /(kN·m)	最大弯矩设计值 /(kN·m)	按实际工程推算的 使用弯矩值/(kN·m)
91	跨中 $M_{\max}$	29	33	30
91	中间支座 $M_{\max}$	47.4	48.5	43
91	端支座	32.6	36	11.7
84	第二层框架梁	4.8	5.03	1.09

④ 开洞梁的变形和弹塑性性能

开洞梁在竖向荷载作用下,跨中只有很小的挠度,下部混凝土受拉,上部混凝土受压,端支座上部受拉、下部受压。

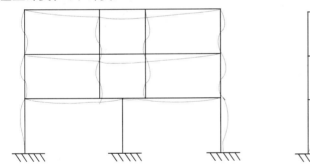

(a) 垂直荷载作用下变形图　　　　　　(b) 框架侧移变形图

图 8-23 框架变形示意图

在水平力作用下,中间支座有微小的变形,上部受拉,下部受压。跨中截面上部变为受拉,下部变为受压。端支座上部变为受压,下部变为受拉。框架变形见图 8-23。位移变化值见表 8-2。

表 8-2 竖向及水平力共同作用下模型的位移变化值

位移计编号	位移变化值	位移计编号	位移变化值	位移计编号	位移变化值
1	0.002 8	5	0.006	9	−0.003 2
2	0.003 4	6	−0.045	10	0.024
3	−0.003 8	7	−0.031	11	0.103
4	−0.013 9	8	−0.010	12	0.190

8.3 结构拟动力试验

8.3.1 结构拟动力试验的基本概念

地震是一种随机突发的地球地质构造运动自然现象。土木工程结构在强烈地震的作用下,将由弹性状态进入塑性状态甚至破坏。在低周反复加载试验中,其加载历程所模拟的地震荷载是假定的,因此,它与地震引起的实际反应相差很大。显然,如果能按某一确定的地震反应来制定相应的加载历程,这是最理想的。为寻求这样一种理想的加载方案,人们按实际地震反应所建立的结构恢复力特性数学模型,通过计算机数值分析求解运动微分方程所得出的结构位移时程曲线控制结构试验加载,这种利用计算机直接来检测结构地震反应和控制整个试验的方法是将计算机分析与恢复力实测结合起来的半理论半径验的非线性地震反应分析方法,结构的恢复力模型不需事先假定,而直接通过自动量测和采集作用在试件上的荷载和位移经过计算机求解得出的恢复力特性,再通过计算机来反复求解结构非线性地震反应方程对结构进行反复加载,这就是计算机联机试验加载方法,即拟动力试验。

8.3.2 拟动力试验的操作方法和过程

拟动力试验是指计算机与加载器联机,对试件进行加载试验(这里所指的加载是广义的加载,一般情况下是指向试件施加位移)。拟动力试验的原理参见图 8 - 24,图中的计算机系统用于采集结构反应的各种参数,并根据这些参数进行非线性地震反应分析计算,通过 D/A 转换,向加载器发出下一步指令。当试件受到加载器作用后,产生反应,计算机再次采集试件反应的各种参数,并进行计算,向加载器发出指令,直至试验结束。在整个试验过程中,计算机实际上是在进行结构的地震反应时程分析。在分析中,只要注意计算方法的适用范围,保证计算结果的收敛性,有多种计算方法可供选择,如线性加速度法、Newmark-β 法,Wilson - θ 法等。下面以线性加速度法为例,介绍拟动力试验的运算过程。

1)输入地面运动加速度

地震波的加速度值是随时间 t 的变化而改变的。为了便于计算,首先将实际地震记录的加速度时程曲线按一定时间间隔 Δt 数字化,可以认为在这一时间段内加速度直线变化。这样,就可以用数值积分来求解运动方程

$$m\ddot{x}_n + c\dot{x}_n + F_n = -m\ddot{x}_{0n} \qquad (8-1)$$

上式中,$\ddot{x}_{0n}$、$\ddot{x}_n$ 及 $\dot{x}_n$ 分别为第 n 步时地面运动加速度、结构运动加速度及速度,F_n 为结构第 n 步时的恢复力。

2)计算下一步的位移值

当采用中心差分法求解时,第 n 步的加速度可以用第 $n-1$ 步、第 n 步和第 $n+1$ 步的位移量表示。此时有

$$\ddot{x}_n = \frac{x_{n+1} - 2x_n + x_{n-1}}{\Delta t^2} \qquad (8-2)$$

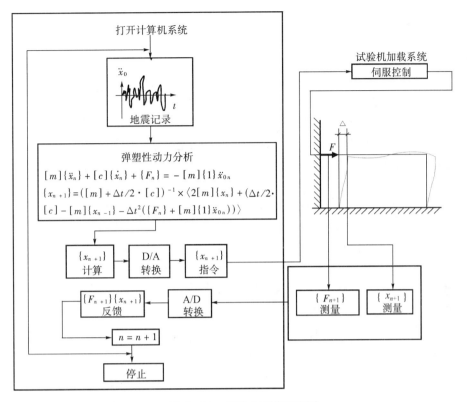

图 8-24　拟动力试验原理图

$$\dot{x}_n = \frac{x_{n+1} - x_{n-1}}{2\Delta t} \tag{8-3}$$

将以上两式代入运动方程,可得

$$x_{n+1} = \left[m + \frac{\Delta t}{2}c\right]^{-1} \times \left[2mx_n + \left(\frac{\Delta t}{2}c - m\right)x_{n-1} - \Delta t^2 F_n - m\Delta t^2 \ddot{x}_{0n}\right] \tag{8-4}$$

即由位移 x_{n-1}、x_n 和恢复力 F_n 求得第 $n+1$ 步的指令位移 x_{n+1}。

3) 位移值的转换

由加载控制系统的计算机将第 $n+1$ 步指令位移 x_{n+1} 通过 D/A 转换成输入电压,再通过电液伺服加载系统控制加载器对结构加载,由加载器用准静态的方法对结构施加与 x_{n+1} 位移相对应的荷载。

(1) 量测恢复力 F_{n+1} 及位移值 x_{n+1}

当加载器按指令位移值 x_{n+1} 对结构施加荷载时,通过加载器上的荷载传感器测得此时的恢复力 F_{n+1},并由位移传感器测得位移反应值 x_{n+1}。

(2) 由数据采集系统进行数据处理和反应分析

将 x_{n+1} 及 F_{n+1} 值连续输入用于数据处理和反应分析的计算机系统,利用位移 x_n、x_{n+1} 和恢复力 F_{n+1} 按同样方式重复进行计算和加载,用求得的位移值 x_{n+2} 和恢复力值 F_{n+2} 值连续对结构进行试验,直到输入加速度时程的指定时刻。

8.3.3 拟动力试验实例

实例2：预应力开洞大梁的拟动力试验

试件及加载装置简图见图8-25。数值积分采用Newmark算法，试验输入EL-Centro地震波，时间间隔为14 ms。电液伺服加载器最大输出力为300 kN，最大位移为±300 mm。

地震波的输入采用了如表8-3所示的8种工况，分别量测结构的层间变形及各阶频率。由试验结果可见，随着地震波峰值的增加，结构的层间变形也随之增大；层间刚度不断退化，结构各阶频率相应降低。

各工况下结构的实测自振频率见表8-4。由表可见，当输入地震波超过0.2 g时，结构

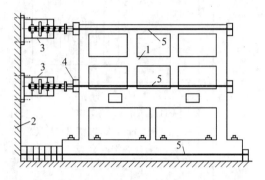

1—试件；2—反力墙；3—电液伺服拉压千斤顶；
4—垫块；5—拉杆

图8-25　试件简图及试验装置示意图

的自振频率有所改变，这时，结构的梁端和柱端均出现裂缝；当输入地震波超过0.5 g时，自振频率下降尤其明显，此时，柱端裂缝出现贯穿面，局部有混凝土剥落现象发生。

表8-3　试验地震波的输入

序号	输入波形	峰值
1	EL—Centro	0.2 g
2	EL—Centro	0.4 g
3	EL—Centro	0.5 g
4	EL—Centro	0.6 g
5	EL—Centro	0.8 g
6	EL—Centro	1.0 g
7	EL—Centro	1.4 g
8	EL—Centro	2.0 g

表8-4　各工况下结构的自振频率/Hz

工　况	0.2 g	0.4 g	0.5 g	0.6 g	0.8 g	1.0 g	1.4 g	2.0 g
频　率	12.602	12.270	11.850	11.810	10.296	8.930	8.302	7.531

8.4　结构模拟振动台的试验方法

8.4.1　模拟地震振动台试验的特点

模拟地震振动台能够再现各种形式的地震波，可以较为方便地模拟若干次地震现象的初震、主震及余震的全过程。因此，在振动台上进行结构抗震试验，可以实测到试验结构在相应各阶段的动力性能。使研究人员能直观地观测到地震作用对结构产生的破坏过程和破坏特

征,为建立结构抗震力学模型提供可靠的依据。

20世纪60年代以后,为进行结构的地震模拟试验,国内外先后建立起了一批大型的模拟地震振动台(见表2-1)。模拟地震振动台与先进的测试仪器及数据采集分析系统的配合,使结构抗震试验的水平得到了很大的发展与提高。

8.4.2 模拟地震振动台的在抗震研究中的作用

近年来,模拟地震振动台的试验研究成果在结构抗震研究及工程实践中得到了越来越广泛的应用。同时,经历了1976年我国唐山大地震和1995年日本阪神大地震以后,在房屋结构和道路桥梁的毁灭性破坏中发现了新问题,也促进了模拟地震振动台的更新和完善。20世纪90年代中期以后,随着数字化技术的发展,将数字技术引入模拟振动台试验,使抗震试验更接近于实际地震的作用。因此,模拟地震振动台在抗震研究中发挥了不可替代的作用。

1) 研究结构在地震作用下的动力特性、破坏机理和震害原因

借助于系统识别方法,通过对振动台台面的地震波输入及结构物的反应(输出)的分析,可以得到结构的各种动力参数,从而为研究结构物的各种动力特性以及结构抗震分析提供可靠的依据。

通过对模拟地震振动台试验中结构破坏特征的观察,对分析结构物的破坏机理,探索相应的计算理论,改进结构物的抗震构造措施,为工程结构的抗震设计提供依据。

2) 验证抗震计算理论和计算模型的正确性

通过模型试验来研究新的计算理论或计算模型的正确性,并将其推广到原型结构中去。

3) 研究动力相似理论,为模型试验提供依据

通过对不同比例的模型试验,研究相似理论的正确性,并将其推广至原型结构的地震反应与震害分析。

4) 检验产品质量,提高抗震性能,为生产服务

随着各项建设事业的发展,诸如城市管线、电力、通讯、运输、核反应堆的管道及连接部分等生命线工程的抗震问题,引起了人们越来越多的重视。只有抗震试验合格的产品,才能允许在地震频发区使用。

5) 为结构抗震静力试验提供依据

根据振动台试验中的结构变形形式,来确定沿结构高度静力加载的荷载分布比例。根据量测结构的最大加速度反应,来确定静力加载时荷载的大小。根据结构动力反应的位移时程,来控制静力试验的加载过程。

8.4.3 模拟地震振动台的加载过程及试验方法

在模拟地震振动台试验前,要重视加载过程的设计及试验方法的制定。因为不适当的加载设计,可能会使试验结果与试验目的相差甚远。例如,所选荷载过大,试件可能会很快进入塑性阶段乃至破坏阶段,导致难以得到结构的弹性和塑性阶段的全过程数据,甚至发生安全事故;所选荷载过小,可能无法达到预期的试验效果,这样就会产生不必要的重复试验,且多次重复试验对试件会产生损伤积累。因此,为了成功地进行模拟地震振动台结构试验,应在事前周密地设计加载程序。

在进行加载程序的设计时,需要考虑下列因素:

1) 振动台台面的输出能力

要选择适当的振动台,使其台面的频率范围、最大位移、速度和加速度等输入性能能够满足试验的要求。在进行结构抗震试验时,一般以加速度模拟地震振动台台面的输入。为了量测结构的动力特性,在正式试验之前,要对结构进行动力特性试验,以得到结构的自振周期、阻尼比和振型等基本参数。

2) 结构所在的场地条件

要了解试验结构所处的场地土类型,以选择与之相适应的场地土地震记录,即使选择的地震记录的频谱特性尽可能与场地土的频谱特性相一致,并应考虑地震烈度和震中距离的影响。这一条件的满足,在对实际工程进行模拟地震振动台模型试验时尤为重要。

3) 结构试验的周期与地震周期及房屋自振周期的关系

要选择适当的地震记录或人工地震波,使其占主导分量的周期与结构周期相似。这样能使结构产生多次瞬时共振,从而得到清晰的结构破坏过程变化和破坏形式。

人们在实际地震震害经历中所采集到的地震记录数据发现,地震使房屋和桥梁破坏的周期大约在 1.5~1.7 s,而一般实际地震周期为 0.3~0.5 s 左右,这对选择结构试验的周期十分重要。

根据试验目的的不同,在选择和设计台面输入加速度时程曲线后,试验的加载过程可选择一次性加载及多次加载等不同的方案。

(1) 一次性加载

所谓的一次性加载就是在一次加载过程中,完成结构从弹性到弹塑性直至破坏阶段的全过程。在试验过程中,连续记录结构的位移、速度、加速度及应变等输出信号,并观察记录结构的裂缝形成和发展过程,从而研究结构在弹性、弹塑性及破坏阶段的各种性能,如刚度变化、能量吸收等,并且还可以从结构反应来确定结构各个阶段的周期和阻尼比。这种加载过程的主要特点是能较好地连续模拟结构在一次强烈地震中的整个表现及反应,但因为是在振动台台面运动的情况下对结构进行量测和观察,测试的难度较大。例如,在初裂阶段,很难观察到结构各个部位上的细微裂缝;在破坏阶段,观测又相当的危险。于是,用高速摄影机和电视摄像的方法记录试验的全过程不失为比较恰当的选择。如果试验经验不足,最好不要采用一次性加载的方法。

(2) 多次加载

与一次性加载方法相比,多次加载法是目前的模拟地震振动台试验中比较常用的试验方法。多次加载法一般有以下几个步骤:

① 动力特性试验

在正式试验前,对结构进行动力特性试验可得到结构在初始阶段的各种动力特性。

② 振动台台面输入运动

振动台的台面运动控制在使结构仅产生细微裂缝,例如结构底层墙柱微裂或结构的薄弱部位微裂。

③ 大台面输入运动

将振动台的台面运动控制在使结构产生中等程度的开裂,且停止加载后裂缝不能完全闭合,例如剪力墙、梁柱节点等处产生的明显裂缝。

④ 加大台面输入加速度的幅值

加大振动台台面运动的幅值,使结构的主要部位产生破坏,但结构还有一定的承载能力。例如剪力墙、梁柱节点等的破坏,受拉钢筋屈服,受压钢筋压曲,裂缝贯穿整个截面等。

⑤ 继续加大振动台台面运动

进一步加大振动台台面运动的幅值,使结构变成机动体系,如果再稍加荷载就会发生破坏倒塌。

在各个加载阶段,试验结构的各种反应量测和记录与一次性加载时相同,这样,可以得到结构在每个试验阶段的周期、阻尼、振动变形、刚度退化、能量吸收和滞回特性等。值得注意的是,多次加载明显会对结构产生变形积累。

8.4.4　模拟地震振动台试验实例

实例 3　高层建筑预应力混凝土转换层的模拟地震振动台试验研究

1)工程概况

模拟地震作用的振动台试验是直接输入典型地震波进行激振,因而能更真实地反映结构在实际地震作用下的性能。转换层刚度和质量的突变对整个结构抗震性能的影响在低周反复荷载试验中较难反映出来,而进行振动台试验则能更好地说明问题。试验主要进行了开洞实腹梁预应力转换层的模拟振动,希望能得到明确的定性结论。

2)模型试验方法

模型设计:模型示意图如图 8-26 所示,与原型结构的几何相似比为 1∶15。

3)测试内容

本次测试内容为加速度,加速度传感器测点布置如图 8-26 所示。

4)振动台台面输入波形

本试验的目的是研究结构的抗震性能,为了达到试验目的,选用的振动台输入见表 8-5 所示。输入噪声的目的是了解现时段结构的刚度、自振周期、阻尼和振型,以推算结构所处的状态及损伤部位。

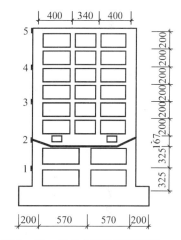

图 8-26　振动台试验模型简图
1~5 为加速度传感器
布置示意图

表 8-5　振动台输入

序号	输入波形	峰　值	备　注
1	白噪声	0.1 g	振动前动力测试
2	EL-Centro	0.2 g	
3	EL-Centro	0.4 g	
4	白噪声	0.1 g	第二次动力测试
5	EL-Centro	0.5 g	
6	EL-Centro	0.6 g	

序号	输入波形	峰 值	备 注
7	白噪声	0.1 g	第三次动力测试
8	EL-Centro	0.8 g	
9	EL-Centro	1.0 g	
10	白噪声	0.1 g	第四次动力测试
11	EL-Centro	1.4 g	
12	白噪声	0.1 g	第五次动力测试
13	EL-Centro	2.0 g	
14	白噪声	0.1 g	第六次动力测试
15	正弦波	2.0 g	共振扫描破坏

5）试验结果

（1）破坏过程描述

当振动台台面输入 0.3g 的 EL-Centro 波时，模型未开裂，处于弹性工作阶段；当振动台台面输入 1.0g 的 EL-Centro 波时，模型中开洞实腹与大梁相连的中柱柱顶出现了裂缝，并导致位移增大；当输入 1.4g 的 EL-Centro 波时，模型在与转换层相连的下面两层边柱柱顶出现了明显的大裂缝，且中柱的裂缝进一步增大。可以认为，此时模型裂缝全面展开，其表现为自振频率大幅度降低，而阻尼比大幅度提高，表明模型正处于弹塑性工作阶段；在输入 2.0g 的 EL-Centro 波之后，模型的裂缝基本出齐，表现为梁端很少有裂缝，柱子处裂缝进一步开展（见图8-27），整个模型的反应非常大，晃得厉害，这时，框架已接近破坏阶段。在试验的最后阶段，由于振动台已达到其最大输出加速度，只能用正弦波扫描结构模型，寻找其共振频率，利用共振使其破坏。结构表现为变形集中在和转换层相连的柱的柱顶处，裂缝急剧增大，摇摇欲坠。

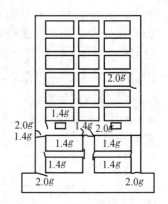

图 8-27　模型试验裂缝分布图

（2）模型的动力特性

① 模型的地震反应

通过设置在模型各层的加速度传感器，测得模型在各次激振下相应楼层的绝对加速度反应。试验中，对模型共进行了幅值逐渐增大的 8 次 EL-Centro 地震波和人工正弦波的振动测试，获得了相应振动序号时模型各层的加速度记录，表 8-6 为在不同台面输入时各楼层的加速度记录。

表 8-6　模型各层的加速度

层数 输入值	0	1	2	3	4	5
0.2 g	0.184	0.255	0.431	0.314	0.498	0.698
0.4 g	0.273	0.396	0.668	0.830	0.776	0.962
0.5 g	0.349	0.519	0.699	0.986	0.801	1.035
0.6 g	0.425	0.708	0.808	1.240	1.006	1.411
0.8 g	0.540	0.856	1.301	1.494	1.729	2.017
1.0 g	0.730	0.939	1.307	1.582	1.792	2.114
1.4 g	0.941	1.134	1.559	1.548	1.997	2.278
2.0 g	1.251	1.233	1.509	1.997	1.939	2.158

② 模型的基本振型测试

试验时,采用白噪声波测试模型在各个工作阶段的动力特性。

模型的动力特性包括自振频率、阻尼比和振型三个方面。试验时,通过数据采集系统将各次白噪声和正弦波作用下的模型加速度反应信号输入计算机进行处理。表 8-7 和表 8-8 分别是模型的实测阻尼比和自振频率。众所周知,结构频率的变化是同结构的刚度密切相关的,结构刚度越大,频率越高,反之亦然。阻尼比的变化规律恰好与自振频率相反,随着损伤的不断加重,阻尼比越来越大。

表 8-7　实测模型阻尼比

	第一次测	第二次测	第三次测	第四次测	第五次测	第六次测
阻尼比	0.050	0.052	0.065	0.157	0.183	0.184

表 8-8　实测模型自振频率

	第一次测	第二次测	第三次测	第四次测	第五次测	第六次测
自振频率	11.890	11.494	10.630	8.644	5.965	5.369

模型在各个不同阶段的实测基本振型见图 8-28。

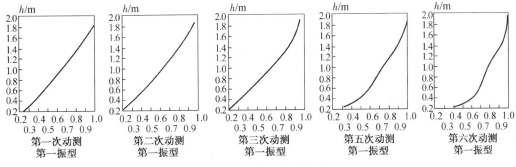

图 8-28　模型实测振型

（3）加速度反应动力放大系数

通过设置在模型各层的加速度传感器，测得模型在各次激振下相应楼层的绝对加速度反应，将模型各层的加速度值除以其底部的加速度值。便得到了各层的加速度放大系数，这个数据能够很好地反映模型的动力特性。图 8-29 为不同工况加速度放大系数举例。

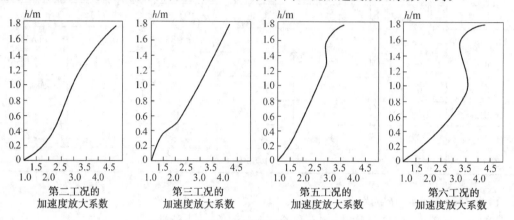

图 8-29　不同工况的实测加速度放大系数

8.5　天然地震观测试验

8.5.1　天然地震观测试验的概念

建筑物的抗震减灾是国内外专家学者近几十年研究的热门课题。随着科技的不断发展和新的仪器设备的出现，给抗震试验方法创造了更有利的条件。除了在实验室运用以上所介绍的方法进行结构抗震试验研究以外，还可在频繁出现地震的地区和可能出现大地震的地区布设强震记录仪进行各种观测试验，即天然地震观测试验。通过实地观测所得到的建筑物地震反应信息弥补室内试验的不足。天然地震观测试验分为两大类，一类是工程结构的强震观测；一类是在地震区专门建造天然地震观测试验场和经过特殊设计并具有代表性的试验性建筑物，运用现代观测手段，建立地震反应观测体系，进行全天候观测。直接记录建筑物在地震作用下的动力特性反应。

8.5.2　工程结构的强震观测

通过有代表性的大型建筑物的地面和上下部位布置的强震观测仪记录地震发生时，地面运动过程和工程结构物地震反应全过程的方法，称为强震观测。强震观测主要直接记录地震作用对工程结构的加速度反应以及地震和建筑的周期。

强震观测能够为地震工程科学研究和抗震设计提供确切数据，并用来验证抗震理论和抗震措施是否可靠。强震观测的目的是：首先取得地震时地面运动过程的真实记录，为研究地震影响和烈度分布规律提供第一手资料；其次取得结构物在强震作用下振动全过程的动力反应记录，为抗震结构的理论分析与试验研究以及设计方法提供工程实测数据。

近二三十年来，强震观测工作发展迅速，很多国家已逐步形成强震观测台网，其中尤以美国和日本领先。例如美国洛杉矶城明确规定,凡新建六层以上、面积超过 6 000 平方英尺(合 5581.5 m²)的建筑物必须设置强震仪 3 台。各国在仪器研制、记录处理和数据分析等方面已有很大发展。强震观测工作已成为地震工程研究中最活跃的领域之一。

我国强震观测工作是 1966 年邢台地震以后开始发展的。在一些地震区的重要建筑物以及大坝和大型桥梁上设置了强震观测站,而且自行研制了强震加速度计。获得了许多有价值的地震反应记录信息。南京紫峰大厦为世界第七高楼,根据《建筑抗震设计规范》(GB 50011-2010)第 3.11 条规定:抗震设防烈度为 7、8、9 度时,高度分别超过 160 m,120 m,80 m 的大型公共建筑,应按规定设置建筑结构的地震反应观测系统,建筑设计应留有观测仪器和线路的位置,由东南大学为其设置了光纤加速度传感器系统作为紫峰大厦的地震反应观测系统。北京时间 2011 年 01 月 19 日中午 12 点 07 分在安庆市辖区、怀宁县交界(北纬 30.6,东经 117.1)发生了 M 4.8 级地震,震源深度为 9 km;震中距约为 500 km 的紫峰大厦各楼层上的加速度传感器记录了全过程,大部分楼层加速度记录清晰明显(如图 8-30)。

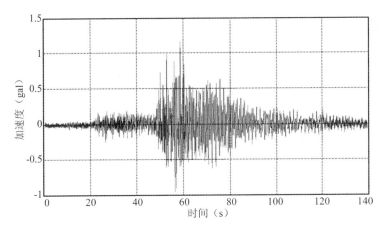

图 8-30 2011 年安庆 M 4.8 级地震时紫峰大厦 66 层夹 4 层加速度时程图

南京长江大桥为公铁两用桥,1968 年 10 月建成通车,抗震设防烈度为 8 度,1973 年 4 月由江苏地震局为大桥完成了强震观测台设置。1974 年 4 月 22 日获取了江苏溧阳市境内 M5.5 级地震反应的实测加速度全过程记录。震源深度为 15 km,震中距离为 85 km。桥头堡 66.7 m 高处纵向加速度为 64.628 Gal,铁路桥面为 14.23 Gal,公路桥面为 16.183 Gal,地面横向加速度为 22.915 Gal。1979 年 6 月 29 日又获取了溧阳市同震区 M6.3 级地震的强震全过程记录。为大桥抗震设防积累了珍贵的实测地震数据。

由于工程上习惯用加速度来计算地震反应,因此大部分强震仪都是测量线加速度值(国外有少数强震观测站是测应变、应力、层间位移、土压力等物理量的)。强震不是经常发生,而且很难预测其发生时刻,所以强震仪设计了专门的触发装置,平时仪器不工作,无专人看管。地震发生时,强震仪的触发装置便自动触发启动,仪器开始工作并将振动过程记录下来。考虑到地震时可能中断供电,仪器一般采用蓄电池供电。在建筑物底层和顶层同时布置强震仪,地震发生时底层记录到的是地面运动过程,顶层记录到的即建筑物的加速度反应和周期。

图 8 - 31 为美国加利福尼亚州 1940 年 5 月 18 日在埃尔森特罗(EL－Centro)记录到的加速度波的南北向(NS)分量,最大加速度为 326Cal(Gal＝0.001g);持续时间是从实际记录上截取的,为 8 s。这是人类第一次捕捉到的强地震记录。

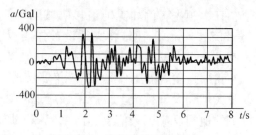

图 8 - 31　埃尔森特罗地震波

1976 年 7 月 28 日凌晨 3:42 河北省唐山、丰南一带发生 M7.8 级强烈地震。主震的震源深度距地面为 12～16 km。主震之后余震延续时间较长,最大余震达 M7.1 级。震区烈度高达 11 度,图 8 - 32 为距震中 67 km 的天津医院室内地面取得强余震记录,最大加速度为 147.1 Gal。

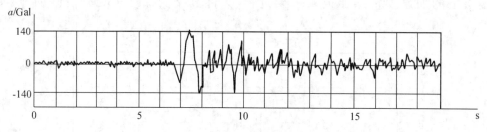

图 8 - 32　唐山余震的地震加速度记录

图 8 - 33 为 1964 年 6 月日本新潟地震时,在秋田县府大楼一座六层钢筋混凝土框架结构上测得的强震记录。

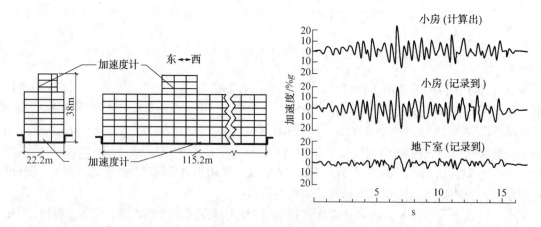

图 8 - 33　1964 年 6 月日本新潟地震时秋田县府大楼东西向记录到的强震曲线

1995 年 1 月 17 日日本兵库县南部发生 M7.2 级地震,即有名的阪神大地震。神户市周边地区各重要建筑物和地面设置的强震观测点都记录到最大加速度值,其中神户海洋气象台所记录到的最大水平加速度为 818 Gal,最大垂直加速度为 332 Gal,加速度记录波形见图 8 - 34。

2008 年 5 月 12 日我国的汶川发生 M8.0 级特大地震,在汶川卧龙台记录的最大水平加速度为 967 Gal 的波形,如图 8 - 35 所示。

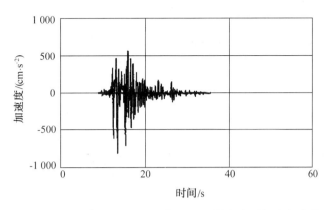

图 8-34　日本兵库县南部地震(1995年,M7.2)最大水平加速度波形818 Gal

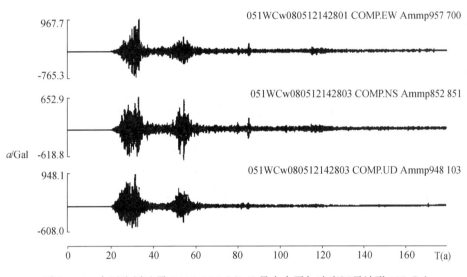

图 8-35　中国汶川地震(2008.5.12,M8.0)最大水平加速度记录波形967 Gal

8.5.3　天然地震试验场和工程结构地震反应观测体系

除强震观测以外,国外有在地震活动区为了观测结构受地震作用的反应而专门建造的试验场地,在场地上建造试验结构,这样可以运用一切现代化测试手段获取结构在地震发生时的各种反应。

日本东京大学生产技术研究所在东京以北的千叶县试验基地建成了世界上第一个"弱结构地震反应观测体系"。整个设施由四个弱结构模型和一个观察塔组成。所谓"弱结构"模型只有梁、板、柱组成,而无围护结构,它的强度只有通常房屋的一半,只要发生中等烈度的地震,模型即可能产生相当的震害而破坏。

观察塔是一坚固的钢筋混凝土八角形塔状建筑(见图8-36),其直径为5 m,地上部分高10.5 m,地下部分深度为2.5 m。观察塔位于试验场的中央,四周有许多观测窗,在塔的第二和第四层设有录像和照相装置。当地面运动加速度达到一定量级时,即可触发启动测试装置,使它们进入工作状态,从而获得在观察塔周围弱结构模型的实际地震响应和破坏情况。在观察塔基础下安装了 25 个压力计,用以测量结构与土壤接触面上的应力和变形,在观察塔每一层楼板上安装了 13 个加速度计。此外,在建塔前对基础下的地基土的动力特性进行了实测,这样,在地震发生后可以研究塔和地基土在地震时的共同作用。在第三层安装了一台三向减震装置,用以研究对精密仪器的减震效果。

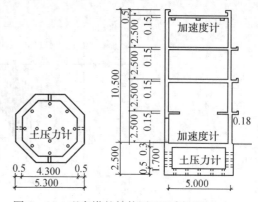

图 8-36 观察塔的结构平面及剖面图(m)

四个弱结构模型是两个五层钢筋混凝土结构和两个三层钢结构。

钢筋混凝土框架模型为五层单跨单开间的梁板柱结构,层高仅 1 m,大体为实际结构的 1/4~1/5。模型有两种:强梁弱柱型和强柱弱梁型(图 8-37a、8-37b)。强梁弱柱型:梁的截面为 100 mm×200 mm,上下各配 2φ10 主筋;柱的截面为 100 mm×100 mm,配有 4φ6 主筋。强柱弱梁型:梁的截面为 100 mm×120 mm,上下各配 2φ6 主筋;柱的截面为 150 mm×150 mm,配有 4φ10 主筋。混凝土强度为 21 N/mm^2,主筋强度为 300 MPa。

钢结构框架模型也分为两类:一类是无支撑的钢框架模型(图 8-38),这类模型的混凝土楼板厚度为 200 mm,柱为 H-125×125×6.5×9 的型钢,梁为 H-200×100×5.5×8;另一类是有 K 型支撑的钢框架模型(图 8-39),它的混凝土楼板厚度为 300 mm,柱为 H-100×50×5×7,梁为 H-250×75×6×6,支撑为 PL-6×10。所有钢材的强度为 410 N/mm^2。

在上述模型中各层都设置了三向加速度计和双向水平位移计,在型钢和混凝土内的主筋上都贴有应变计,用 64 通道的磁带记录仪记录。因此,整个天然地震试验场约有 500 个测点的数据在地震时输送信息给中央处理机。

由于东京经常有小震发生,平均每两周有一次。当地下 40 m 深处有超 10 cm/s^2 的加速度时,整套设备就开始工作。几年来,已经收到了大量的数据。到 1986 年底,最大的一次地面运动加速度峰值约为 80 cm/s^2。

东京大学千叶试验基地还建有一化工设备天然地震试验场,试验对象是罐体实物,建于 1972 年。在陆续经受地震考验中,取得了不少数据。1977 年 9 月的地震,加速度峰值 100 cm/s^2,曾使罐体的薄钢壁发生压屈,为化工设备的抗震提供了实测的地震反应资料。

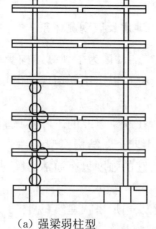

(a)强梁弱柱型

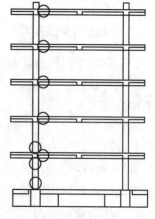

(b)强柱弱梁型

图 8-37 钢筋混凝土框架模型

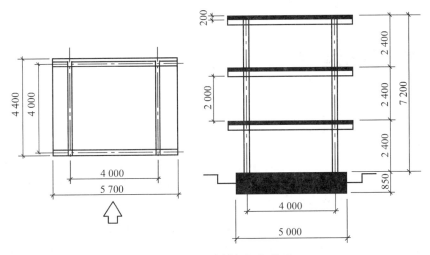

图 8‑38　无支撑钢框架模型

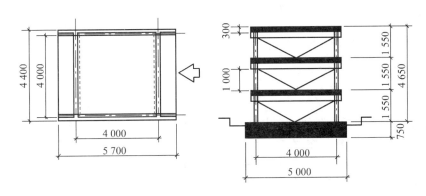

图 8‑39　有支撑钢框架模型

复习思考题

8‑1　结构抗震试验方法分为哪几种？各自的特点是什么？

8‑2　伪静力试验的加载装置设计要求和试件的边界条件相一致，为什么？

8‑3　若进行墙体试验和梁柱组合体试验，测点应如何布置？

8‑4　名词解释：极限荷载、破坏荷载、等效刚度、骨架曲线、延性系数、退化率、滞回曲线、能量耗散。

8‑5　伪静力试验加载制度若采用荷载控制和位移控制混合方式进行，应如何操作？

8‑6　拟动力试验的基本原理是什么？与伪静力试验相比，其优点是什么？

8‑7　模拟地震振动台试验的特点是什么？基本原理是什么？

8‑8　工程结构的强震观测有何意义？主要观测什么？观震仪器如何布置？强震仪是如何工作的？

8‑9　建立天然地震试验场的目的是什么？

9 路基路面荷载试验

9.1 概述

路面结构试验主要是量测在不同荷载作用下路面所产生的应力和变形的大小,求得极限荷载,了解路面破坏的状态等。

根据结构类型,路面分为水泥混凝土路面、沥青路面和其他类型路面,其测试方法又有室内和室外试验。本章着重介绍水泥混凝土路面室内静载试验、室外动载试验和沥青路面室内疲劳试验。

9.2 路基路面静载试验

9.2.1 试验目的

测定水泥混凝土路面在各级静荷载作用下应力和应变大小;根据实测路面板的挠度值,反算地基的计算模量,与地基的实测综合模量比较,求得地基模量的增大倍数。

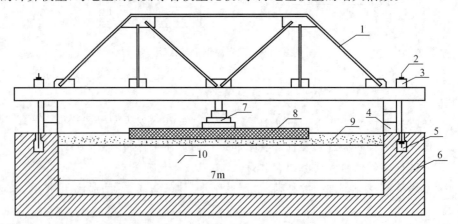

1—反力桁架;2—螺杆;3—小横梁;4—支承块;5—槽道;6—试槽侧墙;

7—千斤顶;8—水泥混凝土面板;9—基层;10—土基

图 9-1 路面静载试验试槽与反力架组成的支承机构示意图

9.2.2 静载试验的主要仪器设备

1)加载设备

(1)路面试槽。净宽度应不小于 7 m。

(2)反力桁架和锚固系统。反力架在 500 kN 荷载下挠曲变形不大于 10 mm。路面静载试验除了加载设备外,还必须有一套反力机构,这套机构在室内试验由反力桁架、拉力螺杆和路面试槽组成(图 9-1)。路面试槽是一个巨大的长方形整体式钢筋混凝土的无盖箱体,槽内深度大于 2 m,长、宽根据需要确定。四个方向的侧墙应能承受路面加载试验时所产生的侧向压力,其中一对侧墙设有槽道,以便锚固拉杆螺栓,使反力架能承受上拔的荷载。

2) 量测设备与仪表

(1) 大型钢表架,长度大于 10 m 的 30 号工字钢两根,长 3 m 的 6 号角钢 1 根组成表架,以便将挠度表支承在试槽以外。

(2) 静态电阻应变仪和位移传感器或百分表。

(3) 直径 30 cm 刚性承载板和橡皮垫及千斤顶垫座。

(4) 液压加载系统:由手动千斤顶或 WY-300 型液压稳压加载系统。

9.2.3 荷载试验的前期准备

(1) 在试槽内填筑土基,分层夯实,按重型击实标准,应达到 95% 以上的压实度,达到标高后,架设反力架,按第 11 章方法测定土基的回弹模量。

(2) 铺筑碎石基层,在土基上铺筑碎石基层,洒嵌缝料,碾压密实,按第 11 章方法测定基层顶面的综合回弹模量 E_t。

(3) 铺筑水泥混凝土路面板,混凝土抗折强度应大于 4.5 MPa,板厚 20 cm,平面尺寸 400 cm×400 cm,养护 28 天后拆模。浇注混凝土面板时制作 6 条抗折试件,与面板同样条件养护。混凝土面板加载试验前 3 个试件测定抗折强度,另 3 个试件测定抗折弹性模量 E_c。

(4) 当承载板作用在板中时按图 9-2 布置粘贴应变片和竖向位移传感器(或百分表)。为测得主应变的大小和方向,可将应变片按直角形应变花粘贴。

(5) 安放承载板于板中,下面垫上相同直径的橡皮垫,使混凝土试验板均匀承受承载板的压力。承载板上安放千斤顶垫座,再将千斤顶放在垫座上面。以上各设备均应对中(见图9-3)。

(6) 安装百分表或位移传感器于各测点上,板中的传感器应通过垫座中部的孔洞与试验板表面接触,才能测到板中表面的沉降。

(7) 调试应变仪至工作状态,将反力架移到千斤顶上面,对中后旋紧拉杆螺丝。

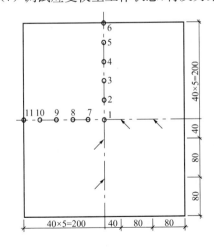

图 9-2 应变片和竖向位移传感器布置图

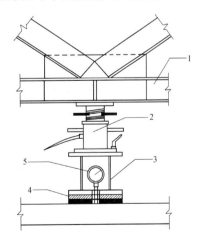

1—反力架;2—千斤顶;3—支座;4—承载板;5—百分表

图 9-3 路面加荷装置示意图

181

9.2.4 试验方法

（1）开动液压稳压器，按预先标定的数据，预加 30 kN 荷载，使承载板与试验板密切接触，卸去荷载稳定 1 min。

（2）开动应变仪，打印应变和位移传感器的初读数据（或百分表的初读数）。

（3）再加 10 kN 荷载，稳定 1 min 后打印记录；随即累加荷载，每级增加 10 kN，按此顺序读数，直至 70 kN。

（4）卸载后稳定 1 min，打印最后读数，停机，试验结束。

9.2.5 资料整理

混凝土路面板下计算回弹模量 E_{tc} 的计算：

根据弹性半无限体地基上的板体理论，水泥混凝土路面板在圆形均布荷载作用下，面板上任意一点的挠度可由下式计算：

$$W = \frac{Pa(1-\mu^2)}{E_{tc}}\overline{W} \tag{9-1}$$

则基础的弹性模量 E_{tc} 就可以由下式求得：

$$E_{tc} = \frac{Pa(1-\mu^2)}{W}\overline{W} \tag{9-2}$$

式中　P ——圆形均布荷载的总荷重（kN）；

　　　a ——弹性特征系数。

$$a = \frac{1}{h}\sqrt[3]{\frac{6E_{tc}(1-\mu_c^2)}{E_t(1-\mu^2)}} \tag{9-3}$$

　　　$\overline{W}$ ——挠度系数。根据 aR 及 ar 值由表 9-1 查得；

　　　R ——圆形均布荷载的半径（cm）；

　　　r ——测点至均布荷载中心的距离（cm）；

　　　W ——面板测点的挠度（cm）。

表 9-1　弹性特征系数

aR ar	0.10	0.12	0.14	0.16	0.18	0.20	0.24	0.26
0	0.383	0.383	0.382	0.381	0.380	0.379	0.379	0.378

aR ar	0.28	0.30	0.32	0.34	0.36	0.38	0.40	—
	0.377	0.376	0.375	0.374	0.373	0.372	0.371	—

将实测的 P 和板中心的挠度值 W 用最小二乘法回归整理成下式：

$$W = BP + C \tag{9-4}$$

式中　B、C ——回归系数。

取 $P = 50$ kN，用上式得出 W 值，再将 W 值代入式（9-2）求得 E_{tc} 即为混凝土板下基础的计算模量数值。

将 E_{tc} 与板下基础实测的综合回弹模量 E_t 相比,其比值即为地基模量增长系数。

$$n = \frac{E_{tc}}{E_t} \tag{9-5}$$

9.3 路基路面动载试验

9.3.1 概述

为了更接近路面受力状态,路面动载试验一般是在试验路或生产路上进行,在刚性与柔性路面中,以刚性路面施测较为方便。动载试验主要测定水泥混凝土路面在动荷载作用下的应变值,从而求得动载系数 K_d。

下面主要介绍刚性路面动载试验方法。

9.3.2 动载试验的加载设备与量测仪表

(1) 加载一般采用黄河牌(BZZ-100)标准汽车1辆。

(2) YD-15型(动态)电阻应变仪,配套电脑记录。

9.3.3 试验方法

(1) 试验一般选取一段平直的水泥混凝土路面,在至少两块的边缘清除路肩,露出整个板块的厚度。

(2) 汽车行驶时后轮停在板边中部距板边5 cm处,量测汽车在静止状态时板边缘的应变值;

(3) 汽车按20、30、40、50 km/h的速度行驶通过被测板边缘(距板边5 cm)时,量测板边缘应变的大小;

(4) 从记录仪表上量出不同车速时,板边缘最大应变(负值时的最小应变)值;

(5) 动载系数按下式求得:

$$K_d = \frac{\varepsilon_v}{\varepsilon_0} \tag{9-6}$$

式中　ε_0、ε_v——分别为汽车静止时和汽车以车速 v 通过该测点时的应变值。

9.4 路面结构疲劳试验

9.4.1 水泥混凝土路面材料疲劳试验

1) 一般规定

(1) 水泥混凝土路面板承受车轮荷载多次重复作用而引起混凝土疲劳损坏。因此《公路水泥混凝土路面设计规范》(JTJ 012-94)(JTG D40-2011)中规定"混凝土面板所需厚度,按荷载产生的应力不超过混凝土在设计使用年限末期的疲劳强度确定"。

（2）试件制备与试验规定要求。

① 水泥混凝土小梁试件尺寸为 150 mm×150 mm×550 mm，每组应制备 6 个试件，其中 3 个测定抗折强度，另外 3 个测试疲劳强度。

② 小梁试件制备方法及抗折强度的测定与计算均按《公路工程水泥及水泥混凝土试验规程》（JTGE30－2005）的规定进行。

2）试验参数的确定

（1）荷载比

$$\rho = \frac{P_{min}}{P_{max}} \tag{9-7}$$

式中　　　　　ρ——荷载比，它决定着循环荷载的性质，一般为 0.1；

　　P_{min}、P_{max}——分别为作用在试件上的最小荷载和最大荷载。

（2）P_{min} 与 P_{max} 的确定

$$P_{max} = \frac{n\sqrt{s}bh^2}{L} \tag{9-8}$$

式中　　　$\sqrt{s}$——小梁试件测得的抗折强度；

　　b, h——分别为试件的宽度和高度；

　　n——应力比，$n = \sigma_{max}/s$，σ_{max} 与 P_{max} 相对应的弯拉应力。

（3）疲劳荷载作用的频率 f

当应力比 $n > 0.75$ 时，f 采用 100 次/min；当 $n < 0.75$ 时，f 采用 300 次/min。

3）试验方法

为避免试验过程中收缩应力和混凝土强度的变化对试验结果产生影响，小梁试件养护到 9 个月龄期再进行试验（抗折强度测定也如此）。

（1）静载试验：疲劳试验前，先对小梁试件施加 10 kN 预加荷载 1～2 次，消除支承点接触不良，并使仪表运转正常。然后分级将荷载加到疲劳上限 P_{max}，分两次卸载，循环二次。

（2）疲劳试验：调节疲劳试验机上下限荷载，待示值稳定后，即进行交变荷载试验，交变幅度为 P_{min} 至 P_{max}，如图 9-4 和图 9-5 所示。

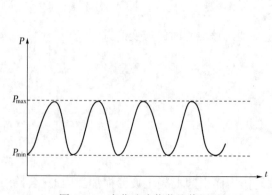

图 9-4　疲劳试验荷载取值图

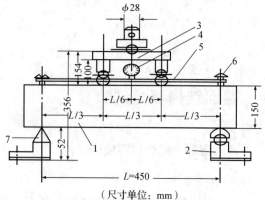

（尺寸单位：mm）

图 9-5　疲劳试验加载示意图

（3）试验观测：挠度测定采用千分表，应变测定采用标距为 15 cm 的手持应变仪，疲劳作用次数由记录器自动记录，待试件破坏时自动停机。

184

4）试验结果验证

所测得疲劳次数 N 取平均值后代入下式,计算应力比 n 值,比较试验中所采用的 n 值的差值。

$$n = 0.944 - 0.077 \lg N \tag{9-9}$$

9.4.2 沥青路面材料沥青混合料疲劳试验

1）概述

沥青混合料疲劳试验通常采用以下两种方法:一是沥青混合料的劈裂疲劳试验;二是沥青混合料的小梁弯曲疲劳试验。通过对沥青混合料的疲劳试验可以确定沥青混合料的疲劳特性,为沥青路面的耐久性设计、优选合适的沥青混合料种类及实际路面的施工提供依据。

2）疲劳试验配套设备要求

沥青混合料拌和机、马歇尔击实仪、车辙试件成型机、切石机、磨平机、路面材料强度试验机、环境箱及液压伺服材料试验系统等(图9-6)。

3）试件制备要求

(1) 按规定的要求成型试件;

(2) 将车辙板加工成 30 mm × 35 mm × 250 mm小梁试件;

(3) 将试件按规定的要求进行保温,至少4 h;

4）方法与步骤

(1) 根据试验的要求选择相应的应力比;

(2) 确定荷载的大小和加载的波形;

(3) 对试验机设好保护,如荷载超过某一定值或位移超过某一数值后即自动停机;

(4) 试验过程中随时注意观察试件外观的变化情况,如是否有裂缝发生;

(5) 每隔一定的循环次数记录变形的数据(可以在计算机内设置自动记录程序);

(6) 当位移超出某一数值并且试件已发现裂缝时即可以停机并记录此时循环荷载的次数;

(7) 按规定的要求进行不同温度和不同应力比的疲劳试验。

图9-6 液压伺服材料试验系统

5）数据处理

根据不同应力比试验结果回归出疲劳方程,可以得到不同沥青混合料的疲劳寿命,供设计时选用。

9.4.3 沥青混凝土路面疲劳试验

1）概述

路面疲劳试验对于不同类型的路面采用不同的试验方法。水泥混凝土路面一般不在面板上进行试验,而是制备成标准混凝土试件(15 cm×15 cm×55 cm),测定小梁试件的抗弯疲劳强度(见前节);对于沥青路面,则修筑试验路面,采用轮压重复多次加载,加荷的方式有两种,一种是往复轮压试验法,另一种是环道运行试验法(或称环道试验法),公认为后者比前者更符合路面的疲劳受力状态。利用环道循环运行加载,对沥青路面进行疲劳试验,求路面的疲劳强度和路面强度的变化规律。

2)环道及加载设备

(1)环道及加载设备包括环道试验槽、运行系统和控制系统三个部分(图9-7),是进行沥青路面重复加载试验的大型设备。环道是整体的钢筋混凝土环行试验槽。槽深应大于2 m,槽内侧墙壁半径约6 m,外侧约11 m,试槽宽2.5 m,槽口可与地坪平行也可适当高出地坪表面。槽底铺有渗水管,以模拟地下水对土基的影响。按试验要求,槽内铺筑不同结构的试验路面,同时预埋各种传感器和量测仪器。

(2)荷载产生方法。为了平衡运行中产生的离心力,运行系统一般均为双臂加载。臂的外端各安装一组足尺寸的解放或黄河牌标准汽车的后轮,如果检测飞机跑道,可以安装飞机轮胎,臂的内端用销杆与中轴相连。臂上装有主电机(直流)驱动轮胎运行,另外臂上还有各种辅助电机,用来变换臂的长度,使轮胎在路面上碾压不同的轮迹,以及模拟汽车制动等,加载臂上还装有砝码,使轮胎对路面产生30 kN(解放牌)或50 kN(黄河牌)的荷载。

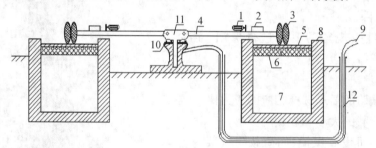

1—电动机;2—砝码;3—轮胎;4—加载器;5—路面面区;6—路面基区;7—土基;
8—环道外侧墙;9—电缆;10—电刷;11—中轴;12—电缆通道

图9-7 环道及加载设备示意图

3)试验路面的施工制作与仪表埋设

(1)在环道试槽内按施工要求修筑土基,在土基表面埋设土壤压力盒;在土基上铺设基层和沥青混凝土面层,对土基、基层和面层的材料性质、组成和施工质量要认真检验和记录。

(2)埋设位移传感器,量测路面的动态弯沉传感器配套记录仪表。传感器埋设方法见图9-8,系路面铺好后挖洞埋设或用取芯机打洞。先打入钢管6,再将钢管4放入,周围用细砂灌满塞实,然后放入传感器2,最后盖上钢板1,钢板1应与路面表面用环氧树脂粘牢,并与路面表面齐平。

(3)调试好环道运行加载设备,控制好试验路面的温度,装上防护罩,方可进行试验。

4)试验方法

(1)开启加载设备,以30 km/h的速度旋转,运行中应随时观察加载设备行走情况,并注意安全。

(2)运行至规定转数,分别量测动态弯沉(位移传感器),土基应力和车辙深度,车辙深度可用直尺与百分表组成的量具量测,如图9-9所示。

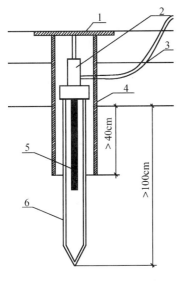

1—铁板;2—传感器;3—接线;4—钢管;
5—线圈;6—钢管

图9-8 位移传感器的埋设

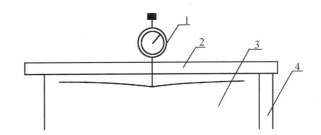

1—百分表;2—直尺;3—路面;4—环道侧壁

图9-9 量测路面车辙的量具

复习思考题

9-1 路面结构室内静载试验的目的是什么?

9-2 路面材料疲劳试验的目的是什么?

9-3 沥青混合料疲劳试验的加载试验方法有何要求?

9-4 沥青混凝土路面疲劳试验,对试验设备有何要求? 荷载如何产生?

下篇　土木工程结构现场检测

10 工程结构物的现场非破损检测技术

10.1 工程结构物现场检测概论

10.1.1 工程结构物现场检测的目的和意义

工程结构物现场试验与检测大多数属于结构鉴定性检验性质。它具有直接为生产服务的目的,经常用来验证和鉴定结构的设计与施工质量;为处理工程质量事故和受灾结构提供技术依据;为使用已久的旧建筑物普查、剩余寿命鉴定、维护或加固以及改扩建提供合理的方案;为现场预制构件产品做检验合格与否的质量评定。

工程结构的设计与建造应遵循国家法规和科学规律,一旦违背,将殃及建筑物的使用寿命和结构安全。大量事故隐患调查表明,不同历史时期的建筑物都与当时的社会经济环境、政策法规、建筑造价和科技水平等因素有直接关系。除此以外,建筑物在使用中还会遇到各种偶发事件而遭受损伤,如地基的不均匀沉降、结构的温度变形、随意改变使用功能导致长期超载使用、工业事故,还有地震、台风、火灾、水灾等突发性灾害作用,这些多数是随机的,而且难以预测,设计更难考虑,一旦发生,都会影响工程结构的使用寿命。

目前世界各国对于建筑物的使用寿命和灾害控制极为重视和关注。这主要因为现存的旧建筑物逐渐增多,很多已到了设计寿命期,结构存在不同程度的老化,抵御灾害的能力不断下降,有的则已进入了危险期,使用功能接近失效,由此而引发建筑物的破损、倒塌事故不断。因此,开展对建筑物的检测与可靠性评估及剩余寿命的预测,保证建筑物的安全使用,已成为当今世界亟待解决和最热门的研究课题。

对旧建筑物或受灾结构的检测鉴定也称为结构的可靠性诊断。可靠性诊断是指对结构的损伤程度和剩余抗力进行检测、试验、判断和分析研究并取得结论的全部过程。这里除了对受损伤结构的检测与鉴定的理论研究和对各种结构检测鉴定的标准与规范的编制研究以外,作为主要诊断手段的现场检测技术的开发研究和如何达到准确可靠,同样成了最关注的研究方向。

10.1.2 现场结构检测的特点和常用检测方法

现场结构检测由于试验对象明确,除了混凝土预制构件或钢构件的质量检验在加工厂或预制场地进行以外,大多数都在实际建筑物现场进行检测。这些结构经过试验检测后均要求能继续使用,所以这类试验一般都是非破坏性的,这是结构现场检测的主要特点。

现场试验检测的手段和方法很多,各自的特点和适用条件也不相同。到目前为止,还没有一种统一的方法能针对不同的结构类型和不同的检测目的。所以在选择检测方法、仪表和设备时,应根据建筑物的历史情况和试验目的的要求,按国家有关检测技术和鉴定标准,从经济、试验结果的可靠程度和对原有结构可能造成的损坏程度等诸多方面因素综合比较。但必须强调,任何单一检测方法不可取,对同一检测项目宜选择两种以上方法作对比试验,以增加检测结果的可信度。

结构的现场荷载试验能直接提供结构的性能指标与承载力数据,而且准确可靠。荷载试验分为两类:第一类是结构原位荷载试验,布置荷载和试验结果计算分析时,应符合计算简图并考虑相邻构件的影响,但一般不做破坏性试验;第二类是原型结构分离构件试验即结构解体试验。取样时应注意安全,对结构造成的损伤应尽快修复。构件的试验支承条件与计算简图应一致。现场荷载试验的缺点是费工、费时、费用高,一般不多采用,除非特殊情况。关于现场结构荷载试验方法,前面所述的静载试验和动载试验方法均可适用。表 10-1 为检测方法比较。

表 10-1 混凝土结构试验检测方法的选用比较

用途		检测方法	精度	检测效率	简便性	经济性	发展前途
材料强度		回弹法	B	B	A	A	B
		超声法	C	C	B	B	B
		拔出法	B	C	B	B	B
		取芯法	A	C	C	C	A
		综合法	B	C	B	B	B
内部检测	保护层厚度（钢筋位置）	射线法	B	C	B	C	B
		超声法	C	C	C	B	B
		射线法	B	B	A	A	A
		雷达法	B	C	B	C	B
	裂缝	AE 法	B	B	B	B	A
		红外线法	B	C	C	C	B
		超声法	B	A	C	B	B
	缺陷	超声法	B	B	B	B	B
		红外线法	B	C	C	C	B
		雷达法	B	B	B	B	B
	钢材锈蚀	自然电位法	C	C	C	B	B
		射线法	B	C	B	C	B
		电磁法	B	B	A	A	A
水泥含量及其他有害物质含量		化学分析法	A	B	C	B	A
结构性能与承载力		结构原位荷载试验	A	B	B	B	A
		结构解体构件试验	A	C	C	C	B

192

非破损检测是在不破坏整体结构或构件的使用性能的情况下,检测结构或构件的材料力学性能、缺陷损伤和耐久性等参数,以对结构及构件的性能和质量状况作出定性和定量评定。

非破损检测的一个重要特点是对比性或相关性,即必须在预先对具有被测结构同条件的试样进行检测,然后对试样进行破坏试验,建立非破损或微破损试验结果与破坏试验结果的对比或相关关系,才有可能对检测结果做出较为正确的判断。尽管这样,非破损检测毕竟是间接测定,受诸多不确定因素影响,所测结果仍未必十分可靠。因此,采用多种方法检测和综合比较,以提高检测结果的可靠性,是行之有效的办法。

10.1.3 混凝土结构现场检测部位的选择

采用非破损检测方法检测结构混凝土强度时,检测部位的选择应尽量避开构件顶部的弱区混凝土。梁、柱、墙板的检测部位应接近它的中部,楼板宜在底部进行,如果一定要在板表面进行时,要除掉板表层混凝土约 $10\sim20\ mm$ 厚。这主要是考虑现场结构混凝土的变异性和强度不均匀性。因为现场混凝土浇筑过程中粗骨料下沉,灰浆上升,加上混凝土流体状态的静压效应作用等因素的影响,发现构件低位处的混凝土强度最高,高位处的强度最低。图 10 - 1 给出了四种不同构件典型的相对强度分布的离散性,这四条曲线是通过大量的非破损检测方法检测结构混凝土强度的结果总结出来的。图 10 - 2 和图 10 - 3 分别为墙板和梁的相对强度分布的离散性。因此,非破损检测部位的选择至关重要。

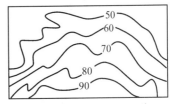

图 10 - 2 墙板的不同部位相对强度(%)

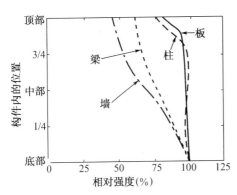

图 10 - 1 不同构件混凝土强度的变异性

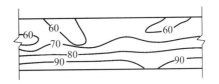

图 10 - 3 梁的不同部位相对强度(%)

10.1.4 测点数量的确定

非破损检测方法其测点容易选择,允许选择的范围大。测点数量的合理选择和确定,主要从保证检测结构性能指标的可靠性为前提,其次根据试件的尺寸大小和构件数量多少,以及试验费用的支出等因素综合考虑。表 10 - 2 列出了以一个标准取芯试验作对比,各种试验方法的相对试验测点数量。为此,各国在制定相应规范和标准时,都明确规定了最少测点数量。

表 10-2　以一个标准取芯试验作对比，各种检测方法的相对测点数量

试验方法	标准芯样	小直径芯样	回弹法	超声法	拔出法	贯入阻力法
测点数量	1	3	10	1	6	3

10.2　回弹法检测结构混凝土强度

10.2.1　回弹法的基本概念

　　人们通过试验发现，混凝土的强度与其表面硬度存在内在联系，通过测量混凝土表面硬度，可以用来推定混凝土抗压强度。1948 年瑞士科学家史密特（E Schmidt）发明了回弹仪，如图 10-4。用回弹仪弹击混凝土表面时，由仪器内部的重锤回弹能量的变化，反映混凝土表面的不同硬度，此法称之为回弹法。几十年来回弹法已成为结构混凝土检测中最常用的一种非破损检测方法。

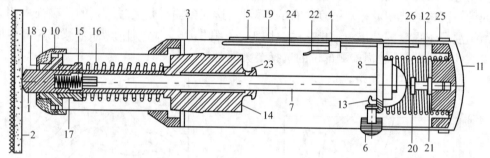

　　1—冲杆；2—试验构件表面；3—套筒；4—指针；5—刻度尺；6—按钮；7—导杆；8—导向板；
9—螺丝盖帽；10—卡环；11—后盖；12—压力弹簧；13—钩子；14—锤；15—弹簧；
16—拉力弹簧；17—轴套；18—毡圈；19—透明护尺片；20—调整螺丝；21—固定螺丝；
22—弹簧片；23—铜套；24—指针导杆；25—固定块；26—弹簧

图 10-4　回弹仪构造图

　　回弹法的基本原理是使用回弹仪的弹击拉簧驱动仪器内的弹击重锤，通过中心导杆，弹击混凝土的表面，并测出重锤反弹的距离，以反弹距离与弹簧初始长度之比为回弹值 R，由 R 与混凝土强度的相关关系来推定混凝土抗压强度。

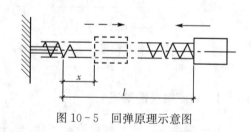

图 10-5　回弹原理示意图

　　按图 10-5，回弹值 R 可用下式表示：

$$R = \frac{x}{l} \times 100\%$$

式中　l——弹击弹簧的初始拉伸长度；

　　　x——重锤反弹位置或重锤回弹时弹簧拉伸长度。

　　目前回弹法测定混凝土强度均采用试验归纳法，建立混凝土强度 f_{cu}^c 与回弹值 R 之间的一元回归方程，或建立混凝土强度 f_{cu}^c 与回弹值 R 及混凝土表面的碳化深度 d 相关的二元回

归方程。目前常用的有

直线方程　$f_{cu}^c = A + BR_m$

抛物线方程　$f_{cu}^c = A + BR_m + CR_m^2$

二元方程　$f_{cu}^c = AR_m^B \cdot 10^{Cd_m}$

式中　f_{cu}^c——某测区混凝土的强度换算值；

　　　R_m——测区平均回弹值；

　　　d_m——测区平均碳化深度；

　　　A, B, C——常数项，按原材料条件等因素不同而变化。

根据上述原理，世界各国都先后制定了适合本国的回弹法测试标准。我国从 1985 年颁布第一部标准以来技术上取得了很大进步，先后修订过 3 次，于 2011 年颁布了《回弹法检测混凝土抗压强度技术规程》JGJ/T23 - 2011（以下简称《规程》）。基于泵送混凝土的广泛应用，2005—2008 年北京、辽宁、陕西、山东等地，根据泵送商品混凝土的特点，先后专门编制了《回弹法检测泵送混凝土抗压强度技术规程》。修订的规程专门增加了泵送混凝土的检测条文，更适合我国国情。国家为了统一现场检测方法，2013 年颁布了《结构混凝土现场检测技术标准》（GB/T50784 - 2013），因此现场检测除了遵守国家颁布的规程规定以外，还应遵守本地区的规程。

10.2.2　回弹法的检测技术

回弹法检测混凝土强度应以回弹仪水平方向垂直于结构或构件浇筑侧面为标准量测状态。测区的布置应符合《规程》规定，每一结构或构件测区数不少于 10 个，每个测区面积为（200×200）mm²，每一测区设 16 个回弹点，相邻两点的间距一般不小于 30 mm，一个测点只允许回弹一次，最后从测区的 16 个回弹值中分别剔除 3 个最大值和 3 个最小值，取余下 10 个有效回弹值的平均值作为该测区的回弹值，即

$$R_m = \frac{\sum\limits_{i=1}^{10} R_i}{10} \qquad (10 - 1)$$

式中　R_m——测区平均回弹值，精确至 0.1；

　　　R_i——第 i 个测点的回弹值。

当回弹仪测试位置非水平方向时，考虑到不同测试角度，回弹值应按下列公式修正：

$$R_m = R_{m\alpha} + R_{a\alpha} \qquad (10 - 2)$$

式中　$R_{m\alpha}$——非水平状态检测时测区平均回弹值，精确至 0.1。

　　　$R_{a\alpha}$——测试角度为 α 的回弹修正值，按表 10 - 3 采用。

表 10 - 3　不同测试角度 α 的回弹修正值 $R_{a\alpha}$

$R_{m\alpha}$	α 向上				α 向下			
	$+90°$	$+60°$	$+45°$	$+30°$	$-30°$	$-45°$	$-600°$	$-90°$
20	-6.0	-5.0	-4.0	-3.0	$+2.5$	$+3.0$	$+3.5$	$+4.0$
30	-5.0	-4.0	-3.5	-2.5	$+2.0$	$+2.5$	$+3.0$	$+3.5$
40	-4.0	-3.5	-3.0	-2.0	$+1.5$	$+2.0$	$+2.5$	$+3.0$
50	-3.5	-3.0	-2.5	-1.5	$+1.0$	$+1.5$	$+2.0$	$+2.5$

注：当 $R_{m\alpha}$<20 或>50 时，分别按表中 20 和 50 查表。

当测试面为浇注方向的顶面或底面时，测得的回弹值按下列公式修正：

$$R_m = R_m^t + R_a^t \tag{10-3}$$

$$R_m = R_m^b + R_a^b \tag{10-4}$$

式中　R_m^t、R_m^b ——水平方向检测混凝土浇筑顶面、底面时，测区的平均回弹值，精确至 0.1；

　　　R_a^t、R_a^b ——混凝土浇筑表面、底面回弹值的修正值，按表 10-4 采用。

表 10-4　不同浇筑面的回弹修正值

R_m^t 或 R_m^b	顶面修正值 R_a^t	底面修正值 R_a^b	R_m^t 或 R_m^b	顶面修正值 R_a^t	顶面修正值 R_a^b
20	+2.5	-3.0	40	+0.5	-1.0
25	+2.0	-2.5	45	0	-0.5
30	+1.5	-2.0	50	0	0
35	+1.0	-1.5			

注：当 R_m^t、R_m^b < 20 或 > 50 时，分别按 20 和 50 查表。

测试时，如果回弹仪既处于非水平状态，同时又在浇筑顶面或底面，则应先进行角度修正，再进行顶面或底面修正。

特别指出，回弹法混凝土表面碳化深度检测和测区强度修正至关重要，对测区强度影响很大。根据统计，当碳化深度为 1 mm 时，强度要折减 5%～8%，当碳化深度大于等于 6 mm 时，强度要折减 32%～40%。

碳化是混凝土表面受到大气中 CO_2 的作用，使混凝土中未分解的氢氧化钙 $Ca(OH)_2$ 逐步形成碳酸钙 $CaCO_3$ 而变硬，混凝土表面测试的回弹值偏高，因此应予以修正。近几年还发现掺加了粉煤灰、矿粉、外加剂和施工模板采用的涂模剂等不确定因素，也会加速混凝土表面碳化。检测发现新浇混凝土构件 3 个月到一年时间内，碳化深度达到 3～6 mm。因此碳化对新老混凝土都存在。所以《规程》规定，每个构件碳化深度测点不少于 3 个，取其平均值。碳化深度检测方法按《规程》要求执行。当碳化深度值极差大于 2 mm 时，应在每个测区分别测量。

根据各测区的平均回弹值及平均碳化深度即可按《规程》规定的方法查表确定各测区的混凝土强度。但要注意，当检测为泵送混凝土制作的结构或构件时要符合下列规定：

(1) 当碳化深度不大于 2 mm 时，每一测区混凝土应按表 10-5 修正，如果本地区有专门规程，按本地规程执行；

(2) 当碳化深度大于 2 mm 时，可采用同条件试块或钻取混凝土芯样进行修正。

表 10-5　泵送混凝土测区混凝土强度换算值的修正值

碳化深度值/mm	抗压强度值/MPa				
0.0、0.5、1.0	f_{cu}^c	≤40.0	45.0	50.0	55.0～60.0
	K	+4.5	+3.0	+1.5	0.0
1.5、2.0	f_{cu}^c	≤30.0	35.0	40.0～60.0	
	K	+3.0	+1.5	0.0	

注：表中未列入的 $f_{cu,i}^c$ 值可用内插法求得其修正值，精确至 0.1 MPa。

10.2.3　结构或构件混凝土强度的计算与评定

1）结构或构件混凝土强度平均值和强度标准差计算

根据《规程》附表查得的测区混凝土强度换算值或换算值的修正值,求其结构或构件混凝土强度平均值和标准差。按下列公式计算:

$$m_{f^c_{cu}} = \frac{\sum\limits_{i=1}^{n} f^c_{cu,i}}{n} \qquad (10-5)$$

式中　$m_{f^c_{cu}}$——结构或构件混凝土强度平均值(MPa),精确至 0.1 MPa;

　　　n—— 样本容量对于单个测定构件,取一个构件的测区数,对于批量构件,取各抽检构件测区数之和。

结构或构件混凝土强度标准差计算方法如下:

当测区数不少于 10 个时,混凝土强度标准差为

$$S_{f^c_{cu}} = \sqrt{\frac{\sum\limits_{i=1}^{n}(f^c_{cu,i})^2 - n(m_{f^c_{cu}})^2}{n-1}} \qquad (10-6)$$

式中　$S_{f^c_{cu}}$——结构或构件混凝土强度标准差(MPa),精确至 0.01 MPa。

2）结构或构件混凝土强度推定值 $f_{cu,e}$ 的计算和确定

（1）当结构或构件测区数少于 10 个以及单个构件检测时

$$f_{cu,e} = f^c_{cu,min} \qquad (10-7)$$

式中　$f^c_{cu,min}$——构件中最小的测区混凝土强度换算值。

（2）当结构或构件的测区强度值中出现小于 10.0 MPa 时

$$f_{cu,e} < 10.0 \text{ MPa} \qquad (10-8)$$

（3）当结构或构件测区数不少于 10 个或按批量检测时

$$f_{cu,e} = m_{f^c_{cu}} - 1.645 S_{f^c_{cu}} \qquad (10-9)$$

（4）对按批量检测的构件,当该批构件混凝土强度标准差出现下列情况之一时,则该批构件应全部按单个构件检测与评定:① 当该批构件混凝土强度平均值不小于 25 MPa 和标准差 $S_{f^c_{cu}} > 5.5$ MPa 时;② 当该批构件混凝土强度平均值小于 25 MPa 和标准差 $S_{f^c_{cu}} > 4.5$ MPa时。

10.3　超声法检测混凝土强度

结构混凝土的抗压强度 f_{cu} 与超声波在混凝土中的传播速度之间的关系是超声脉冲检测混凝土强度方法的理论基础。

1）基本原理

超声波是通过专门的超声检测仪的高频电振荡激励仪器中的换能器的压电晶体,由压电效应产生的机械振动发出的声波在混凝土介质中的传播(图 10-6 所示)。传播速度与混凝

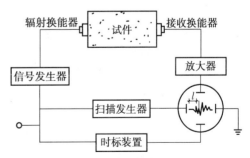

图 10-6　混凝土超声波检测原理

197

土的介质密度有关。混凝土的密度好，强度愈高，相应声波传播速度快，反之，传播速度慢。经试验验证，这种传播速度与强度大小的相关性，可以采用统计方法反映其相关规律的非线性数学模型来拟合，即通过试验建立混凝土强度与声速关系 $f_{cu}^c - v$ 曲线，求得混凝土强度。也可通过经验公式得到 f_{cu}。例如指数函数方程式

$$f_{cu}^c = A e^{Bv}$$

或幂函数方程 $\qquad f_{cu}^c = A v^B$

式中：f_{cu}^c——混凝土强度换算值（MPa）；

$\quad v \quad$——超声波在混凝土中传播速度，A、B 为常数项。

 2）混凝土超声波的检测仪器

目前用于混凝土检测的超声波仪器可分为两大类：

（1）模拟式：接受的超声信号为连续模拟量，可由时域波形信号测读参数，现在已很少采用。

（2）数字式：接受的超声信号转换为离散数字量，具有采集、储存数字信号，测读声波参数和对数字信号处理的智能化功能。这是近几年发展起来的新技术，被广泛采用。

 3）超声法检测混凝土强度的应用缺陷和综合法的开发应用

由于超声法检测混凝土强度，不确定影响因素较多，测试结果误差较大，所以目前单独采用超声法检测混凝土强度已很少应用。而广泛采用超声回弹综合法检测混凝土强度，以提高测试精度。下面介绍超声回弹综合法检测方法。

10.4 超声回弹综合法检测结构混凝土强度

10.4.1 基本原理

 超声回弹综合法检测混凝土强度技术，实质上就是超声法与回弹法的综合测试方法。是建立在超声波在混凝土中的传播速度和混凝土表面硬度的回弹值与混凝土抗压强度之间的相关关系的基础上，以超声波声速值和回弹平均值综合反映混凝土抗压强度。

 其优点是，综合法能对混凝土中的某些物理量在采用超声法和回弹法测试中产生的影响因素得到相互补偿。如综合法中混凝土碳化因素可不予修正，其原因是碳化深度较大的混凝土，由于其龄期长而内部含水量相应降低，使超声波声速稍有下降，可以抵消回弹值因碳化上升的影响。试验证明，用综合法的 $f_{cu}^c - v - R_m$ 相关关系推算混凝土抗压强度时，不需考虑碳化深度所造成的影响，而且其测量精度优于回弹法或超声法单一方法，减少了测试误差。

 超声回弹综合法检测时，构件上每一测区的混凝土强度根据同一测区实测的超声波声速值 v 及回弹平均值 R_m，建立的 $f_{cu}^c - v - R_m$ 关系测强曲线推定的。其曲面形曲线回归方程所拟合的测强曲线比较符合 f_{cu}^c、v、R_m 三者之间的相关性。

$$f_{cu}^c = a v^b R_m^c$$

式中 f_{cu}^c ——混凝土抗压强度换算值（MPa）；

  v ——超声波在混凝土中的传播速度（km/s）；

  R_m ——回弹平均值；

  a ——常数项；

  b,c ——回归系数。

为了规范检测方法和数字式超声检测技术的发展应用,2005 年我国修订出版了《超声回弹综合法检测混凝土强度技术规程》CECS02:2005。

10.4.2 超声回弹综合法检测技术

（1）回弹法测试与回弹值计算

《规程》中规定:回弹值的量测与计算,基本上参照回弹法检测规程,所不同的是不需测量混凝土的碳化深度,所以计算时不考虑碳化深度影响。其他对测试面和测试角度计算修正方法相同。

（2）超声法测试与声速值计算

超声测点的布置应在回弹测试的同测区内,每一测区布置了 3 个测点。超声宜优先采用对测法,如图 10-7 所示;或角测法,如图 10-8 所示。当被测结构或构件不具备对测和角测条件时,可采用单面平测(参照规程附录 B 方法),图 10-9 所示。

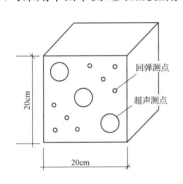

图 10-7　测点布置图(对测)

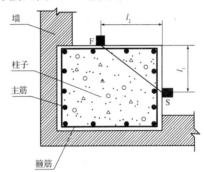

图 10-8　超声波角测法示意图

超声测试时,换能器辐射面应通过耦合剂(黄油或凡士林等)与混凝土测试面良好耦合。

① 当在混凝土浇筑方向的侧面对测时,测区混凝土中声速代表值应根据该测区中 3 个测点的混凝土中声速值,按下列公式计算:

$$v = \frac{1}{3} \sum_{i=1}^{3} \frac{l_i}{t_i - t_0} \qquad (10-10)$$

式中　v ——测区混凝土中声速代表值(km/s),精确至 0.01;

$\quad\quad$ l_i ——第 i 个测点的超声测距(mm)。角测时测距按图 10-8 和规程附录 B 第 B.1 节公式计算

$$l_i = \sqrt{l_{1i}^2 + l_{2i}^2} \qquad (10-11)$$

式中　l_i ——角测第 i 个测点换能器的超声测距(mm),精确至 1 mm;

$\quad\quad$ l_{1i}, l_{2i} ——角测第 i 个测点换能器与构件边缘的距离(mm),图 10-8 所示;

$\quad\quad$ t_i ——第 i 个测点混凝土中声时读数(μs),精确至 0.1 μs;

$\quad\quad$ t_0 ——声时初读数(μs)。

② 当在试件混凝土的浇筑顶面或底面测试时,声速代表值应按下列公式修正:

$$v_a = \beta v \qquad (10-12)$$

式中　v_a ——修正后的测区混凝土中声速代表值(km/s);

β ——超声测试面声速修正系数。在混凝土浇筑的顶面及底面对测或斜测时,$\beta=$
1.034;在混凝土浇筑的顶面和底面平测时,测区混凝土声速代表值应按《规程》
附录 B 第 B.2 节计算和修正。

③ 超声波平测方法的应用及数据的计算和修正,分为两种情况:

第一种是被测部位只有一个表面可供检测时,采用平测方法,每个测区布置 3 个测点,换能器布置如图 10-9 所示。布置超声平测点时,宜使发射和接受换能器的连线与附近钢筋成 40°~50°角,超声测距 l 宜采用 350~450 mm。计算时宜采用同一构件的对测声速 v_a 与平测声速 ν_p 之比求得修正系数 $\lambda(\lambda=v_a/v_p)$,对平测声速进行修正。当不具备对测与平测的对比条件时,宜选取有代表性的部位,以测距 l 为 200 mm、250 mm、300 mm、350 mm、400 mm、450 mm、500 mm,逐点测读相应声时值,用回归分析方法,求出直线方程 $l=a+bt$,以回归系数 b 代替对测声速值,再对各平测声速值进行修正。

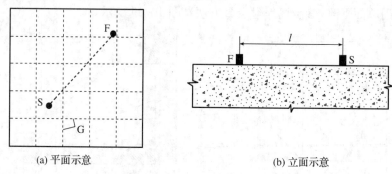

(a) 平面示意　　　　　　　　　　　　　　(b) 立面示意

F—发射换能器;S—接受换能器;G—钢筋轴线

图 10-9　超声波平测示意图

采用平测方法修正后的混凝土声速代表值按以下公式计算:

$$v_a = \frac{\lambda}{3} \sum_{i=1}^{3} \frac{l_i}{t_i - t_0} \tag{10-13}$$

式中　v_a ——修正后的平测时混凝土声速代表值(km/s);

　　　l_i ——平测第 i 个测点的超声测距(mm);

　　　t_i ——平测第 i 个测点的声时读数(μs);

　　　λ ——平测声速修正系数。

第二种是在构件浇筑顶面或底面平测时,可采用直线方程 $l=a+bt$ 求得平测数据,修正后混凝土中声速代表值按下列公式计算:

$$v = \frac{\lambda\beta}{3} \sum_{i=1}^{3} \frac{l_i}{t_i - t_0} \tag{10-14}$$

式中　β ——超声测试面的声速修正系数,顶面平测 $\beta=1.05$,底面平测 $\beta=0.95$。

10.4.3　超声回弹综合法结构混凝土强度的推定

(1) 适用范围:综合法的强度换算方法适用于下列条件的普通混凝土。

① 混凝土用水泥应符合现行国家标准《硅酸盐水泥,普通硅酸盐水泥》GB175、《矿渣硅酸盐水泥,火山灰质及粉煤灰硅酸盐水泥》GB1344 和《复合硅酸盐水泥》GB12958 的要求;

② 混凝土用砂、石骨料应符合现行行业标准《普通混凝土用砂、石质量标准及检测方法》

JGJ52 的要求；

③ 可掺或不掺矿物掺和料、外加剂、粉煤灰、泵送剂；

④ 人工或一般机械搅拌的混凝土或泵送混凝土；

⑤ 自然养护；

⑥ 龄期 7～2000 天，混凝土强度 10～70 MPa。

（2）测区混凝土抗压强度换算应符合下列规定：

① 当不进行芯样修正时，测区的混凝土抗压强度宜采用专用测强曲线或地区测强曲线换算而得。

② 当进行芯样修正时，测区混凝土抗压强度可按下列公式计算：

当粗骨料为卵石时

$$f_{cu,i}^{c} = 0.005\ 6v_{ai}^{1.439}R_{ai}^{1.769} + \Delta_{cu,z} \tag{10-15}$$

当粗骨料为碎石时

$$f_{cu,i}^{c} = 0.016\ 2v_{ai}^{1.656}R_{ai}^{1.410} + \Delta_{cu,z} \tag{10-16}$$

式中　$f_{cu,i}^{c}$ ——构件第 i 个测区混凝土抗压强度换算值（MPa），精确至 0.1 MPa；

　　　v_{ai} ——第 i 个测区声速代表值，精确至 0.01 km/s；

　　　R_{ai} ——第 i 个测区回弹代表值，精确至 0.1；

　　　$\Delta_{cu,z}$ ——修正量，按标准 GB/T50784-2013 附录 C 计算，当无修正时，$\Delta_{cu,z}=0$。

（3）当采用对应样本修正量法时，修正量和相应的修正可按下列公式计算：

$$\Delta_{loc} = f_{cor,m} - f_{cu,r,m}^{c} \tag{10-17}$$

$$f_{cu,ai}^{c} = f_{cu,i}^{c} + \Delta_{loc} \tag{10-18}$$

式中　Δ_{loc} ——对应样本修正量（MPa）；

　　　$f_{cu,r,m}^{c}$ ——与芯样对应的测区换算强度平均值（MPa）；

　　　$f_{cor,m}$ ——芯样抗压强度平均值（MPa）；

　　　$f_{cu,i}^{c}$ ——修正前测区混凝土换算强度（MPa）；

　　　$f_{cu,ai}^{c}$ ——修正后测区混凝土换算强度（MPa）。

（4）当采用对应样本修正系数方法时，修正系数和相应的修正可按下列公式计算：

$$\eta_{loc} = f_{cor,m}/f_{cu,r,m}^{c} \tag{10-19}$$

$$f_{cu,ai}^{c} = \eta_{loc} \times f_{cu,i}^{c} \tag{10-20}$$

式中　η_{loc} ——对应样本修正系数。

当采用——对应修正法时，修正系数和相应的修正可按下列公式计算：

$$\eta = \frac{1}{n_{cor,r}}\sum_{i=1}^{n_{cor,r}} f_{cor,i}/f_{cu,r,i}^{c}$$

$$f_{cu,ai}^{c} = \eta \times f_{cu,i}^{c}$$

（5）对单个构件混凝土抗压强度推定，应符合标准 GB/T50784-2013 附录 A.3.6 条的要求。即可按本教材 10.2.3 相同方法计算和抗压强度推定。

10.5 钻芯法检测结构混凝土强度

10.5.1 钻芯法的基本概念

钻芯法是在结构混凝土上直接钻取芯样,将芯样加工后进行抗压强度试验,这种方法被公认为是一种较为直观可靠的检测混凝土强度的试验方法。

钻芯法试验需要专门的取芯钻机(图 10 - 10 所示),由于钻芯时对结构有局部损伤故属于半破损检验方法。芯样应具有代表性,并尽量在结构次要受力部位取芯。选择取芯位置时应特别注意避开主要受力钢筋、预埋件和管线的位置。取芯方法、操作技术、芯样加工要求、抗压试验和强度计算等均应遵循新修订颁布的国家行业标准《钻芯法检测混凝土强度技术规程》(JGJ/T384 - 2016)。

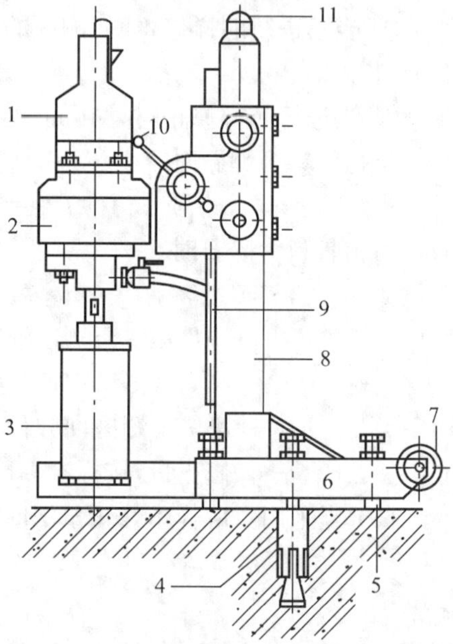

10.5.2 钻取芯样的技术要求

(1) 钻芯法适用于检测结构中强度不大于 80 MPa 的普通混凝土强度(不宜小于10 MPa)。

(2) 钻取芯样前,应预先探测钢筋的位置,钻取的芯样内不应含有钢筋,尤其不允许含有与芯样轴线平行的纵向钢筋,以免影响芯样抗压强度。若是配筋较密的构件无法避开时,芯样内最多允许含有二根直径小于 10 mm 的横向钢筋;直径小于 100 mm 的小芯样试件只允许含有一根小于 $\phi10$ 的横向钢筋。

1—电动机;2—变速箱;3—钻头;4—膨胀螺栓;
5—支承螺丝;6—底座;7—行走轮;8—主柱;
9—升降齿条;10—进钻手柄;11—堵盖
图 10 - 10 混凝土钻孔取芯机示意图

(3) 单个构件检测时,其芯样数量不应少于 3 个。

(4) 现行《标准》规定:抗压试验的芯样试件宜采用标准芯样试件。钻取标准芯样的试件公称直径一般不应小于骨料最大粒径的 3 倍。并以直径 100 mm,高度 h 与直径 d 之比为 1 的芯样作为标准芯样。采用小直径芯样试件时,直径不应小于 70 mm,不得小于最大骨粒径的 2 倍。芯样试件的数量,应根据检测批的容量确定。

(5) 芯样端面应磨平,防止不平整导致应力集中而影响实测强度。

(6) 钻孔取芯后结构上留下的孔洞应及时采用高一级强度等级的不收缩混凝土进行修补。

10.5.3 芯样抗压试验和混凝土强度推定

芯样试件宜在被检测结构或构件混凝土干、湿度基本一致的条件下进行抗压试验。如结构工作条件比较干燥,芯样在受压前应在室内自然干燥 3d(天),以自然干燥状态进行试验。如结构工作条件比较潮湿,则芯样应在 20℃±5℃ 的清水中浸泡 40~48 h,从水中取出后进行试验。芯样试件的混凝土强度换算值按下式计算：

$$f_{cu,cor} = \beta F_c / A \tag{10-21}$$

式中　$f_{cu,cor}$——芯样试件混凝土强度值(MPa)，精度至 0.1 MPa；

　　　F_c——芯样试件抗压试验所测得的最大压力(N)；

　　　A——芯样试件抗压截面面积(mm^2)；

　　　β——芯样试件强度换算系数，取 1.0。

国内外大量试验证明，以直径 100 mm 或 150 mm，高径比 $h/d=1$ 的圆柱体芯样试件的抗压强度试验值，其与边长为 150 mm 的立方体试块强度基本上是一致的，因此可直接作为混凝土的强度换算值。

对于小直径芯样($d<100$ mm)检测，在配筋过密的构件中应用较多。由于受芯样直径与粗骨料粒径之比的影响，大量试验证明，离散性较大，实际应用时要慎重。一般通过适当增加小芯样钻取数量，来增加检测结果的可信度。我国交通运输部 2000 年颁布的行业标准《港口工程混凝土非破损检测技术规程》JTJ/T272-99 中规定：直径 $d<100$ mm 的芯样强度换算为标准芯样强度乘以换算系数 $\eta_k=1.12$。可作为芯样抗压强度的参考依据。

尽管目前国内有两个行业标准并各有不同的评定方法，但是对混凝土强度验收有争议或工程事故鉴定时，为防止误判，应采用直径 100 mm 芯样抗压强度作为判定依据，谨慎采用小直径芯样。对于港口和交通工程宜采用交通运输部行业标准。

芯样抗压强度值的推定：

① 当确定单个构件混凝土抗压强度推定时，芯样试件数量不应少于 3 个，对小尺寸构件不得少于 2 个，然后按芯样试件抗压强度值中的最小值确定。

② 当确定检测批的混凝土抗压强度推定值时，100 mm 直径的芯样试件的最小样本量不宜少于 15 个，70 mm 直径芯样试件不宜少于 20 个。其检测批强度推定值应计算推定区间，按《结构混凝土现场检测技术标准》(GB/T50784-2013)方法计算推定区间的上限值和下限值，然后按规程 JGJ/T384-2016 规定确定强度推定值。

10.6　超声法检测混凝土缺陷

10.6.1　超声法检测混凝土缺陷的基本原理

混凝土缺陷检测是指混凝土内部孔洞和不密实区的位置、范围、裂缝深度、表面损伤层厚度、不同时间浇筑的混凝土界面接合状态、灌注桩及钢管混凝土中的质量缺陷等进行检测。在工程验收、工程事故处理、突发灾害后的建筑物鉴定与加固、使用已久的危旧建(构)筑物和桥梁的鉴定与加固中，均属于必不可少的重要检测项目。

超声法检测混凝土缺陷目前应用很广泛。主要采用数字式混凝土超声检测仪。其测量基本原理是测量超声脉冲纵波在构件混凝土中的传播速度、首波幅度和接受信号频率等声学参数。当构件混凝土存在缺陷或损伤时，超声脉冲通过缺陷时产生绕射，传播的声速要比相同材料无缺陷混凝土的传播声速要小，声时偏长。根据声速、波幅和频率等声学参数的相对变化，判定混凝土的缺陷和损伤程度大小。为了规范检测和评定方法，国家出台了《超声法检测混凝土缺陷技术规程》CECS21:2000。应按规程规定执行。

10.6.2 混凝土裂缝深度检测

1) 单面平测法

当结构或构件的裂缝部位只有一个可测表面,估计裂缝深度又不大于 500 mm 时,可采用单面平测法。平测时可在裂缝的被测部位,以不同的测距,按跨缝和不跨缝布置测点(布置时应避开钢筋的影响)进行检测。

(1) 不跨缝的声时测量:将 T 和 R 换能器置于裂缝附近同一侧面,以两个换能器内边缘间距(l')等于 100 mm、150 mm、200 mm、250 mm……分别读取声时值(t_i),绘制"时距"坐标图(图 10-11),或用回归分析的方法求出声时与测距之间的回归直线方程

$$l_i = a + bt_i \qquad (10-22)$$

每测点超声波实际传播距离 l_i 为

$$l_i = l' + |a| \qquad (10-23)$$

式中　l_i——第 i 测点超声波实际传播距离(mm);

　　　l'——第 i 点的 T、R 换能器内边缘间距(mm);

　　　a——"时-距"图中 l' 轴的截距或回归方程的常数项(mm)。

不跨缝平测的混凝土声速值为

$$v = (l'_n - l'_1)/(t_n - t_1) \qquad (10-24)$$

或　　　　　　　　　　$v = b$

式中　l'_n, l'_1——第 n 点和第 1 点的测距(mm);

　　　t_n, t_1——第 n 点和第 1 点读取的声时值(μs);

　　　b——回归系数。

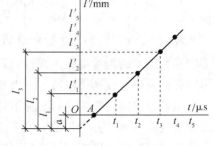

图 10-11　不跨缝的平测时-距图

(2) 跨缝的声时测量(见图 10-12 所示):将 T、R 换能器分别置于以裂缝部位对称的两侧,l' 取 100 mm、150 mm、200 mm……分别读取声时值 t_i^0,同时观察首波相位的变化。

平测法检测,裂缝深度按下式计算:

$$h_{ci} = l_i/2 \cdot \sqrt{(t_i^0 v/l_i)^2 - 1} \qquad (10-25)$$

$$m_{hc} = 1/n \cdot \sum_{i=1}^{n} h_{ci} \qquad (10-26)$$

式中　l_i——不跨缝平测时第 i 点的超声波实际传播距离(mm);

图 10-12　跨缝的测量示意图

　　　h_{ci}——第 i 点计算的裂缝深度值(mm);

　　　t_i^0——第 i 点跨缝平测的声时值(μs);

　　　m_{hc}——各测点计算裂缝深度的平均值(mm);

　　　n——测点数。

(3) 平测法裂缝深度的确定方法。

① 跨缝测量中,当某测距发现首波反相时,可用该测距及两个相邻测距的测量值按式(10-25)计算 h_{ci} 值,取此三点 h_{ci} 的平均值作为该裂缝的深度值(h_c);

② 跨缝测量中,如难以发现首波反相,则以不同测距按式(10-25)和(10-26)计算 h_{ci} 及

平均值(m_{hc})。将各测距 l'_i 与 m_{hc} 相比较,当测距 l'_i 小于 m_{hc} 和大于 $3m_{hc}$,应剔除数据,然后取余下 h_{ci} 的平均值,作为该裂缝的深度值(h_c)。

2) 双面斜测法

(1) 当结构的裂缝部位具有两个相互平行的测试面时,可采用双面斜测法检测。测点布置如图 10 - 13 所示,将 T、R 换能器分别置于两测试表面对应测点 1、2、3……位置,读取相应声时值 t_i、波幅值 A_i 及主频率 f_i。

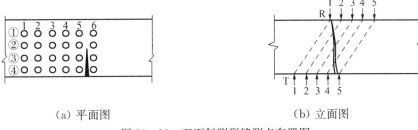

(a) 平面图　　　　　　　　(b) 立面图

图 10 - 13　双面斜测裂缝测点布置图

(2) 裂缝深度判定:当 T、R 换能器的连线通过裂缝,根据波幅声时和主频的突变,可以判定裂缝深度及是否在断面内贯通。

3) 钻孔对测法

对于大体积混凝土中预计深度在 500 mm 以上的深裂缝检测时,采用平测和斜测有困难,可采用钻孔法检测(如图 10 - 14 所示)。

在裂缝对应两侧钻两个测试孔(A、B),测试孔间距宜为 2 000 mm。孔径应比所用换能器直径大 5～10 mm,孔深度(不小于裂缝预计深度)700 mm。孔内粉末碎屑应清理干净。并在裂缝一侧(如图 10 - 14a 所示)多钻一个孔距相同的比较孔 C,通过 B、C 两孔间测试无裂缝混凝土的声学参数。

裂缝深度检测宜选用频率为 20～60 kHz 的径向振动式换能器。测试前向测试孔内灌注清水,作为耦合介质。然后将 T、R 换能器分别置于裂缝两侧的测试孔中,以相同高程等间距(100～400 mm)从上向下同步移动,逐点读取声时,波幅和换能器所处的深度如图 10 - 14b 所示。

以换能器所处深度(h)与对应的波幅值(A)绘制 $h - A$ 坐标图,见图 10 - 14c 所示。随着换能器位置下移,波幅逐渐增大,当换能器下移至某一位置时,波幅值达到最大并基本稳定,该位置所对应的深度即为裂缝深度值(h_c)。

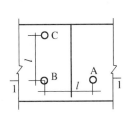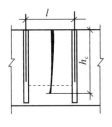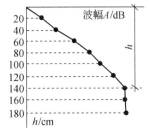

(a) 平面图(C 为比较孔)　　(b) 1-1 剖面图　　(c) 裂缝深度和波幅值的 $h - A$ 坐标图

图 10 - 14　钻孔法检测裂缝深度

10.6.3 超声法检测混凝土中不密实区和空洞位置

1）基本原理

超声法检测混凝土内部的不密实区域和空洞部位是根据结构或构件各测点的声时（或声速）、波幅或频率值的相对变化，确定异常测点的坐标位置，进而判定缺陷的位置和范围。

2）测试方法

（1）当构件具有两对应相互平行的测试面时，可采用对测法。如图 10-15 所示，在测试部位相对平行的测面上分别画出等距离网格，并编号确定对应的测点位置。

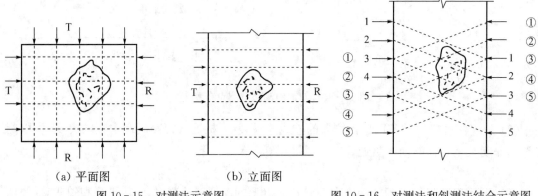

（a）平面图 　　（b）立面图

图 10-15　对测法示意图　　图 10-16　对测法和斜测法结合示意图

（2）当构件只有一个相互平行的测试面时，可采用对测和斜测相结合的方法。如图 10-16所示，在测试位置两个相互平行的测试面上分别画出斜向的网格线，可在对测的基础上进行交叉斜测。

（3）当测距较大时，可采用钻孔或预埋管法（如图 10-17 所示）。在测位预埋声测管或钻出竖向测试孔，预埋管内径或钻孔直径宜比换能器直径大 5～10 mm，孔间距宜为 2～3 m，其深度根据测试情况确定。检测时可用两个径向振动式换能器分别置于两测孔中进行测试。

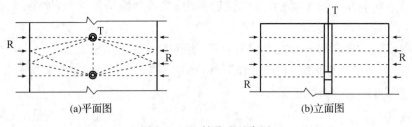

（a）平面图　　　　　　　　　　（b）立面图

图 10-17　钻孔法示意图

3）数据处理及判定

（1）测量混凝土声学参数平均值（m_x）和标准差（s_x）应按下式计算：

$$m_x = \sum X_i / n \tag{10-27}$$

$$s_x = \sqrt{(\sum X_i^2 - n \cdot m_x^2)/(n-1)} \tag{10-28}$$

式中　X_i——第 i 点的声学参数测量值；

　　　n——参与统计的测点数。

（2）异常数据的判别，按规程 6.3.2 规定方法进行。

（3）当被测部位某些测点的声学参数被判为异常值时，可结合异常测点的分布及波形状况确定混凝土内部存在不密实区和空洞的位置及范围。当判定缺陷是空洞时，可按规程附录 C 估算空洞的当量尺寸。

10.6.4 超声法检测混凝土灌注桩缺陷

1）适用范围

按照《超声法检测混凝土缺陷技术规程》CECS21:2000 规定，适用于桩径（或边长）不小于 0.6 m 的灌注桩桩身混凝土缺陷的检测。

2）埋设超声检测管

（1）根据桩径大小预埋超声检测管（简称声测管），桩径为 0.6～1.0 m 时，宜埋二根管；桩径为 1.0～2.5 m 时宜埋三根管，按等边三角形布置；桩径为 2.5 m 以上时宜埋四根管，按正方形布置（如图 10-18 所示）。声测管之间应保持平行。

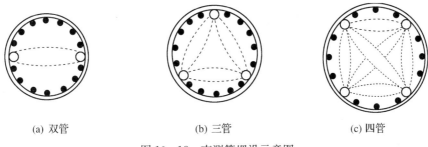

| (a) 双管 | (b) 三管 | (c) 四管 |

图 10-18　声测管埋设示意图

（2）声测管宜采用钢管，对于桩身长度小于 15 m 的短桩，可采用硬质 PVC 塑料管。管内径宜为 35～50 mm，各段声测管宜在外加套管连接并保持通直，管的下端应封闭，上端应加塞子。

（3）声测管的埋设深度应与灌注桩的底部齐平，管的上端应高于桩顶表面 300～500 mm，同一桩的声测管外露高度应相同。

（4）声测管应牢牢固定在钢筋笼内侧，如图 10-18 所示。对于钢管竖直方向每 2 m 高度设一个固定点，直接焊在竖向钢筋上；对于 PVC 管每 1 m 间距设一固定点，应牢固地绑扎在钢筋笼上。

3）检测方法

（1）根据桩径大小选择合适频率的换能器和仪器参数，一经选定后在同批桩的检测过程中不得随意改变。

（2）将 T、R 换能器分别置于两个声测孔内的顶部和底部，以同一高度或相差一定高度等距离同步移动，逐点测读声学参数，并记录换能器所处深度，检测过程中应不断校核换能器所处高度。

（3）测点间距宜为 200～500 mm。在普测的基础上，对数据可疑的部位应进行复测或加密检测。采用如图 10-19 所示的对测、斜测、交叉斜测、扇形扫描测等方法，确定缺陷的位置和范围。

（4）当同一桩中埋有三根或三根以上声测管时，应以每两管为一测试剖面，分别对所有剖面进行检测。

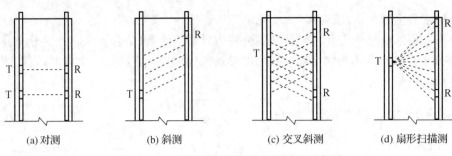

| (a) 对测 | (b) 斜测 | (c) 交叉斜测 | (d) 扇形扫描测 |

图 10-19　灌注桩超声测试方法剖面示意图

4）数据处理及判定

（1）数据处理

① 桩身混凝土的声时(t_{ci})、声速(v_i)分别按下列公式计算：

$$t_{ci} = t_i - t_{00} \tag{10-29}$$

$$v_i = l_i / t_{ci} \tag{10-30}$$

式中　t_{00}——声时初读数(μs)，按规程附录 B 测量；

　　　t_i——测点 i 的测读声时值(μs)；

　　　l_i——测点 i 处两根声速管内边缘之间的距离(mm)。

② 主频(f_i)：数字式超声仪直接读取；模拟式超声仪应根据首波周期按下式计算：

$$f_i = 1\,000 / T_{bi} \tag{10-31}$$

式中　T_{bi}——测点 i 的首波周期(μs)。

（2）桩身混凝土缺陷可疑点判定方法

① 概率法：将同一桩同一剖面的声速、波幅、主频按规程第 6.3.1 和 6.3.2 条进行计算和异常值判别。当某一测点的一个或多个声学参数被判为异常值时，即为存在缺陷的可疑点。

② 斜率法：用声时(t_i)-深度(h)曲线相邻测点的斜率 K 和相邻两点声时差值 Δt 的乘积 Z，绘制 Z-h 曲线，根据 Z-h 曲线的突变位置，并结合波幅值的变化情况可判定存在缺陷的可疑点和可疑区域的边界

$$K = (t_i - t_{i-1}) / (h_i - h_{i-1}) \tag{10-32}$$

$$Z = K \cdot \Delta t = (t_i - t_{i-1})^2 / (h_i - h_{i-1}) \tag{10-33}$$

式中　$t_i - t_{i-1}$、$h_i - h_{i-1}$——分别代表相邻两测点的声时差值和深度差。

③ 结合判定方法，绘制相应声学参数-深度曲线；

④ 根据可疑点的分布及其数值大小综合分析，判定缺陷的位置和范围。

⑤ 缺陷的性质应根据各声学参数的变化情况及缺陷位置和范围进行综合判定。可按表 10-6 评价被测桩完整性的类别。

表 10-6　桩身完整性评价

类别	缺陷特征	完整性评定结果
Ⅰ	无缺陷	完整，合格
Ⅱ	局部小缺陷	基本完整，合格
Ⅲ	局部严重缺陷	局部不完整，不合格，经工程处理后可使用
Ⅳ	断桩等严重缺陷	严重不完整，不合格，报废或通过验证确定是否加固使用

10.7 混凝土结构内部钢筋检测

10.7.1 概述

根据国家颁布的《混凝土结构现场检测技术标准》(GB/T50784-2013)的一般规定,对混凝土中的钢筋检测分为钢筋数量和间距,钢筋保护层,钢筋直径和钢筋锈蚀状况等。采用非破损检测方法时,宜通过凿开混凝土后的实际测量或取样检测的方法进行验证,并根据验证结果进行适当修正。

10.7.2 钢筋数量、位置和间距的检测

混凝土中钢筋数量、位置和间距的检测可采用钢筋探测仪或雷达仪进行检测,仪器性能和操作要求应符合现行行业标准《混凝土中钢筋检测技术规程》JGT/T152 相关规定。

钢筋探测仪是利用电磁感应原理进行检测。混凝土是带弱磁性的材料,而结构内配置的钢筋是带有强磁性的。混凝土中原来是均匀磁场,当配置钢筋后,就会使磁力线集中于沿钢筋的方向。检测时,当钢筋探测仪(图10-20)的探头接触结构混凝土表面,探头中的线圈通过交流电时,线圈电压和感应电流强度发生变化,同时由于钢筋的影响,产生的感应电流的相位与原来交流电的相位产生偏移(图10-21)。该变化值是钢筋与探头的距离和钢筋直径的函数。钢筋愈近探头,钢筋直径愈大时,感应强度愈大,相位差也愈大。

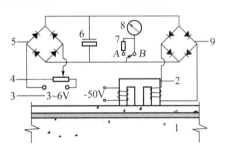

1—试件;2—探头;3—平衡电源;
4—可变电阻;5—平衡整流器;6—电解电容;
7—分档电阻;8—电流表;9—整流器
图 10-20 钢筋位置测试仪原理图

电磁感应法检测,比较适用于配筋稀疏与混凝土保护层不太大(30 mm 左右)的钢筋间距检测,同时钢筋又布置在同一平面或不同平面内距离较大时,方可取得较满意的效果。

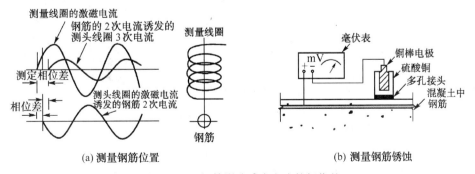

(a) 测量钢筋位置   (b) 测量钢筋锈蚀

图 10-21 钢筋影响感应电流的相位差

10.7.3 混凝土保护层厚度检测

（1）采用钢筋探测仪检测确定钢筋位置，在其位置上垂直钻孔至钢筋表面，以钢筋表面至构件混凝土表面的垂直距离作为该测点的保护层厚度测试值。

（2）在测点位置上采用剔凿原位检测法进行验证，测点不得少于三处。

（3）保护层分为主筋保护层（承载力要求）和箍筋保护层（耐久性要求），应分开测定。

10.7.4 混凝土中钢筋直径检测

（1）采用原位实测法实测钢筋直径。在剔凿混凝土保护层厚度验证基础上，用游标卡尺测量钢筋直径。在同一部位重复测量三次，以三次测量平均值作为钢筋直径实测检测值。

（2）采用取样称量法，确定实测钢筋直径。

在剔凿混凝土保护层验证时，直接取出钢筋试样，试样长度应大于等于300 mm。试样按JGT/T152规程规定清洗处理后，用天平称重。钢筋直径按下式计算：

$$d = 12.7\sqrt{W/L} \tag{10-34}$$

式中　d——钢筋试样实际直径（精确至0.01 mm）；

　　　W——钢筋试样重量（精确至0.01 g）；

　　　L——钢筋试样长度（精确至0.01 mm）。

10.7.5 混凝土中钢筋锈蚀状况的检测

（1）混凝土中钢筋锈蚀机理与过程

由于混凝土长期暴露于大气中，混凝土表面受到空气中二氧化碳的作用会逐渐形成碳酸钙，使水泥石的酸碱度pH值降低。这个过程称为混凝土的碳化。混凝土碳化深度达到钢筋表面时，水泥石失去对钢筋的保护作用。特别是存在有害气体和液体介质以及潮湿环境中的混凝土内部钢筋很快锈蚀。锈蚀发展到一定程度，由于锈皮体积膨胀，混凝土表面出现沿钢筋（主筋）方向的纵向裂缝。纵向裂缝出现后，钢筋即与外界接触而锈蚀迅速发展，致使混凝土保护层脱落、掉角及露筋，甚至混凝土表面呈现酥松剥落，从外观即可判别。图10-22所示，某铸工车间钢筋混凝土柱（内部）钢筋严重锈蚀。

（2）检测方法与原理

混凝土中钢筋的锈蚀是一个电化学反应的过程。钢筋因锈蚀而在表面有腐蚀电流存在，使电位发生变化。检测时采用铜—硫酸铜作为参考电极的半电池探头的钢筋锈蚀测量仪（图10-21b），用半电池电位法测量钢筋表面与探头之间的电位并建立的一定关系，由电位高低变化的规律，可用以判断钢筋是否锈蚀以及其锈蚀程度。表10-6为钢筋锈蚀状况的判别标准。

图10-22　某铸工车间钢筋混凝土柱钢筋锈蚀

表 10 - 6　钢筋锈蚀状况的判别标准

仪器测定电位水平(mV)	钢筋锈蚀状态判别
0～−100	未锈蚀
−100～−200	发生锈蚀的概率小于 10%,可能有锈蚀
−200～−300	锈蚀不确定,可能有坑蚀
−300～−400	发生锈蚀的概率大于 90%,可能大面积锈蚀
−400 以上(绝对值)	肯定锈蚀,严重锈蚀
如果某处相临两测点差值大于 150 mV,则电位负值更大处判为锈蚀	

　　钢筋锈蚀可导致断面削弱,在进行结构承载能力验算时应予以考虑。一般的折算方法是:用锈蚀后的钢筋面积乘以原材料强度作为钢筋所能承担的极限拉(压)力,然后按现行设计规范验算结构的承载能力。测量锈蚀钢筋的断面面积常用称重法或用卡尺量取锈蚀最严重处的钢筋直径。

10.8　砌体结构的现场检测

　　由于砌体结构具有造价低、可居住性好、施工简便等优点,我国绝大部分工业厂房墙体和中低层民用建筑均采用砌体结构。但砌体结构的强度低,变异性较大,整体性抗震性能差,许多砖石砌体房屋在长期使用过程中产生了程度不同的损伤和破坏。对砌体结构房屋进行定期或应急的可靠性鉴定,及时采取维护措施,可消除隐患,延长房屋使用寿命,对确保结构安全,发挥房屋的经济效益具有重要意义。

　　砖砌结构的砌体强度是由组成砌体的砖块强度、砂浆强度以及砌筑质量来决定的。对使用多年的砌体结构进行安全鉴定,首先要知道它当前的砌体强度。

10.8.1　直接截取标准试样法(切制抗压试样法)

　　直接从砌体结构上截取标准试样进行抗压强度试验,应该说最有说服力。因为它代表了砌体结构上当前的实际砌体强度。根据我国《砌体结构设计规范》(GBJ5003 - 2001)规定的标准试件尺寸、标准砖(240×370×720)mm,空心砖(190×290×600)mm,按此尺寸直接从墙体上取样。一般不少于 3～6 个。经过适当加工制作,然后进行试压。其抗压强度按下式计算:

$$f_m = \psi \frac{N}{A} \qquad (10 - 35)$$

式中　N——试件破坏时的最大荷载(kN);
　　　A——试件的受压面积(mm²),标准砖(240 mm×370 mm),空心砖(190 mm×290 mm);
　　　ψ——换算系数。
　　若截取的试样尺寸不符合标准试样尺寸时,砌体的抗压强度应乘以换算系数 ψ:

$$\psi = \frac{1}{0.72 + \dfrac{20S}{A}} \qquad (10 - 36)$$

式中　S——试样的实测截面周长(mm);

211

A——试样的实测截面面积(mm^2)。

根据有关实测结果,砌体强度还与楼层有关,一般底层、二层、三层的砌体强度与四层以上的强度比值为 1.10～1.15,当然还要视楼层的多少来确定,这主要是由于处于底层的墙体灰缝砂浆较上层密实,强度高于上面楼层,所以取样时要注意这一因素的影响。

10.8.2 砌体结构强度的原位非破损检测方法

由于砖砌体结构的特点,直接取样总是存在一定的难度和危险性,取样时的扰动会对试样产生不同程度的损伤而影响试验结果。同时对墙体也造成较大损伤,影响结构的安全。为此,砌体结构的原位非破损和半破损试验等现场检测技术已日益受到人们的重视,研究工作已广泛开展,许多方法在工程上得到应用验证和专家认可。2011 年修订的国家标准《砌体工程现场检测技术标准》(GB/T50315－2011)中规定了 12 种可供选择的检测方法,见表 10－7。

表 10－7　各种检测方法适用范围和比较一览表

序号	检测方法	特点	适用范围	限制条件
1	原位轴压法	原位检测,直观,设备重,破坏面大	砌体抗压强度;火灾、侵蚀后的砌体抗压强度	槽间每侧的墙体宽度不小于 1.5 m;限于 240 厚砖墙
2	扁顶法	原位检测,直观,设备较轻,破坏面大	砌体抗压强度;火灾、侵蚀后的砌体抗压强度;工作应力;弹性模量	槽间每侧的墙体宽度不小于 1.5 m;不适于破坏荷载大于 400 kN 的墙
3	切制抗压试件法	取样检测,设备重,破坏面大	砌体抗压强度;火灾、侵蚀后的砌体抗压强度	取样部位每侧墙体宽度不小于 1.5 m
4	原位单剪法	原位检测,直观,破坏面大	砂浆抗剪强度	测点选在窗下墙部位
5	原位双剪法	原位检测,直观,设备较轻,局部破损	砂浆抗剪强度	
6	推出法	原位检测,直观,设备较轻,局部破损	砂浆抗压强度	当水平灰缝饱满度低于 65% 时,不宜选用。
7	简压法	取样检测,局部破损	砂浆抗压强度(细砂砂浆)	
8	砂浆片剪切法	取样检测,设备较轻,局部破损	砂浆抗压强度	
9	砂浆回弹法	原位检测,回弹轻便,无损	砂浆抗压强度;主要用于均质性	强度≥2 MPa
10	点荷法	取样检测,设备较轻,局部破损	砂浆抗压强度	强度≥2 MPa
11	砂浆片局压法	取样检测,设备较轻,局部破损	砂浆抗压强度	混合砂浆:1～10 MPa 水泥砂浆:1～20 MPa
12	砖回弹法	原位检测,回弹轻便,无损	砖强度	强度:6～30 MPa

这 12 种检测方法可归纳为"直接法"和"间接法"两类,前者为检测砌体抗压强度和砌体抗剪强度的方法;后者为测试砂浆抗剪强度和砖强度的方法。直接法的优点是直接测试砌体的强度参数,能反映被测工程的材料质量和施工质量,其缺点是试验工作量大,对砌体工程有一定损伤。间接法是测量与砂浆强度有关的物理参数,再由此推定砌体强度。实际检测时,按砌体工程实际情况选用。下面主要介绍常用的 5 种检测方法。

10.8.3 砖砌体强度的直接测定法

1) 原位轴压法

原位轴压法原理是在墙体上开凿两条水平槽孔,安放原位压力机,测试槽间砌体的抗压强度,进而换算为标准砌体的抗压强度。它适用于测试 240 mm 厚普通砖和空心砖墙体的抗压强度。原位压力机测试工作状况如图 10 - 23 所示。

单个测点的槽间砌体抗压强度,按下式计算:

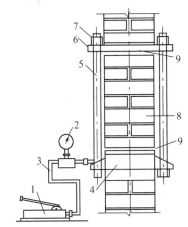

$$f_{uij} = \frac{N_{uij}}{A_{ij}} \qquad (10-37)$$

式中　f_{uij} ——第 i 个测区第 j 测量槽间砌体抗压强度
　　　　　　　(MPa);

　　　N_{uij} ——第 i 个测区第 j 测量槽间砌体受压破坏
　　　　　　　荷载值(N);

　　　A_{ij} ——第 i 个测区第 j 测量槽间砌体受压面积(mm^2)。

1—手泵;2—压力表;3—高压油管;
4—扁式千斤顶;5—拉杆;6—反力板;
7—螺母;8—槽间砌体;9—砂垫层

图 10 - 23　原位压力机测试工作状况

槽间砌体抗压强度换算为标准砌体抗压强度,应按下列公式计算:

$$f_{mij} = \frac{f_{uij}}{\xi_{1ij}} \qquad (10-38)$$

式中　f_{mij} ——第 i 个测区第 j 测点的标准砌体抗压强度换算值(MPa);

　　　ξ_{1ij} ——原位轴压法的无量纲强度换算系数,按下式计算

$$\xi_{1ij} = 1.25 + 0.60\sigma_{0ij}$$

　　　σ_{0ij} ——该测点的墙体工作压应力(MPa),其值可按墙体实际所承受的荷载标准值计
　　　　　　　算。也可采用实测值。

测区砌体抗压强度平均值,应按下式计算:

$$f_{mi} = \frac{1}{n_1}\sum_{j=1}^{n_1} f_{mij} \qquad (10-39)$$

式中　f_{mi} ——第 i 个测区砌体抗压强度平均值(MPa);

　　　n_1 ——第 i 个测区的测量数。

2) 扁顶法

它是利用砖墙砌合特点,在水平砂浆灰缝处开凿槽口,装入扁式液压千斤顶,依据应力释放和恢复原理,测得墙体的受压工作应力、弹性模量,并通过测定槽间砌体的抗压强度确定其标准砌体的抗压强度。其工作状态如图 10 - 24 所示。

槽间砌体的抗压强度按(10 - 37)公式计算。

槽间砌体抗压强度换算应按(10-38)和(10-39)公式计算。

槽间砌体抗压强度平均值,按公式(10-39)计算。

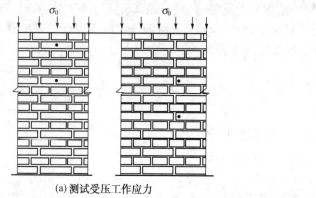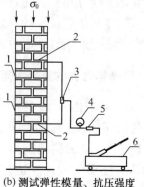

(a) 测试受压工作应力　　　　　(b) 测试弹性模量、抗压强度

1—变形测量脚标(两对);2—扁式液压千斤顶;3—三通接头;4—压力表;5—溢流阀;6—手动油泵

图 10-24　扁顶法测试装置与变形测点布置

10.8.4　砖砌体强度的间接测量法

1) 原位单剪法

原位单剪法主要是依据我国以往砖砌体单剪试验方法编制的。测试部位宜选在窗洞口或其他洞口下 3 皮砖范围,试件具体尺寸和测试装置分别如图 10-25 所示。

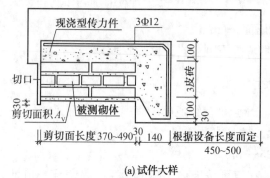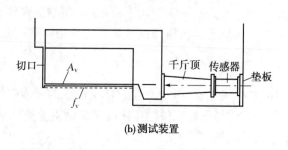

(a) 试件大样

图 10-25　原位单剪法示意图

砌体沿通缝截面的抗剪强度 f_{vij} 等于抗剪荷载除以受剪面积 A_{vij},即

$$f_{vij} = \frac{N_{vij}}{A_{vij}} \tag{10-40}$$

式中　N_{vij}——测区抗剪破坏荷载(N);

　　　A_{vij}——测区受剪面积(mm^2)。

烧结普通砖砌体单砖双剪法和双砖双剪法试件沿通缝截面的单个试件的抗剪强度,按下式计算:

$$f_{vij} = \frac{0.32 N_{vij}}{A_{vij}} - 0.70\sigma_{0ij} \tag{10-41}$$

烧结多孔砖砌体单砖双剪法和双砖双剪法试件沿通缝截面的抗剪强度,按下式计算:

214

$$f_{vij} = \frac{0.29 N_{vij}}{A_{vij}} - 0.70 \sigma_{0ij} \qquad (10-42)$$

式中　N_{vij}——单个试件的抗剪破坏荷载(N);

　　　A_{vij}——单个试件的一个受剪面面积(mm^2);

　　　σ_{0ij}——测量上部墙体上的压应力,当释放上部压应力时,取为 0。

　　式(10-40)和(10-41)综合反映了以下因素:上部垂直压应力,试件尺寸效应,沿砌体厚度方向相邻竖向灰缝作为第三个受剪参加工作的作用。试验时,亦可采用释放上部垂直压应力 σ_{0ij} 的方法,即将试件顶部第三条水平灰缝掏空,掏空长度不小于 620 mm。这样,两个公式等号右边的第二项为零,减少了一项影响因素。

10.8.4　砖砌体强度的间接测定法

1) 推出法

推出法主要测定墙上单块丁砖推出力和砂浆饱满度两项参数,据此推定砌筑砂浆的抗压强度。其测力装置如图 10-26 所示。

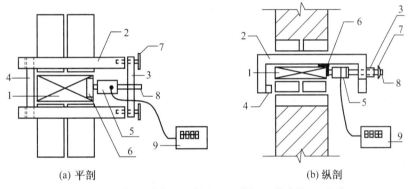

(a) 平剖　　　　　　　　　　　　　(b) 纵剖

1—被推出丁砖;2—支架;3—前梁;4—后梁;5—传感器;6—垫片;

7—调平螺丝;8—传力螺杆;9—推出力峰值测定仪

图 10-26　推出法测试装置示意

2) 强度推定方法

① 单个测区的推出力平均值按下式计算:

$$N_i = \xi_{2i} \frac{1}{n_1} \sum_{j=1}^{n_1} N_{ij} \qquad (10-43)$$

式中　N_i——第 i 个测区的推出力平均值(kN);

　　　N_{ij}——第 i 个测区第 j 块测试砖推出力峰值(kN);

　　　ξ_{2i}——砖品种修正系数,对烧结普通砖和多孔砖取 1.00,对蒸压灰砂砖和粉煤灰砖取 1.14。

② 测区砂浆饱满度平均值按下式计算:

$$B_i = \frac{1}{n_1} \sum_{j=1}^{n_1} B_{ij} \qquad (10-44)$$

式中　B_{ij}——第 i 个测区第 j 块测试砖下的砂浆饱满度实测值。

③ 当砂浆饱满度平均值不小于 0.65 时,每个测区的砂浆强度平均值,按下列公式计算:

$$f_{2i} = 0.30 \left(\frac{N_i}{\xi_{3i}}\right)^{1.19} \tag{10-45}$$

$$\xi_{3i} = 0.45B_i^2 + 0.90B_i \tag{10-46}$$

式中 f_{2i}——第 i 个测区的砂浆强度平均值(MPa);

N_i——第 i 个测区的推出力平均值(kN);

B_i——第 i 个测区的砂浆饱满度平均值,以小数计;

ξ_{3i}——推出法的砂浆强度饱满度修正系数,以小数计。

当测区沙浆的饱满度平均值小于 0.65 时,宜选用其他方法推定砂浆强度。

3)砖砌体强度的推定

砂浆强度等级的推定方法与现行国家标准《建筑工程质量检验评定标准》(GBJ301)一致。当测区数少于 6 个时,规定最小的测区检测值不应低于设计要求的砂浆强度等级。若检测结果的变异系数大于 0.35 时,应检查检测结果离散性偏大的原因。若系检测单元划分不当,宜重新划分,并可增加测区数进行补测,然后重新推定。

每一检测单元的砌体抗压强度标准值或砌体沿通缝截面的抗剪强度标准值,应分别按下列规定进行评定:

当测区数 $n_2 \geqslant 6$ 时

$$f_{\mathrm{k}} = f_{\mathrm{m}} - k \cdot s \tag{10-47}$$

$$f_{\mathrm{v,k}} = f_{\mathrm{v,m}} - k \cdot s \tag{10-48}$$

式中 f_{k}——砌体抗压强度标准值(MPa);

f_{m}——同一检测单元的砌体抗压强度平均值(MPa);

$f_{\mathrm{v,k}}$——砌体抗剪强度标准值(MPa);

$f_{\mathrm{v,m}}$——同一检测单元的砌体沿通缝截面的抗剪强度平均值(MPa);

s——按 n_2 个测区计算的抗压或抗剪强度的标准差(MPa);

k——与 α、C、n_2 有关的强度标准值计算系数,见表 10-8;

α——确定强度标准值所取的概率分布分位数,本标准取:$\alpha = 0.05$;

C——置信水平,本标准取:$C = 0.60$。

表 10-8 计算系数 k

n_2	6	7	8	9	10	12	15	
k	1.947	1.908	1.880	1.858	1.841	1.816	1.790	
n_2	18	20	25	30	35	40	45	50
k	1.773	1.764	1.748	1.736	1.728	1.721	1.716	1.712

当测区数 $n_2 < 6$ 时:
$$f_{\mathrm{k}} = f_{\mathrm{mi,min}} \tag{10-49}$$

$$f_{\mathrm{v,k}} = f_{\mathrm{vi,min}} \tag{10-50}$$

式中 $f_{\mathrm{mi,min}}$——同一检测单元中,测区砌体抗压强度的最小值(MPa);

$f_{\mathrm{vi,min}}$——同一检测单元中,测区砌体抗剪强度的最小值(MPa)。

每一检测单元的砌体抗压强度或抗剪强度,当检测结果的变异系数 δ 分别大于 0.2 或 0.25 时,不宜直接按式(10-47)式(10-48)计算。此时,应检查检测结果离散性较大的原

216

因,若查明系混入不同总体的样本所致,宜分别进行统计,并分别按式(10-49)和式(10-50)确定标准值。

上述 4 个公式不同于现行国标《砌体结构设计规范》(GB5003-2001)计算标准值的公式。规范是依据全国范围内众多试验资料确定的标准值;而现行标准(GB/T50315-2011)的检测对象是针对某具体工程的,两者是有区别的。标准采用了现行国标《民用建筑可靠性鉴定标准》(GB50292-2015)确定强度标准值的方法。

10.9 钢结构现场检测

10.9.1 钢结构现场检测要点与检测依据

1) 现场检测要点

钢结构中有杆系结构、实体结构和单个型钢钢结构等几类。由于钢材在工程结构材料中强度最高,故制成的构件具有薄、细、长、柔等特点。因其连接构造节点传递应力大,结构对附加的局部应力、残余应力、几何偏差、裂缝、腐蚀、振动撞击效应等也较敏感。因此钢结构的检测应将重点放在结构布置、连接构造类型、焊缝及变形和腐蚀等方面。

(1) 钢结构连接构造节点是钢结构检测的重点部位之一,连接节点一旦出问题将影响钢结构的使用安全。钢结构连接节点通常采用焊接、铆钉连接和螺栓连接等三种方法,使用年久以后,焊缝会出现裂缝,铆钉和螺栓连接会出现松动或剪切损坏,必须经常检查与维护。南京长江大桥 1968 年建成通车,已整整 40 年。经检查主桥钢桁架发现焊缝出现疲劳裂缝,铆钉和螺栓连接大量出现松动,尽管每年检查维护,但问题相当严重。近 2 年不得不投入大量资金进行维修或更换。

(2) 钢结构常用于屋盖系统,大多为桁架和网架结构体系,近 20 年来也大量应用于压型金属板屋面结构体系,其结构的布置和杆件变形是钢结构现场检测的重点部位。例如屋盖系统应注意支撑设置是否完整,支撑杆长细比是否符合设计规范规定,特别是单肢杆件是否有弯曲等。2008 年初特大雪灾,大量压型金属板屋盖倒塌,发现设计、施工和压型金属板加工制作尺寸等存在问题相当严重。

(3) 钢结构的腐蚀是现场检测的重点部位之三,腐蚀检查应注意检查防腐涂层、构件及连接点处容易积灰和积水的部位;经常受漏水和干湿交替作用的部位,有腐蚀介质作用的构件及不易油漆的组合截面和节点等。当油漆脱落严重,残留的漆层已没有光泽时,生锈钢材应查明钢材的实际厚度、锈坑深度和锈烂的状况。

2) 现场检测依据

钢结构现场检测依据除了应遵守国家已颁布的相关规范标准以外,为了规范钢结构现场检测方法,2010 年国家颁布了《钢结构现场检测技术标准》(GB/T50621-2010),应严格按标准规定执行。

10.9.2 钢材强度测定方法

对已建钢结构鉴定时,为了解结构钢材的力学性能,特别是钢材的强度,最理想的方法是在结构上截取试样,由拉伸试验确定相应的强度指标。但这样会损伤结构,影响其正常工作,并需要进行补强。一般采用表面硬度法间接推断钢材强度。

表面硬度法主要利用布氏硬度计测定(图 10-27)。由硬度计端部的钢珠受压时在钢材表面和已知硬度标准试样上的凹痕直径,测得钢材的硬度,并由钢材硬度与强度的相关关系,经换算得到钢材的强度。

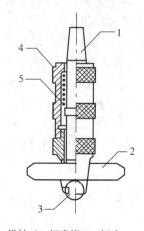

$$H_B = H_S \frac{D - \sqrt{D^2 - d_S}}{D - \sqrt{D^2 - d_B}} \qquad (10-51)$$

$$f = 3.6 H_B \qquad (10-52)$$

式中 H_B, H_S——钢材与标准试件的布氏硬度;

d_B, d_S——硬度计钢珠在钢材和标准试件上的凹痕直径;

D——硬度计钢珠直径;

f——钢材的极限强度。

1—纵轴;2—标准棒;3—钢珠;
4—外壳;5—弹簧
图 10-27 测量钢材硬度
的布氏硬度计

测定钢材的极限强度 f 后,可依据同种材料的屈强比计算得到钢材的屈服强度。

10.9.3 超声法检测钢结构焊缝缺陷

1) 超声法检测焊缝缺陷

超声法检测钢结构焊缝缺陷的工作原理与检测混凝土内部缺陷相同,试验时较多采用脉冲反射法。超声波脉冲经换能器发射进入被测材料传播时,当通过材料不同界面(构件材料表面、内部缺陷和构件底面)时,会产生部分反射。在超声波探伤仪的示波屏幕上分别显示出各界面的反射波及其相对的位置,如图 10-28 所示。由缺陷反射波与起始脉冲和底脉冲的相对距离可确定缺陷在构件内的相对位置。如材料完好内部无缺陷时,则显示屏上只有起始脉冲和底脉冲,不出现缺陷反射波。

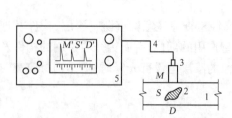

1—试件;2—缺陷;3—探头;4—电缆;5—探伤仪
图 10-28 脉冲反射法探伤示意图

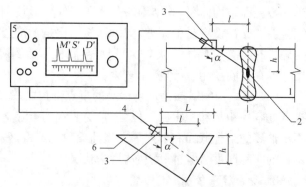

1—试件;2—缺陷;3—探头;4—电缆;5—探伤仪;6—标准试块
图 10-29 斜向探头探测缺陷位置

进行焊缝内部缺陷检测时,换能器常采用斜向探头。如图 10-29 所示用三角形标准试块经比较法确定内部缺陷的位置。当在构件焊缝内探测到缺陷时,记录换能器在构件上的位置 l 和缺陷反射波在显示屏上的相对位置。然后将换能器移到三角形标准试块的斜边上作相对移动,使反射脉冲与构件焊缝内的缺陷脉冲重合,当三角形标准试块的 α 角度与斜向换能器超声波和折射角度相同时,量取换能器在三角形标准试块上的位置 L,则可按下列公式确定缺陷

的深度 h。

$$l = L\sin^2\alpha \tag{10-53}$$

$$h = L\sin\alpha \cdot \cos\alpha \tag{10-54}$$

由于钢材密度比混凝土大得多,为了能够检测钢材或焊缝内较小的缺陷,要求选用较高的超声频率,常用工作频率为 0.5～2 MHz 的超声检测仪。

检测时严格按《钢结构超声波探伤及质量分级法》JGJ81-2002 规定执行。

2)钢结构焊缝的磁粉与射线探伤方法

(1)磁粉探伤的原理:铁磁材料(铁、钴、镍及其合金)置于磁场中,即被磁化。如果材料内部均匀一致而截面不变时,则其磁力线方向也是一致的和不变的,当材料内部出现缺陷;如裂纹、空洞和非磁性夹杂物等,则由于这些部位的导磁率很低,磁力线便产生偏转,即绕道通过这些缺陷部位。当缺陷距离表面很近时,此处偏转的磁力线就会有部分越出试件表面,形成一个局部磁场。这时将磁粉撒向试件表面,落到此处的磁粉即被局部磁场吸住,于是显现出缺陷的所在。

(2)射线探伤有 X 射线探伤和 γ 射线探伤两种。X 射线和 γ 射线都是波长很短的电磁波,具有很强的穿透非透明物质的能力,并能被物质所吸收。物质吸收射线的程度,随物质本身的密实程度而异。材料愈密实,吸收能力愈强,射线愈易衰减,通过材料后的射线愈弱。当材料内部有松孔、夹渣、裂缝时,则射线通过这些部位的衰减程度较小,因而透过试件的射线较强。根据透过试件的射线强弱,即可判断材料内部的缺陷。

3)钢结构焊缝的其他探伤方法,还有渗透法和涡流探伤等

当结构经受过 150℃ 以上的温度作用或受过骤冷骤热作用时,应检查烧伤状况,必要时应截取试样试验以确定钢材的物理力学性能。

10.9.4 钢结构螺栓连接节点与高强螺栓终拧扭矩的检测

(1)钢结构节点连接螺栓的种类:通常采用有普通螺栓和高强螺栓两种。检测前要调查了解采用的螺栓种类、型号、规格和扭矩施加方法。

(2)对采用的高强螺栓的规格、型号,应选择适用于高强螺栓的扭矩扳手的最大量程,工作值宜控制在选用扭力扳手的测量限值的 20%～80% 之间。扭矩扳手的测量精度不应大于3%,并具有峰值保持功能。

(3)对高强度螺栓终拧扭矩施工质量的检测,应在终拧 1～48 h 之内完成。

(4)检测方法

① 检测前应经外观检查或敲击合格后进行。高强螺栓连接副终扭后,螺栓丝扣外露应为2～3 扣,然后采用小锤(0.3 kg)敲击法对高强螺栓进行普查,要求螺母或螺栓头不偏移,不松动。

② 终拧扭矩检测时采用松扣和回扣法,先在检查扳手套筒和拼接板面上作一直线标记,然后反向将螺栓拧松约 60°再用检测扳手将螺母拧回原位,使两条线重合,读取此时的扭矩值。

③ 对于终拧 1 h 后,48～108 h 之内完成的高强螺栓终拧扭矩检测结果,在 $0.9T_c$～$1.1T_c$ 范围内,则判为合格。

④ 钢结构高强螺栓检测,严格按国家相关标准《钢结构用高强度大六角头螺栓、大六角螺母、垫圈技术条件》GB/T1231-2006 和《钢结构扭剪型高强螺栓连接副》GB/T3632-2008 以及《钢网架螺栓球节点用高强螺栓》GB/T16939-2016 的规定执行。

10.9.5　钢结构变形检测

1）钢结构变形检测的分类

钢结构的变形通常分为：钢结构整体垂直度、整体平面弯曲以及构件垂直度、弯曲变形、跨中挠度等。

2）检测方法

（1）变形检测的基本原则：利用设置的基准直线，相对量测结构或构件的变形。

（2）对于尺寸不大于 6 m 的构件变形，可采用拉线和吊线锤的方法检测。

（3）对跨度大于 6 m 的构件挠度，宜采用全站仪或水准仪检测。

（4）对跨度大于 6 m 的钢构件垂直度，侧向弯曲矢高以及钢结构整体垂直度和整体平面弯曲，宜采用全站仪或经纬仪检测。

10.9.6　钢结构防腐涂层厚度检测

（1）钢结构防腐涂层主要指油漆类涂层厚度检测，也可用于钢结构表面其他覆盖层（珐琅、橡胶、塑料等）厚度检测。

（2）检测方法：

① 测点布置，每个构件检测 5 处，每处以 3 个相距不小于 50 mm 的测点的平均值作为该处涂层厚度的代表值。

② 检测涂层厚度采用涂层测厚仪检测。其最大测量值不应小于 1 200 μm；最小分辨率不大于 2 μm，示值相对误差不应大于 3%。

③ 防腐涂层的现场检测应参照《建筑防腐蚀工程施工及验收规范》GB50212－2014 和《钢结构工程施工质量验收规范》GB50205－2001 规定执行。

10.9.7　钢结构防火涂层厚度检测

（1）钢结构防火涂层不同于防腐涂层，所用涂层材料、涂层厚度均不同。由于主要用于防火，所以涂层厚度相对较厚，而且要求耐高温。防火涂层应按国家标准《钢结构防火涂料》GB14907－2002 和《钢结构防火涂料应用技术规程》CECS24－90 规定执行。

（2）检测方法与测点布置。

① 测点部位选择要求：

• 对于墙体和楼板的防火涂层检测，可选两相邻纵、横轴线相交的面积为一个构件，在对角线上按每 m 长度 1 个测点布置，每个构件不少于 5 个测点；

• 对梁、柱及桁架杆件的检测，在构件长度内每隔 3 m 取一个截面，且每个构件不少于 2 个截面进行检测。

② 检测方法

• 检测仪器：可采用测针和卡尺检测，测量仪器的量程应大于防火涂层厚度。其精确度不应低于 0.5 mm；

• 测量时在测点处将仪器的测针垂直插入防火涂层直至钢材防腐涂层表面，记录标尺读数，量测值应精确至 0.5 mm；

• 以同一截面测点的平均值作为该截面涂层厚度的代表值，以构件所有测点厚度的平均值作为该构件的防火涂层厚度代表值。

10.10 火灾试验研究与火灾后结构物的现场检测

10.10.1 概述

火灾一旦发生对国家和个人造成的直接和间接经济损失以及人员伤亡都是相当严重的。据我国公安部消防局统计,1993—1995 年,全国的宾馆、饭店、商场、公共娱乐场所等建筑,共发生火灾 8.65 万起,6579 人丧生。被烧毁的大型商场、市场有 111 家,歌舞厅等娱乐场所 123 家,教训深刻。然而不仅仅是房屋失火,2005 年芜湖长江大桥南引桥桥下存放大量干枯树枝引发火灾,2008 年南京长江大桥南引桥桥下违规开设小商品市场而引发火灾,致使桥梁结构严重烧损。2014 年湖南郴州一在建高速公路斜拉桥赤石大桥,因施工烧焊违规引发拉索护套管燃烧而烧断 9 根拉索,损失残重。调查发现,除了火灾发生时大多数建筑消防设施未能发挥防火、报警和灭火作用,还有违规和违章引发的火灾,这些都是造成建筑物发生特大火灾的重要原因。当然,由于发生火灾的原因很多而且是突发性事故,所以完全避免火灾的发生是很困难的,但重点要加强预防。

为了减少和减轻火灾造成的经济损失,多年来,国内外专家非常重视火灾的防灾研究。一是对耐高温材料和各种结构物的耐火性能以及防火设计等的研究;二是对火灾后的建筑物损伤鉴定和修复加固的研究,主要是针对现场火灾温度的确定方法,结构的温度场、温度变形、温度应力和高温对结构的损伤程度等通过大量现场实测和分析研究。并于 2009 年编制出台了《火灾后建筑物鉴定标准》(CECS252 - 2009),这些研究对防火救灾事业具有十分重要的作用。

10.10.2 火灾试验研究

火灾试验研究我国起步比较晚。近 20 年来我国先后有中国科技大学、同济大学、华南理工大学、中南大学和东南大学等相继建立了火灾试验室。重点研究耐火材料和各种结构构件的耐火性能以及火灾温度对结构物不断升温的损伤过程。图 10 - 30 所示为东南大学 2006 年建成的火灾试验系统。主要功能:梁、柱节点及梁、板的火灾试验;耐火材料试验;可进行至 1 100℃任意升温曲线。水平试件尺寸能做到 9 m×4 m×1.5 m;垂直试件尺寸可做到 4 m×3 m×1.5 m;高度 3 m 柱的四面受火和 3 m×3 m 墙体的单面受火试验。

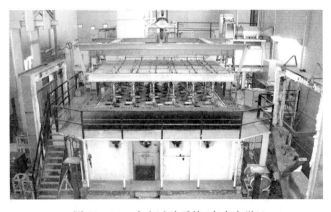

图 10 - 30　火灾试验系统(东南大学)

10.10.3 火灾后结构物现场调查和火灾温度确定方法

火灾发生后,在调查建筑物火灾现场时,除调查火灾发生的原因外,首先应及时对火灾后的建筑物受损情况和危险结构及时做出处理。然后通过火灾后的残留物确定过火面积和火灾温度。因为火灾温度是确定结构物烧伤程度和结构修复加固处理的重要设计依据。火灾温度的确定往往都是在火灾后通过可燃物种类和数量,通风条件等计算火灾燃烧的持续时间,推算火灾温度;或者根据火灾后现场残留物烧损情况来判断的。

1) 以火灾燃烧时间推算火灾温度

(1) 标准火灾升温曲线

火灾的发生和形成过程一般经历三个阶段:第一阶段是火灾发生阶段,一般为 5～20 min,室内可燃物局部出现明火,并向四周蔓延,燃烧是局部的,火势不稳定,火灾温度上升速度比较慢,室内平均温度不高。第二阶段是火灾形成和旺盛阶段。这时燃烧已经蔓延到整个房间,可燃物充分燃烧,室内温度迅速升高,可达 1 000℃左右,燃烧稳定,对建筑物损伤最为严重。这个阶段时间的长短主要与可燃物种类和数量有关,可燃物越多,燃烧时间越长,单位发热量高的可燃物越多,则温度就越高,同时还与燃烧条件有关,门窗开口面积大,通风条件好,则火灾燃烧时间短而温度高,门窗开口面积小,通风条件差,则火灾燃烧时间长而温度低。

第三阶段是火灾衰减熄灭阶段。这阶段明火面积开始减少或可燃物已基本烧完,燃烧自行减弱或熄灭,室内温度开始降低。

影响火灾温度和火灾燃烧时间的因素很多,每次火灾都不一样。但是从很多次火灾中可以总结出一些规律,通过统计分析可以制定出能满足大多数火灾的升温曲线。我国和各国规定的标准火灾升温曲线或称为标准温度-时间曲线,如图 10‐31 所示。

国际标准化组织(ISO)和欧洲等国家的标准火灾升温曲线按式(10‐55)计算。

$$T - T_0 = 345 \lg(8t + 1) \qquad (10\text{‐}55)$$

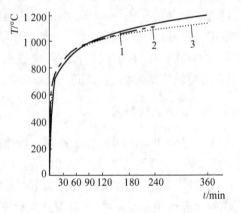

1—ISO、俄罗斯、德国;2—美国、日本;3—中国

图 10‐31 各国标准火灾升温曲线图

式中　T ——在时间 t 的炉温(℃);

　　T_0 ——加温前炉内温度(℃);

　　t ——时间(min)。

我国标准火灾升温曲线同美国、日本较接近,各种建筑材料和结构耐火性能试验都是根据标准火灾升温曲线进行的,从而可确定各种建筑材料和结构的耐火时间或耐火等级。

(2) 火灾荷载

火灾荷载就是受火灾区域单位建筑面积上折算成木材发热量的可燃物重量。即

$$q = \frac{\sum (G_i H_i)}{H_0 A} = \frac{\sum Q_i}{450 A} \qquad (10\text{‐}56)$$

式中　　q ——火灾荷载(kg/m²);

　　　G_i ——可燃物重量(kg);

H_i——可燃物单位发热量(kcal/kg);

H_0——木材料单位发热量,取为 450 kcal/kg;

A ——火灾区域建筑面积(m^2);

$\sum Q_i$——火灾区域可燃物全部发热量(kcal/kg)。

表 10-9 列出了几种主要可燃材料单位发热量。

表 10-9　材料单位发热量　　　　　　　　　　　　　　　　单位:kcal/kg

材 料 名 称	单位发热量	材 料 名 称	单位发热量
木　　材	4 500	人造纤维丝织面料	5 000
纸	4 000	皮　革	4 000
汽　　油	10 000	木质纤维板	4 000
橡　　胶	9 000	塑料地板	5 000
天然纤维	4 000	粮　食	4 000
羊　　毛	5 000	香　烟	4 000
塑　　料	10 400	颜　料	6 000

火灾荷载的大小同可燃物的种类和重量有关,可燃物包括建筑物的装修或结构材料和室内的家具、衣服、书籍、原材料、半成品、成品等。对固定的可燃物可在设计资料中查出,有许多临时性可燃物如各种油类、化学物品等变化较大,计算比较困难。因此,有的国家就由统计资料确定可燃物重量,如办公室为 150～300 N/m^2,住宅为 350～600 N/m^2,教室为 300～450 N/m^2,仓库为 2 000～10 000 N/m^2,医院为 150～300 N/m^2。

(3) 火灾燃烧的持续时间

火灾燃烧往往都是从一处窜到另一处,向四周蔓延。因此,火灾燃烧持续时间是由火灾形成到火灾衰减熄灭总的火灾持续时间,是火灾蔓延路线所经历的各燃烧区域时间之总和。各燃烧区域有各自的火灾燃烧时间,对建筑结构来讲,最主要的是要确定各房间、各区域、各构件所经历的火灾燃烧时间。通过试验研究,根据可燃物重量和通风条件(门窗开口面积和高度)提出了计算火灾燃烧时间的经验式。国外对一般民用建筑采用下式计算:

$$t=\frac{qA}{KA_0\sqrt{H}} \tag{10-57}$$

式中　K ——系数,可取为 5.5～6.0 kg/(min · m^3);

A_0——门窗开口面积(m^2);

H ——门窗洞口的高度(m);

A ——火灾区域面积(m^2);

q ——火灾荷载(kg/m^2)。

(4) 确定火灾温度

根据上述方法求出火灾燃烧持续时间后,可按标准升温曲线查出火灾温度,或根据 ISO 所确定的标准火灾升温曲线公式(10-55)计算出火灾温度。

由于火灾燃烧时间同很多因素有关,要精确计算火灾燃烧时间和火灾温度也是困难的。为此,日本提出了根据火灾荷载按表 10-10 可查出火灾燃烧时间,我们认为有一定参考价值。

表 10-10　火灾荷载与火灾燃烧持续时间关系

火灾荷载/(N·m⁻²)	250	375	500	750	1 000	1 500	2 000
火灾持续时间/h	0.5	0.7	1.0	1.5	2.0	3.0	4～4.5

2）以火灾现场残留物判断火灾温度

（1）以火灾现场残留物的状态判断火灾温度

各种金属和非金属材料都有各自的燃点温度和熔点温度。因此，通过火灾现场残留的金属和非金属材料燃烧、熔化、变形情况和烧损程度来估计火灾温度。

各种材料的燃点、熔化、变形、烧损情况见表 10-11～表 10-14（摘自火灾后建筑结构鉴定标准 CECS252-2009）。

表 10-11　材料燃点温度

材料名称	燃点温度(℃)	材料名称	燃点温度(℃)	材料名称	燃点温度(℃)
木　材	240～270	麻　绒	150	尼　龙	424
纸	130	涤纶纤维	390	聚氯乙烯	450
棉　花	150	酚醛树脂	571	聚乙烯	342
棉　布	200	橡　胶	130	聚四氟乙烯	550

表 10-12　金属材料变态温度

材料名称	代表物件	高温后的变态	温度/℃
铝	铝管、蓄电池、玩具	锐边变圆、有滴状物	300～350
锌	生活用品、小五金、镀锌材料	有滴状物形成	400
铝及合金铝	生活用品、门窗配件	有滴状物形成	650
银	餐具、银币	锐边变圆、有滴状物形成	950
黄　铜	小五金、锁、建筑装修	锐边变圆、有滴状物形成	950
青　铜	窗框、工艺品	锐边变圆、有滴状物形成	1 000
紫　铜	电线、铜币	锐边变圆、有滴状物形成	1 100
铸　铁	管子、暖气片、机具等	有滴状物形成	1 100～1 200
低碳钢材	管子、支架、家具等	扭曲变形	＞700

表 10-13　玻璃变态温度

名称	代表物件	变态情况	温度/℃
玻璃器具	玻璃砖、缸、瓶、杯和装饰品等	软化、粘着、变圆或流动	700～750 750～800
片状玻璃	门窗玻璃、玻璃板等	软化、粘着、变圆或流动	700～750 800～850

表 10-14 油漆材料烧损情况

温度/℃	<100	100～300	300～600	7 600
一般调和漆	表面附着油烟和黑烟	有裂纹和脱皮	变黑脱落	烧完
防锈油漆	完好	完好	颜色变色	烧完

（2）以结构的烧损情况估计其表面温度

以混凝土结构为例，可以从结构的表面裂纹、爆裂和颜色变化估计其表面温度。但是此温度比火灾温度低，可供计算火灾温度参考。当混凝土表面出现少数裂纹时，估计温度为300℃以内；当混凝土表面呈粉红色并有爆裂时，估计温度600℃以内；当混凝土表面呈灰色并有剥落，少数露筋时，估计温度为800℃以内；当混凝土表面呈浅黄色，混凝土变成粉末时，估计温度为900℃以内。

（3）检查火灾现场残留物时应注意的细节问题

① 在一个房间或一个车间的火灾温度，尽管在旺盛阶段也是不均匀的。火灾温度大约以60°的角度向上分布，所以地面或楼面温度最低，楼板底、梁底和门窗洞口上方过梁处温度最高。检查残留物时，要注意残留物在火灾前的位置，以火灾前的位置来判断该处的火灾温度。这样可避免在火灾后掉落在地板上或其他物件上的残留物位置来判断该处温度的错误。

② 温度上限取值。由已烧损残留物可知火灾最低温度，即可确定火灾温度的下限，但从未燃烧物或未烧损和变形的残留物也可确定火灾最高温度的上限。如在检查中发现铝门窗框和铝的装修材料已烧熔化，其火灾温度约在650℃以上；检查发现暖气钢管和支架角铁已弯扭变形，火灾温度约为700℃以上；发现玻璃已烧流淌，估计火灾温度大于800℃；但仔细检查发现小五金和装修铜材料烧损，此时的火灾最高温度低于950℃。

③ 注意未烧损残留物。位于地面或空气不流通的地方，其火灾温度较低，对结构影响也较轻。有时一次火灾烧了几间房屋，但每间房屋火灾温度也不尽一样。所以检查时，还要特别注意未燃烧和未燃损的物品，以确定其火灾温度较低部位或不处于火焰直接燃烧的部位结构的温度，以作为结构损伤程度分类的依据之一。如现场检查发现某种可燃烧物未燃烧，则在此未燃烧的可燃物附近的结构表面温度不会超过其可燃物的燃点温度。这一点对判断未直接受火烧或离火焰辐射较远的结构，确定其表面温度极为有用。

根据上述方法将火灾现场的检查结果进行综合分析，确定各区域各构件的火灾温度。

10.10.4 火灾后对结构物的外观检查和现场检测

火灾对建筑结构的损伤范围，除整个建筑物全部烧毁外，通常都是局部的，如一幢建筑物的某一层或某几个房间，或只是在一个车间的某一部分受损伤，而对其他部分没有损伤。在受火灾损伤的结构中，其损伤程度也有轻有重，检查前应制定较详细的检查计划，包括检查内容和方法，并应在有经验的工程师指导下进行，同时应特别注意安全。

1）结构的外观检查

（1）混凝土结构

① 混凝土表面龟裂、裂缝和爆裂。受火灾后的钢筋混凝土结构，在混凝土表面都会产生龟裂，都有可能产生贯通和不贯通的垂直裂缝、纵向裂缝和斜裂缝，甚至发生爆裂，对各种裂缝位置、宽度和长度、穿透深度和龟裂、爆裂面积的大小，都应做详细记录并标注在结构图纸上。

② 露筋现象。检查时重点对柱的四角、梁的下翼缘和楼板底面露筋现象进行详细检查。

③ 混凝土声音。用铁锤敲击混凝土表面,凡是有清脆的声音,说明混凝土内部结实,火灾影响小;凡是哑声,说明混凝土内部已有裂缝或疏松,火灾对混凝土强度有所降低;凡有空声,说明混凝土已起鼓,钢筋与混凝土已脱离,粘结力已遭破坏。

④ 混凝土颜色。火灾后的混凝土表面颜色都要发生变化,前面我们介绍过从颜色变化可以大致了解火灾的温度,同时还可以了解混凝土烧损情况。当混凝土表面有黑烟时,混凝土表面会出现少数裂缝和龟裂;当混凝土表面呈粉红色时,可能出现沿钢筋的纵向裂缝或爆裂;当混凝土表面呈灰色时,可以发现混凝土保护层脱落、露筋、掉角等现象;当混凝土呈浅黄白时,会出现大块混凝土保护层脱落、露筋严重,用手捏混凝土的砂浆时,可将砂浆捏成粉末,估计火灾温度已超过 900℃。

⑤ 钢筋和混凝土之间的粘结力。除混凝土露筋、爆裂、脱落部分可以明显看出钢筋与混凝土之间的粘结力破坏外,在混凝土保护未脱落处,采用手锤或钢錾子将混凝土保护层敲掉或凿去,以检查粘结力破坏情况。凡钢筋四周混凝土酥松时,则粘结力破坏;用钢錾子凿开时,若碎石或卵石破裂而钢筋上的砂浆未脱落,则粘结力完好。同时还要检查钢筋整个长度粘结力破坏情况和钢筋锚固处的粘结力破坏情况。

⑥ 结构的变形和挠度。结构构件的挠度按一般通常方法检查,但火灾降温后结构构件的挠度,除火灾温度极高($>400℃$),钢筋强度降低特多,在火灾燃烧期间构件变形太大,降温后不能恢复者外,一般都能基本恢复。因此,在检查中凡目测发现有较大挠度的构件,应立即采取临时加固措施,以防倒塌发生意外事故。

(2) 钢结构

① 油漆烧损情况。一般钢结构均要涂油漆以防锈蚀,在火灾温度下,结构各部位的油漆会有不同程度的烧损,根据烧损程度的不同状态可以估计结构各部位的火灾温度。

② 联结螺栓。许多钢结构特别是几十年前的旧建筑物过去是采取铆接或螺栓联结,在火灾温度下,螺栓联结会有不同程度的松动,将会影响结构的承载能力。

③ 整体结构或组成杆件的变形。当火灾温度大于 500℃ 以上,钢结构将发生变形,特别是有些断面不大的组成杆件会翘曲变形。

(3) 砖砌体结构

① 砖块烧损情况。在火灾温度下砌体的砖块表面会起壳,当燃烧温度大于 800℃ 时,砖块强度将大幅度下降,质地疏松,约为原强度的一半左右。

② 灰缝砂浆烧损情况。在火灾温度下,砂浆的表层会碳化,质地疏松,手能捏成粉末状,当温度大于 800℃ 以上时,砂浆的强度下降到只有原来强度的 10% 左右。

2) 火灾后结构物的现场实测

通过对火灾现场的宏观调查和分析,对建筑物各区域的火灾温度和灾情轻重有了基本了解。由于火灾发生后,为了快速灭火又浇了大量的水,结构由高温到迅速浇水冷却,这将对结构混凝土强度、砌体强度和钢结构的材料强度产生程度不同的影响。因此必须按灾情轻重对结构各部位的烧伤区进行烧伤深度、残余强度以及残余变形等的进行现场实测,以取得定量的测试结果,以便对结构进行灾后承载力的复核和计算。

(1) 混凝土的烧伤深度实测

① 实测混凝土表层的中性化深度确定烧伤深度:混凝土硬化后的 pH 值一般为 12～13,

呈强碱性,当燃烧温度达到 500～600℃时,混凝土中的氢氧化钙进行热分解,混凝土呈现中性,故可采用酚酞酒精溶液检查混凝土的中性化深度即烧伤深度。检查时,必须凿去构件上装修层或粉刷面层,然后在结构表面上钻孔,同时清除孔内的粉尘,用 1％浓度的酚酞酒精溶液滴进孔内。若混凝土立即呈紫红色,说明混凝土未中性化,温度低于 500℃,若混凝土不变颜色,说明混凝土已中性化,温度已超过 500℃,即可用钢尺直接在孔内量取烧伤深度值,精确到 1 mm。

② 超声法检测混凝土表层烧伤深度:详见第 10.6.5 节介绍。

(2) 结构烧伤区残余强度的实测

① 混凝土结构残余强度。高温后的混凝土中有部分石灰石形成氧化钙,救火时大量浇水而产生大量氢氧化钙,并随体积膨胀而爆裂或破碎,使混凝土强度大幅度下降,直接影响结构的承载能力。那么高温后的混凝土残余强度为多少? 必须通过现场实测取得定量数据,实测前由专家根据外观检查和烧伤程度的轻重拟定测点部位,并将其标注在图纸上。目前比较可靠的检测方法是取芯法,在烧伤部位钻取混凝土芯样进行强度试验。

② 砌体结构的残余强度。火灾高温直接烧烤的砌体结构,救火时又浇了大量的水,使砌体的砖块强度受到一定影响。现场检测时,直接从灾情严重的烧伤区挖取一定数量的砖块进行抗压强度试验。

(3) 烧伤区结构的残余变形实测

混凝土结构钢筋处的温度达到 400℃以上时,其屈服强度将下降到 65％以下,在自重作用下,钢筋沿长度方向局部变形增加,当温度超过 450℃时钢筋与混凝土的粘结力将受到破坏,从而使结构产生较大的残余变形。测量方法比较简单,沿结构杆件断面的几何轴线拉一直线,直接用钢尺量取残余变形值。

10.10.5 火灾温度对建筑结构材料力学性能影响

建筑结构遭受火灾的初期,由于构件中内部温度较低,对材料性能影响较小,对结构的承载力影响不大。但当火灾燃烧时间较长时,构件内部温度也随之升高,此时对材料性能影响较大,除产生较大变形外,并产生内力重新分布,将严重影响结构的承载力。因此,了解火灾温度对建筑结构的材料力学性能影响,对建筑结构的鉴定、修复和加固是非常必要的。

1) 高温对混凝土性能的影响

混凝土是由粗细骨料和水泥胶凝体所组成。试验中发现,当温度为 400～500℃时,抗压强度降低 30％～45％;在 500～600℃时,混凝土表面出现龟裂,抗压强度降低 50％～65％;到达 700℃时,抗压强度降低 80％左右;超过 800℃时,加上灭火时的大量浇水,使混凝土中的游离氧化钙形成大量氢氧化钙而发生体积膨胀,则混凝土组织破坏。

另外,混凝土所选用的骨料品种在不同的高温下的性能也不一样。试验中发现,采用花岗岩或石灰石骨料配置的混凝土,在 500℃以下时,两者的强度差不多,但超过 500℃时,花岗岩比石灰石骨料混凝土强度低。但石灰石骨料混凝土到达 700℃经过灭火浇水冷却后,即出现裂纹而自然破坏,因为石灰石在 900℃高温下就变成石灰了。

从受力角度来看,混凝土在受热后的收缩变形而产生的内应力,在火灾升温、降温阶段的温度分布不均匀所产生的温度应力等,都导致了混凝土内部出现细微裂纹,从而降低了混凝土强度。

高温下混凝土抗压强度降低系数可按表 10-15 采用,强度降低值取试验值的下限值(图 10-32 所示)。

表 10-15　高温下混凝土抗压强度降低系数

温度/℃	100	200	300	400	500	600	700
降低系数 γ_n	1.0 (1.00)	1.0 (0.97)	0.85 (0.82)	0.70 (0.64)	0.53 (0.53)	0.36 (0.25)	0.20 (0.18)

注:括号中数据为同济大学防灾救灾研究所试验数据。

混凝土弹性模量随温度增高而降低,骨料品种和混凝土强度对高温下混凝土弹性模量影响较小,但骨料粒径影响较大。当碎石的粒径从 10 mm 增大到 20~40 mm 时,混凝土弹性模量要降低 30%~40%,考虑到计算温度变形,因此,弹性模量降低系数取其试验值的偏上限值,见图 10-33,高温下混凝土弹性模量降低系数按表 10-16 采用。

表 10-16　高温下混凝土弹性模量降低系数

温度/℃	100	200	300	400	500	600	700
降低系数 γ_i	1.00	0.80	0.70	0.60	0.50	0.40	0.30

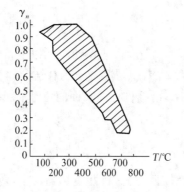 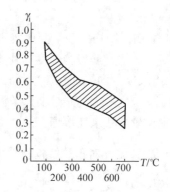

图 10-32　高温下混凝土抗压强度降低范围　　　图 10-33　高温下混凝土弹性模量降低范围

2) 高温对钢筋力学性能的影响

混凝土结构在火灾温度下,其强度计算主要与钢筋在高温下的力学性能有关。它直接影响着对火灾后的建筑结构的评定和加固处理。因此,国内外对普通低碳钢筋、低合金钢筋、预应力高强钢丝、钢绞线等都进行了较为系统的试验研究。

(1) 普通低碳钢筋

混凝土结构中所采用的普通低碳钢筋,随着温度升高 200℃ 以后,屈服台阶逐渐减小,到达 300℃ 以后屈服台阶开始消失;400℃ 左右时钢筋强度比常温时略有增高,但塑性降低,超过 500℃ 时钢筋强度降低幅度增大,大约平均降低 50% 左右,到达 600℃ 时要降低 70% 以上(如图 10-36 所示)。其高温下普通低碳钢筋的设计强度降低系数可按表 10-17 采用。

表 10-17 高温下钢筋设计强度降低系数

高温/℃		100	200	300	400	500	600	700
降低系数 γ_g	普通低碳钢筋	1.00	1.00	1.00	0.78	0.52	0.30	0.05
	低合金钢筋	1.00	1.00	0.85	0.68	0.52 (0.72)	0.35 (0.39)	0.20 (0.19)
	冷加工钢筋	1.00	0.84	0.67	0.52	0.36	0.20	0.05

注:括号中数据为上海同济大学防灾救灾研究所试验数据。

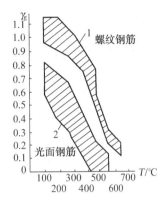

图 10-34 高温下光面钢筋
强度降低范围

（2）普通低合金钢筋

当温度在 $200\sim300℃$ 时,低合金钢筋的强度分别为常温下的 1.2 倍和 1.5 倍,大多数试验结果证明,超过 300℃时,低合金钢的强度随温度增高而降低,由于低合金钢的再结晶温度比碳素钢高,所以强度降低的幅度比普通低碳钢小。到达 700℃以上时,强度要降低 80% 左右,见图 10-34,低合金钢筋设计强度降低系数可按表 10-17 采用。

（3）冷加工钢筋

冷加工钢筋(冷拔、冷拉、冷扭、冷轧)在冷加工过程中所提高的强度随着温度的提高而逐渐减小和消失,但冷加工中所减少的塑性可以得到恢复,当温度到 400℃时,强度降低 50%;600℃时,强度降低 80%;700℃以上时,强度基本消失。冷加工钢筋设计强度降低系数可按表 10-17 采用。

（4）高温对钢筋弹性模量的影响

钢筋弹性模量随着温度的增高而降低,从各种不同种类钢筋和不同强度级别钢筋所做的高温弹性模量试验来看,高温下钢筋弹性模量的降低只同温度有关,而同钢材品种及强度级别没有多大关系,试验数据的分散性也比较小(如图 10-35 所示),高温下钢筋弹性模量降低系数可按表 10-18 采用。

表 10-18 高温下钢筋弹性模量降低系数

温度/℃	100	200	300	400	500	600	700
降低系数 β_y	1.00	0.95	0.90	0.85	0.80	0.75	0.70

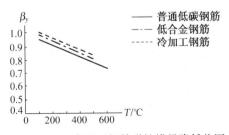

图 10-35 高温下钢筋弹性模量降低范围

3）高温对钢筋与混凝土粘结性能的影响

钢筋与混凝土之间的粘结力主要有混凝土硬化后收缩时将钢筋握裹而产生的摩擦力,钢筋表面与水泥胶体的胶结力,混凝土与钢筋接触表面凸凹不平的机械咬合力所组成。

在高温加热条件下,由于混凝土和钢筋的膨胀系数不同,前者小而后者大,所以混凝土抗拉强度随着温度升高而显著降低,从而也降低了混凝土与钢筋的胶结力。因此,高温对光面钢筋与混凝土之间的粘结力影响极为严重,而对螺纹钢筋与混凝土之间的粘结力影响较小。在 100℃时,

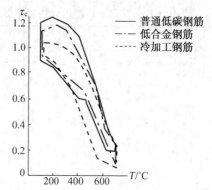

图 10-36　高温下钢筋与混凝土之间粘结力降低系数情况

光面钢筋与混凝土之间的粘结力要降低 25%;在 200℃时要降低 45%;到达 450℃时则粘结力完全破坏。但螺纹钢筋与混凝土之间的粘结力,在 350℃时不降低;在 450℃时才降低 25%(如图 10-36 所示),其粘结力降低系数可按表 10-19 采用。

表 10-19　高温下钢筋与混凝土之间的粘结力降低系数

温度/℃		100	200	300	400	500	600	700
降低系数	光面钢筋	0.70	0.55	0.40	0.23	0.05	—	—
τ_c	螺纹钢筋	1.00	1.00	0.85	0.65	0.45	0.28	0.10

4）高温对砖砌体材料力学性能的影响

关于高温对砖砌体材料的力学性能影响,国内外试验研究资料不多,根据我国上海同济大学防灾救灾研究所朱伯龙教授等近几年的研究结果认为:

(1) 砂浆受高温作用而冷却后的残余抗压强度随温度增高而降低,根据试验结果,400℃时冷却后的残余强度为常温的 70%;800℃冷却后的残余强度为常温的 10%。

(2) 砖块受高温作用而冷却后的残余抗压强度随温度增高而下降,800℃冷却后的强度约为常温的 54%,弹性模量为常温的 50%。

(3) 由砖块和混合砂浆组成的砌体在高温下的抗压强度依砂浆的强度级别不同而呈现不同的变化规律。强度等级低的砂浆(M2.5)砌体在温度低于 400℃时抗压强度有所增长(约为常温的 134%);超过 400℃时,强度基本不变。而高温冷却后的残余抗压强度在未达 600℃时变化不大;超过 600℃时急剧下降;800℃时的残余强度为常温的 56%,残余弹性模量为常温的 36%。对于强度等级高的砂浆(M10)砌体抗压强度,不论在高温中还是在高温冷却后都随温度的增高而不断下降,而且冷却后的残余抗压强度下降更大,在 800℃时仅为常温的 35%,残余弹性模量为常温的 17%。

10.10.6　火灾后对建筑结构烧损程度的分类

火灾后通过对结构的现场外观检查、结构混凝土强度和结构变形实测、砌体材料取样试验等,根据火灾现场确定的火灾温度和高温冷却后对结构材料的力学性能影响等诸多因素,对火灾烧伤的各部分结构进行承载力复核,然后对结构的烧伤程度进行评定。结构的烧伤程度通常分为四类:

- 一类:严重破坏

混凝土表面温度 800℃以上,受力钢筋温度超过 400℃,露筋面积大于 40％,残余挠度超过规范允许值,钢筋和混凝土之间粘结力严重破坏,结构承载力受到严重损伤。对此严重破坏的结构,一般应予以拆除。

- 二类:严重损伤

混凝土表面 700℃以上,受力钢筋温度低于 350℃,露筋面积小于 40％,局部龟裂,爆裂严重,钢筋和混凝土之间的粘结力局部破坏严重,结构承载力受到严重损伤。此类严重损伤的结构,应根据高温下结构强度计算,按等强加固原则予以加固处理。

- 三类:中度损伤

混凝土表面温度在 700℃左右,受力钢筋温度低于 300℃,露筋面积小于 25％,裂缝较宽,并有部分裂缝贯通,局部龟裂严重,混凝土与钢筋之间的粘结力损伤较轻,结构承载力损伤较小,此类损伤的结构除对表面裂缝处理外,对损伤严重部位采取局部补强加固措施处理。

- 四类:轻度损伤

混凝土表面温度低于 700℃,混凝土表面有少量裂纹和龟裂,钢筋保护层基本完好,不露筋、不起鼓脱落,对结构承载力影响小。此类轻度损伤的结构只需对其结构表面粉刷层或表面污物清除干净,采取重新粉刷或涂油漆等措施处理。

复习思考题

10-1 工程结构现场检测的主要特点是什么?常用检测方法有哪些?各种检测方法的优缺点是什么?

10-2 混凝土结构现场检测部位选择有哪些要求?为什么?

10-3 混凝土非破损检测方法有哪几种?回弹法和超声法的基本原理是什么?

10-4 回弹法和超声回弹综合法如何检测混凝土抗压强度?强度值如何推定?

10-5 钻芯法检测混凝土强度时,对芯样有何要求?强度值如何推定?

10-6 超声法检测混凝土结构的裂缝通常采用哪几种方法检测?如何判定?

10-7 超声法如何检测混凝土的缺陷、空洞和表面损伤层?如何判定?

10-8 超声法如何检测灌注桩的缺陷?

10-9 超声法如何检测钢管混凝土的缺陷?

10-10 对测定砌体抗压强度的标准试样尺寸有何规定?若是非标准试样如何修正?

10-11 砖砌体强度的直接测定法主要采用哪两种方法?其基本原理是什么?

10-12 钢结构的现场检测重点项目有哪些?如何检测?

10-13 建筑物发生火灾后为什么要首先确定火灾温度?通过哪些方法确定?混凝土结构和钢结构的烧伤程度通过外观检查如何确定?火灾高温对结构材料的力学性能有何影响?

11 路基路面工程现场检测

11.1 路面厚度与压实度的现场检测

11.1.1 路面厚度和压实度的基本概念

路面结构层的厚度是保证路面使用性能的基本条件,实际施工检测时,路面结构的厚度是一项十分重要的技术指标。路面结构的研究分析结果表明,路面厚度的变异性对路面结构的整体可靠度影响很大。同时,路面厚度的变化将导致路面受力不均匀,局部将产生应力集中现象,加快路面结构破坏。在《公路工程质量检验评定标准》(JTGF80/1-2004)中,路面各结构层厚度和压实度均有严格要求。所以检测路面各结构层施工完成后的厚度和压实度数据是工程交工验收必不可少的项目。

路基路面压实质量是公路工程施工质量管理最重要的内在指标之一,只有对路基、路面结构层进行充分压实,才能保证路基、路面的强度、刚度及路面的平整度,并可以保证及延长路基路面的使用寿命。

路基路面现场压实质量用压实度表示,对于路基土及路面基层,压实度是工地实际达到的干密度与室内标准击实试验得到最大干密度的比值;对于沥青路面是指现场实际达到的密度与室内试验得到的标准密度之比值。路面厚度按设计值控制,厚度应均匀。因此对路面厚度与压实度的检测应严格按交通运输部行业标准《公路路基路面现场测试规程》(JTGE60-2008)(以下简称规程)中规定方法进行。

11.1.2 路面厚度测试方法

1)测试方法

路面基层、路基、砂石路面采用挖坑法进行厚度测试;沥青路面和水泥混凝土路面采用钻孔取芯法进行测试。

根据现行规程的要求,按规程附录 A 的方法,随机取样决定挖坑或钻孔检查的位置,如为旧路,有坑洞等显著缺陷或接缝时,可在其旁边检测。

当采用挖坑法进行测试时,应挖至下层表面,将钢板尺平放横跨于坑的两边,用另一把钢尺或卡尺等量具在坑中间位置垂直至坑底,测量坑底至钢板尺的距离,即为检查层的厚度,以mm 计,准确至 1 mm。

当用路面取芯钻机钻孔时,芯样的直径应符合规定的要求,钻孔深度必须达到层厚。仔细取出芯样,清除底面基层材料,找出与下层的分层面。用钢板尺或卡尺沿圆周对称的十字方向四处量取表面至上下层界面的高度,取其平均值,即为该层的厚度,准确至 1 mm。

在施工过程中,当沥青混合料尚未冷却时,可根据需要,随机选择测点,用大螺丝刀插入量取或挖坑量取沥青层的厚度(必要时用小锤轻轻敲打),但不得使用铁锹扰动四周的沥青层。

挖坑后清扫坑边,架上钢板尺,用另一钢板尺量取层厚,或用螺丝刀插入坑内量取深度后用尺读数,即为层厚,准确至 1 mm。

试坑的修补应按照相关施工技术规范的要求进行。

需要注意的是:补坑工序如有疏忽、遗留或补得不好,易成为隐患而导致路面开裂,因此,所有挖坑、钻孔均应仔细做好。

2) 测试结果计算

(1) 按式(11-1)计算实测厚度 T_{li} 与设计厚度 T_{oi} 之差。

$$\Delta T_i = T_{li} - T_{oi} \tag{11-1}$$

式中　T_{li}——路面的实测厚度(mm);

　　　T_{oi}——路面的设计厚度(mm);

　　　ΔT_i——路面实测厚度与设计厚度的差值(mm)。

(2) 按下面方法计算一个评定路段检测厚度的平均值、标准差、变异系数等。

① 按式(11-1)计算实测值 T_{li} 与设计值 T_{oi} 之差 ΔT_i;

② 测定值的平均值、标准差、变异系数、绝对误差、试验精度分别按式(11-2)、(11-3)、(11-4)、(11-5)、(11-6)计算:

$$\overline{T} = \frac{\sum T_i}{N} \tag{11-2}$$

$$S = \sqrt{\frac{\sum (T_i - \overline{T})^2}{(N-1)}} \tag{11-3}$$

$$C_v = \frac{S}{\overline{T}} \times 100\% \tag{11-4}$$

$$m_x = \frac{S}{\sqrt{N}} \tag{11-5}$$

$$P_x = \frac{m_x}{\overline{T}} \times 100\% \tag{11-6}$$

式中　T_i——各测点的测定值(mm);

　　　S——测试路段的标准差(mm);

　　　N——一个评定路段内的测点数;

　　　$\overline{T}$——一个评定路段内测定值的平均值(mm);

　　　C_v——一个评定路段内测定值的变异系数(%);

　　　m_x——一个评定路段内测定值的绝对误差;

　　　P_x——一个评定路段内测定值的试验精度(%)。

11.1.3　路面基层压实度与含水量测试方法

路面基层压实度的测试方法有:挖坑灌砂法、环刀法、核子仪法三种。

核子仪法适用于施工现场的快速评定,不宜用作仲裁试验或评定验收的依据。环刀法适用于细粒土及无机结合料稳定细粒土的密度,但对于无机结合料稳定细粒土,其龄期不宜超过 2 天,且宜用于施工过程中的压实度检验。本节依据《公路路基路面现场测试规程》

(JTGE60-2008)的规定将介绍挖坑灌砂法、环刀法和核子仪法测定路面基层、路基压实度的试验方法。

11.1.3.1　灌砂法

1)灌砂法的基本概念与适用范围

灌砂法适用于在现场测定基层(或底基层)、砂石路面及路基土等各种材料压实层的密度和压实度,也适用于沥青表面处治,沥青贯入式路面层的密度和压实度检测,但不适用于填石路堤等有大孔洞或大孔隙材料的压实度检测。

采用挖坑灌砂法测定密度与压实度时,应符合下列规定:

① 灌砂筒有大小两种,根据需要选用。型号和主要尺寸见图 11-1 和表 11-1。

② 当集料的最大粒径小于 13.2 mm,测定层厚度不超过 150 mm 时,宜采用直径 100 mm 的小型灌砂筒测试。

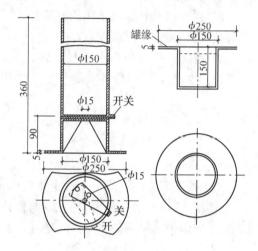

图 11-1　灌砂筒和标定罐

③ 当集料的最大粒径等于或大于 13.2 mm,但不大于 31.5 mm,测定层的厚度超过 150 mm,但不超过 200 mm 时,应用直径 150 mm 的大型灌砂筒测试。

表 11-1　灌砂仪的主要尺寸要求

结　　构		小型灌砂筒	大型灌砂筒
储砂筒	直径/mm	100	150
	容积/cm³	2 120	4 600
流砂孔	直径/mm	10	15
金属标定罐	内径/mm	100	150
	外径/mm	150	200
金属方盘基板	边长/mm	350	400
	深/mm	40	50
	中孔直径/mm	100	150

注:如集料的最大粒径超过 31.5 mm,则应相应地增大灌砂筒和标定罐的尺寸;如集料的最大粒径超过 53 mm,灌砂筒和现场试洞的直径应为 200 mm。

2)测试方法

(1)按现行规程试验方法对检测对象用同样材料进行标准击实试验,得到最大干密度及最佳含水量。

(2)按规定选用适宜的灌砂筒并标定灌砂筒下部圆锥体内砂的质量 m_2。

(3)标定量砂的松方密度 ρ_s(g/cm³)

① 用水确定罐的容积 V,准确至 1 mL。

234

② 在储砂筒中装入质量为 m_1 的砂,并将灌砂筒放在标定罐上,将开关打开,让砂流出。在整个流砂过程中,不要碰动罐砂筒,直到储砂筒内的砂不再下流时,将开关关闭。取下灌砂筒,称取筒内剩余砂的质量 m_3,准确至 1 g。

③ 按式(11-7)计算填满标定罐所需砂的质量 m_a(g):

$$m_a = m_1 - m_2 - m_3 \tag{11-7}$$

式中　m_1——标定罐中砂的质量(g);

　　　m_2——灌砂筒下部圆锥体内砂的质量(g);

　　　m_3——灌砂筒内砂的剩余质量(g)。

④ 重复上述步骤测量三次,取其平均值。

⑤ 按式(11-8)计算量砂的松方密度

$$\rho_s = \frac{m_a}{V} \tag{11-8}$$

式中　ρ_s——量砂的松方密度(g/cm³);

　　　V——标定罐的体积(cm³)。

⑥ 按规定试验方法进行现场挖坑、取样、灌砂、含水量测定等相关试验。

3)数据处理与计算

(1)按式(11-9)或(11-10)计算填满试坑所用的砂的质量 m_b(g):

灌砂时,试坑上放有基板时:

$$m_b = m_1 - m_4 - (m_5 - m_6) \tag{11-9}$$

灌砂时,试坑上不放基板时:

$$m_b = m_1 - m_4' - m_2 \tag{11-10}$$

式中　　　m_b——填满试坑的砂的质量(g);

　　　　　m_1——灌砂前灌砂筒内砂的质量(g);

　　　　　m_2——灌砂筒下部圆锥体内砂的质量(g);

　　m_4,m_4'——灌砂后,灌砂筒剩余砂的质量(g);

　　$m_5 - m_6$——灌砂筒下部圆锥体内及基板和粗糙表面间砂的合计质量(g)。

(2)按式(11-11)计算试坑材料的湿密度

$$\rho_w = \frac{m_w}{m_b} \times \rho_s \tag{11-11}$$

式中　m_w——试坑中取出的全部材料的质量(g);

　　　ρ_s——量砂的松方密度(g/cm³)。

(3)按式(11-12)计算试坑材料的干密度:

$$\rho_d = \frac{\rho_w}{1 + 0.01w} \tag{11-12}$$

式中　w——试坑材料的含水量(%)。

(4)当为水泥、石灰、粉煤灰等无机结合料稳定土的场合,可按式(11-13)计算干密度 ρ_d (g/cm³):

$$\rho_d = \frac{m_d}{m_b} \times \rho_s \tag{11-13}$$

式中 m_d——试坑中取出的稳定土的烘干质量(g)。

(5) 按式(11-14)计算施工压实度:

$$K = \frac{\rho_d}{\rho_c} \times 100\%$$ (11-14)

式中 K——测试地点的施工压实度(%);

ρ_d——试样的干密度(g/cm³);

ρ_c——由标准击实试验得到的试样的最大干密度(g/cm³)。

注意:当试坑材料组成与击实试验的材料有较大差异时,可用试坑材料重新做标准击实试验,求取实际的最大干密度。

11.1.3.2 环刀法

1) 环刀法的基本概念

环刀法是测量现场密度的传统方法。国内习惯采用的环刀容积通常为 200 cm³,环刀高度通常为 5 cm。用环刀法测得的密度是环刀内土样所在深度范围内的平均密度。它不能代表整个碾压层的平均密度。由于碾压层的密度一般是从上到下逐渐减小的,若环刀取在碾压层上部,则得到的数值往往偏大,若环刀取的是碾压层的底部,则所测得的数值明显偏小,就检查路基土和路面结构层的压实度而言,我们需要的是整个碾压层的平均压实度,而不是压实层中某一部分(位)的压实度,因此,在用环刀法测定土的密度时,应使所得密度能代表整个压实层的平均密度。然而,这在实际检测这中是比较困难的,只有使环刀所取的土恰好是碾压层中间的土,环刀法所测的结果才可能与灌砂法的结果大致相同。另外,环刀法适用面较窄,对于含有粒料的稳定土及松散性材料则无法使用。

2) 环刀法的试验步骤(详见规程 JTGE60-2008)

① 擦净环刀,称取环刀质量 m_2,准确至 0.1 g。

② 在试验地点,按规定要求将环刀打入压实层,并取出,并修平环刀两端。

③ 擦净环刀外壁,用天平称取环刀及试样合计质量 m_1,准确至 0.1 g。

④ 自环刀中取出试样,取具有代表性的试样,测定其含水量 w。

3) 计算

按下式分别计算试样的湿密度 ρ_w 及干密度 ρ_d

$$\rho_w = \frac{4 \times (m_1 - m_2)}{\pi d^2 h}$$ (11-15)

$$\rho_d = \frac{\rho_w}{1 + 0.01w}$$ (11-16)

式中 ρ_w——试样的湿密度(g/cm³);

ρ_d——试样的干密度(g/cm³);

m_1——环刀或取芯套筒与试样的合计质量(g);

m_2——环刀或取芯套筒的质量(g);

d——环刀或取芯套筒的直径(cm);

h——环刀或取芯套筒的高度(cm);

w——试样的含水量(%)。

11.1.3.3　核子密度湿度仪法

1）基本概念

核子密度湿度仪法是利用放射性元素（通常是 γ 射线或中子射线）测量土或路面材料的密度和含水量。这类仪器的特点是测量速度快，需要人员少。此方法适用于测量各种土或路面材料的密度以及含水量，有些进口仪器可贮存、打印测试结果。它的缺点是，放射性物质对人体有害。对于核子仪法，可作施工控制使用，但需与常规方法比较，以验证其可靠性。

2）试验方法的选用与适用性

本方法适用于测定沥青混合料面层的压实密度或硬化水泥混凝土等，当测难以打孔材料的密度时宜使用散射法；用于测定土基、基层材料或非硬化水泥混凝土等可以打孔材料的密度及含水率时，应使用直接透射法。

在表面用散射法测定，所测定沥青面层的厚度应不大于根据仪器性能决定的最大厚度。用于测定土基或基层材料的压实度及含水量时，打洞后用直接透射法测定，测定层的厚度不宜大于 30 cm。

检测前仪器应按操作说明书的要求进行标定。

3）测定方法

① 如用散射法测定时，应按图 11-2 的方法将核子仪平稳地置于测试位置上。测点应随机选择，测定温度应与试验段测定时一致，一组不少于 13 点，取平均值。检测精度通过试验路段与钻孔试件比较评定。

② 如用直接透射法测定时，应按图 11-3 的方法将放射源棒放下插入已预先打好的孔内。

③ 打开仪器，测试员退出仪器 2 m 以外，按照选定的测试时间进行测量，到达测定时间后，读取显示的各项数值，并迅速关机。

4）使用安全注意事项

（1）仪器工作时，所有人员均应退到距仪器 2 m 以外的地方。

（2）仪器不使用时，应将手柄置于安全位置，仪器应装入专用的仪器箱内，放置在符合核辐射安全规定的地方。

（3）仪器应由经有关部门审查合格的专人保管，专人使用。对从事仪器保管和使用的人员，应遵照有关核辐射检测的规定，不符合核防护规定的人员，不宜从事此项工作。

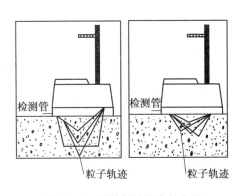

图 11-2　用散射法测定的方法

图 11-3　用直接透射法测定的方法

11.1.4　沥青面层的压实度测试方法

1）沥青混合料面层压实度的基本概念

压实沥青混合料面层的施工压实度是指按规定方法采取的现场混合料试样的毛体积密度与标准密度之比，以百分率表示。

2）检测依据与适用范围

《公路路基路面现场测试规程》（JTG E60 - 2008）（T0924 - 2008）适用于检验从压实的沥青路面上钻取的沥青混合料芯样试件的密度，以评定沥青面层的施工压实度。

3）检测方法

（1）钻取芯样

按规程 T0901"路面钻孔及切割取样方法"钻取路面芯样，芯样直径不宜小于 $\phi 100$ mm。当一次钻孔取得的芯样包含有不同层位的沥青混合料时，应根据结构组合情况用切割机将芯样沿各层结合面锯开并分层进行测定。

钻孔取样应在路面完全冷却后进行，对普通沥青路面通常在第二天取样，对改性沥青及 SMA 路面宜在第三天以后取样。

（2）测定试件密度

① 将钻取的试件在水中用毛刷轻轻刷净黏附的粉尘。如试件边角有浮松颗粒，应仔细清除。

② 将试件晾干或电风扇吹干不少于 24 h，直至恒重。

③ 按现行《公路工程沥青及沥青混合料试验规程》（JTGE20 - 2011）的沥青混合料试件密度试验方法测定试件的视密度或毛体积密度 ρ_s。当试件的吸水率小于 2％时，采用水中重法或表干法测定；当吸水率大于 2％时，用蜡封法测定；对空隙率很大的透水性混合料及开级配混合料用体积法测定；对吸水率小于 0.5％特别致密的沥青混合料，在施工质量检验时，允许采用水中重法测定表观相对密度。

（3）根据现行的《公路沥青路面施工技术规范》（JTGF40 - 2004）附录 E 的规定，确定计算压实度的标准密度。

4）检测结果计算

（1）当计算压实度的沥青混合料的标准密度采用马歇尔击实成型的试件密度或试验路段钻孔取样密度时，沥青面层的压实度按下式计算：

$$K = \frac{\rho_s}{\rho_0} \times 100 \qquad (11 - 17)$$

式中　K ——沥青层面的压实度（％）；

　　　ρ_s ——沥青混合料芯样试件的实测密度（g/cm³）；

　　　ρ_0 ——沥青混合料的标准密度（g/cm³）。

（2）当沥青混合料标准密度采用最大密度计算压实度，应按式（11 - 18）进行计算：

$$K = \frac{\rho_s}{\rho_t} \times 100 \qquad (11 - 18)$$

式中　ρ_s ——沥青混合料芯样实测密度（g/cm³）；

　　　ρ_t ——沥青混合料的最大理论密度（g/cm³）。

（3）按规程(JTGE60－2008)的方法,计算一个评定路段检测的压实度平均值、标准差、变异系数,并计算代表压实度。

11.1.5　路面厚度和压实度的工程评定标准与评定方法

路面厚度与压实度检测结果合格与否,应按《公路工程质量检验评定标准》(JTGF80/1－2004)中规定的评定标准和评定方法,根据检测数据进行评定。

11.2　路面使用性能的现场测试方法

11.2.1　路面使用性能的概念

1) 路面使用性能的基本含义

路面是铺筑在路基上供车辆行驶的结构层。它要求按照相应等级的设计标准而修建,能提供舒适良好的行车条件。

路面的使用性能可分为五个方面:功能性、结构性能、结构承载力、安全性和外观。图11－4为路面使用性能随时间的变化。本节详细讨论路面的功能性能即路面的平整度,其余在其他章节中阐述。

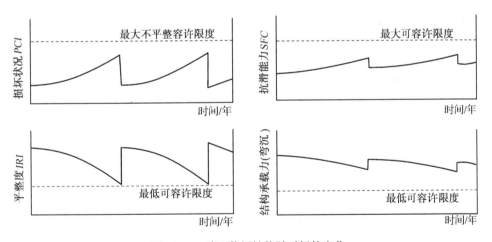

图 11－4　路面使用性能随时间的变化

2) 路面平整度的概念与检测的意义

路面平整度即是以规定的标准量规,间断地或连续地量测路表面的凹凸情况,即不平整度。它既是一个整体性指标,又是衡量路面质量及现有路面破坏程度的一个重要指标。

路面的不平整性有纵向和横向两类,但这两种不平整性的形成原因基本是相同的。首先是由于施工原因而引起的建筑不平整,其次是由于个别的或多数的结构层承载能力过低,特别是沥青面层中使用的混合料抗变形能力低,致使道路产生永久变形。

纵向不平整性主要表现为坑槽、波浪。研究表明,路面不平整所造成的影响如图11－5a所示,纵向高低畸变,不同频率和不同振幅的跳动会使行驶在这种路面上的汽车产生振荡,从而影响行车速度和乘客的舒适性。

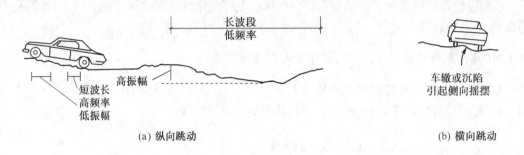

（a）纵向跳动 （b）横向跳动

图 11-5 路面不平整度

横向不平整性主要表现为车辙和隆起，它除造成车辆跳动外，还妨碍行驶时车道变换及雨水的排出，以致于影响行车的安全和舒适，如图 11-5b 所示。

3）路面平整度的常用检测方法与不平整度的表示方法

目前国际上对路面的平整度测试方法大致有四种：一是 3 m 直尺法；二是连续式平整度仪法；三是车载颠簸累积仪法；四是激光平整度仪法。这四种测试方法目前在我国也普遍采用。路面的不平整度的主要表示方法有：① 单位长度上的最大间隙；② 单位长度间的间隙累积值；③ 单位长度内间隙超过某定值的个数；④ 路面不平整的斜率；⑤ 路面的纵断面；⑥ 振动和加速度（根据行车舒适感作为评价指标）。

11.2.2 路面平整度测试方法

11.2.2.1 3 m 直尺测定平整度试验方法

1）适用范围

（1）按《公路路基路面现场测试规程》（JTG E60-2008）（T0931-2008）规定，用 3 m 直尺为基准面测定距离路表面的最大间隙表示路基路面的平整度，以 mm 计。

（2）本方法适用于测定压实成型的路面各层面的平整度，以评定路面的施工质量及使用质量，也可用于路基表面成型后的施工平整度检测。

2）检测方法

（1）按有关规范规定选定测试路段。

（2）在测试路段路面上选择测试地点：当为施工过程中质量检测需要时，测试地点根据需要确定，可以单杆检测；当为路基路面工程质量检查验收或进行路况评定需要时，应连续测量 10 尺。除特殊需要者外，应以行车道一侧车轮轮迹（距车道线 80～100 cm）作为连续测定的标准位置。对旧路已形成车辙的路面，应取车辙中间位置为测定位置，用粉笔在路面上作好标记。

（3）将 3 m 直尺摆在测试地点的路面上，目测 3 m 直尺底面与路面之间的间隙情况，确定间隙为最大的位置。

（4）用有高度标线的塞尺塞进间隙处，量测其最大间隙的高度（mm），准确至 0.2 mm。

（5）施工结束后检测时，按现行《公路工程质量检验评定标准》（JTGF80/1-2004）的规定，每 1 处连续检测 10 尺，测记 10 个最大间隙。

3）检测结果计算

单杆检测路面的平整度计算，以 3 m 直尺与路面的最大间隙为测定结果。连续测定 10 尺时,判断每个测定值是否合格,根据要求计算合格百分率,并计算 10 个最大间隙的平均值。

11.2.2.2 连续式平整度仪检测平整度测试方法

1）适用范围

（1）依据《公路路基路面现场测试规程》（JTGE60－2008）（T0932－2008）规定,采用连续式平整度仪量测路面的不平整度的标准差 σ,以表示路面的平整度,以 mm 计。

（2）本方法适用于测定路表面的平整度,评定路面的施工质量和使用质量,但不适用于在已有较多坑槽、破坏严重的路面上测定。

2）检测设备与配套仪器

（1）连续式平整度仪:结构示意如图 11－6。除特殊情况外,连续式平整度仪的标准长度 3 m,其质量应符合仪器标准的要求。测定轮上装有位移传感器、距离传感器等检测器,自动采集位移数据时,测定间距为 10 cm,每一计算区间的长度为 100 m,输出一次结果。

（2）配套设备牵引车:小面包车或其他小型牵引汽车和皮尺等。

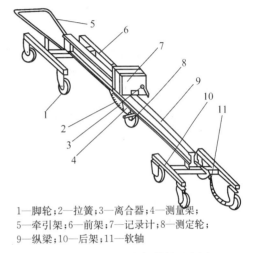

1—脚轮;2—拉簧;3—离合器;4—测量架;
5—牵引架;6—前架;7—记录计;8—测定轮;
9—纵梁;10—后架;11—软轴

图 11－6　连续式平整度仪结构示意图

3）选择测试路段

当为施工过程中质量检测需要时,测试地点根据需要决定;当为路面工程质量检查验收后进行路况评定需要时,通常以行车道一侧车轮轮迹带作为连续测定的标准位置。对旧路已形成车辙的路面,取一侧车辙中间位置为测量位置,按规定在测试路段路面上确定测试位置,当以内侧轮迹带（IWP）或外侧轮迹带（OWP）作为测定位置时,测定位置距车道标线 80～100 cm。

4）检测方法

（1）将连续式平整度测定仪置于测试路段路面起点上。

（2）在牵引汽车的后部,将平整度仪的挂钩挂上后,放下测定轮,启动检测器及记录仪,随即启动汽车,沿道路纵向行驶,横向位置保持稳定,并检查平整度检测仪表上测定数字显示、打印、记录的情况。如遇检测设备中某项仪表发生故障,即须停止检测。牵引平整度仪的速度应保持匀速,速度宜为 5 km/h,最大不得超过 12 km/h。

在测试路段较短时,亦可用人力拖拉平整度仪测定路面的平整度,但拖拉时应保持匀速前行。

5）检测结果计算

（1）连续式平整度测定仪测定后,可按每 10 cm 间距采集的位移值自动计算每 100 m 计算区间的平整度标准差（mm）,还可记录测试长度（m）、曲线振幅大于某一定值（如 3 mm、5 mm、8 mm、10 mm 等）的次数、曲线振幅的单向（凸起或凹下）累计值及以 3 m 机架为基准的中点路面偏差曲线图,计算打印。当为人工计算时,在记录曲线上任意设一基准线,每隔一定距离（宜为 1.5 m）读取曲线偏离基准线的偏离位移值 d_i。

（2）每一计算区间的路面平整度以该区间测定结果的标准差表示,按式（11－19）计算:

$$\sigma_i = \sqrt{\frac{\sum d_i^2 - (\sum d_i)^2 / N}{N - 1}} \qquad (11-19)$$

式中 σ_i——各计算区间的平整度计算值(mm);

d_i——以 100 m 为一个计算区间,每隔一定距离(自动采集间距为 10 cm,人工采集间距为 1.5 m)采集的路面凹凸偏差位移值(mm);

N——计算区间用于计算标准差的测试数据个数。

(3)按 JTGE60-2008 附录 B 的方法计算一个评定路段内各区间的平整度标准差的平均值、标准差、变异系数。

11.2.2.3 车载式颠簸累积仪测定平整度试验方法(图 11-7)

1)适用范围

(1)依据《公路路基路面现场测试规程》(JTGE60-2008)(T0933-2008)规定,采用车载式颠簸累积仪测量车辆在路面上通行时后轴与车厢之间的单向位移累积值 VBI,表示路面的平整度,以 cm/km 计。

(2)本方法适用于测定路面表面的平整度,以评定路面的施工质量和使用期的舒适性。但不适用于在已有较多坑槽、破损严重的路面上测定。

2)测试配套设备与要求

(1)测试系统

测试系统由承载车辆、距离测量装置、颠簸累积值测试装置和主控系统组成。主控制系统对测试装置的操作实施控制,完成数据采集、传输、存储与计算过程。

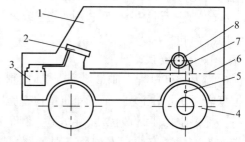

1—测定车;2—数据处理器;3—电瓶;4—后桥;5—挂钩;6—底板;7—钢丝绳;8—颠簸累积仪传感器

图 11-7 车载式颠簸累积仪

(2)设备承载车要求

根据设备供应商的要求选择测试系统承载车辆。

(3)测试系统基本技术要求和参数:

- 测试速度:30~80 km/h;
- 最大测试振幅值:±20 cm;
- 垂直位移分辨率:1 mm;
- 距离标定误差:<0.5%;
- 系统工作环境温度:0~60℃;
- 系统软件能够依据相关关系公式自动对颠簸累积值进行换算,间接输出国际平整度指数。

3)测试方法

(1)测试车与仪器

① 测试车辆有下列条件之一时,都应进行仪器测值与国际平整度指数 IRI 的相关性标定,相关系数 R 应不低于 0.99:在正常状态下行驶超过 20 000 km;标定的时间间隔超过 1 年;减震器、轮胎等发生更换、维修。

242

② 检查测试车轮胎气压,应达到规定的标准气压,且车胎应清洁,不得黏附杂物,车上载重、人数以及分布应与仪器相关性标定试验时一致。

③ 距离测量系统需要现场安装的,根据设备操作手册说明进行安装和调试,确保紧固装置安装牢固。

(2) 测试步骤:

① 测试车停在测试起点 300～500 m 处,启动平整度测试系统程序,按照设备操作手册的规定和测试路段的现场技术要求设置完毕所需的测试状态。

② 驾驶员在进入测试路段前应保持车速在规定的测试速度范围内,沿正常行车轨迹驶入测试路段。

③ 进入测试路段后,测试人员启动系统的采集和记录程序,在测试过程中必须及时准确地将测试路段的起点、终点和其他需要特殊标记的位置输入测试数据记录中。

④ 当测试车辆驶出测试路段后,仪器操作人员停止数据采集和记录,并恢复仪器各部分至初始状态。

4) 测试结果的计算

颠簸累积仪直接测试输出的颠簸累积值 VBI,要按照相关性标定试验得到相关关系式,并以 100 m 为计算区间换算成 IRI(以 m/km 计)。

11.2.2.4 颠簸累积仪测值与国际平整度指数 IRI 相关关系对比试验

1) 基本要求

由于颠簸累积仪测值受测试速度等因素的影响,因此测试系统的每一种实际采用的测试速度都应单独进行标定,建立相关关系公式。标定过程及分析结果应详细记录并存档。

2) 试验条件

(1) 按照每段 IRI 值变化幅度不小于 1.0 的范围,选择不少于 4 段不同平整度水平的路段,且具有够加速或减速长度的路段。根据实际测试道路 IRI 的分布情况,可以增加某些范围内的标定路段。

(2) 每一路段长度不小于 300 m。

(3) 每一段内平整度应均匀,包括路段前 50 m 的引道。

(4) 选择坡度变化较小的直线路段,路段交通量小,便于疏导。

(5) 标定宜选择在车道的正常行驶轨迹上进行,明确标出标定路段的轨迹、起点、终点。

3) 测试方法

(1) 距离标定

① 依据设备供应商建议的长度,选择坡度变化较小的平坦直线路段,标出起点、终点和行驶轨迹。

② 将测试车的前轮对准起点,启动距离校准程序,然后令车辆沿着路段轨迹直线行驶,避免突然加速或减速,接近终点时看指挥人员手势减速停车,确保测试车的前轮对准终点线,结束距离的校准程序。重复此过程,确保距离传感器脉冲当量的准确性,应在允许误差范围之内。

③ 参照上述测试步骤②,令颠簸累积仪按选定的测试速度测试每个标定路段的反应值,重复测试至少 5 次,取其平均值作为该路段的反应值。

（2）IRI 值的确定

以精密水准仪作为标准仪具，分别测量标定路段两个轮迹的纵断高程，要求采样间隔为 250 mm，高程测量精度为 0.5 mm；然后用 IRI 标准计算程序对每个轮迹的纵断面测量值进行模型计算，得到该轮迹的 IRI 值。两个轮迹 IRI 值的平均值即为该路段的 IRI 值。

4）试验数据处理

用数理统计的方法将各标定路段的 IRI 值和相应的颠簸累积仪测值进行回归分析，建立相关关系方程式，相关系数 R 不得小于 0.99。

（1）平整度测试报告应包括颠簸累积值 VBI、国际平整度指数 IRI 平均值和现场测试速度。

（2）提供颠簸累积值 VBI 与国际平整度指数 IRI 在选定测试条件下的相关关系式及相关系数。

11.2.3　路面行驶质量的现场检测与评定原则

1）路面行驶质量检测

路面使用性能评定是依据所采集到的路面状况数据，对路面性能满足使用要求的程度作出判断。利用这一判断可以了解路网的服务水平，判断路网内需要采取养护和改建措施的路段，为之选择相应的养护和改建对策。路面行驶质量的评价，不仅依赖于路面平整度和车辆特性，也取决于乘客对车辆颠簸的接受程度。

对路面行驶质量而言，主要是采用 11.2.2 中所述三种方法检测路面的平整度，按照现行规范的要求进行行驶质量的评定。

2）路面行驶质量评定原则

目前我国《公路养护技术规范》(JTJ073.1－2001)是根据国际平整度指数 IRI 和行驶质量指数 RQI 进行评定的。国际平整度指数 IRI 是指国际上公认的衡量路面行驶舒适性指数 RCI 或路面行驶质量指数 RQI 的指数，因此可作为路面平整度的标定值，不同设备的实际结果都可以换算成国际平整度指数 IRI。

3）行驶质量指数 RQI

路面行驶质量的好坏，可以通过实测路段的车载颠簸累积仪的测试结果 VBI，换算成国际平整度指数 IRI，或用激光平整度仪直接测得 IRI，再按式（11－20）计算出行驶质量指数 RQI，按表 11-2 确定该路段行驶质量的等级。

$$RQI = 11.5 - 0.75 IRI \qquad (11-20)$$

式中　RQI——行驶质量指数，数值范围为 0～10。如果出现负值，则 RQI 值取 0；如果计算结果大于 10，RQI 值取 10。

4）路面平整度质量指数计算公式

《公路技术状况评定标准》(JTG H20－2007)中规定，路面平整度用路面行驶质量指数（RQI）进行评定，按下式计算

$$RQI = \frac{100}{1 + \alpha_0 e^{\alpha_1 IRI}} \qquad (11-21)$$

式中　IRI ——国际平整度指数（m/km）；

　　　α_0——高速公路和一级公路采用 0.026，其他等级公路采用 0.018 5；

　　　α_1——高速公路和一级公路采用 0.65，其他等级公路采用 0.58。

5）路面平整度评价标准（见表 11－2）

表 11－2　路面平整度评价标准

评价指标	优	良	中	次	差
行驶质量指数 RQI	8.5	7.0≤RQI<8.5	5.5≤RQI<7	4.0≤RQI<5.5	RQI<4.0

路面行驶质量的好坏，可以通过实测路段的车载颠簸累积仪的测试结果 VBI，换算成国际平整度指数 IRI，再按式（11－20）计算行驶质量指数 RQI，按表 11－2 确定该路段行驶质量等级。

11.3　路面强度与承载力现场测试

11.3.1　路基路面强度与承载力常用测定方法

路基路面强度是衡量柔性路面承载能力的一项重要内容，其测量指标为路面弯沉值，一般采用路面弯沉仪检测。通过测得的弯沉值得出强度指标，可以反映路面结构承载能力。然而，路面的结构破坏大多是由于过量的变形所造成的；也可能是由于某一结构层的断裂破坏所造成的。对于前者，采用最大弯沉值表征结构的承载能力较为合适；而对于后者，则采用路面在荷载作用下的弯沉盆曲率半径表征其能力更为合适。

目前使用的路面弯沉测试系统有四种：① 贝克曼梁弯沉仪；② 自动弯沉仪；③ 稳态动弯沉仪；④ 脉冲弯沉仪。前两种为静态测定，得到路表的最大弯沉值；后两种为动态测定，可得到最大弯沉值和弯沉盆。

11.3.1.1　静态弯沉测定

1）贝克曼梁弯沉仪测量法

（1）适用范围

① 依据我国交通部行业标准（JTG E60－2008）（T0951－2008）的规定，本方法适用于测定各类路基路面的回弹弯沉以评定其整体承载能力，可供路面结构设计使用。

② 沥青路面的弯沉检测以沥青面层平均温度 20℃时为准，当沥青路面平均温度在 20℃±2℃以内可不修正，在其他温度测试时，对沥青路面厚度大于 5 cm 的沥青路面，弯沉值应予以温度修正。

③ 根据实测所得的土基或整层路面材料的回弹弯沉值，按照弹性半空间体理论的垂直位移公式计算土基或路面材料的回弹模量。

④ 通过对路面结构分层测定所得的回弹弯沉值，根据弹性层状体系垂直位移理论解，反算路面各结构层的材料回弹模量值。

（2）主要仪器和设备

① 弯沉仪 1～2 台，国内目前多使用贝克曼梁弯沉仪。通常由铝合金制成，有总长为 3.6 m 和 5.4 m 两种，杠杆比（前臂与后臂长度之比）一般为 2∶1。要求刚度好、重量轻、精度高、灵敏度高和使用方便。

在半刚性基层沥青路面或水泥混凝土路面上测定时，应采用长度为 5.4 m 弯沉仪；对柔性基层、路基或混合式结构沥青路面可采用长度为 3.6 m 弯沉仪测定。弯沉值采用百分表量测，也可以采用自动记录装置进行测量。

为避免支座变形带来的影响,目前一般采用 5.4 m 弯沉仪进行检测。贝克曼梁弯沉仪是该方法的关键仪器,应按照相关行业标准及检定规程,对仪器挠度、顺直度等关键性能指标进行必要的检验,为试验准确性提供保障。

② 试验用标准汽车:双轴,后轴双侧 4 轮的载重汽车,其标准荷载、轮胎尺寸、轮胎间隙及轮胎气压等主要参数应符合表 11-3 的要求。测试车应采用后轴 100 kN 标准轴载 BZZ-100 的汽车。

表 11-3　弯沉测定用的标准车参数

标准轴载等级	BZZ-100
后轴标准轴载 P/kN	100 ± 1
一侧双轮荷载/kN	50 ± 0.5
轮胎充气压力/MPa	0.70 ± 0.05
单侧传压面当量圆直径/cm	21.3 ± 0.5
轮隙宽度	应满足自由插入弯沉仪测头的测试要求

③ 百分表 1~2 只,量程为 10 mm,并带百分表支架。

④ 接触式路表温度计:端部为平头,分度不大于 1℃。

(3) 测试方法

① 测点应在路面行车车道的轮迹带上,并做好标记。

② 将弯沉仪插入汽车后轮之间的缝隙处,与汽车方向一致,梁臂不得碰到轮胎,弯沉仪测头置于测点上(轮隙中心前方 3~5 cm 处),并安装百分表于弯沉仪的测定杆上,百分表调零,用手轻轻叩击弯沉仪,检查百分表应稳定回零。

弯沉仪可以是单侧测定,也可以是双侧同时测定。

③ 测定者吹哨发令指挥汽车缓缓前进,百分表随路面变形的增加而持续向前转动。当表针转动到最大值时,迅速读取初读数 L_1,汽车仍在继续前进,表针反向回转,待汽车驶出弯沉影响半径(约 3 m 以上),吹口哨或挥动指挥红旗,汽车停止。待表针回转稳定后,再次读取终读数 L_2。汽车前进的速度宜为 5 km/h 左右。

④ 弯沉仪的支点变形修正

当采用长度 3.6 m 的弯沉仪进行弯沉测定时,有可能引起弯沉仪支座处变形,在测定时应检验支点有无变形,如果有变形,此时应用另一台检测用的弯沉仪安装在测定用弯沉仪的后方,其测点架于测定用弯沉仪支点旁。当汽车开出时,同时测定两台弯沉仪的弯沉读数,如检验弯沉仪百分表有读数,应该记录并进行支点变形修正。当在同一结构层上测定时,可在不同位置测定 5 次,求平均值,以后每次测定时以此作为修正值。支点变形修正原理如图 11-8 所示。

当采用长度 5.4 m 的弯沉仪测定时,可不进行支点变形修正。

(4) 测试结果计算及温度修正

① 路面测点的回弹弯沉值按式(11-22)计算:

$$l_t = (L_1 - L_2) \times 2 \tag{11-22}$$

式中　l_t——在路面温度 t 时的回弹弯沉值(0.01 mm);

　　　L_1——车轮中心临近弯沉仪测头时百分表的最大读数(0.01 mm);

　　　L_2——汽车驶出弯沉影响半径后百分表的终读数(0.01 mm)。

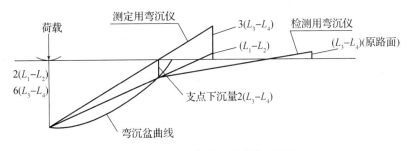

图 11-8 弯沉仪支点变形修正原理

② 当需要进行弯沉仪支点变形修正时,路面测点回弹弯沉值按式(11-23)计算:

$$l_t = (L_1 - L_2) \times 2 + (L_3 - L_4) \times 6 \qquad (11-23)$$

式中 L_1——车轮中心临近弯沉仪测头时百分表的最大读数(0.01 mm);

  L_2——汽车驶出弯沉影响半径后百分表的终读数(0.01 mm);

  L_3——车轮中心临近弯沉仪测头时检验用弯沉仪百分表的最大读数(0.01 mm);

  L_4——汽车驶出弯沉影响半径后检验用弯沉仪的终读数(0.01 mm)。

式(11-23)适用于测定用弯沉仪支座处有变形,但百分表架处路面已无变形。

③ 沥青面层厚度大于 5 cm 的沥青路面,回弹弯沉值应进行温度修正,温度修正及回弹弯沉的计算宜按下列步骤进行。

测定时的沥青层平均温度按式(11-24)计算:

$$t = (t_{25} + t_m + t_e)/3 \qquad (11-24)$$

式中 t ——测定时沥青层平均温度(℃);

  t_{25}——根据 t_0 由图 11-9 决定的路表下 25 mm 处的温度(℃);

  t_m——根据 t_0 由图 11-9 决定的沥青层中间深度的温度(℃);

  t_e——根据 t_0 由图 11-10 决定的沥青层底面处的温度(℃)。

图 11-9 中 t_0 为测定时路表温度与前 5 日平均气温的平均值之和,日平均气温为日最高气温与最低气温的平均值。

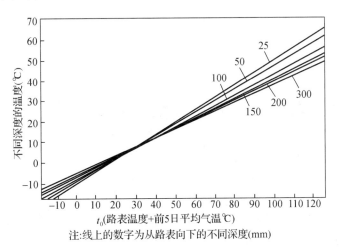

图 11-9 沥青层平均温度的决定

根据沥青层平均温度 t 及沥青层厚度,分别由图 11-10 和图 11-11 求取不同基层的沥青路面弯沉值的温度修正系数 K。

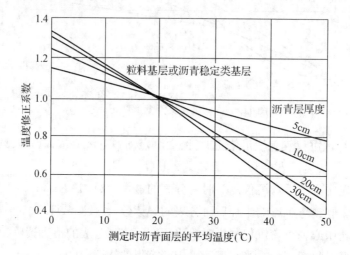

图 11-10 路面弯沉温度修正系数曲线
（适用于粒料基层及沥青稳定基层）

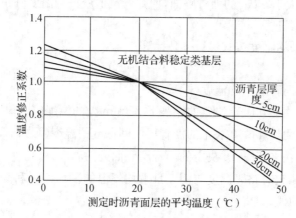

图 11-11 路面弯沉温度修正系数曲线
（适用于无机结合料稳定的半刚性基层）

沥青路面回弹弯沉值按式(11-25)计算:

$$l_{20} = l_t \cdot K \tag{11-25}$$

式中 l_{20}——换算为 20℃ 的沥青路面回弹弯沉值(0.01 mm);

l_t——测定时沥青面层的平均温度为 t 时的回弹弯沉值(0.01 mm);

K——温度修正系数。

2) 拉克鲁瓦(Lacroix)自动弯沉仪测量法[JTG E60-2008(T0952-2008)]

(1) 适用范围

① 本方法适用于各类自动弯沉仪在新建、改建路面工程的质量验收中,在无严重坑槽、车辙等病害的正常通车条件下连续采集路面弯沉数据。

② 本方法的数据采集、传输、记录和处理分别由专用软件自动控制进行。

248

（2）仪具与技术要求

① Lacroix 型自动弯沉仪由承载车、测量机架及控制系统、传感器（位移、温度和距离）、数据采集与处理系统等基本部分组成，如图 11-12 所示。

② 设备承载车技术要求和参数：自动弯沉仪的承载车辆应为单后轴、单侧双轮组的载重汽车，其标准条件参考贝克曼梁测定路基路面回弹弯沉试验方法中 BZZ-100 车型的标准参数。

图 11-12　Lacroix 型自动弯沉仪

③ 测试系统基本技术要求和参数：

- 位移传感器分辨率：0.01 mm；
- 位移传感器有效量程：≥3 mm；
- 设备工作环境温度：0～60℃；
- 距离标定误差：≤1%。

（3）测试方法与步骤

根据操作说明书的要求检查设备工作状况，按规定程序对检测路段进行弯沉的检测。

（4）测试结果分析

① 采用自动弯沉仪采集路面弯沉盆峰值数据；

② 数据组中左臂测值、右臂测值按单独弯沉处理；

③ 对原始弯沉测试数据进行温度、坡度、相关性等修正。

（5）弯沉值的横坡修正

当路面横坡不超过 4% 时，不进行超高影响修正，当横坡度超过 4% 时，超高影响的修正参照表 11-4 的规定进行。

表 11-4　弯沉横坡修正

横坡范围	高位修正系数	低位修正系数
>4%	$\dfrac{1}{1-i}$	$\dfrac{1}{1+i}$

注：i 是路面横坡。

3）自动弯沉仪与贝克曼梁弯沉测值对比试验

（1）试验条件

按弯沉值不同水平范围选择不少于 4 段路面结构相似的路段，路段的长度可为 300～500 m，标记好起终点位置。

对比试验路段的路面应清洁干燥，温度应在 10～35℃ 范围内，并且在温度变化不大的时间，天气宜选择在晴天无风条件，试验路段附近没有重型交通和震动。

（2）测试方法

① 按照上述测试步骤，令自动弯沉仪按照正常测试车速测试选定路段，工作人员仔细用油漆每隔三个测试步距或约 20 m 标记测点位置。

② 自动弯沉仪测试完毕后，等待 30 min。然后，在每一个标记位置用贝克曼梁按照测定路基路面回弹弯沉试验方法测定各点回弹弯沉值。

（3）试验数据处理

从自动弯沉仪的记录数据中，按照路面标记点的相应桩号提出各试验点的测值，并与贝克曼梁测值一一对应，用数理统计的回归分析方法得到贝克曼梁测值和自动弯沉仪测值之间的相关关系方程，相关系数不得小于 0.95。

11.3.1.2 动态弯沉测定

1）落锤式弯沉仪测量法

（1）适用范围

本方法依据标准[JTG E60－2008（T0953－2008）]，适用于测定在落锤式弯沉仪（FWD）标准质量的重锤落下一定高度发生的冲击荷载作用下，路基或路面表面所产生的瞬时变形，即测定在动态荷载作用下产生的动态弯沉及弯沉盆，并可由此反算路基路面各层材料的动态弹性模量，作为设计参数使用。所测结果经转换至回弹弯沉值后可用于评定道路承载能力，也可用于调查水泥混凝土路面接缝的传荷效果，探查路面板下的空洞等。

图 11－13　落锤式弯沉仪

（2）测试仪具与技术要求

① 落锤式弯沉仪：简称 FWD，由荷载发生装置、弯沉检测装置、运算控制系统与车辆牵引系统等组成，如图 11－13 所示。

② 荷载发生装置：重锤的质量及落高根据使用目的与道路等级选择，荷载由传感器测定，如无特殊要求，重锤的质量为 200 kg±10 kg，可采用产生 50 kN±2.5 kN 的冲击荷载，承载板宜为十字对称，分开成四部分且底部固定有橡胶片的承载板。承载板的直径一般为 300 mm。

③ 弯沉检测装置：由一组高精度位移传感器组成，如图 11－14 所示，自承载板中心开始，沿道路纵向隔开一定距离布设一组传感器，传感器总数不少于 7 个，建议布置在 0～250 cm 范围以内，必须包括 0、30 cm、60 cm、90 cm 四个点，其他根据需要及设备性能决定。

④ 运算及控制装置：能在冲击荷载作用的瞬间内，记录冲击荷载及各个传感器所在位置测点的动态变形。

⑤ 牵引装置：牵引 FWD 并安装运算及控制装置的车辆。

（3）测试方法

① 承载板中心位置对准测点，承载板自动落下，放下弯沉装置的各个传感器。

② 启动落锤装置，落锤瞬间自由落下，冲击力作用于承载板上，又立即自动提升至原来固

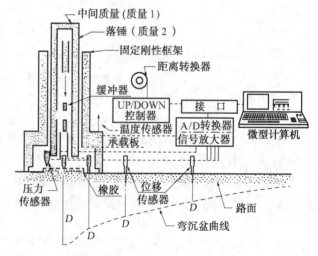

图 11－14　落锤式弯沉仪各种装置组成

定位置。同时，各个传感器检测结构层表面变形，记录系统将位移信号输入计算机，并得到峰值，即路面弯沉，同时得到弯沉盆。每一测点重复测定不少于 3 次，除去第一个测定值，取以后几次测定值的平均值作为计算依据。

③ 提起传感器及承载板，牵引车向前移动至下一个测点，重复上述步骤，进行测定。

（4）落锤式弯沉仪与贝克曼梁弯沉仪对比试验

① 路段选择：

选择结构类型完全相同的路段，针对不同地区选择某种路面结构的代表性路段，进行两种测定方法的对比试验，以便将落锤式弯沉仪测定的动态弯沉值换算成包括贝克曼梁测定的回弹弯沉值。选择的对比路段长度 300～500 m，弯沉值应有一定的变化幅度。

② 采用与实际使用相同且符合要求的落锤式弯沉仪及贝克曼梁弯沉仪测定车。落锤式弯沉仪的冲击荷载应与贝克曼梁弯沉仪测定车的后轴双轮荷载相同。

③ 用油漆标记对比路段起点位置。

④ 布置测点位置，按 T0951 的方法用贝克曼梁定点测定回弹弯沉。测定车开走后，用粉笔以测点为圆心，在周围画一个半径为 15 cm 的圆，标明测点位置。

⑤ 将落锤式弯沉仪的承载板对准圆圈，位置偏差不超过 30 mm，按上述要求进行测定。两种仪器对同一点弯沉测试的时间间隔不应超过 10 min。

⑥ 逐点对应计算两者的相关关系。

通过对比试验得出回归方程式：

$$L_B = a + bL_{FWD} \qquad (11-26)$$

式中　　L_B——贝克曼梁测定的弯沉值（0.01 mm）；

　　　　L_{FWD}——落锤式弯沉仪测定的弯沉值（0.01 mm）；

　　　　a、b——回归系数。

回归方程式的相关系数 R 应不小于 0.95。

由于路面结构和材料、路基状况、温度、水文条件、路面使用状况不同，对比关系也有所不同，为了提高数据的准确性，应分各种情况做此项对比试验。

（5）水泥混凝土路面板现场测试方法

① 在测试路段的水泥混凝土路面板表面布置测点，当为调查水泥混凝土路面接缝传荷效果时，测点布置在接缝的一侧，位移传感器分开在接缝两边布置。当为探查路面板下的空洞时，测点布置位置随测试需要而定，应在不同位置测定。

② 按测试步骤进行测定。

（6）测试结果分析与计算

① 按桩号记录各测点的弯沉及弯沉盆数据，按规程附录 B 的方法计算一个评定路段的平均值、标准差、变异系数。

② 当为调查水泥混凝土路面接缝的传力效果时，利用分开在接缝两边布置的位移传感器的测定值的差异及弯沉盆的形状，进行判断。

③ 当为探查路面板下的空洞时，利用在不同位置测定的测定值的差异及弯沉盆的形状，进行判断。

2）稳态弯沉仪测量法

利用震动力发生器在路面上作用一固定频率的正弦动荷载，通过沿荷载轴线相隔一定间距布置的速度传感器(检波器),量测路表面的动弯沉曲线。目前应用在公路上的有重型弯沉仪(如 Dynaflect 和 Road Rater),所作用的动荷载约达 150 kN。为了保证施加震动荷载时仪器不跳离路面,仪器的自重必须大于动荷载。因此,在施加动荷载前,路面实际上已受到一较重的静载作用,这将影响测定的结果。

11.3.2 路基路面模量测定

1) 概述

路基是路面结构的支承基础,车轮荷载通过路面结构传至路基。所以路基的荷载-变形特性对路面结构的整体强度和刚度有很大影响。路面结构的损坏,除了它本身的原因外,主要是由于路基变形过大所引起的。在路面结构的总变形中,路基的变形占有很大部分,为70%~90%。以回弹模量表征路基的荷载-变形特性可以反映路基在瞬时荷载作用下的可恢复变形性质。对于各种以半空间弹性体模型来表征路基特性的设计方法,无论是柔性路面或是刚性路面,都以回弹模量 E_R 作为路基的强度或刚度的计算技术指标。路基回弹模量测定方法有:承载板测试方法和分层测定法,本节仅介绍承载板测试方法,具体内容如下。

2) 承载板测试方法适用范围

(1) 本方法依据(JTGE60-2008)(T0943-2008)规定,主要适用于在现场路基表面,通过用承载板对路基逐级加载、卸载的方法,测出每级荷载下相应的回弹变形值,通过计算确定路基回弹模量。

(2) 本方法测定的路基回弹模量可作为路面设计参数使用。

3) 测试仪具与技术要求

(1) 加载设备:载有铁块或集料等重物,后轴不小于 60 kN 的载重汽车一辆,作为加载设备。在汽车大梁的后轴之后约 80 cm 处,附设加劲横梁一根作为反力架。汽车轮胎充气压力 0.50 MPa。

(2) 现场测试装置:如图 11-15 所示,由千斤顶、测力计(测力环或压力表)及球座组成。

(3) 刚性承载板一块,板厚 20 mm,直径为 30 cm,直径两端设有立柱和可以调节高度的支座,供安放弯沉仪测头用。承载板安放在路基表面。

(4) 路面弯沉仪两台,由贝克曼梁弯沉仪、百分表及其支架组成。

(5) 液压千斤顶一台,80~100 kN,装有经过标定的压力表或测力环,测定精度不小于测力计量程的 1%。

(6) 秒表、水平尺及其他用具。

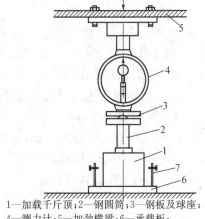

1—加载千斤顶;2—钢圆筒;3—钢板及球座;4—测力计;5—加劲横梁;6—承载板;7—立柱及支座

图 11-15 承载板现场测试装置

4) 测试方法

(1) 测试设备与仪表安装

根据需要选择测点,所有测试设备和仪表的安装应符合现行规程的要求,同时应确保安全可靠。

(2) 测试方法:

① 用千斤顶开始加载,注视测力环或压力表,预压 0.05 MPa,稳定 1 min,使承载板与土基紧密接触,同时检查百分表,其工作情况应正常,然后放松千斤顶油门卸载,稳压 1 min 后将指针对零,或记录初始读数。

② 测定路基的压力-变形曲线。用千斤顶加载,采用逐级加载卸载法,用压力表或测力环控制加载量,荷载小于 0.1 MPa 时,每级增加 0.02 MPa,以后每级增加 0.04 MPa 左右。为了使加载和计算方便,加载值可适当调整为整数。每次加载至预定荷载 P 后稳定 1 min,立即读记两台弯沉仪百分表数值,然后轻轻放开千斤顶油门卸载至 0,待稳定 1 min 后再次读数,每次卸载后百分表不再对零。当两台弯沉仪百分表读数之差不超过平均值的 30% 时,取平均值;如超过 30%,则应重测。当回弹变形值超过 1 mm 时,即可停止加载。

③ 各级荷载的回弹变形和总变形,按式(11-27)和(11-28)计算:

$$回弹变形(L) = (加载后读数平均值 - 卸载后读数平均值) \times 弯沉仪杠杆比 \quad (11-27)$$

$$总变形(L') = (加载后读数平均值 - 加载初始前读数平均值) \times 弯沉仪杠杆比$$

$$(11-28)$$

④ 测定总影响量 a。最后一次加载卸载循环结束后,取走千斤顶,重新读取百分表读数,然后将汽车开出 10 m 以外,读取终读数,两只百分表的初、终读数差的平均值即为总影响量 a。

⑤ 在试验点下取样,测定材料含水率。取样数量如下:

最大粒径不大于 4.75 mm,试样数量约 120 g;

最大粒径不大于 19.0 mm,试样数量约 250 g;

最大粒径不大于 31.5 mm,试样数量约 500 g。

⑥ 在靠近试验点旁边的适当位置,用灌砂法或环刀法等测定土基的密度。

5)测试结果分析与计算

(1) 各级压力的回弹变形值加上该级的影响量后,则为计算回弹变形值。表 11-5 是以后轴重 60 kN 的标准车为测试车的各级荷载影响量计算值。当使用其他类型测试车时,各级压力下的影响量 a_i 按式(11-29)计算:

$$a_i = \frac{(T_1 + T_2)\pi D^2 p_i}{4 T_1 Q} \times a \quad (11-29)$$

式中 　T_1——测试车前后轴距离(m);

　　　T_2——加劲小梁距后轴距离(m);

　　　Q——测试车后轴重(N);

　　　D——承载板直径(m);

　　　p_i——该级承载板压力(MPa);

　　　a——总影响量(0.01 mm);

　　　a_i——该级压力的分级影响量(0.01 mm)。

表 11-5　各级荷载影响量(后轴 60 kN 车)

承载板压力(MPa)	0.05	0.10	0.15	0.20	0.30	0.40	0.50
影响量	0.06a	0.12a	0.18a	0.24a	0.36a	0.48a	0.60a

(2) 将各级计算回弹变形点绘于标准计算纸上,排除显著偏离的异常点并绘出顺滑的

p-l 曲线,如曲线起始部分出现反弯,应按图 11-16所示修正原点O,O' 则是修正后的原点。

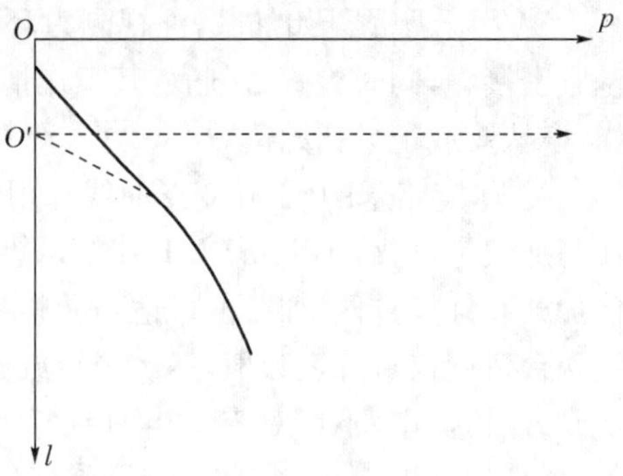

(3) 按式(11-30)计算相应于各级荷载下的路基回弹模量 E_i 值:

$$E_i = \frac{\pi D}{4} \times \frac{p_i}{l_i}(1-\mu_0^2) \quad (11-30)$$

式中　E_i——相应于各级荷载下的路基回弹模量(MPa);

　　　μ_0——土的泊松比,根据相关路面设计规范规定取用;

　　　D——承载板直径 30 cm;

　　　p_i——承载板压力(MPa);

　　　l_i——相对于荷载 p_i 的计算回弹变形(cm)。

(4) 取结束试验前的各计算回弹变形值按线性归纳方法由式(11-31)计算路基回弹模量 E_0 值。

$$E_0 = \frac{\pi D}{4} \times \frac{\sum p_i}{\sum l_i}(1-\mu_0^2) \qquad (11-31)$$

式中　E_0——土基回弹模量(MPa);

　　　μ_0——土的泊松比,根据相关路面设计规范规定取用;

　　　D——承载板直径 30 cm;

　　　p_i——承载板压力(MPa);

　　　l_i——相对于荷载 p_i 的计算回弹变形(cm)。

计算路基回弹模量 E_i 值时,泊松比 μ_0 是必须用的指标,可根据有关设计规范的规定选用,当无规定时,非粘性土可取 0.35,高粘性土取 0.50,一般可取 0.35 或 0.40。

(5) 承载板测试记录表见表 11-6 所示。

图 11-16　修正原点示意图

表 11-6　承载板测定记录表

路线和编号:　　　　　　　　　　　　　路面结构:

测定层位:　　　　　　　　　　　　　　承载板直径(cm):

测定日期:　　　　　　　　　　　　　　测定用汽车型号:

千斤顶表读数	荷载 P /kN	承载板压力 p /MPa	百分表读数 (0.01 mm)			总变形 (0.01 mm)	回弹变形 (0.01 mm)	分级影响量 (0.01 mm)	计算回弹变形 (0.01 mm)	E_i /MPa
			加载前	加载后	卸载后					

总影响量 a(0.01 mm)

土基回弹模量 E_0/MPa

254

11.3.3 水泥混凝土路面的承载力检测

11.3.3.1 概述

目前,在水泥混凝土路面设计中,采用小挠度弹性薄板理论,把水泥混凝土路面结构看成是弹性层状体系。水泥混凝土路面不同于沥青路面的特征是:首先,混凝土路面板的弹性模量及力学强度大大高于基层和土基的相应模量和强度;其次,混凝土的抗弯拉强度远小于抗压强度,为其 $1/6\sim1/7$,因此决定水泥混凝土板的强度指标是抗弯拉强度。

由于混凝土的抗弯强度比抗压强度低得多,在车轮荷载作用下当弯拉应力超过混凝土的极限抗弯拉强度时,混凝土板便产生断裂破坏。且在车轮荷载的重复作用下,混凝土板会在低于其极限抗弯强度时出现破坏。此外,由于温差会使板产生翘曲应力。另外,水泥混凝土又是一种脆性材料,它在断裂时的相对拉伸变形很小。因此,不均匀的基础和基层的变形情况对混凝土板的影响很大,不均匀的基础变形会使混凝土板与基层脱空,在车轮荷载作用下板产生过大的弯拉应力而遭破坏。

我国水泥混凝土路面设计规范规定,混凝土面板下必须设置厚为 $0.15\sim0.2$ m 的基层,或者是具有足够刚度的老路面。其顶面的当量回弹模量 E_t 值不应低于表 11-7 的规定,表 11-7 中还列出了相应的最大计算弯沉值。

表 11-7 刚性路面下地基刚度指标的要求值

交通分类	E_t 不小于/MPa	表面弯沉 l_a 不大于(精确至 0.01 mm)
特 重	100	120
重	80	150
中 等	60	200
轻	40	300

混凝土抗弯拉弹性模量试件尺寸及加载方式同抗弯拉强度试验,并规定用挠度法。取四级荷载中 $P_{0.5}$ 级(即极限抗弯拉荷载的一半)时的割线模量为标准。

11.3.3.2 路面接缝传荷能力的现场检测

1) 接缝传荷能力的定义

混凝土路面的纵向和横向接缝具有一定的传荷能力。路面接缝的荷载传递机构分为三种类型:

(1) 集料嵌锁:依靠接缝处断裂面上集料的啮合作用传递剪力,如不设传力杆的横向缩缝。

(2) 传力杆:依靠埋设在接缝处的传力杆传递剪力、弯矩和扭矩,如设传力杆胀缝和施工缝等。

(3) 传力杆和集料嵌锁:上述两类型的综合,如设传力杆缩缝等。

接缝的传荷能力可用传荷系数表征。它以接缝两侧相邻板的弯沉(即挠度)、应力或荷载量的比值定义,如:

① 以挠度表示的传荷系数 E_w

$$E_w = \frac{W_2}{W_1} \times 100\%$$

(11-32)

或者

$$E_w = \frac{2W_2}{W_1 + W_2} \times 100\%$$ (11-33)

② 以应力表示的传荷系数

$$E_0 = \frac{\sigma_2}{\sigma_1} \times 100\%$$ (11-34)

或者

$$K_j = \frac{\sigma_{sj}}{\sigma_c} \times 100\%$$ (11-35)

式中　W_1、σ_1——分别为受荷板边缘的挠度和应力；

　　　W_2、σ_2——分别为未受荷板边缘的挠度和应力；

　　　σ_{sj}——考虑接缝传荷作用的板边应力；

　　　σ_c——无传荷作用(自由边)的板边应力。

2) 影响接缝传荷能力的因素

影响接缝传荷能力的因素很多,包括接缝传荷机构、路面结构相对刚度、环境(温度)和轴载(大小及作用次数)等。表 11-8 所列为依据试验数据提出各类接缝的弯沉传荷系数建议范围。

表 11-8　各类接缝的传荷系数

接缝类型	挠度传荷系数 E_w(%)	应力传荷系数
设传力杆胀缝	≥60	≤0.82
不设传力杆胀缝	50～55	0.84～0.86
设传力杆缩缝	≥75	≤0.75
设拉杆平口纵缝	25～55	0.80～0.91
设拉杆企口纵缝	77～82	0.72～0.74

3) 路面接缝传荷能力测定方法

水泥混凝土路面接缝传荷能力测定可以采用弯沉仪法或落锤弯沉仪法。弯沉法是用两台弯沉仪组合进行,并用公式(11-32)计算接缝的传荷能力。测定时应注意弯沉仪的支座不能在测定板上,落锤弯沉仪则可利用其中的两个传感器测定接缝两边的弯沉。

11.3.4　沥青混凝土路面的承载力检测

1) 概述

目前我国沥青路面承载力用容许弯沉 l_R 来衡量。路面容许弯沉的确切含义是:路面在使用期末的不利季节,在设计标准轴载作用下容许出现的最大回弹弯沉值。当由标准汽车按前进卸荷法测定的路表回弹弯沉值大于容许弯沉值时,说明该路段的承载能力不足,须进行加强、修补或改善等措施。

容许弯沉值与使用寿命的关系可通过现场调查和检测确定。选择使用多年并出现某种破坏状况的路面,测定弯沉值,调查累计交通量,进行分析整理。其中对于路面破坏状况的判定

256

十分重要,既要考虑路面的使用要求,又要兼顾能够达到这种要求的经济力量。因此世界各国确定容许弯沉值采用的标准不尽统一。我国对公路沥青路面按外观特征分为五个等级,如表11-9,并把第四外观等级作为路面临界破坏状态,以第四级路面的弯沉值的低限作为临界状态的划界标准。从表中所列的外观特征可知,这样的临界状态相当于路面已疲劳开裂并伴有少量永久变形的情况。对相同路面结构不同外观特征的路段进行测定后发现,外观等级越高,弯沉值越大。对于不同极限状态,容许弯沉值也不同。

表 11-9 沥青路面外观等级评判

外观等级	外观状况	路面表面外观特征
一	好	坚实,平整,无裂纹,无变形
二	较好	平整,无变形,少量开裂
三	中	平整,无变形,有少量纵向或不规则裂纹
四	较坏	无明显变形,有较多纵横向裂纹或局部网裂
五	坏	连片严重龟(网)裂或伴有车辙、沉陷

研究表明,路面达到某种临界状态时,累计交通量同设计弯沉值之间存在良好的双对数关系,可普遍地表示为

$$l_d = \frac{600}{N_e^{0.2}} A_c A_s A_b \qquad (11-36)$$

式中 l_d ——路面设计弯沉值(0.01 mm);

N_e ——累计当量轴载作用次数;

A_c 的取值:高速公路和城市快速路为 0.85;

一级公路和大城市主干路为 1.0;

二级公路和大城市次干路为 1.1;

三级公路和大城市支路及中、小城市次干路、支路为 1.2。

A_s 的取值:沥青混凝土和热拌沥青碎石为 1.0;

冷拌沥青碎石、沥青贯入式和沥青上拌下贯式为 1.1;

沥青表面处治为 1.2;

粒料类面层为 1.3。

A_b 的取值:半刚性基层取 1.0;

柔性基层取 1.6。

路面结构强度评定时,可以利用测定的弯沉值与路面设计弯沉值进行比较。

2) 检测方法

路面结构模量测定方法:

① 破损法:钻孔取芯进行室内试验法、分层试验法;

② 波传法:频谱分析法(表面波法)、雷达波法;

③ 非破损法:静态弯沉法、动态弯沉法。

2) 多层体系模量反算非破损法

① 力学分析法；② 目标函数法；③ 以数据库为基础的模量反算方法；④ 回归分析法。

3) 工程实际应用及主要问题

(1) 实测弯沉与理论弯沉、动荷弯沉的修正

实测弯沉与理论弯沉值的关系在沥青路面设计规范中有明确的说明，即主要由理论假定的误差、材料非线性实测值的误差等多方面的原因引起。因此，在沥青路面设计规范中采用综合修正的方法，但该修正系数是中心点弯沉的修正系数，能否用于所有各点，必须进行研究。东南大学在沪宁高速公路试验路研究期间，进行了大量的测试，提出了弯沉盆修正系数。

$$F(r) = F_0 \frac{1}{A_0 + A_1(r/\delta) + A_2(r/\delta)^2 + A_3(r/\delta)^3} \tag{11-37}$$

$$F_0 = A_F \left(\frac{l_s E_0}{2p\delta} \right)^n$$

$A_F = 1.316\,3$； $n = 0.537\,5$； $A_0 = 1.0$； $A_1 = 2.196\,7e-1$； $A_2 = 6.063\,9e-3$；

$A_3 = 3.986\,1e-4$。

(2) 测试误差的影响

反算结果的误差分析表明，设备的测试误差对反算结果有较大的影响。

(3) 测试结果的重复性试验

在同一点进行多次测定，由于存在测试误差，因此，如何分析和考虑测试的重复性，对分析仪器的测量精度有很重要的意义。

11.3.5 强度评定

综上所述，水泥路面和沥青路面具有不同的特性，因此承载能力的评价标准也有所不同。其强度评定方法依据《公路技术状况评定标准》(JTGH20-2007)进行评定。

11.4 路面抗滑性能的现场检测

11.4.1 路面抗滑性能基本概念

据资料分析，造成行车事故的原因除人为因素及汽车故障等之外，很大部分是直接或间接与路面滑溜有关。一般情况下，事故中 25% 是与路面潮湿而产生的滑溜有关，在严重的情况下大概为 40%，在冰雪路面百分率则更高，因此对路面有一定的粗糙度要求，即抗滑性能。

这种情形在我国尤为明显，目前我国高速公路路面所占的比例仍不高，大多数为多年修建的低等级路面，由于施工水平及原材料的缺陷，路面的抗滑性能相对较差，从而影响路面的使用安全。

影响路面的安全因素主要分为以下几个方面：① 刹车阻力；② 车辙；③ 路表反光；④ 车道的划分；⑤ 碎片及外部物体等。

1) 刹车阻力

汽车安全行驶的一个重要条件是路面应有一定的摩擦系数和粗糙度。沥青面层的粗糙度主要与材料和级配有关，而摩擦系数的变化主要与级配和矿料的性质有关。Stepher W.

Forster 研究了路面粗糙情况与摩擦系数及轮胎花纹之间的关系。研究结果指出:路面必须保证有一定的粗糙度,同时轮胎花纹对抗滑性能有很大的影响。Rediger Lamm 等人研究了路面平整度与速度之间的关系式。提出了切向摩擦系数与运行速度之间的关系

$$F_T = 0.591 - 7.81 \times 10^{-3} V_d + 3.9 \times 10^{-5} V_d{}^2 \qquad (11-38)$$

式中　F_T——切向摩擦系数;

　　　V_d——设计时速(m/h)。

法向摩擦系数与运行速度的关系式

$$F_R = 0.269 - 3.53 \times 10^{-3} V_d + 1.5 \times 10^{-5} V_d{}^2 \qquad (11-39)$$

根据摩擦系数值及司机反应时间,提出最小停车距离为

$$SSD = 1.47 V_d t + \frac{V_d{}^2}{30 F_{Tmax}} \qquad (11-40)$$

式中　　　t——司机反应时间;

　　　F_{Tmax}——最大摩擦系数。

刹车阻力或摩擦阻力是汽车轮胎抱死时轮胎与路面之间的滑动阻力,并定义为

$$f = \frac{F}{W} \qquad (11-41)$$

式中　f——摩阻系数;

　　　F——在路表运动时的摩阻力;

　　　W——垂直于路表的荷载。

刹车阻力直接影响到行车安全,如果笼统地说路面具有某一摩擦系数值是不正确的,不同的测试方法和条件,可得到不同的摩擦系数值,其测量方法国际上通用的有:① 摆式摩擦系数测定仪法;② 横向力系数测定仪法;③ 制动距离法;④ 锁轮拖车法等。摩擦阻力的大小除路面的状况外还取决于轮胎的特性、车速大小、温度、路面积水和是否有积雪或结冰等。

2)车辙

车辙是影响路面使用安全的另一个方面原因,路表车辙深度在大雨过后可以直观看到,通常采用直尺进行量测。当路面上积滞的水深达 5 mm 以上,而行车速度又等于或大于式(11-42)所定的数值时,便有可能出现水面漂滑现象,即轮胎与路面之间由一层水膜所隔开。

$$V = 192.5 \sqrt{P} \qquad (11-42)$$

式中　V——有水膜时可能出现漂滑的临界车速(km/h);

　　　P——轮胎内压力(MPa)。

路面车辙深度大于 10~13 mm 时,就有可能积滞足够深度的水而引起漂滑的出现。因此,在车辙较严重的路段,应测定车辙深度以判别出现漂滑的可能。通常采用开级配沥青混凝土或刻槽法,通过增加路表面的粗糙度减轻漂滑的影响。

此外,路面的颜色、路表反光以及车道的划分对路面的使用安全也有较大影响。

11.4.2　路面摩擦系数测定

11.4.2.1　摆式仪测定路面抗滑值测试方法

1)适用范围

《公路路基路面现场试验规程》(JTG E60-2008)(T0964-2008)规定,本方法主要适用于

以摆式摩擦系数测定仪(摆式仪)测定沥青路面及水泥混凝土路面的抗滑值,用以评定路面在潮湿状态下的抗滑能力。

2)测试仪具与材料技术要求

(1)摆式仪:形状及结构如图 11 - 17 所示,摆及摆的连接部分总质量为(1500±30)g,摆动中心至摆的重心距离为(410±5)mm,测定时摆在路面上滑动长度为(126±1)mm,摆上橡胶片端部距摆动中心的距离为 508 mm,橡胶片对路面的正向静压力为(22.2±0.5)N,橡胶物理性质技术要求见表 11 - 10。

表 11 - 10　橡胶物理性质技术要求

温度/℃	0	10	20	30	40
弹性/%	43~49	58~65	66~73	71~77	74~79
硬度/IP	55±5				

(2)橡胶片:当用于测定路面抗滑值时的尺寸为 6.35 mm×25.4 mm×76.2 mm,橡胶质量应符合表 11 - 10 的要求。当橡胶片使用后,端部在长度方向上磨耗超过 1.6 mm 或边缘在宽度方向上磨耗超过 3.2 mm,或有油类污染时,即应更换新橡胶片。新橡胶片应先在干燥路面上测试 10 次后再用于测试。橡胶片的有效使用期为出厂日期起算 12 个月。

(3)标准量尺:长 126 mm。

3)测试方法

选择测试地点,一般在行车道轮迹带上,并与构造深度测点位置相对应。

(1)测试方法

① 仪器调平;

② 仪器调零;

③ 校核滑动长度。校核滑动长度时应以橡胶片长边刚刚接触路面为准,不可借摆的力量向前滑动,以免标定的滑动长度过长。

④ 洒水测试,并读记每次测定的摆值,即 BPN,5 次数值中最大值与最小值的差值不得大于 3 BPN。如果差值大于 3 BPN 时应检查产生的原因,并再次重复上述各项操作,至符合规定为止。取 5 次测定的平均值作为每个测点路面的抗滑值(即摆值 F_B),取整数,以 BPN 表示。

⑤ 在测点位置上用路表温度计测记潮湿路面的温度,准确至 1℃。

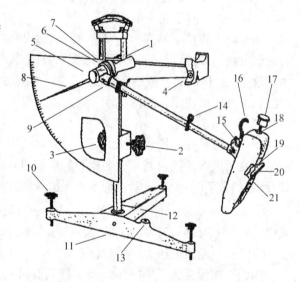

1、2—紧固把手;3—升降把手;4—释放开关;5—转向节螺盖;
6—调节螺母;7—针簧片或毡垫;8—指针;9—连接螺栓;
10—调平螺栓;11—底座;12—垫块;13—水准泡;
14—卡环;15—定位螺丝;16—举升柄;17—平衡锤;
18—并紧螺母;19—滑溜块;20—橡胶片;21—止滑螺丝。

图 11 - 17　摆式仪形状及结构

⑥ 按以上方法,同一处平行测定不少于 3 次,3 个测点均位于轮迹带上,测点间距 3~5 m。该处的测定位置以中间测点的位置表示。每一处均取 3 次测定结果的平均值作为试验

结果,准确至 1 BPN。

4）抗滑值的温度修正

当路面温度为 $T(℃)$ 时测得的摆值为 BPN_t,必须按式（11-43）换算成标准温度 20℃ 的摆值 BPN_{20}：

$$BPN_{20} = BPN_t + \Delta BPN \qquad (11-43)$$

式中　BPN_{20}——换算成标准温度 20℃ 时的摆值（BPN）；

　　　　BPN_t——路面温度 T 时测得的摆值（BPN）；

　　　　ΔBPN——温度修正值,按表 11-11 采用。

表 11-11　温度修正值

温度 $T/℃$	0	5	10	15	20	25	30	35	40
温度修正值 ΔBPN	-6	-4	-3	-1	0	$+2$	$+3$	$+5$	$+7$

11.4.2.2　摩擦系数测定车测定路面横向力系数测试方法

1）适用范围

（1）本方法按《公路路基路面现场试验规程》（JTG E60-2008）（T0965-2008）规定,主要适用于横向力系数测试系统在新建、改建路面工程质量验收和无严重坑槽、车辙等病害的正常行驶条件下连续采集路面的横向力系数。

（2）本方法的数据采集、传输、记录和处理分别有专用软件自动控制进行。

2）测试仪具与技术要求

（1）测试系统构成

测试系统由承载车辆、距离测试装置、横向力测试装置、供水系统和主控系统组成,如图 11-18 所示。主控系统除实施对测试装置和供水装置的操作控制外,同时还控制数据的传输、记录与计算等环节。

（2）测试承载车基本技术要求和参数

横向力系数测试系统的承载车应为能够固定和安装测试、储供水、控制和记录等系统的载货车底盘,具有在水罐满载状态下最高车速大于 100 km/h 的性能。

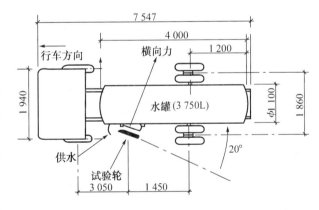

图 11-18　横向摩擦系数测定车机构示意图（单位：mm）

（3）测试系统技术要求和参数

测试轮胎类型：光面天然橡胶充气轮胎；

测试轮胎规格：3.00/20；

测试轮胎标准气压：350 kPa±20 kPa；

测试轮偏置角：19.5°～21°；

测试轮静态垂直标准荷载：2 000 N±20 N。

261

3）测试方法

（1）在正式开始测试之前，应按设备操作手册规定的时间要求对系统进行通电预热。

（2）进入测试路段前应将测试轮胎降至路面上预跑约 500 m。

（3）按照设备操作手册的规定和测试路段的现场技术要求设置所需要的测试状态。

（4）驾驶员在进入测试路段前应保持车速在规定的测试速度范围内，沿正常行车轨迹驶入测试路段。

（5）进入测试路段后，测试人员启动系统的采集和记录程序。在测试过程中必须及时准确地将测试路段的起点、终点和其他需要特殊标记点的位置输入测试数据记录中。

（6）当测试车辆驶出测试路段后，仪器操作人员停止数据采集和记录，提升测量轮并恢复各部分至初始状态。

（7）操作人员检查数据文件应完整，内容应正常，否则需要重新测试。

（8）关闭测试系统电源，结束测试。

4）SFC 值的修正

（1）SFC 值的速度修正

测试系统的标准测试速度范围规定为 50 km/h±4 km/h，其他速度条件下测试的 SFC 值必须通过式（11-44）转换至标准速度下的等效 SFC 值。

$$SFC_{标} = SFC_{测} - 0.22(v_{标} - v_{测}) \qquad (11-44)$$

式中　$SFC_{标}$——标准测试速度下的等效 SFC 值；

　　　$SFC_{测}$——现场实际测试速度条件下的 SFC 测试值；

　　　$v_{标}$——标准测试速度，取值 50 km/h；

　　　$v_{测}$——现场实际测试速度。

（2）SFC 值的温度修正

测试系统的标准现场测试地面温度范围为 20℃±5℃，其他地面温度条件下测试的 SFC 值必须通过表 11-12 转换至标准温度条件下的等效 SFC 值。系统测试要求地面温度控制在 8～60℃范围内。

表 11-12　SFC 值温度修正

温度/℃	10	15	20	25	30	35	40	45	50	55	60
修正	−3	−1	0	+1	+3	+4	+6	+7	+8	+9	+10

11.4.3　路面构造深度测定

现行规范中路面构造深度测试方法有：手工铺砂法、电动铺砂法和激光构造深度仪法。

11.4.3.1　手工铺砂法测定路面构造深度测试方法

1）适用范围

本方法按《公路路基路面现场试验规程》（JTGE60-2008）（T0961-2008）规定，主要适用于测定沥青路面及水泥混凝土路面表面构造深度，用以评定路面的宏观粗糙度、路面表面的排水性能和抗滑性能。

262

2) 测试仪具与技术要求

(1) 人工铺砂仪:由量砂筒、推平板组成。

① 量砂筒:形状尺寸如图 11-19 所示,一端是封闭的,容积为(25±0.15)mL,可通过称量砂筒中水的质量以确定其容积 V,并调整其高度,使其容积符合规定要求。附带一专门的刮尺将筒口量砂刮平。

② 推平板:形状尺寸如图 11-20 所示,推平板应为木制或铝制,直径 50 mm,底面粘一层厚 1.5 mm 的橡胶片,上面有一圆柱形把手。

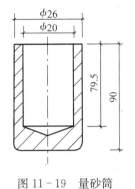
图 11-19 量砂筒

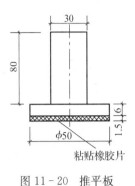
图 11-20 推平板

③ 刮平尺:可用 30 cm 钢板尺代替。

(2) 量砂:足够数量的干燥洁净的匀质砂,粒径 0.15~0.3 mm。

(3) 量尺:钢板尺、钢卷尺,或采用已按式(11-44)将直径换算成构造深度作为刻度单位的专用构造深度尺。

3) 测试方法

(1) 用扫帚或毛刷子将测点附近的路面清扫干净,面积不小于 30 cm×30 cm。

(2) 用小铲向圆筒中注满砂(不可直接用量砂筒装砂,以免影响量砂密度的均匀性),手提圆筒上方,在硬质路表面上轻轻地叩击 3 次,使砂密实,补足砂面并用钢尺一次刮平。

(3) 将砂倒在路面上,用底面粘有橡胶片的推平板,由里向外重复做摊铺运动,稍稍用力将砂细心地尽可能的向外摊开,使砂填入凹凸不平的路表面的空隙中,尽可能将砂摊成圆形,并不得在表面上留有浮动余砂。注意摊铺时不可用力过大或向外摊挤。

(4) 用钢板尺测量所构成圆的两个垂方向的直径,取其平均值,准确至 5 mm。

(5) 按以上方法,同一处平行测定不少于 3 次,3 个测点均位于轮迹带上,测点间距 3~5 m。对同一处,应该由同一个试验员进行测定。该处的测定位置以中间测点的位置表示。

4) 测试结果计算

(1) 路面表面构造深度测定结果按下式计算:

$$TD = \frac{1\,000V}{\pi D^2/4} = \frac{31\,831}{D^2} \qquad (11\text{-}45)$$

式中　TD ——路面表面的构造深度(mm);

　　　V ——砂的体积(25 cm³);

　　　D ——砂的平均直径(mm)。

(2) 每一处均取 3 次路面构造深度测定结果的平均值作为试验结果,准确至 0.01 mm。

(3) 按规定的方法计算每一个评定区间路面构造深度的平均值、标准差、变异系数。

11.4.3.2　车载式激光构造深度仪测定路面构造深度测试方法

1) 适用范围

(1) 本方法按《公路路基路面现场试验规程》(JTGE60-2008)(T0966-2008)规定,适用于各类车载式激光构造深度仪在新建、改建路面工程质量验收和无严重破损病害(无积水、积雪、泥浆)等正常行车条件下测定,连续采集路面构造深度,但不适用于带有沟槽的水泥混凝土路面构造深度测定。

(2) 本方法的数据采集、传输、记录和处理分别由专用软件自动控制进行。

2) 测试仪具与技术要求

(1) 测试系统构成

测试系统由承载车辆、距离传感器、激光传感器和主控系统组成。主控系统对测试装置的操作实施控制,完成数据采集、传输、存储与计算过程。如图11-21所示。

(2) 设备承载要求

根据设备供应商的要求选择测试系统承载车辆。

(3) 测试系统基本技术要求和参数

① 最大测试速度:≥50 km/h;

② 采样间隔:≤10 mm;

③ 传感器测试精度:0.1 mm;

④ 距离标定误差:<0.1%;

⑤ 系统工作环境温度:0～60℃。

图 11-21　车载式激光构造深度仪

3) 测试方法

(1) 按照设备使用说明书规定的预热时间对测试系统进行预热。

(2) 测试车停在起点前 50～100 m 处,启动测试系统程序,按照设备操作手册的规定和测试路段的现场技术要求设置完毕所需的测试状态。

(3) 驾驶员应按照设备操作手册要求的测试速度范围驾驶测试车,避免急加速和急减速,急弯路段应放慢车速,沿正常行车轨迹驶入测试路段。

(4) 进入测试路段后,测试人员启动系统的采集和记录程序,在测试过程中必须及时准确地将测试路段的起点和其他需要特殊标记的位置输入测试数据记录中。

(5) 当测试车辆驶出测试路段后,测试人员停止数据采集和记录,并恢复仪器各部分至初始状态。

(6) 检查:测试数据文件应完整,内容正常,否则需要重新测试。

(7) 关闭测试系统电源,结束测试。

4) 激光构造深度仪测值与铺砂法构造深度值相关关系对比试验

(1) 选择构造深度分别为 0～0.3 mm、0.3～0.55 mm、0.55～0.8 mm、0.8～1.2 mm 范围的 4 个各长 100 m 的试验路段。试验前将路面清扫干净,并在起终点做上标记。

(2) 在每个试验路段上沿行车轮迹用铺砂法测试至少 10 个点的构造深度值,并计算平均值。

(3) 驾驶测试车以 30～50 km/h 速度驶过试验路段,并且保证激光构造深度仪的传感器探头沿铺砂法所测构造深度的行车轮迹运行,计算试验路段的构造深度平均值。

(4) 建立两种方法的相关关系,要求相关系数 R 不小于 0.97。

11.4.4 沥青路面渗水系数测试方法

1)适用范围

本方法按《公路路基路面现场试验规程》
(JTGE60-2008)(T0971-2008)规定,适用于用路面
渗水仪测定沥青路面的渗水系数。

2)测试仪具与技术要求

(1)路面渗水仪:形状及尺寸如图 11-22 所示,
上部盛水量筒由透明有机玻璃制成,容积 600 mL,上
有刻度,在 100 mL 及 500 mL 处有粗标线,下方通过
φ10 mm 的细管与底座相接,中间有一开关。量筒通
过支架连接,底座下方开口径 φ150 mm,外径
φ220 mm,仪器附不锈钢压重铁圈两个,每个质量约
5 kg,内径 160 mm。

(2)测试用水及漏斗;

(3)秒表及其他工具;

(4)密封材料:防水腻子、油灰或橡皮泥。

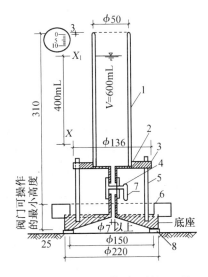

1—透明有机玻璃筒;2—螺纹连接;3—顶板;4—阀;
5—立柱支架;6—压重铁圈;7—把手;8—密封材料

图 11-22 路面渗水仪示意图

3)测试方法

(1)在测试路段的行车道路面上,按规定的随机取样方法选择测试位置,每一个检测路段
应测定 5 个测点,并用粉笔画上测试标记。

(2)试验前,首先用扫帚清扫表面,并用刷子将路面表面的杂物去掉,杂物的存在一方面
会影响水的渗入;另一方面也会影响渗水仪和路面或者试件的密封效果。

(3)将塑料圈置于试件中央或路面表面的测点上,用粉笔分别沿塑料圈的内侧和外侧画
上圈,在外环和内环之间的部分就是需要用密封材料进行密封的区域。

(4)用密封材料对环状密封区域进行密封处理,注意不要使密封材料进入内圈,如果密封
材料不小心进入内圈,必须用刮刀将其刮去。然后再将搓成拇指粗细的条状密封材料摞在环
状密封区域的中央,并且摞成一圈。

(5)将渗水仪放在试件或路面表面的测点上,注意使渗水仪的中心尽量和圆环中心重合,
然后略微使劲将渗水仪压在条状密封材料表面,再将配重加上,以防止压力水经底座与路面间
隙流出。

(6)将开关关闭,向量筒中注满水,然后打开开关,使量筒中的水下流并排出渗水仪底部
内的空气,当量筒中水面下降速度变慢时用双手轻压渗水仪使渗水仪底部的气泡全部排出。
关闭开关,并再次向量筒中注满水。

(7)将开关打开,待水面降至 100 mL 刻度时,立即开动秒表开始计时,每间隔 60 s,读记
仪器管的刻度一次,水面下降至 500 mL 时为止。测试过程中,如水从底座与密封材料间渗
出,说明底座与路面密封不好,应移至附近干燥路面处重新操作。当水面下降速度较慢,则测
定 3 min 的渗水量即可停止;如果水面下降速度较快,在不到 3 min 的时间内到达 500 mL 刻
度线,则记录到达 500 mL 刻度线时的时间;若水面下降至一定程度后保持不动,说明基本不
透水或根本不透水,在报告中注明。

（8）按上述步骤在同一个检验路段选择 5 个测点测定渗水系数，取其平均值作为检测结果。

4）测试结果计算

计算时以水面从 100 mL 下降至 500 mL 刻度线所需的时间为标准，若渗水时间过长，亦可采用 1～3 min 通过的水量计算

$$C_{w} = \frac{V_2 - V_1}{t_2 - t_1} \times 60 \tag{11-46}$$

式中　C_w——路面渗水系数（mL/min）；

　　　V_1——第一次读数时的水量（mL），通常为 100 mL；

　　　V_2——第二次读数时间的水量（mL），通常为 500 mL；

　　　t_1——第一次读数时的时间（min）；

　　　t_2——第二次读数时间的时间（min）。

11.4.5　路面抗滑性能评定标准和评定方法

1）概述

路面抗滑性能是评价路面性能质量和行车安全的重要指标。而影响路面抗滑能力的因素有路面表面特性、细构造和粗构造、路面潮湿程度、行车速度等很多方面。

（1）摩擦阻力随时间、交通量和气候的变化（图 11-23～图 11-25）

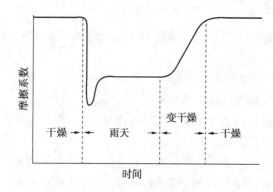

图 11-23　摩擦阻力与气候的变化

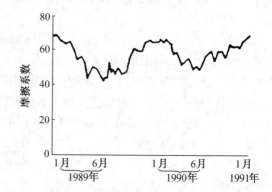

图 11-24　摩擦阻力与季节的变化

（2）路面表面特性（细构造和粗构造）

路面的细构造是指集料表面的粗糙度。它随车轮的反复磨耗作用而逐渐磨光，通常采用石料的磨光值（PSV）表征其抗磨光的性能。细构造在低速（30～50 km/h 以下）时，对路表抗滑能力起决定作用。而高速时，起主要作用的是粗构造，它是由路表外露集料间构成的构造，其功能是使车轮下的路表水迅速排除，以免形成水膜。粗构造由构造深度表征其性能。

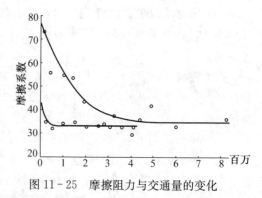

图 11-25　摩擦阻力与交通量的变化

路面的抗滑能力可以采用不同的方法测定，不同测定方法和采用不同车速，其测定的结果（系数或数值）不相同。路面所具有的最低抗滑能力，视道路状况，规定方法和行车速度等条件

而定。

2）沥青路面抗滑标准（见表 11-13）

表 11-13　沥青路面抗滑标准

公路等级	一般路段			环境不良路段		
	BPN	构造深度/mm	PSV	BPN	构造深度/mm	PSV
高速、一级公路	52～55	0.6～0.8	42～45	57～60	0.6～0.8	47～50
二级公路	74～50	0.4～0.6	37～40	52～55	0.3～0.5	42～45
三、四级公路	＞45	0.2～0.4	＞35	＞50	0.2～0.4	＞0.4

注：1. 环境不良路段，对高速公路是指立体交叉或加速车道；对一至四级公路是指交叉路口、急弯、陡坡或集镇附近。
　　2. 对公路等级低或年降雨量≤500 mm 的地方可用表列数值的低限；反之，用高限；年降雨量≤100 mm 的干旱地区可不考虑抗滑要求。环境不良路段的构造深度在易于形成薄冰时应取 1.0～1.2。
　　3. BPN 为摆式仪测定值。

3）路面抗滑能力评价标准

我国《公路养护技术规范》(JTJ073.1-2001)中给出路面抗滑能力的评价标准。路面抗滑能力以摆值 BPN 或横向力系数 SFC 表示，评价标准见表 11-14。

表 11-14　路面抗滑能力评价标准

评价指标	优	良	中	次	差
横向力系数 SFC	≥0.5	≥0.4～0.5	≥0.3～0.4	≥0.2～0.3	＜0.2
摆值 BPN	≥42	≥37～42	≥32～37	≥27～32	＜27

4）路面抗滑性能指数

《公路技术状况评定标准》(JTG H20-2007)中路面抗滑性能用路面抗滑性能指数 SRI 评价，按下式计算

$$SRI = \frac{100 - SRI_{min}}{1 + \alpha_0 e^{\alpha_1 SFC}} + SRI_{min} \tag{11-47}$$

式中　SFC ——横向力系数；

　　　SRI_{min} ——标定参数，采用 35.0；

　　　α_0 ——模型参数，采用 28.6；

　　　α_1 ——模型参数，采用 -0.105。

11.5　路面破损现场调查与测试

11.5.1　路面破损现场调查分类

公路路面一般分为刚性路面和柔性路面。下面以水泥混凝土路面和沥青混凝土路面为例，简要介绍路面的破损分类。

1）水泥混凝土路面破损分类

（1）断裂类破损：包括板角断裂、D 型裂缝、纵向裂缝、横向裂缝、断板等；

（2）接缝类破损：包括接缝材料损坏、接缝脱开、无接缝材料、缝被砂石尘土填塞、边角剥

落、唧泥、错台(台阶)、拱起(翘曲)等;

(3)表面类破损:包括表面网状细裂缝、层状剥落、起皮、露骨、集料磨光、坑洞等;

(4)其他类破损:如板块沉陷等。

破损严重程度可分为轻微、中度、严重三种情况。

2)沥青混凝土路面破损分类

(1)裂缝类破损:包括龟裂、块裂及各类单根裂缝等;

(2)变形类破损:包括车辙、沉陷、拥包、波浪等;

(3)松散类破损:包括掉粒、松散、脱皮等引起的集料散失现象,以及坑槽等;

(4)其他类破损:包括泛油、磨光(抗滑性能差)及各类修补。

破损严重程度可分为轻微、中度、严重三种不同情况。

11.5.2 水泥混凝土路面错台测试方法

1)适用范围

本方法依据(JTGE60-2008)(T0972-2008)规定,主要适用于测定水泥混凝土路面在人工构造物端部接头、水泥混凝土路面的伸缩缝两侧由于沉降所造成的错台(台阶)高度,来评价水泥混凝土路面行车舒适性能(跳车情况),并作为计算维修工作量的依据。

2)测试方法

(1)错台的测定位置,以行车道错台最大处纵断面为准,根据需要也可以其他代表性纵断面为测定位置。

(2)选择根据需要测定的断面,记录位置及桩号,检查发生错台的原因。

(3)路面由于沉降造成的接头错台的测定方法:

① 将精密水准仪架在距构造物端部不远的路面平顺处调平。

② 从构造物端部无沉降或鼓包的断面位置起,沿路线纵向用皮尺量一定距离,作为测点,在该处立起塔尺,测量高程。如此重复,直至无明显沉降的断面为止。无特殊需要,从构造物端部起的 2 m 内应每隔 0.2 m 量测一次,在 2～5 m 之间,宜每隔 0.5 m 量测一次,5 m 以上可每隔 1 m 量测一次,由此得出沉降纵断面及最大沉降值,即最大错台高度 D_m,准确至 1 mm。

(4)测定由水泥混凝土路面或桥梁的伸缩缝或路面横向开裂造成的接缝错台时,可按(3)的方法用水准仪测定接缝或裂缝两侧一定范围内的道路纵断面,确定最大错台位置及高度 D_m,准确至 1 mm。

(5)当发生错台变形的范围不足 3 m 时,可在错台最大位置沿路线纵向用 3 m 直尺架在路面上,其一端位于错台高出的一侧,另一端位于无明显沉降变形处,作为基准线。可用钢板尺或钢卷尺每 0.2 m 量取路面与基准线之间的高度 D,同时记录最大错台高度 D_m,准确至 1 mm。

3)资料整理

以测定的错台高度读数 D 与各测点的距离绘成纵断面图作为测定结果,图中应标明相应断面的设计纵断面高程、最大错台位置与高度 D_m,准确至 1 mm。

11.5.3 沥青混凝土路面车辙现场调查与测试方法

1)适用范围

本方法依据(JTGE60-2008)(T0973-2008)规定,主要适用于测定沥青混凝土路面的车辙,供评定路面使用状况及计算维修工作量时使用。

2）车辙的定义与危害

（1）车辙是指沿道路纵向在车辆集中通过的位置处路面产生的带状凹槽。在一个行车道上它总是成双出现,使路表呈现凹陷,如"W"的形状。车辙已成为高速公路沥青路面的一种主要病害,是导致沥青路面破坏的重要原因。20 世纪 70 年代末美国各州公路局曾作过调查统计,在被调查的 44 条主要公路中有 13 条破坏是由车辙引起的,占调查总数的 29.5%;日本的高速公路路面维修、罩面的原因,80%以上是由于车辙引起的。

随着我国高等级公路建设的迅猛发展,交通量、车辆轴载的不断增大和车辆行驶的渠道化,车辙将成为沥青路面的主要病害。为此,必须给予充分的关注。

（2）车辙的危害

路面平整度是保证车辆高速行驶的主要指标。平整度一旦恶化高速公路将失去"高速"的意义。不言而喻,路面出现车辙以后,平整度下降,轻则影响道路行车舒适,重则不能保证汽车正常行驶。

3）车辙现场测定方法

世界各国测定车辙的方法各不相同。日本多用高速自动测定车或横断面仪进行测定。每 100 mm 为一个评价区间,每隔 20 m 测一断面,取 5 个断面车辙的平均值作为该区间内的车辙深度。断面处车辙的测定,对于高速公路是取峰值,即以车道两侧标线内最高点与最低点至基准线垂距离之差为该断面处的车辙深度。

美国南达科他州使用 SDDOT 横向平整度仪(测试车),以超声波测定两侧轮轴及车轴中部与路表的距离,分别以 h_1、h_3 和 h_2 表示,然后按 $(h_1+h_3-2h_2)/2$,计算车辙深度。

瑞典则用激光道路表面测定仪测定测点处的横断面形状,然后再按直尺法或曲尺法量取车辙。

直尺法是将直尺置于车辙两侧的拥包顶部以辙槽底至直尺底面的最大距离(与直尺垂直)作为车辙深度。曲尺法是以横断面两侧为基点,拉伸曲尺,若两侧基点最高则尺被拉成直线;若两侧基点有更高的拥包,则曲尺为弧形,然后量取辙槽底至曲尺的最大距离(垂直曲尺)作为车辙深度。

（1）测试仪具与技术要求

① 路面横断面仪:如图 11－26 所示,长度不小于一个车道宽度,横梁上有一位移传感器,可自动记录横断面形状,测试间距小于 20 cm,测试精度 1 mm。

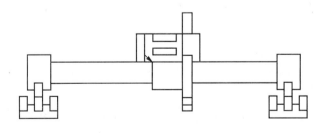

图 11－26　路面横断面仪

② 激光或超声波车辙仪:包括多点激光或超声波车辙仪、线激光车辙仪和先扫描激光车辙仪等类型,通过激光测距技术或激光成像和数字图像分析技术得到车道横断面相对高程数

据,并按规定模式计算车辙深度。

要求激光或超声波车辙仪有效测试宽度不小于 3.2 m,测点不少于 13 个,测试精度 1 mm。

③ 横断面尺:如图 11-27 所示,硬木或金属制直尺,刻度间距 5 cm,长度不小于一个车道宽度。顶部平直,最大弯曲不超过 1 mm。两端有把手和高度为 10~20 cm 的支脚,两支脚的高度相同。

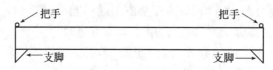

图 11-27　路面横断面尺

④ 量尺:钢板尺、卡尺、塞尺,量程大于车辙深度,刻度至 1 mm。

(2) 测试方法

① 车辙测定的基准测量宽度应符合下列规定:

a. 对高速公路及一级公路,以发生车辙的一个车道两侧标线宽度中点到中点的距离为基准测量宽度。

b. 对二级及二级以下公路,有车道区划线时,以发生车辙的一个车道两侧标线宽度中点到中点的距离为基准测量宽度;无车道区划线时,以形成车辙部位的一个设计车道宽度作为基准测量宽度。

② 以一个评定路段为单位,用激光车辙仪连续检测时,测定断面间隔不大于 10 m。用其他方法非连续测定时,在车道上每 50 m 作为一测定断面,用粉笔画上标记。根据需要也可按有关的方法随机选取测定断面,在特殊需要的路段如交叉口前后可予加密。

③ 采用激光或超声波车辙仪的测试方法如下:

a. 将检测车辆就位于测定区间起点前;

b. 启动并设定检测系统参数;

c. 启动车辙和距离测量装置,开动测试车沿车道轮迹位置且平行于车道线平稳行驶,测试系统自动记录出每个横断面和距离数据;

d. 到达测定区间终点后,结束测定;

e. 系统处理软件按照规定的方法通过各横断面相对高程数据计算车辙深度。

④ 用路面横断面仪测定的方法

a. 将路面横断面仪就位于测定断面上,方向与道路中心线垂直,两端支脚立于测定车道的两侧边缘,记录断面桩号;

b. 调整两端支脚高度,使其等高;

c. 移动横断面仪的测量器,从测定车道的一端移至另一端,记录出断面形状。

⑤ 用横断面尺测定的方法

a. 将横断面尺就位于测定断面上,两端支脚置于测定车道两侧;

b. 沿横断面尺每 20 cm 一点,用量尺垂直于路面上,用目光平视测记横断面尺顶面与路面之间的距离,准确至 1 mm,如断面的最高处或最低处明显不在测定点上应加测该点距离;

c. 记录测定读数,绘出断面图,最后连接成圆滑的横断面曲线;

d. 横断面尺可用线绳代替;

e. 当不需要测定横断面,仅需要测定最大车辙时,亦可用不带支脚的横断面尺架在路面上由目测确定最大车辙位置,用皮尺量取。

(3) 测定结果计算整理

① 根据断面线画出横断面图及顶面基准线(通常选其中一种形式)。

② 在图上确定车辙深度 D_1 及 D_2,精确至 1 mm。以其中最大值作为断面的最大车辙深度。

③ 求取各测定断面最大车辙深度的平均值作为该评定路段的平均车辙深度。

11.5.4 路面破损等级评判

1) 路面破损的评价因素

路面结构的破损状况,反映了路面结构在行车和自然因素作用下保持完整性或完好程度。路面破损须从三个方面进行描述和评价:① 破损类型;② 破损严重程度;③ 出现破损的范围或密度。综合这三方面,才能对路面结构的破损状况作出全面评价。

2) 路面破损类型

常见的主要破损类型,可按破损模式和影响程度的不同而分为四大类(见表 11-15):

(1) 裂缝或断裂类:路面结构的整体性因裂缝或断裂而受到破坏;

(2) 永久变形类:路面结构虽仍保持整体性,但形状在各种因素的作用下产生较大的变化;

(3) 表面损坏类:路面表层部分出现的局部缺陷,如材料的散失或磨损等;

(4) 接缝损坏类:水泥混凝土接缝及其邻近范围出现的局部损坏。

表 11-15 中所列各种损坏的定义,可参阅有关手册和资料。

表 11-15　路面损坏分类

类　　型	沥青路面	类　　型	水泥路面
裂缝或断裂	纵向裂缝	裂缝或断裂	纵向裂缝
	横向裂缝		横向裂缝
	龟裂		斜向裂缝
	块裂		角隅裂缝
	温度裂缝	变形	沉陷
	反射裂缝		隆起
变形	车辙	表面损坏	纹裂或起皮
	波浪		坑洞
	沉陷		填缝料损坏
	隆起		接缝碎裂
表面损坏	泛油	接缝损坏	拱起
	松散		唧泥
	坑槽		错台
	磨光		
	露骨		

3）路面破损分级

各种路面破损都有一个产生和发展的过程。在这过程中,处于不同阶段的损坏,对于路面使用性能有不同程度的影响。例如,裂缝初现时,缝隙细微,边缘处材料完整,因而对行车舒适性的影响极小,裂缝间也尚有较高的传荷能力;而发展到后期,缝隙变得很宽,边缘处严重碎裂,行车出现较大颠簸,而裂缝间已几乎无传荷能力。因而,为了区别同一种损坏对路面使用性能的不同影响程度,对各种损坏须按其影响的严重程度一般划分为2~3个等级。

对于断裂或裂缝类损坏,分级时主要考虑对结构整体性影响的程度,可采用缝隙宽度、边缘碎裂程度、裂缝发展情况等指标表征。对于变形类损坏,主要考虑对行车舒适性的影响程度,可采用平整度作为指标进行分级。对于表面损坏类,往往可以不分级。具体指标和分级标准,可根据各地区的特点,经过调查分析后确定。损坏严重程度分级的调查,往往通过目测进行。为了使不同调查人员得到大致相同的判别,对分级的标准要有明确的定义和规定。

各种损坏出现的范围,对于沥青路面和砂石路面,通常按面积、长度或条数量测,再除以被调查子路段的面积或长度后,以损坏密度计(以%或 $\sum$ 条数/子路段长表示)。而对于水泥混凝土路面,则调查出现该种损坏的板块数,以损坏板块数占该子路段总板块数的百分率计。

4）路面破损的现场调查

路面破损调查通常由2人调查小组沿线通过目测进行。调查人员鉴别调查路段上出现的损坏类型和严重程度并丈量损坏范围后,记录在调查表格中。同一个调查路段上如出现多种损坏或多种严重程度,应分别计算和记录。

目测调查很费时,如果调查的目的不是为了确定养护对策和编制养护计划,则可采用抽样调查的方法,不必对整个路网的每一延米的各种损坏都进行调查。通常,可采取每公里抽取其中100 m长的路段代表该公里的方法,但每次调查都要在同一路段上进行,以减少调查结果的变异性和保证各次调查结果的可比性。

11.5.5 路面破损状况评价

根据不同路面,按每个路段的路面可能出现各种不同类型、严重程度和范围的损坏。为了使各路段的损坏状况或程度可以进行定量比较,需采用一项综合评价指标,把这三方面的状况和影响综合起来。通常采用的是扣分法。选择一项损坏状况度量指标,即采用路面状况指数 PCI,以百分制或十分制计量。对于不同的损坏类型、严重程度和范围规定不同的扣分值,按路段的损坏状况累计其扣分值后,以剩余的数值表征或评价路面结构的完好程度。用式(11-48)、式(11-49)进行计算:

$$PCI = 100 - \alpha_0 DR^{\alpha 1} \tag{11-48}$$

$$DR = 100 \times \frac{\sum_{i=1}^{i0} w_i A_i}{A} \tag{11-49}$$

式中 DR ——路面破损率,为各种损坏的折合损坏面积之和与路面调查面积之百分比(%);

A_i ——第 i 类路面损坏的面积(m²);

A ——调查的路面面积(调查长度与有效路面宽度之积)(m²);

w_i ——第 i 类损坏的权重,沥青路面按表11-16取值,水泥混凝土路面按表11-17取值,砂石路面按表11-18取值;

α_0 ——沥青路面采用 15.00,水泥混凝土路面采用 10.66,砂石路面采用 10.10;

α_1 ——沥青路面采用 0.412,水泥混凝土路面采用 0.461,砂石路面采用 0.487;

i ——考虑损坏程度(轻、中、重)的第 i 项路面损坏类型;

i_0 ——包含损坏程度(轻、中、重)的损坏类型总数,沥青路面取 21,水泥混凝土路面取 20,砂石路面取 6。

表 11-16 沥青路面损坏类型和权重

类型 i	损坏名称	损坏程度	权重 w_i	计量单位
1	龟裂	轻	0.6	面积,m²
2		中	0.8	
3		重	1.0	
4	块状裂缝	轻	0.6	面积,m²
5		重	0.8	
6	纵向裂缝	轻	0.6	长度,m (影响宽度:0.2m)
7		重	1.0	
8	横向裂缝	轻	0.6	长度,m (影响宽度:0.2m)
9		重	1.0	
10	坑槽	轻	0.8	面积,m²
11		重	1.0	
12	松散	轻	0.6	面积,m²
13		重	1.0	
14	沉陷	轻	0.6	面积,m²
15		重	1.0	
16	车辙	轻	0.6	长度,m (影响宽度:0.2m)
17		重	1.0	
18	波浪拥包	轻	0.6	面积,m²
19		重	1.0	
20	泛油	—	0.2	面积,m²
21	修补	—	0.1	面积,m²

表 11-17 水泥混凝土路面损坏类型和权重

类型 i	损坏名称	损坏程度	权重 w_i	计量单位
1	破碎板	轻	0.8	面积,m²
2		重	1.0	

类型(i)	损坏名称	损坏程度	权重(w_i)	计量单位
3	裂缝	轻	0.6	长度,m (影响宽度:1.0m)
4		中	0.8	
5		重	1.0	
6	板角断裂	轻	0.6	面积,m²
7		中	0.8	
8		重	1.0	
9	错台	轻	0.6	长度,m (影响宽度:1.0m)
10		重	1.0	
11	唧泥	—	1.0	长度,m (影响宽度:1.0m)
12	边角剥落	轻	0.6	长度,m (影响宽度:1.0m)
13		中	0.8	
14		重	1.0	
15	接缝料损坏	轻	0.4	长度,m (影响宽度:1.0m)
16		重	0.6	
17	坑洞	—	1.0	面积,m²
18	拱起	—	1.0	面积,m²
19	露骨	—	0.3	面积,m²
20	修补	—	0.1	面积,m²

表 11 - 18 砂石路面损坏类型和权重

类型(i)	损坏名称	权重(w_i)	计量单位
1	路拱不适	0.1	长度,m (影响宽度:3.0 m)
2	沉陷	0.8	面积,m²
3	波浪搓板	1.0	面积,m²
4	车辙	1.0	长度,m (影响宽度:0.4 m)
5	坑槽	1.0	面积,m²
6	露骨	0.8	面积,m²

路面损坏状况评价标准见表 11 - 19 所示。

表 11 - 19　路面损坏状况评价标准

损坏状况评级	特优	优	良	中	差	很差
路面状况指数 PCI	100~91	90~81	80~71	70~51	50~31	≤30
养护对策	不需	日常养护	小修	小修 中修	中修 大修	大修 重修

11.6　路基路面检测新技术简介

11.6.1　车载式激光平整度仪测定平整度试验方法

用 3 m 直尺检测路面的平整度,尽管设备简单、直观,但测试速度太慢,劳动强度大。连续式平整度仪的测量速度最高只有 15 km/h,工作效率也较低。

平整度的测量设备可分为两大类,一类是测试路表不平整程度(反应类设备),另一类是测试路表凹凸情况(断面测试仪)。目前,颠簸累积仪是应用最为广泛的反应类设备,激光平整度仪则是最先进的断面类设备。这类测量设备提高了路面平整度的测试速度和精度。

激光路面平整度仪(丹麦 Greenwood)是一种与路面无接触的测量仪器,如图 11 - 28 所示,测试速度快,精度高。这种仪器还可同时进行路面纵断面、横坡、车辙等测量,因此,也被称为激光路面断面测试仪。

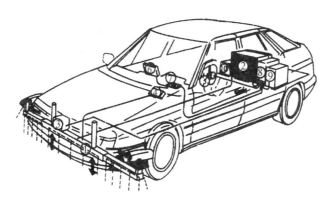

1—激光传感器;2—激光盒;3—陀螺盒;4—测量束控制台;5—距离测量;
6—微机屏幕;7—微机键盘;8—微机;9—计算机存储器;10—电源
图 11 - 28　激光路面平整度仪示意图

11.6.2　短脉冲雷达测定路面厚度试验方法

路面雷达测试系统(美国 Penetradar IRIS-L),如图 11 - 29 所示,能在高速公路时速下,实时收集公路的雷达信息,然后将信息输入计算机程序内,在很短的时间里,计算机程序便会自动分析出公路或桥面内各层的厚度、湿度、空隙位置、破损位置及程度。

目前,我国公路路面厚度测试常采用钻孔测量芯样厚度的方法,给路面造成损坏或留下后患。而路面雷达测试系统是一种非接触、非破损的路面厚度测试技术,检测速度高,精度也较高,检测费用低廉。因此,它不仅适用于沥青路面或水泥混凝土路面各层厚度及总厚度测试、路面下坑洞探测、路面下相对高湿度区域检测、路面下的破损状况检测,还可以用于检测桥面混凝土剥落状况、检测桥内混凝土与钢筋的脱离状况、测试桥面沥青铺装层的厚度。

图 11-29　路面雷达测试系统

复习思考题

11-1　路面结构厚度测试有何实际意义?

11-2　试述对于不同材料的路基和路面结构层,应采取何种方法检测其压实度?

11-3　路面平整度测试方法有哪几种? 各有什么特点? 测试路面平整度有何意义?

11-4　试述贝克曼梁法测试路基路面回弹弯沉的步骤。

11-5　沥青路面的承载能力是如何评定的?

11-6　表征路面抗滑能力的方法有哪几种? 各方法的测试原理是什么?

11-7　水泥混凝土路面破损的分类有哪几种? 简述造成损坏的原因。

11-8　造成沥青路面车辙的原因有哪些?

11-9　简述承载板法测定土基回弹模量的具体步骤。

12 桥梁现场荷载试验与检测

12.1 概述

桥梁现场试验检测包括混凝土结构桥梁的混凝土强度、裂缝与缺陷、外观尺寸,钢结构桥梁的焊缝缺陷、螺栓连接节点质量,索桥的拉索索力,以及实桥的荷载试验等。本章重点介绍索力检测和实桥荷载试验等内容,上述其他检测项目可参照本书相关章节介绍的内容。

12.2 实桥荷载试验

12.2.1 实桥荷载试验的基本概念

实桥荷载试验是指已建成的桥梁,根据设计车辆荷载和最大通行能力所确定的最不利工况所进行的现场荷载试验。桥梁荷载试验有静荷载和动荷载试验之分。静载试验能反映桥梁结构的实际工作受力状态,动载试验能反映出车辆荷载作用下桥梁结构的动态特性。实桥荷载试验按交通运输部《公路桥梁荷载试验规程》(JTG/TJ21-2016)执行。

12.2.2 实桥荷载试验的目的和任务

(1)检验新建桥梁的交工质量。通过试验,综合评定是否符合设计文件和规范的要求,并作为桥梁交工验收的主要依据之一。

(2)检验旧桥的整体受力性能和实际承载力,为旧桥改造和加固提供依据。所谓旧桥是指已建成运营了较长时间的桥梁。这些桥梁有的已不能满足当前通行的需要;有的年久失修,不同程度地受到损伤与破坏,其中大多数都缺乏原始设计图纸与施工资料。因此经常采用荷载试验的方法来确定旧桥的实际承载能力和运营等级,提出加固和改造方案。

(3)处理突发性工程事故,为修复加固提供数据。对受到自然突发性灾害(地震、洪水和泥石流等)或车辆超载而遭受损坏的桥梁,必须经过现场检测和必要的荷载试验,通过试验数据分析确定修复加固的方案。

(4)科研性试验。主要是对新型桥梁及应用的新材料、新工艺,而进行的验证和探索性试验,验证桥梁的设计计算理论的正确性,探索新型桥梁结构受力的合理范围和可靠性,为完善桥梁结构分析理论和施工新工艺积累资料。

12.2.3 实桥试验的现场考察与调查

1)试验桥梁技术资料的收集与查阅

(1)试验桥梁的设计文件(如设计图纸、设计计算书等);

(2)试验桥梁的施工文件(施工日志及记录、相关材料性能的检验报告、竣工图及隐蔽工

程验收记录等）

（3）试验桥梁如为改建或加固的旧桥，应收集包括历次试验记录报告和改建加固的设计与施工文件等。

2）试验桥梁的现场考察与外观检查

（1）对于新建桥梁主要考察桥梁的外观线形和外观质量。

（2）对于旧桥主要考察桥梁使用多年后的缺陷和外观损伤等。

12.2.4　桥梁结构的现场考察与缺陷检测

桥梁结构的现场考察应由有资质的专家和试验检测人员通过现场目测和采用量测仪器对桥梁进行外观检查和检测，观察试验桥梁有无缺陷和外部损伤等。

实桥现场考察和检测一般分为上部结构、桥梁支座和下部结构三部分。

（1）桥梁上部结构外观检测

桥梁上部结构是桥梁主要承重结构，主要有梁、板、拱肋、桁架和拉索等基本构件组成。检查内容包括基本构件的主要几何尺寸及纵轴线；基本构件的横向联系；基本构件的缺陷和损伤等。

基本构件的主要几何尺寸检查：主要用钢尺量测其实际长度、截面尺寸，用混凝土保护层测试仪量测混凝土的实际保护层厚度和主筋的数量及位置。

基本构件的纵轴线检查：主要指梁桥主梁纵轴线下挠度的测量；对拱桥是指主拱圈的实际拱轴线及拱顶下沉量的测量。基本构件纵轴线的检查可以先目测，发现基本构件纵轴线发生明显变化时，再用精密水准仪量测。

基本构件的横向联系检查：对梁桥应检查横隔板的缺陷及裂缝情况；对拱桥应检查横系梁（板）的缺陷和裂缝外，还应注意与拱肋连接处是否有脱离现象等。

基本构件的缺陷和损伤检查主要通过混凝土超声仪检测混凝土的表面裂缝、蜂窝、麻面、露筋、孔洞等，将观察到的缺陷的种类、发生部位、范围及严重程度作出详细记录。

对索桥结构，重点检查拉索护套管有否开裂破损和渗水现象，以及拉索的锚头锈蚀情况等。

（2）桥梁支座和桥梁伸缩装置的检查

① 桥梁支座检查

桥梁支座的作用是将上部结构自重及车辆荷载作用传递给墩台，并完成梁体按设计所要求的转角变形和水平位移。桥梁支座现在普遍采用板式橡胶支座、盆式橡胶支座和球型支座三种，存在的产品质量和施工安装质量问题的情况还不少。因此，支座的检查主要是观察支座的橡胶材料是否老化开裂，并检查支座垫石有无裂缝、破损。特别要注意的是活动支座的滑动与固定支座的转动是否正常，支座有无错位和剪切变形等缺陷。

② 桥梁伸缩装置检查

伸缩装置的作用功能是保证上部结构在车辆荷载作用的自由伸缩变形和在温度变化情况的热胀冷缩变形。主要检查缝隙之间的均匀性和平整性，橡胶止水带的完好性，伸缩装置两边锚固混凝土有否开裂破坏，异型钢有否断裂，承压支座、压紧支座和位移控制弹簧等有无缺陷。

（3）下部结构外观检查

桥梁下部结构检查内容一般为墩台台身缺陷和混凝土裂缝；墩台变位（沉降、位移等）以及墩台基础的冲刷和浆砌片石扩大基础的破裂松散等。

对危旧桥梁的钢筋混凝土墩台主要检查混凝土的表面的侵蚀剥落、露筋、风化、掉角等；裂缝主要检查墩台沿主筋方向的裂缝或箍筋方向的裂缝以及盖梁与主筋方向垂直的裂缝。

对砖、石等砌筑墩台主要检查砌缝砂浆的风化、砌体的不规则裂缝和错位变形等。

墩台变位(位移、沉降等)可采用精密水准仪测量墩台的位移沉降量,观测点设在墩台顶面两端,与两岸设置的永久水准点组成闭合网。另外,可在墩台上设置固定的铅垂线测点,用经纬仪观察墩台的倾斜度。

12.2.5　桥梁荷载试验的加载方案的制订与实施

1) 加载试验工况确定原则和确定方法

加载试验工况应根据不同桥型的承载力鉴定要求来确定。

新建桥梁交(竣)工验收时,抽检比例以联为划分单元:

- 联单孔最大跨径大于 100 m(含 100 m)的桥梁,应逐联进行验收荷载试验。
- 联单孔最大跨径大于 50 m(含 50 m)且小于 100 m 的桥梁,抽检桥孔不少于其桥孔总数的 30%。
- 联单孔最大跨径小于 50 m 的桥梁,抽检桥孔不少于其桥孔总数的 10%。

加载试验工况应选择桥梁设计中的最不利受力状态,对单跨的中小桥可选择加载试验工况 1~2 个,对多跨及大跨径的大中桥梁可多选几个工况。总之工况的选择原则是在满足试验目的的前提下,工况宜少不宜多。

加载试验工况的布置一般以理论分析桥梁截面内力和变形影响线进行,选择一、两个主要内力和变形控制截面布置。常见的主要桥型加载试验工况如下:

(1) 简支梁桥

主要工况:跨中最大弯矩和最大挠度工况。

附加工况:1/4 跨弯矩和挠度工况;支点混凝土主拉应力工况;墩台最大竖向力工况。

(2) 连续梁桥与连续刚构桥

主要工况:主跨跨中最大正弯矩和最大挠度工况;主跨支点最大负弯矩工况;边跨跨中最大正弯矩和最大挠度工况。

附加工况:主跨(中)支点附近最大剪力工况;边跨跨中最大正弯矩和最大挠度工况。

(3) T 型刚构桥(悬臂梁桥)

主要工况:锚固孔跨中最大正弯矩和最大挠度工况;墩顶最大负弯矩工况。

附加工况:墩顶支点最大剪力工况;挂孔跨中最大正弯矩和最大挠度工况;悬臂端最大挠度工况;挂孔支点最大剪力工况。

(4) 无铰拱桥(系杆拱桥)

主要工况:拱顶最大正弯矩和最大挠度工况;拱脚最大负弯矩工况;跨中附近吊杆(索)最大拉力工况。

附加工况:拱脚最大水平推力工况;1/4 截面最大正弯矩和最大负弯矩工况;1/4 和 3/4 正负挠度绝对值之和最大工况。

(5) 斜拉桥

主要工况:主梁中孔跨中最大正弯矩及挠度工况;主梁墩顶最大负弯矩工况;主塔塔顶纵

桥向最大水平位移与塔脚截面最大弯矩工况。

附加工况:中孔跨中附近拉索最大拉力工况;主梁最大纵向漂移工况。

(6)悬索桥

主要工况:加劲梁跨中最大正弯矩及挠度工况;加劲梁 3L/8 截面最大正弯矩工况;主塔塔顶纵桥向最大水平位移与塔脚截面最大弯矩工况。

附加工况:主缆锚跨索股最大张力工况;加劲梁梁端最大纵向漂移工况;吊杆(索)活载张力最大增量工况;吊杆(索)张力最不利工况。

此外,对于大跨径箱梁桥面板或桥梁相对薄弱的部位,可根据需要专门设置加载试验工况,检验桥面板或该部位对结构整体性能的影响。

2)荷载类型与加载方法

对于实桥荷载试验,在满足试验要求的情况下,一般只进行静载试验。为了全面了解移动车辆荷载作用于桥面不同部位的结构承载状况,通常在静载试验结束后,安排加载车(多辆车则相应的进行排列)沿桥长方向以时速小于 5 km 的速度缓慢行驶一次,同时观测桥梁各截面的动态变形情况。

桥梁动载试验项目一般安排跑车试验、车辆制动试验、跳车试验以及无荷载时的脉动观测试验。

跑车试验一般用标准汽车车列(对小跨径桥也可用单列)以时速 10 km、20 km、30 km、40 km、50 km 的匀速平行驶过预定的桥跨路线,测试桥梁的动态参数,量测桥梁的动态反应。

车辆制动力或跳车试验一般用 1～2 辆标准重车以时速 10 km、20 km、30 km、40 km 的速度行驶通过桥梁测试截面位置时进行紧急刹车或跳跃过有坡面的三角木(按国际惯例高为 7 cm),测试桥梁承受活荷载水平力性能或测定桥梁的动态反应性能。

3)试验荷载等级的确定

(1)控制荷载的确定

实桥试验荷载按设计惯例,通常首选的是车辆荷载,为了保证实桥荷载试验的效果,首先必须确定试验车辆的类型。为了确保桥梁荷载试验的准确性,新规规定试验前应采取可靠的方法对加载物或加载车辆称重,采用重物加载时,应根据加载分级情况,分别称量、记录各级荷载量;采用加载车加载时,应详细记录各车编号、车重、轴重和轴距。车辆荷载的称重控制误差一般为±5%。

桥梁试验需要鉴定承载能力的现场常用车辆荷载有以下几种:① 标准汽车车队;② 平板挂车或履带车;③ 需通行的超重车辆。其次选择上述①和②,或①和③,或第③的车辆荷载,按桥梁结构设计理论分析的内力和变形影响线进行布置,计算出控制截面的内力和变形的最不利结果,将最不利结果所对应的车辆荷载作为静载试验的控制荷载,由此决定试验用车辆的型号和所需的数量。因为平板挂车和履带车在桥梁设计规范中规定不计冲击力,所以动载试验一般采用标准汽车荷载。

实桥试验应尽量采用与设计控制荷载(车道)相近的车辆荷载,当现场客观条件有所限制时,实桥试验的车辆荷载与设计控制车辆荷载会有所不同,为了确保实桥试验的效果,在选择试验车辆荷载大小和加载位置时,采用静载试验效率 η_q 和动载试验效率 η_d 来控制。

(2)静载试验效率

静载试验效率可用下式表示:

$$\eta_{q}=\frac{S_{s}}{S(1+\mu)} \tag{12-1}$$

式中 η_{q}——静载试验效率;

S_{s}——静载试验车辆荷载作用下控制截面内力(或变位)计算值;

S ——控制荷载作用下控制截面最不利内力(或变位)计算值;

μ ——按桥梁设计规范采用的冲击系数。当车辆为平板挂车、履带车、重型车辆时,取 $\mu=0$。

静载试验效率 η_{q} 的取值范围,对于验收性荷载试验,荷载效率 η_{q} 宜为 0.85～1.05;对于鉴定性荷载试验,荷载效率 η_{q} 宜为 0.95～1.05。对大跨径桥梁 η_{q} 可采用 0.8～1.0;对旧桥试验 η_{q} 可采用 0.8～1.05。η_{q} 的取值高低主要根据桥梁试验的前期工作的具体情况来确定。当桥梁现场调查与验算工作比较完善而又受到加载设备能力限制时,η_{q} 可采用低限;当桥梁现场调查、验算工作不充分,尤其是缺乏桥梁计算资料时,η_{q} 可采用高限;一般情况下旧桥的 η_{q} 值不宜低于 0.95。

实桥试验通常选择温度 5℃～35℃,风力 3 级以下相对稳定的季节和天气进行。当大气温度变化对某些桥型结构内力产生的影响较大时,应选择对桥梁温度应力不利的季节进行试验,如果现场条件和工期受限时,可考虑适当增大静载试验效率 η_{q} 来弥补温度对结构控制截面产生的不利影响。

公路桥梁荷载试验规程规定:对于悬索桥、斜拉桥、大跨径桁架拱桥及特高墩桥梁等,宜在风力 3 级及 3 级以下实施。

当现场条件受限,需用汽车荷载代替控制荷载的挂车或履带车加载时,由于汽车荷载产生的横向应力增大系数较小,为了使试验车辆产生的截面最大应力与控制荷载作用下截面产生的最大应力相等,可适当增大静载试验效率 η_{q}。

(3) 动载试验效率

动载试验效率可用下式表示:

$$\eta_{d}=\frac{S_{d}}{S} \tag{12-2}$$

式中 η_{d} ——动载试验效率;

S_{d} ——动载试验荷载作用下控制截面最大计算内力(或变位)值;

S ——标准汽车荷载作用下控制截面最大计算内力(或变位)值(不计冲击系数)。

桥梁动载试验效率 η_{d} 的值一般采用 1。动载试验的效率不仅取决于试验车型及车重,而且取决于实际跑车时的车间距。因此动载试验跑车时应注意保持试验车辆之间的车间距,并应采用实测跑车时的车间距作为修正动载试验效率 η_{d} 的计算依据。

4) 静载加载试验工况分级与控制

实桥静载试验加载试验工况最好采用分级加载与卸载。加载级数应根据试验荷载总量和荷载分级增量确定,一般可分为 3～5 级。当桥梁技术资料不全或重点测试桥梁在荷载作用下的响应规律时,可增加或加密加载分级。

分级加载的作用在于既可控制加载速度,又可以观测到桥梁结构控制截面的应变和变位随荷载增加的变化关系,从而了解桥梁结构各个阶段的承载性能。另外在操作上分级加载也比较安全。

（1）加载工况分级控制的原则

① 当加载工况分级较为方便，而试验桥型（如钢桥）又允许时，可将试验控制荷载均分为 5 级加载。每级加载级距为 20% 的控制荷载。

② 当使用车辆加载，车辆称重有困难而试验桥型为钢筋混凝土结构时，可按 3 级不等分加载级距加载，试验加载工况的分级为：空车、计算初裂荷载的 0.9 倍和控制荷载。

③ 当遇到桥梁现场调查和检算工作不充分或试验桥梁本身工况较差的情况，应尽量增多加载级距。而且注意在每级加载时，车辆应逐辆以不大于 5 km/h 的速度缓缓驶入桥梁预定加载位置，同时通过监控控制截面的控制测点的读数，确保试验万无一失。

④ 当划分加载级距时，应充分考虑加载工况对其他截面内力增加的影响，并尽量使各截面最大内力不应超过控制荷载作用下的最不利内力。

⑤ 另外，根据桥梁现场条件划分分级加载时，最好能在每级加载后进行卸载，便于获取每级荷载与结构的应变和变位的相应关系。当条件有所限制时，也可逐级加载至最大荷载后再分级卸载，卸载量可为加载总荷载量的一半，或全部荷载一次卸完。

（2）车辆荷载加载分级的方法

① 先上单列车，后上双列车；

② 先上轻车，后上重车；

③ 逐渐增加加载车数量；

④ 车辆分次装载重物；

⑤ 加载车位于桥梁内力（变位）影响线预定的不同部位。

以上各法也可综合运用。

（3）加（卸）载的时间选择

加（卸）载时间的确定一般应注意两个问题：首先加（卸）载时间的长短应取决于结构变位达到稳定时所需要的时间；其次应考虑温度变化的影响。

对于正常的桥梁结构试验，加（卸）载级距间歇时间，对钢结构应不少于 10 min，对混凝土结构一般不少于 15 min。所定的加（卸）载时间是否符合实际情况，试验时，可根据观测控制截面的仪表读数是否稳定来调整。

对于采用重物加载，因其加、卸载周期比较长，为了减少温度变化对荷载试验的影响，通常桥梁荷载试验安排在晚上 10 时至凌晨 6 时时间段内进行。对于采用加（卸）载迅速、方便的车辆荷载，如受到现场条件限制，也可安排在白天进行。但加载试验时，每一加（卸）载周期花费时间应控制在 20 min 内。

对于拱桥，当拱上建筑或桥面参与主要承重构件受力，有时因其连接较弱或变形缓慢，造成测点观测值稳定时间较长。如果结构实测变位（或应变）值远小于理论计算值，则可将加载稳定时间定为 20～30 min。

5）加载设备的选择

静载试验加载设备一般根据现场条件和加载要求选用，通常有以下两种加载方式：

（1）车辆加载系统

车辆加载系统是指试验用车辆与所装载重物组成的荷载系统。车辆荷载系统是桥梁结构试验最主要的加载方式，就是把桥梁规范所规定的汽车、平板挂车和履带车作为试验车道荷载车辆，也可就近利用现场车型相近施工机械车辆。装车的重物应考虑车厢是否能容纳下，装卸是否安全方便。装载的重物应置放稳妥,应采取措施以避免因车辆的行驶摇晃改变重物的位置,使车辆的轴载重量在试验过程中被改变。

采用车辆荷载作为桥梁现场试验荷载的优点在于,移动方便,可在桥面车道上任何位置加载;加(卸)载方便安全等。缺点是不能作为破坏荷载使用。由于车辆荷载既能用于静载试验,又能用于动载试验,所以是桥梁荷载试验最常用的一种加载方法。

(2)重物加载系统

重物加载系统是指重物与加载承载架等组成的荷载系统。重物加载系统是利用物件的重量作为静荷载作用于桥梁上,通常做法是按桥梁加载车辆控制荷载的着地轮迹的尺寸搭设承载架,再在承载架上设置水箱或堆放重物(如铸钢块,路缘石等)进行加载。如加载仅为满足控制截面的内力要求,也可采用直接在桥面上设置水箱或堆放重物的方法加载。

另外,承载架的搭设应使加载物体保持平稳,加载物的堆放应安全、合理,能按试验要求分布加载重量,避免重物因堆放空隙尺寸不合要求,而致使荷载作用方向改变。

由于重物加载系统准备工作量大,费工费事,加卸载周期所需时间较长,导致中断交通的时间也长,加之试验时温度变化引起的测点读数的影响也较大,因此适宜安排在夜间进行。

(3)加载重物的称量

① 称重法

当采用重物为砂、石材料时,可预先将砂、石过磅,统一称量为 50 kg,用塑料编织袋装好,按加载级距堆放整齐,以备加载时用。

当采用重物为铸钢(铁)块时,可将试验控制荷载化整为零,按逐级加载要求将铸钢(铁)块称重后,分级码放整齐,以便加载取用。

当采用车辆荷载加载时,可先用地磅称量全车的总重(包括车辆所装重物的重量),再按汽车的前后轴分别开上地磅称重,并记录下每辆车的总重、前后轴重及轴距,同时将汽车按加载工况编号,排放整齐,等候加载。

② 体积法

当采用水箱用水作重物对桥梁加载时,可在水箱中预先设置标尺(量测水的高度)和虹吸管(调整加载重量),试验时,可通过量测水的高度计算出水的体积并换算成水的重量来控制。

③ 综合法

根据车辆的型号、规格确定空车轴重(注意考虑车辆零部件的增减和更换,汽油、水以及乘员重量的变化),再根据已称量过所装载重物的重量及其在车厢内的重心位置将重量分配至前后各轴。对于装载重物最好采用外形规则的物件并码放整齐或采用松散均匀材料在车厢内能摊铺平整,以便准确确定其重心位置和计算重量。

无论采用何种加载重物称量方法,称量必须做到准确可靠,其称量误差一般应控制在不超过5%,有条件时也可采用两种称量方法互相校核。

6)加载程序实施与控制

(1)加载程序的实施

加载程序实施应选择在天气较好,温度相对稳定的时间段内。加载应在现场试验指挥的统一指挥下,严格按照设计好的加载程序计划有条不紊地进行。加载施加的次序一般按计划好的工况,先易后难进行,加载量施加由小到大逐级增加。采用车辆加载时,如为对称加载,每级荷载施加次序一般纵向为先施加单列车辆,后施加双列车辆;横桥向先沿桥中心布置车辆,后施加外侧车辆。

为了防止现场试验出现意外情况,加载过程中应随时做好停止加载和卸载的准备。

(2)加载试验的控制

加载过程中,应对桥梁结构控制截面的主要测点进行监控,随时整理控制测点的实测数据,并与理论计算结果进行比较。另外注意监控桥梁构件薄弱部位的开裂和破损,组合构件的结合面的开裂错位等异常情况,并及时报告试验指挥人员,以便采取相应措施。

加载过程中,当发现下列情况应立即终止加载:

① 控制测点挠度超过规范允许值或试验控制理论值时;

② 控制测点应力值已达到或超过按试验荷载计算的控制理论值时;

③ 结构裂缝的长度、宽度或数量明显增加;

④ 实测变形分布规律异常;

⑤ 桥体发出异常响声或发生其他异常情况;

⑥ 斜拉索或吊索(杆)索力增量实测值超过计算值。

12.2.6 测点布置与试验数据采集

1) 测点布置

(1) 测点布置的原则

① 在满足试验目的的前提下,桥梁控制截面测点布置宜少不宜多。

② 测点的位置必须有代表性。测点的位置和数量必须满足桥梁结构分析的需要,测点一般布置在桥梁结构的最不利部位,对箱梁截面腹板高度应变测点布置应不少于 5 个。

③ 布置一定数量的校核性测点。在测试过程中,就可以同时测得控制数据与校核数据,以便作比较,可以判别试验数据的可靠程度。

④ 测点的布置应有利于可操作性和量测安全。为了试验时量测读数方便,测点宜适当集中,可充分利用结构的对称性,尽量将测点布置在桥梁结构的半跨或 1/4 跨区域内。

(2) 主要控制测点布置

一般情况下,桥梁试验对主要测点的布置应能监控桥梁结构的最大应力(应变)和最大挠度(或位移)截面以及裂缝的出现或可能扩展的部位。几种主要桥梁体系的主要测点布置如下:

① 简支梁桥

跨中挠度,支点沉降,跨中截面应变,支点斜截面应变,混凝土梁体裂缝。

② 连续梁桥

主跨及边跨跨中截面应变,支点沉降,主跨支点斜截面应变,混凝土梁体裂缝。

③ 悬臂桥梁(包括 T 形刚构的悬臂部分)

锚固孔最大正弯矩截面应变及挠度,墩顶支点沉降,墩顶附近斜截面应变,T 形刚构悬臂端的挠度,T 形刚构墩身控制截面应变,T 形刚构墩顶支点截面应变,T 形刚构挂孔跨中截面应变,混凝土梁体裂缝。

④ 拱桥

拱顶截面应变和挠度,拱脚截面应变,混凝土梁体裂缝。

⑤ 刚架桥(包括框架、斜腿刚架)

主梁跨中截面最大弯矩及挠度,主梁最大负弯矩截面应变,锚固端最大或最小弯矩截面应变,支点沉降,混凝土梁体裂缝。

⑥ 斜拉桥

主梁中孔最大正弯矩及挠度,主梁墩顶支点斜截面应变,主塔塔顶纵桥面水平位移与塔脚截面应变,塔柱底截面应变,典型拉索索力,混凝土梁体裂缝。

⑦ 悬索桥

加劲梁最大正弯矩截面应变及挠度,主塔塔顶纵桥面水平位移与塔脚截面应变,最不利吊杆(索)增量,塔、梁体混凝土裂缝。

新规规定:纵桥向变形测点的布置宜选择各工况荷载作用下变形曲线的峰值位置。主梁测试截面竖向变形测点横向布置应充分反映桥梁横向挠度分布特征,并便于布置测点的位置。有时为了实测横向分布系数,也会在各梁跨中沿桥宽方向布置。挠度测点的横向布置数量:整体式箱梁与板梁桥一般应不少于 5 个;装配式板梁和箱梁一般每片梁底 1~2 个。

截面抗弯应变测点一般设置在跨中截面应变最大部位,沿梁高截面上、下缘布设的数量:每片梁侧面不应少于 3 个。横桥向测点设置数量以能监控到截面最大应力的分布为宜(整体式板梁底部测点不应少于 5 个,整体式箱梁底部测点不应少于 3 个)。

(3)其他测点布设

根据桥梁现场调查和桥梁试验目的的要求,结合桥梁结构的特点和状况,在确定了主要测点的基础上,为了对桥梁的工作状况进行全面评价,也可适当增加以下测点:

① 挠度测点沿桥长或沿控制截面桥宽方向布置;

② 应变沿控制截面桥宽方向布置;

③ 剪切应变测点;

④ 组合构件的结合面上、下缘应变测点布置;

⑤ 裂缝的监控测点;

⑥ 墩台的沉降、水平位移测点。

对于桥梁现场调查发现结构横向联系构件质量较差,联结较弱的桥梁,必须实测控制截面的横向应力增大系数。简支梁的横向应力分布系数可采用观测沿桥宽方向各梁的应变变化的方法计算,也可采用观测跨中沿桥宽方向各梁的挠度变化的方法来进行计算求得。

对于剪切应变一般采用布置应变花测点的方法进行观测。梁桥的实际最大剪应力截面的测点通常设置在支座附近,而不是在支座截面上。

对于钢筋混凝土或部分预应力混凝土桥梁的裂缝的监控测点,可在桥梁结构内力最大受拉区沿受力主筋高度和方向连续布置测点,通常连续布置的长度不小于 2~3 个计算裂缝间距,监控试验荷载作用下第一条裂缝的产生以及每级荷载作用下,出现的各条裂缝宽度、开展高度和发展趋向。

对于各种桥型的应变及挠度具体测点可按交通运输部颁布的《公路桥梁荷载试验规程》(JTG/T J21-2010)中表 5.5.1-1 和表 5.5.1-2 及表 5.5.2 执行。具体布置可根据实际需要。

(4)温度测点布置

为了消除温度变化对桥梁荷载试验观测数据的影响,通常选择在桥梁上距大多数测点较接近的部位设置 1~2 处温度观测点,另外还根据需要在桥梁控制截面的主要测点部位布置一些构件表面温度测点,进行温度补偿。

2) 试验数据的采集

(1) 温度观测

在桥梁试验现场,通常在加载试验前对各测点仪表读数进行 1 h 的温度稳定观测。测读时间间隔为每 10 min 一次,同时记录下温度和测点的观测数据,计算出温度变化对数据的影响误差,用于正式试验测点的温度影响修正。

(2) 预载观测

在正式加载试验前应进行一至二次的预载试验。预载的目的在于:

① 预载可以起预演作用,达到检查试验现场组织和人员工作质量,检查全部观测仪表和试验装置是否工作正常。以便能及时发现问题,并在正式试验前得到解决。

② 预载可以使桥梁结构进入正常工作状态,特别是对新建桥梁,预载可以使结构趋于密实。对于钢筋混凝土结构经过若干次预载循环后,变形与荷载的关系才能趋向稳定。

对于钢桥,预载的加载量最大可达到试验控制荷载。对于钢筋混凝土和部分预应力混凝土桥梁,预载的加载量一般不超过 90% 的开裂荷载;对于全预应力混凝土桥梁,预载的加载量为试验控制荷载的 20%~30%。

(3) 仪表的观测

① 因为桥梁结构的变形与桥梁结构的受载时间有关,因此,测读仪表的一条原则就是试验现场仪表的观测读数必须在同一时间段内读取。只有同时读取的试验数据才能真实地反映桥梁结构整体受载的实际工作状态。

② 测读时间一般选在加载与卸载的间歇时间内进行。每一次加载或卸载后等10~15 min,当结构变形测点稳定后即可发出讯号,统一开始测读一次,并记录在专门的表格上或在自动打印记录上做好每级的加载时间和加载序号,以便整理资料。

③ 在仪表的观测过程中,对桥梁控制截面的重要测点数据,应边记录边做整理,计算出每级荷载下的实测值,与检算的理论值进行比较分析,发现异常情况应及时报告指挥者,查明原因后再进行。

(4) 裂缝观测

裂缝观测的重点是对钢筋混凝土和预应力混凝土桥梁构件中承受拉力较大的部位以及旧桥原有的裂缝中较长和裂缝较宽的部位。加载试验前,对这些部位应仔细测量裂缝的长度、宽度,并沿裂缝走向离缝约 1~3 mm 处用记号笔进行描绘。加载过程中注意观测裂缝的长度和宽度的变化,并直接在混凝土表面描绘。如发现加载过程中,裂缝长度突然增加很大,宽度突变超过允许宽度等异常情况时,应及时报告现场指挥,立即中止试验,查明情况。试验结束后,应对桥梁结构裂缝进行全面检查记录,特别应仔细检查在桥梁结构控制截面附近是否产生新的裂缝,必要时将裂缝发展情况用照相或录像的方式记录下来,或绘制在裂缝展开图上。

12.2.7 试验数据处理与试验结果分析

1) 静载试验数据整理分析

(1) 测试值修正与计算

桥梁结构的实测值应根据各种测试仪表的率定结果进行测试数据的修正,如机械式仪表的校正系数、电测仪表的灵敏系数和电阻应变观测的导线电阻等影响,这些影响的修正公式在前面章节有的已经涉及,没有涉及的公式可查相关书籍。在桥梁检测中,当上述影响对于实测值的影响不超过 1% 时,一般可不予修正。

(2) 温度影响修正计算

在桥梁荷载试验过程中,温度对测试结果的影响比较复杂,一般采用综合分析的方法来进行温度影响修正。具体做法是采用加载试验前进行的温度稳定观测结果,建立温度变化(测点处构件表面温度或大气温度)和测点实测值(应变或挠度)变化的线性关系,按下式进行修正计算:

$$S = S_a - \Delta t \cdot k_t \tag{12-3}$$

式中　　S ——温度修正后的测点加载观测值;

　　　　S_a ——温度修正前的测点加载观测值;

　　　　Δt ——相应于 S_1 时间段内的温度变化值(℃);

　　　　k_t ——空载时温度上升 1℃ 时测点测值变化值。

$$k_t = \frac{\Delta S}{\Delta t_1} \tag{12-4}$$

式中　ΔS——空载时某一时间段内测点观测变化值;

　　　Δt_1——相应于 ΔS 同一时间段内温度变化值。

在桥梁检测中,通常温度变化值的观测对应变采用构件表面温度,对挠度则采用大气温度。温度修正系数 k_t 应采用多次观测的平均值,如测点测试值变化与温度变化关系不明显时则不能采用。由于温度影响修正比较困难,一般可不进行这项工作,而通过在加载过程中,尽量缩短加载时间或选择温度稳定性好的时间进行试验等方法来尽量减少温度对试验的影响。

(3) 支点沉降影响的修正

当支点沉降量较大时,应修正其对挠度值的影响,修正量 c 可按下式计算:

$$c = \frac{l-x}{l}a + \frac{x}{l}b \tag{12-5}$$

式中　c——测点的支点沉降影响修正量;

　　　l——A 支点到 B 支点的距离;

　　　x——挠度测点到 A 支点的距离;

　　　a——A 支点沉降量;

　　　b——B 支点沉降量。

(4) 测点变位及相对残余变位计算

① 测点变位

根据控制截面各主要测点量测的挠度,可作下列计算:

总变位　　　　　　　　　　　$S_t = S_1 - S_i$ 　　　　　　　　　(12-6)

弹性变位　　　　　　　　　　$S_e = S_1 - S_u$ 　　　　　　　　　(12-7)

残余变位　　　　　　$S_p = S_t - S_e = S_u - S_i$ 　　　　　　　(12-8)

式中　S_i——加载前仪表初读数;

　　　S_1——加载达到稳定时仪表读数;

　　　S_u——卸载后达到稳定时仪表读数。

② 相对残余变位计算

桥梁结构残余变位中最重要的是残余挠度,相对残余变位的计算主要是针对桥梁结构加

载试验的主要监控测点的变位进行,可按下式计算:

$$S'_\mathrm{p} = \frac{S_\mathrm{p}}{S_\mathrm{t}} \times 100\%$$ (12 - 9)

式中 S'_p——相对残余变位。

(5)荷载横向分布系数计算

通过对试验桥梁(指多主梁)跨中及其他截面横桥向各主梁挠度的实际测定,可以整理绘制出跨中及其他截面横向挠度曲线,按照桥梁荷载横向分布的概念,采用变位互等原理,即可计算并绘制出实测的任一主梁的荷载横向分布影响线。荷载试验横向分布系数可用下式求得:

$$k_i = \frac{y_i}{\sum y_i}$$ (12 - 10)

式中 k_i——第 i 根主梁的荷载横向分布系数;

y_i——第 i 根主梁的实测挠度值;

$\sum y_i$——桥梁某截面横向各主梁实测挠度值的总和。

根据变位互等原理,以荷重 $P=1$ 作用于第 i 根主梁轴上时,绘制横桥向各主梁处挠度的连线,即为第 i 根主梁位的荷载横向分布影响线。

(6)静载试验结果曲线整理分析

桥梁结构的荷载内力、强度、刚度(变形)以及裂缝等试验资料,经过相应的修正计算后,通常将最不利工况的每级荷载作用下的桥梁控制截面的实测结果与理论分析值整理绘制成曲线,便于直观比较和分析。通常需整理的桥梁结构试验常用曲线种类大致如下:

① 桥梁结构纵横向的挠度分布曲线;

② 桥梁结构荷载位移(P-f)曲线;

③ 桥梁结构控制截面的荷载与应力(P-σ)曲线;

④ 桥梁结构控制截面应变沿梁高度分布曲线;

⑤ 桥梁结构裂缝开展分布图(图中注明各裂缝编号、长度、宽度、荷载等级与裂缝发展过程情况)。

将上述结果整理绘制成曲线,即可直观地对实测结果与理论分析值的关系进行比较,初步判断试验桥梁的实际工作状态是否满足设计与安全运营要求。

2)动载试验资料的整理分析

(1)本节中主要介绍桥梁动载试验资料中的冲击系数和计算方法,动应变计算方法详见第3章,对振幅、固有振动频率和阻尼系数等计算方法详见第7章。

(2)桥梁实测冲击系数可按下式计算:

$$\mu_\mathrm{t} = \frac{y_{\mathrm{dmax}}}{y_{\mathrm{smax}}} - 1$$ (12 - 11)

式中 μ_t——试验车辆的实测冲击系数;

y_{dmax}——实测的最大动挠度;

y_{smax}——实测的最大静挠度。

对于公路桥梁行驶的车辆荷载因为无轨可循,所以不可能使两次通过桥梁的路线完全相同。因此,一般采取以不同速度通过桥梁的方法,逐次记录下控制部位的挠度时程曲线,并找出其中一次通过使挠度达到最大值的时程曲线来计算冲击系数,静挠度取动挠度记录曲线中最高位置处振动曲线的中心线。最大动挠度与最大静挠度在桥梁动变形记录图中的取值位置如图 12-1。

实测的冲击系数应满足下列条件：

$$\mu_t \cdot \eta_d \leqslant \mu_s \qquad (12-12)$$

式中　μ_t——实测冲击系数；

$\quad\quad$ μ_s——设计时采用的冲击系数；

$\quad\quad$ η_d——动载试验效率。

当式(12-12)条件不满足时,应按实测的 μ_t 值来考虑试验桥梁标准设计中汽车荷载的冲击作用。

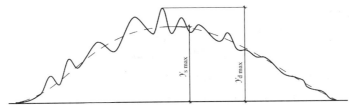

图 12-1　车辆荷载作用下桥梁变形曲线

（3）频谱分析法可用于确定自振信号的各阶频率。用于分析的数据中不得包含强迫振动成分。因此采用跳车激振法时,对于跨径小于 20 m 的桥梁,应按下式对实测结构自振频率进行修正：

$$f_0 = f\sqrt{\frac{M_0 + M}{M_0}} \qquad (12-13)$$

式中　f ——结构的自振频率；

$\quad\quad$ f_0——有附加质量影响的实测自振频率；

$\quad\quad$ M_0——结构在激振处的换算质量；

$\quad\quad$ M——附加质量。

结构的换算质量可用两个不同重量的突加荷载依次激振,分别测定自振频率 f_1 和 f_2,其附加质量 M_1 和 M_2,可用式(12-13)求得换算质量 M_0。

（4）桥梁结构的动刚度比,可用下式计算：

$$\Omega = \left(\frac{f_{sc}}{f_{js}}\right) = \left(\frac{K_{SC}}{K_{JS}}\right) \qquad (12-14)$$

式中　　Ω ——结构动刚度比；

$\quad\quad$ f_{sc} ——实测自振频率；

$\quad\quad$ f_{js} ——计算自振频率；

$\quad\quad$ K_{SC} ——结构实际动刚度；

$\quad\quad$ K_{JS} ——结构计算动刚度。

如实测频率大于计算频率,可认为结构实际动刚度大于理论动刚度,反之则实际动刚度偏小。

3) 桥梁试验结果的分析与评定标准

(1) 结构的工作状况

① 校验系数 η

在桥梁试验中,结构校验系数 η 是评定桥梁结构工作状况、确定桥梁承载能力的一个重要指标。通常根据桥梁控制截面的控制测点实测的变位或应变与理论计算值比较,得到桥梁结构的校验系数

$$\eta = \frac{S_o}{S_s} \qquad\qquad (12-15)$$

式中　S_o——试验荷载作用下实测的变位(或应变)值;

　　　S_s——试验荷载作用下理论计算变位(或应变)值。

公式(12-12)计算得到的 η 值,可按以下几种情况判别:

当 $\eta = 1$ 时,说明理论值与实际值相符,正好满足使用要求。

当 $\eta < 1$ 时,说明结构强度(刚度)足够,承载力有余,有安全储备。

当 $\eta > 1$ 时,说明结构设计强度(刚度)不足,不够安全。应根据实际情况找出原因,必要时应适当降低桥梁结构的载重等级,限载限速或者对桥梁进行加固和改建。

在大多数情况下,桥梁结构设计理论值总是偏安全的。因此,荷载试验桥梁结构的校验系数 η 往往稍小于 1。

不同桥梁结构型式的 η 值常不相同,表 12-1 所列的结构校验系数 η,可供参考。

表 12-1　桥梁结构校验系数常值表

桥梁类型	应变(或应力)校验系数	挠度校验系数
钢筋混凝土板桥	0.20~0.40	0.20~0.50
钢筋混凝土梁桥	0.40~0.80	0.50~0.90
预应力混凝土桥	0.60~0.90	0.70~1.00
圬工拱桥	0.70~1.00	0.80~1.00

② 不均匀增大系数 ξ

采用主要测点在控制荷载工况下横桥向实测横向不均匀增大系数 ξ 评定结构性能。按下式计算实测横向不均匀增大系数

$$\xi = \frac{S_{smax}}{\overline{S}_e} \qquad\qquad (12-16)$$

式中　　ξ——实测横向不均匀增大系数;

　　S_{smax}——横桥向实测变形(或应变)最大值;

　　$\overline{S}_e$——横桥向各测点实测变形(或应变)平均值。

主要测点在控制荷载工况下的横向不均匀增大系数反映了桥梁结构荷载不均匀分布程度。ξ 值越小,说明荷载横向分布越均匀,横向联系构造越可靠;ξ 值越大,说明荷载横向分布越不均匀,结构横向联结越薄弱,结构受力越不利。

③ 实测值与理论值的关系曲线

对于桥梁结构的荷载与位移($P-f$)曲线,荷载与应力($P-\sigma$)曲线的分析评定,因为理论

值一般按线性关系计算,所以如果控制测点的实测值与理论计算值成正比,其关系曲线接近于直线,说明结构处于良好的弹性工作状况。

④ 相对残余变位

桥梁控制测点在控制加载工况时的相对残余变位 S_p' 越小,说明桥梁结构越接近弹性工作状况。我国公路桥梁荷载试验标准一般规定 S_p' 不得大于 20%。当 S_p' 大于 20% 时,应查明原因。如确系桥梁结构强度不足,应在评定时,酌情降低桥梁的承载能力。

⑤ 动载性能

当动载试验效率 η_d 接近 1 时,不同车速下实测的冲击系数最大值可用于桥梁结构强度及稳定性检算。

对 40～120 kN 载重汽车行车激振试验测得的竖向振幅值宜小于表 12-2 所列的参考指标。

表 12-2 竖向振幅允许值

桥型及跨度	竖向振幅允许值/mm
跨度为 20 m 以下的钢筋混凝土梁桥	0.3
跨度为 20～45 m 的预应力混凝土梁桥	1.0
跨度为 60～70 m 的连续梁桥和 T 型刚构桥	3.0～5.0
跨度为 30～124 m 的钢梁桥和组合梁桥	2.0～3.0

对于公路桥梁中小跨径的一阶自振频率测定值一般应大于 3.0 Hz,否则认为该桥结构的总体刚度较差。

(2) 结构强度及稳定性

① 新建桥梁

新建桥梁的试验荷载一般情况下,选用新规范的设计荷载作为试验荷载(其计算公式详见规范),在试验荷载的作用下,桥梁结构混凝土控制截面实测最大应力(应变)就成为评价结构强度的主要依据。一方面可通过控制截面实测最大应力与相关设计规范规定的允许应力进行比较来说明结构的安全程度;另一方面可通过控制截面实测最大应力与理论计算最大应力进行比较,采用桥梁结构校验系数 η 来评价结构强度及稳定性。

② 旧桥

我国公路部门提出的《公路旧桥承载能力鉴定方法》,对于旧桥承载能力的检算基本上按现行的有关公路桥梁设计规范进行,但可根据桥梁现场调查得到的旧桥检算系数 Z_1 和桥梁经荷载试验得到的 Z_2 值,对检算结果进行适当修正。

当旧桥经全面荷载试验后,可采用通过结构控制截面主要挠度测点的校验系数 η 值查取旧桥检算系数 Z_2 值代替仅仅根据现场调查得到的旧桥检算系数 Z_1 值,对旧桥进行检算,通过检算结果对桥梁结构抗力效应予以提高或折减。检算公式如下:

A. 砖、石及混凝土桥

$$S_d\left(\gamma_{so}\Psi\sum\gamma_{sl}Q\right)\leqslant R_d\left(\frac{R^j}{\gamma_m},\alpha_k\right)\xi_c Z_2 \tag{12-17}$$

式中　S_d——荷载效应函数;

　　　Q——荷载在结构上产生的效应;

γ_{so}——结构重要性系数；

γ_{sl}——荷载安全系数；

$\varPsi$——荷载组合系数；

R_d——结构抗力效应函数；

R^j——材料或砌体的强度设计采用值；

γ_m——材料或砌体的安全系数；

α_k——结构几何尺寸；

ξ_c——截面折减系数；

Z_2——旧桥检算系数。

B. 钢筋混凝土及预应力混凝土桥

$$S_d(\gamma_g G;\gamma_q \sum Q) \leqslant \gamma_b R_d\left(\xi_c \frac{R_c}{\gamma_c};\xi_s \frac{R_s}{\gamma_s}\right) Z_2(1-\xi_e) \qquad (12-18)$$

式中 G——永久荷载(结构重力)；

γ_g——永久荷载(结构重力)的安全系数；

Q——可变荷载及永久荷载中混凝土收缩、徐变影响力,基础变位影响力,对重载交通桥梁汽车荷载效应应计入活荷载影响修正系数 ξ_q；

γ_q——荷载 Q 的安全系数；

R_d——结构抗力函数；

γ_b——结构工作条件系数；

R_c——混凝土强度设计采用值；

γ_c——在混凝土强度设计采用值基础上的混凝土安全系数；

R_s——预应力钢筋或非预应力钢筋强度设计采用值；

γ_s——在钢筋强度设计采用值基础上的钢筋安全系数；

ξ_c——混凝土结构截面折减系数；

ξ_s——钢筋截面折减系数；

ξ_e——承载能力恶化系数。

Z_2 值的取值范围根据校验系数 η 在表 12-3 中查取。η 值是评价桥梁实际工作状态的一个重要指标。对于 η 的某一个值,都可在表 12-3 中的 Z_2 有一个相应的取值范围,符合下列条件时,Z_2 值可取高限,否则应酌减,直至取低限。

• 加载产生桥梁结构内力与总内力(加载产生内力与恒载内力之和)的比值较大,荷载试验效果较好；

• 桥梁结构实测值与理论值线性关系较好,相对残余变形较小；

• 桥梁结构各部分无损伤,风化,锈蚀情况,已有裂缝较轻微。

当根据式(12-17)、式(12-18)采用旧桥检算系数 Z_1(现场调查得到)检算不符合要求,但采用 Z_2 值进行检算符合要求时,可评定桥梁承载能力的检算满足要求。

表 12 - 3　经过荷载试验桥梁检算系数 Z_2 值表

η	Z_2	η	Z_2
0.4 及以下	1.20～1.30	0.8	1.00～1.10
0.5	1.15～1.25	0.9	0.97～1.07
0.6	1.10～1.20	1.0	0.95～1.05
0.7	1.05～1.15		

注:① η 值应经校验确保计算及实测无误;② η 值在表列数值之间时可内插;③ 当 $\eta>1$ 时应查明原因,如确系结构本身强度不够,应适当降低检算承载能力。

③ 墩台及基础

当试验荷载作用下实测的墩台沉降,水平位移及倾角较小,符合上部结构检算要求,卸载后变位基本回复时,认为墩台与基础在检算荷载作用下能正常工作。否则,应进一步对墩台与基础进行探查、检算,必要时应进行加固处理。

④ 结构刚度分析

在试验荷载作用下,桥梁结构控制截面在最不利工况下主要测点挠度校验系数 η 应不大于1。

另外,在公路桥梁现有设计规范中,对不同桥梁都分别规定了允许挠度的范围。在桥梁荷载试验中,可以测出在桥梁结构设计荷载作用时结构控制截面的最大实测挠度 f_z,应符合下列公式要求。即

$$f_z \leqslant [f] \tag{12-19}$$

式中　$[f]$——设计规范规定的允许挠度值;

　　　f_z——消除支点沉降影响的跨中截面最大实测挠度值。

实际检测中除了上述规定外,还常常用试验荷载实测值与理论值进行比较分析。

当试验荷载小于桥梁设计荷载时,可用下式推算出结构设计荷载时的最大挠度 f_z,然后与规范规定值进行比较:

$$f_z = f_s \frac{P}{P_s} \tag{12-20}$$

式中　f_s——试验荷载时实测跨中最大挠度;

　　　P_s——试验荷载;

　　　P　——结构设计荷载。

⑤ 裂缝

对于新建桥梁在试验荷载作用下全预应力混凝土结构不应出现裂缝。

对于钢筋混凝土结构和部分预应力混凝土结构 B 类构件在试验荷载作用下出现的最大裂缝宽度不应超过有关规范规定的允许值。即

$$\delta_{max} \leqslant [\delta] \tag{12-21}$$

式中　δ_{max}——控制荷载下实测的最大裂缝宽度值;

　　　$[\delta]$——规范规定的裂缝宽度允许值。

另外,一般情况下,对于钢筋混凝土结构和部分预应力混凝土结构 B 类构件,在试验荷载作用下出现的最大裂缝高度不应超过梁高的 $1/2$。

通过对桥梁荷载试验得到的试验数据的整理与分析，就可对桥梁结构的工作状况、强度、刚度和裂缝宽度等各项指标进行综合判定，再结合桥梁结构的下部构造和动力特性评定，就可得出试验桥梁的承载能力和正常使用的试验结论。

12.3 索力检测与拉索护套管检查

12.3.1 概述

拉索在索桥结构中，广泛应用于斜拉桥、悬索桥、系杆拱桥以及采用拉索施工的场合，拉索分为斜拉索、悬索和竖向索等三种。由于拉索是索桥结构中的主要受力和承重构件，所以对于索桥结构，除了在索桥施工和成桥过程中，要按设计要求对索力大小进行严格监控外，还要求在成桥和运营后，对索桥各拉索中所持有的索力大小进行定期检测和监控。因为索桥运营后随着车辆荷载和自然环境的作用，结构各部位经过变形协调，索力大小会产生变化，索力将直接影响桥梁上部结构的受力安全。因此，对索力定期检测和安全评估具有十分重要的意义。

特别指出，拉索在桥梁运营后的日常检查和维护非常重要，《公路工程技术规程》(JTGB01-2014)条文中规定，拉索的使用寿命为 20 年。实际索桥案例中，广州海印大桥使用了 7 年、济南黄河大桥使用了 13 年拉索就全部更换了。四川宜宾南门大桥运营 10 年后，拱桥竖向索锚头处锈蚀断裂，导致大桥垮塌。这些典型案例的出现，对索桥拉索的检查维护提出了警示。

12.3.2 拉索的日常检查与维护

拉索的检查维护项目有：拉索护套管的老化开裂和渗水，拉索和拉索锚头锈蚀情况等。云南省保山市境内怒江大桥为斜拉桥，运营不到 10 年，由于当地一年四季雨水特多，日常缺少检查维护，导致拉索锈蚀断筋 50%以上，不得不全部换索。

拉索检查方法：运用爬行机器人沿拉索逐根检查，发现护套管开裂渗水，随即用防水胶修补，以防渗水锈蚀钢丝。拉索锚头采取人工逐个检查，并用防水油脂封涂。加强日常检查维护可以延长拉索使用寿命。

12.3.3 索力测试的常用方法

1) 千斤顶油压表读取法

该法主要用于施工阶段索力的张拉力控制，在经过对千斤顶及其配套油泵与油压表的校核标定后，利用千斤顶油压表与张拉控制力存在线性的对应关系，能够准确地测试张拉过程中张力的变化。而在成桥阶段，受预应力索锚固、千斤顶安装和操作条件等的限制，该法往往难以采用。

2) 压力传感器测定法

锚下压力测试法是在拉索张拉阶段，在锚具与锚垫板之间安装穿心式压力传感器，通过测量其读数的变化来反映和控制拉索内的张力。穿心式压力传感器一般可分为临时索力测试和长期索力测试两种。

采用锚下压力传感器测定法可用于拉索内既有索力无法精确测试场合（如系杆拱桥的刚性杆）或千斤顶油压表读取法难以精确测试的场合，只要压力传感器长期有效、稳定性好,拉索内既有索力只需读取压力传感器读数就能准确获得,从而对拟更换的拉索能方便地进行评估。

目前,由于索桥结构安装锚下压力传感器一般数量较多,相对费用较高,在桥梁规模较小,监控费用本身较低,一般施工监控不会在所有拉索都安装穿心式压力传感器,因为这会增加成桥运营阶段中刚性杆内既有索力的监控和确因需要更换拉索的难度与风险。

3)振动频率测试法

根据结构动力学的基本原理,斜拉索的振动频率与索力之间存在着一定的相关关系。对于某一根给定的斜拉索,只要测出该拉索的振动频率,便可求得该拉索的索力。

① 振动频率法是通过实测拉索的固有频率,利用拉索的张力和固有频率的相关关系计算索力。根据测定拉索振动频率的不同方法,振动频率法又可分为共振法和环境随机振动法。

② 采用共振法测量拉索的振动频率时,要采用人工激振的方法,使拉索作单一的基频振动,通过安装在拉索上的拾振器与配套的频率计测出拉索的基频。

③ 采用环境随机振动法测量拉索的振动频率时,不用对拉索进行人工激振,而是利用大地脉动传到拉索的微小而不规则的地面振动或大气变化(风、气压等)对拉索等影响的随机激振源对拉索进行激励。具体的方法是将测试时用专用的夹具将加速度拾振器固定在拉索上,测定拉索的随机横向振动信号,通过对拉索的随机信号进行频谱分析,一般可得到拉索的前几阶的振动频率。

振动频率测试法测定索力,设备可重复使用,仪器使用方便,测定结果可靠。特别适用于柔性拉索索力的定期监测。

以上几种方法从理论上都是可行的,但真正实施会遇到较多的实际问题。方法①在施工过程中测定拉索张拉过程的索力变化较方便,但不能测定成桥后的既有索力;方法②能准确直接地测定施工和成桥后拉索中的索力,但因压力传感器使用数量较多,应用不广泛;方法③能方便的实测拉索的固有频率,利用索的张力和固有频率的关系计算索力,该法目前广泛应用在施工过程与成桥后的索力监测。

12.3.4 振动频率法检测索力的计算方法

目前振动频率测试法是对索桥结构的拉索索力的检测使用最多的方法。下面根据结构动力学的原理,简单介绍其分析和计算方法。

1)中长索(不考虑抗弯刚度影响)的拉索振动微分方程

$$\frac{w}{g}\frac{\partial^2 y}{\partial t^2} - T\frac{\partial^2 y}{\partial x^2} = 0 \tag{12-23}$$

式中 y ——由振动引起的挠度(垂直于拉索长度的方向);

x ——纵向坐标(顺拉索长度方向);

T ——索的张力;

w ——单位拉索长度的质量;

g ——重力加速度;

t ——时间。

(1)假定所测拉索的边界条件为两端固定,可由式(12-23)解得拉索的自振频率公式为

$$f_n = \frac{n}{2l}\sqrt{\frac{gT}{w}}$$

(12-24)

式中　f_n——拉索的第 n 阶自振频率；

　　l——拉索的计算长度；

　　n——拉索自振频率的阶数。

（2）根据式（12-24）可得到该拉索的索力计算公式为

$$T = \frac{4wl^2}{g}\left(\frac{f_n}{n}\right)^2$$

(12-25)

式中符号意义同前。

2）短索（考虑抗弯刚度影响）的自由振动微分方程

$$\frac{w}{g}\frac{\partial^2 y}{\partial t^2} + EI\frac{\partial^4 y}{\partial x^4} - T\frac{\partial^2 y}{\partial x^2} = 0$$

(12-26)

式中　EI——索的抗弯刚度；

　　其余符号意义同前。

假定拉索的边界条件是两端铰接，由式（12-26）可解得拉索的索力 T 为

$$T = \frac{4f_n^2 wl^2}{gn^2} - \frac{EIn^2\pi^2}{l^2}$$

(12-27)

$$T = \frac{1}{5}\sum_{n=1}^{5} T_n$$

(12-28)

式中　T——平均索力；

　　T_n——对应于第 n 阶自振频率计算的索力；

　　EI——索的抗弯刚度，对于柔性索，索的抗弯刚度可以忽略，$EI=0$；

　　其余符号意义同前。

需要注意的是《公路桥梁荷载试验规程》（JTG/TJ21-2006）中规定，采用振动法测试索力时，应通过信号处理分析获得索的至少五阶自振频率值，按每一阶自振频率计算索力，取其均值作为最终索力；另外索力测试温度宜与合拢时温度一致，两者温度差应控制在±5℃范围内。

12.3.5　索力测试实例

实例1　斜拉桥斜拉索索力检测

南京长江二桥的主桥南汊大桥是一座双塔双索面五跨连续的钢箱梁斜拉桥，主跨为628 m。南汊桥斜拉索采用空间双索面扇形索布置（见图12-2），每个索面20对斜拉索，全桥共80对（160根）索，斜拉索在标准梁段的锚固间距为15 m。斜拉索的减振采用液压阻尼器与减振橡胶块共同作用的方式。图12-3为斜拉索编号图。

为了准确掌握斜拉索的索力变化，并为斜拉桥结构运营后的状态评估和养护管理方案的确定提供技术依据，东南大学应邀对南京长江二桥的主桥南汊斜拉桥进行了斜拉索索力测试与分析。索力测量采用振动频率测试法。图12-4为实测该桥的部分拉索的振动时程曲线。

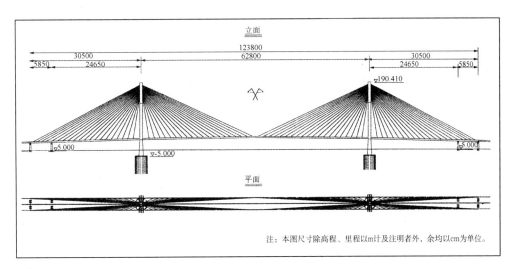

图 12-2 南京长江二桥的主桥南汉大桥扇形索布置图

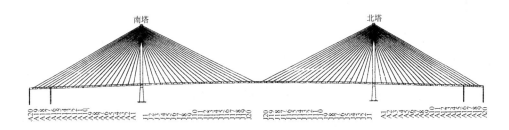

图 12-3 南汉大桥斜拉索编号图

图 12-5 为部分斜拉索振动测试频谱图。

本次检测索构件两端的边界条件可以简化为铰支,同时其拉索长细比足够大时,索力计算采用式(12-27),其第二项可以忽略不计,式(12-27)可以简化成

$$T = 4m(f_n^2/n^2) \cdot l^2 \tag{12-29}$$

如果已知索类构件的长度 l,每沿长度方向的单位质量 m,再测出它的前几阶振动频率,则根据式(12-29)就可以求出索力。部分索力见表 12-5、表 12-6。

表 12-5 下游南塔 1~46 号拉索索力(kN)

序号	基频(Hz)	实测索力	恒载索力	理论索力	差值1(%)	差值2(%)
1	0.363	4 603.025	4 776	4 663	−3.6	−1.3
2	0.367	4 374.458	4 246	4 304	3.0	1.6
3	0.393	4 221.790	4 160	4 065	1.5	3.9
4	0.377	3 601.329	3 773	3 771	−4.5	−4.5
5	0.384	3 454.111	3 412	3 374	1.2	2.4
6	0.403	3 443.385	3 416	3 311	0.8	4.0

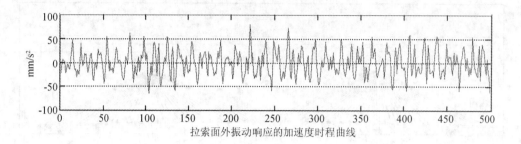

拉索面外振动响应的加速度时程曲线

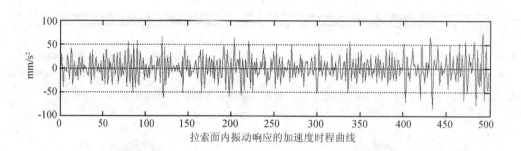

拉索面内振动响应的加速度时程曲线

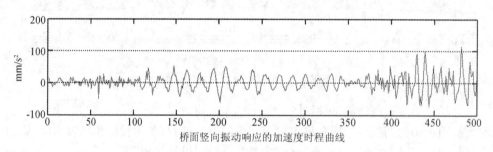

桥面竖向振动响应的加速度时程曲线

图 12-4　拉索面内、面外振动响应以及桥面竖向振动响应时程曲线

表 12-6　下游北塔 41~46 号拉索索力(kN)

序号	基频(Hz)	实测索力	恒载索力	理论索力	差值1(%)	差值2(%)
41	0.350	4 004.498	4 011	4 177	−0.2	−4.1
42	0.390	4 547.023	4 374	4 303	4.0	5.7
43	0.385	4 048.552	4 078	4 031	−0.7	0.4
44	0.390	3 783.126	3 707	3 823	2.1	−1.0
45	0.408	3 752.980	3 719	3 546	0.9	5.8
46	0.452	3 439.443	3 370	3 435	2.1	0.1

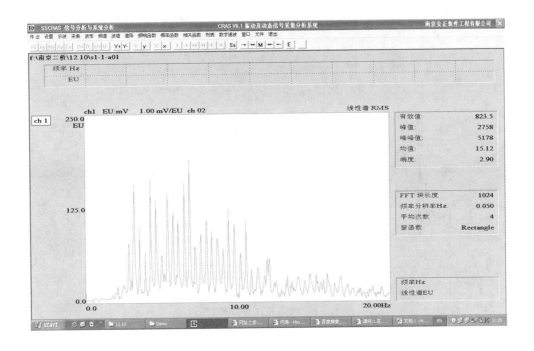

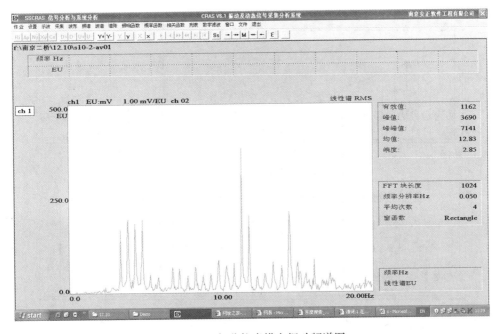

图 12 - 5　部分拉索横向振动频谱图

实例 2　悬索桥吊杆索力检测

西陵长江大桥位于三峡大坝中轴线下游 4.5 km 处,主桥为单跨双铰钢箱加劲悬索桥,是长江上的第一座悬索桥,图 12 - 6 为西陵长江大桥布置图。大桥全长 1 118.66 m,主跨900 m,一跨过江,两主缆横向间距 20 m,跨中矢高 85 m。主跨内共设置 70 根吊索,吊索按等间距 12.7 m 布置,图 12 - 7 为吊索编号图。使用十多年后,需要对大桥进行特殊检查,重点检测吊索索力,吊索索力测量采用振动频率测试法。图 12-8 为实测该桥的吊索振动测试频谱图。

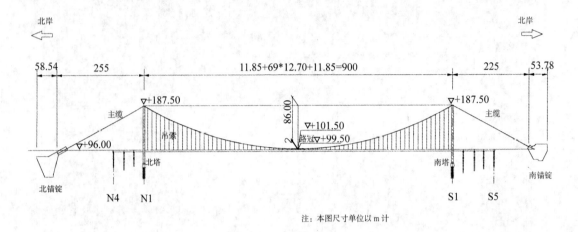

图 12-6 西陵长江大桥布置图

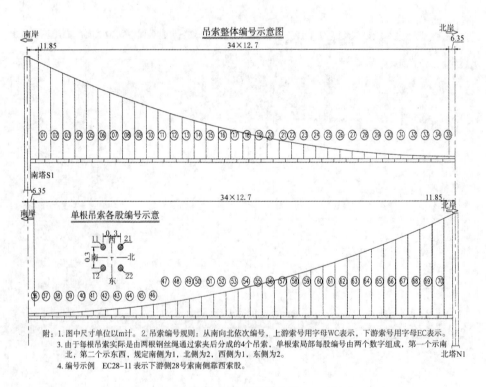

图 12-7 吊索的编号图

300

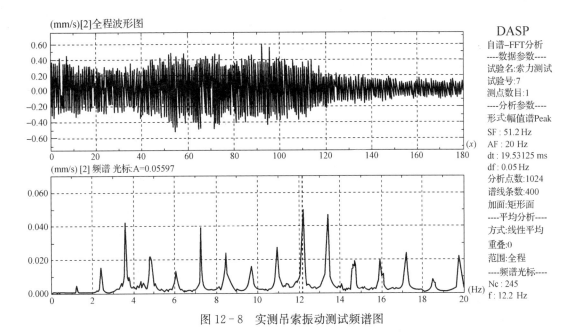

图 12-8　实测吊索振动测试频谱图

对于西陵长江大桥(悬索桥)吊索而言,抗弯刚度 EI 影响很小,公式(12-27)即简化为

$$T = \frac{4wl^2}{g}\left(\frac{f_n}{n}\right)^2$$

上式对于同一根缆索,T 为恒定时,f_n^2/n^2 是一恒值,则有

$$\frac{f_n^2}{n^2} = \frac{f_1^2}{1^2} = \frac{f_2^2}{2^2} = \cdots$$

亦有 $f_1 : f_2 : f_3 : \cdots f_n = 1 : 2 : 3 : \cdots n$

即 $f_2 - f_1 = f_3 - f_2 = \cdots = f_n - f_{n-1} = f_1$

反映在频谱图上,各阶频率是等间距的,其间距值大小即等于基频 f_1。在实际测量过程中,可以充分利用这个特性,来判断是否为缆索自振的频谱,凡与缆索振动的频谱特征一致的频谱图,才确认为缆索振动的频谱图,否则要分析原因,检查仪器,重新测量,这样才能确保测试结果的正确性。表 12-7 给出了西陵长江大桥恒载作用下部分上下游总索力实测值。

表 12-7　部分吊索索力实测结果表

索号		基频/Hz	推算索力/kN	总索力/kN	索号		基频/Hz	推算索力/kN	总索力/kN	上下游总索力偏差率/%
W37	11	31.2	96.0	385.2	E37	11	31.2	96.0	395.1	-2.58
	12	31.4	97.2			12	31.8	99.7		
	21	31.2	96.0			21	31.8	99.7		
	22	31.2	96.0			22	31.8	99.7		

301

索号		基频 /Hz	推算索力/kN	总索力/kN	索号		基频/Hz	推算索力/kN	总索力/kN	上下游总索力偏差率/%
W38	11	28.4	109.9	444.2	E38	11	28.0	106.8	441.2	0.69
	12	28.8	113.0			12	28.8	113.0		
	21	28.6	111.5			21	28.8	113.0		
	22	28.4	109.9			22	28.2	108.4		
W39	11	27.3	152.1	632.4	E39	11	27.6	155.4	617.5	2.36
	12	27.8	157.7			12	27.6	155.4		
	21	27.2	151.0			21	26.8	146.6		
	22	29.0	171.7			22	28.0	160.0		
W40	11	20.2	128.8	563.0	E40	11	20.6	134.0	549.9	2.31
	12	20.8	136.6			12	20.2	128.8		
	21	21.4	144.6			21	22.2	155.7		
	22	22.0	152.9			22.0	20.4	131.4		

12.3.6 索力测试的几种影响因素

国内对振动频率法测定拉索索力进行了大量研究,发表的众多文献资料对拉索的抗弯刚度、支承条件、斜度、垂度以及拉索的初应力等影响索力测试的因素进行了分析研究。综合可得出以下几点研究成果:

1) 张拉端边界条件的影响

对斜拉索的张拉端边界条件处理为两端固定或两端铰接,对实测索力的影响两者间相差一般不大于5%。其影响随着索长的增加和抗弯刚度的减小,边界条件的影响将变得更小,两者的分析结果将更接近。

2) 抗弯刚度的影响

对细长索($l>40$ m)不计抗弯刚度求得的索力结果比计入抗弯刚度时偏大,但一般不会大于3%,可不计入抗弯刚度。

对于索长 $l<40$ m 的斜拉索、系杆拱吊杆的索力计算,抗弯刚度的影响有可能超过5%,必须计入抗弯刚度。

3) 阻尼器(减振器)的影响

目前阻尼器的使用主要在斜拉桥上采用较多,因其拉索长度长,振动幅度较大,为了抑制拉索的振动,常常在拉索两端靠近锚头附近安装阻尼器。对于跨径小于100 m 以下的系杆拱桥,其跨中吊杆一般不会超过30 m,因此较少采用阻尼器。

对于安装阻尼器的斜拉索进行索力检测时,由于改变了拉索的自振频率,其对索力的影响与拉索长度有关;有文献指出,如拉索长度超过150 m,阻尼器的影响一般不会超过5%;而对于短索最大可相差近40%。

由于阻尼器的安装对拉索索力的影响复杂,用分析的方法确定影响比较困难。通常情况下,对某一特定桥梁通过测量每一根拉索安装阻尼器前后的频率变化进行识别,确定安装拉索的支承长度;但对既有桥梁的斜拉索索力实测时,可以将阻尼器松开和安装后分别量测作为对比,即可判定阻尼器对索力的影响。

4) 拉索垂度的影响

研究表明,当拉索索力很小而垂度相对较大时,计算索力应计入垂度的影响。斜拉桥在施工过程中斜拉索都需经过几次张拉调整。对于第一次张拉索的索力较小而拉索的垂度相对较大,垂度对实测低阶频率影响较大时,可采用 4 阶或更高阶的自振频率计算索力来减小垂度的影响。

12.4 桥梁现场荷载试验实例

12.4.1 试验桥梁概况

南京长江二桥北汊桥主桥为 90 m+165 m×3+90 m 的五跨变截面连续箱梁桥,位于半径 R=16 000 m 的竖曲线上。桥面宽 32 m,预应力混凝土箱梁桥由上、下行分离的两个单箱单室箱形截面组成。箱梁采用纵、横、竖三向预应力体系。全桥于 2000 年 12 月底建成,为亚洲当时已完成的最大跨径预应力混凝土连续箱梁桥。

为了确保大桥安全可靠地投入营运,对竣工后的大桥进行荷载试验是十分必要的。根据大桥建设指挥部的要求,北汊主桥的竣工荷载试验工作由东南大学桥梁与隧道工程研究所具体实施,北汊主桥由两幅分离的预应力混凝土单室箱梁组成,现场竣工荷载试验选择在上游幅进行。

12.4.2 荷载试验目的

(1) 检验北汊桥主桥主体结构受力状况和承载能力是否符合设计要求,确定能否交付正常使用。

(2) 根据北汊桥主桥特大跨径预应力混凝土连续箱梁桥的结构特点,用静载测试的方法了解桥梁结构体系的实际工作状况,检验桥梁结构的使用阶段性能是否可靠。同时,也为评价工程的施工质量、设计的可靠性和合理性以及竣工验收提供可靠依据。

(3) 通过测试移动车辆荷载作用下桥梁控制截面的动应变和动挠度,得到结构实际的动态增量,判别其动态反应是否在预应力连续箱梁桥允许范围内。

(4) 通过动力性能试验,了解桥梁结构的固有振动特性以及在长期使用荷载阶段的动力性能。

12.4.3 静载试验

1) 试验荷载

试验荷载采用的加载车辆由东风康明思 EQ3141 自卸车和太脱拉 815－2 自卸车两种车型组成。加载车辆主要尺寸如图 12－9。

南京长江二桥北汊主桥按静载试验方案,共使用 6 辆太脱拉自卸车和 21 辆东风康明思自卸车。采用的车辆均按标准配量进行配载称重。

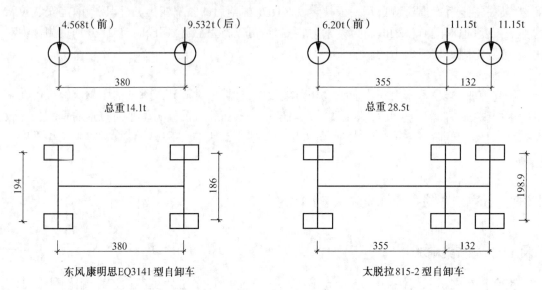

图 12-9　加载车主要尺寸(单位:cm)

2) 测试截面、测试内容及测点布置

(1) 测试截面

根据设计提供的资料和对北汉桥主桥预应力混凝土连续箱梁在营运阶段的分析计算,北汉主桥桥跨,中跨跨中截面 A 和次中跨跨中截面 C 的正弯矩值以及 23 号墩顶附近截面 B 的负弯矩值是设计的主要控制值;而箱梁混凝土主应力由边跨截面 D 控制。因此,北汉主桥桥跨结构的静载试验相应选择了 4 个主要控制截面(见图 12-10)。

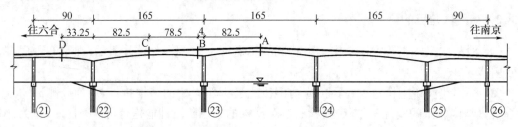

图 12-10　北汉主桥静载试验测试截面位置图(单位:m)

(2) 测试内容及测点布置

根据《大跨径混凝土桥梁的试验方法》和选择的控制截面要求,本次静载试验是在每种加载工况作用下,测试截面的混凝土应变和观测各桥跨的挠度变形。

① 箱梁挠度变形测试

箱梁挠度变形测点布置见图 12-11。除在每个桥墩纵向中心线位置箱梁上布设测量测点外,每跨的跨中处及四分点处均设挠度变形测点。

挠度变形测点设在桥面上,在桥面横桥向的上、下游两侧,分别布置了 19 处共 38 个测点(见图 12-12)。

挠度变形采用多台水准仪沿全桥分段同时进行测试。

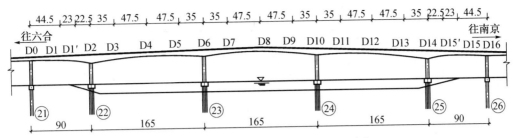

图 12-11　桥跨箱梁挠度变形纵向布置图(单位:m)

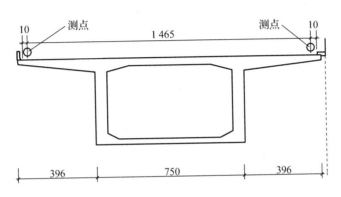

图 12-12　挠度变形测点在横桥面上的布置图(单位:cm)

② 箱梁应力测试

在箱梁主要控制截面(A、B、C)上各布置混凝土应变测点 17 个,其中钢弦式应变计 5 个(在箱梁施工中已预先埋入混凝土内),外贴大标距铂式应变片测点 12 个。部分截面的应变测点布置见图 12-13。

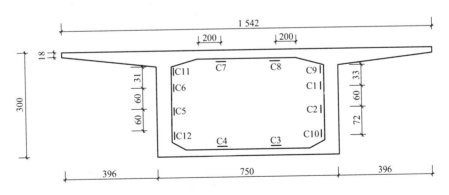

图 12-13　截面应变片测点布置图(单位:cm)

D 截面为箱梁主应力测试截面,共设置了 4 个应变花测点,计 12 片混凝土应变片。主应力测点布置见图 12-14。

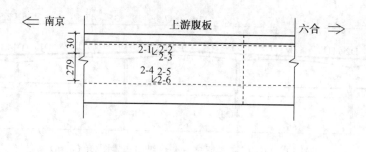

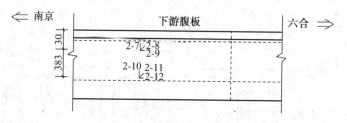

图 12-14 截面主应力测点布置图(单位:cm)

3) 加载工况及方法

(1) 加载工况

北汊主桥跨结构静载试验采用汽车车队加载。在桥面宽度上布置 3 列车队,每列车队按照加载工况要求由数量不等的东风康明斯和太脱拉自卸车组成。

对于北汊主桥桥跨结构的 A、B、C、D 测试截面,除在桥面宽度方向进行对称加载工况,还进行偏心加载工况。在桥面横向位置具体对称加载和偏心加载布置见图 12-15。

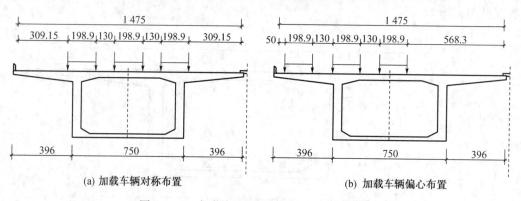

图 12-15 加载车在桥面横向位置图(单位:cm)

北汊主桥静载试验根据对桥跨结构具体分析和设计要求,主要进行 4 个大加载工况,共计 8 个小加载工况。静载试验具体实施工况详见表 12-8。

表 12-8 静载试验工况表

工况		加载车辆车队	加载位置	加载工况
全桥预压		3辆太脱拉,3辆东风	缓慢通过全桥	
工况Ⅰ	Ⅰ-1	2辆太脱拉,3辆东风	次中跨跨中(C截面)	对称加载
	Ⅰ-2	4辆太脱拉,6辆东风	次中跨跨中(C截面)	
	Ⅰ-3	6辆太脱拉,9辆东风	次中跨跨中(C截面)	
	Ⅰ-4	车辆退出		
	Ⅰ-5	4辆太脱拉,6辆东风	次中跨跨中(C截面)	偏心加载
	Ⅰ-6	6辆太脱拉,9辆东风	次中跨跨中(C截面)	
	Ⅰ-7	车辆退出		
工况Ⅱ	Ⅱ-1	2辆太脱拉,3辆东风	中跨跨中(A截面)	对称加载
	Ⅱ-2	4辆太脱拉,6辆东风	中跨跨中(A截面)	
	Ⅱ-3	6辆太脱拉,9辆东风	中跨跨中(A截面)	
	Ⅱ-4	车辆退出		
	Ⅱ-5	4辆太脱拉,6辆东风	中跨跨中(A截面)	偏心加载
	Ⅱ-6	6辆太脱拉,9辆东风	中跨跨中(A截面)	
	Ⅱ-7	车辆退出		
工况Ⅲ	Ⅲ-2	4辆太脱拉,14辆东风	墩顶附近(B截面)	对称加载
	Ⅲ-3	6辆太脱拉,21辆东风	墩顶附近(B截面)	
	Ⅲ-4	车辆退出		
	Ⅲ-5	4辆太脱拉,14辆东风	墩顶附近(B截面)	偏心加载
	Ⅲ-6	6辆太脱拉,21辆东风	墩顶附近(B截面)	
	Ⅲ-7	车辆退出		
工况Ⅳ	Ⅳ-1	6辆太脱拉,3辆东风	(D截面)	对称加载
	Ⅳ-2	车辆退出	(D截面)	

按照静载试验4个大加载工况,部分车队沿桥跨结构的纵向排列布置见图12-16。

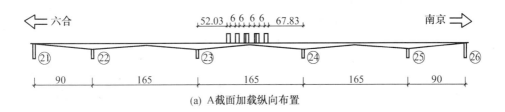

(a) A截面加载纵向布置

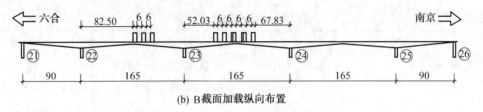

(b) B截面加载纵向布置

图 12-16　加载车队纵向布置图（单位：m）

（2）加载方法

北汊主桥静载试验按表 12-5 所示的加载大工况，每个加载大工况采用分级加载的方法，当加载工况为沿桥面横向对称布置车队时，分 3 级加载，即 1 列车队为 1 级；当加载工况为非对称布置车队时，分 2 级加载，即先上 1 列车队为第 1 级，而后同时上 2 列车队为第 2 级。本次加载时在桥跨结构经过车队预压之后，依次按表 12-5 的工况顺序进行加载试验。

（3）静载试验效率

按照图 12-10 所示车队纵向排列位置以及桥面上共 3 个试验车队作用时，计算得到的静载试验效率 $\eta_q=0.8\sim0.9$，满足《大跨径桥梁试验方法》的要求。

4）试验仪器

（1）混凝土应变测试采用 TDS-303 静态数据采集仪，其分辨率为 0.1×10^{-6}；最大测量测点数据为 1 000 个，量测速度为 0.06 s，与之相配的混凝土应变片为大标距铂式应变片。

同时对箱梁截面混凝土应变还使用了 SS-2 型液晶显示钢弦频率接受仪 2 台，其测量精度为 1 Hz，最大测量范围为 8 000 Hz。与之相配的是预先埋入箱梁混凝土内的钢弦式应变计。

（2）桥跨结构挠度变形测试仪器采用 8 台精密水准仪沿全桥分段同时进行测量。

12.4.4　静载试验结果

1）桥梁结构的挠度

根据北汊主桥桥跨结构各控制截面最大加载工况实测得到部分的最大挠度值与相应加载工况的理论计算挠度值对照表见 12-9。

根据全桥跨结构实测挠度结果整理绘制的部分加载工况挠度实测曲线见图 12-17。

表 12-9　控制截面实测最大挠度与理论计算挠度对照表

测试截面	实测挠度/mm	理论计算挠度/mm	备注
A 截面	46	62.5	中跨跨中
B 截面	49	52.4	次中跨跨中

测点编号	D0	D1	D1'	D2	D3	D4	D5	D6	D7	D8	D9	D10	D11	D12	D13	D14	D15'	D15	D16
实测挠度/mm	−1	−4	−3	4	8	18	15	−1	−22	−43	−22	2	11	13	4	2	2	−2	1
计算挠度/mm	0.0	−7.6	−5.0	0.0	10.7	31.6	25.0	0.0	−31.0	−62.8	−28.2	0.0	22.5	28.5	9.6	0.0	−4.5	−6.8	0.0

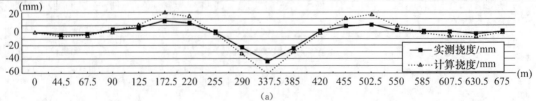

(a)

测点编号	D0	D1	D1′	D2	D3	D4	D5	D6	D7	D8	D9	D10	D11	D12	D13	D14	D15′	D15	D16
实测挠度/mm	1	4	−3	3	7	20	15	0	−18	−46	−22	−6	12	11	1	0	−1	−3	3
计算挠度/mm	0.0	−7.6	−5.0	0.0	10.7	31.6	25.0	0.0	−31.0	−62.8	−28.2	0.0	22.5	28.5	9.6	0.0	−4.5	−6.8	0.0

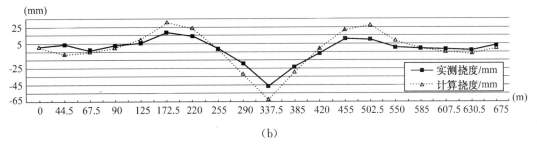

(b)

图 12-17　A 截面偏载上、下游测点挠度曲线图

2）箱梁混凝土应变

根据北汉主桥桥跨结构各控制截面加载工况,静载试验中所测得的箱梁控制截面各部位应力值均为加载后的应力增量值,下面仅将理论计算的应力增量值与实测的应力增量值进行比较。其中应力值为负号代表受压,正号代表受拉。下面实测应力值与理论计算值均指加载后的应力值增量。

① 根据全桥各控制截面箱梁混凝土正应力实测值得到的范围数据与理论计算正应力值对照见表 12-10。表中实测混凝土正应力变化范围数据均小于理论计算值。

表 12-10　混凝土实测应力范围数据与理论计算值对照表

截面部位		实测值应力范围/MPa	理论计算应力值/MPa	备注
A	顶板	2.77～3.58	3.73	
	底板	2.96～3.89	4.20	
B	顶板	0.92～1.04	1.85	
	底板	0.57～1.07	1.58	
C	顶板	0.69～0.77	1.77	
	底板	2.5～2.60	2.62	

② 根据北汉主桥施工控制组在全桥桥面铺装施工后,对预埋在中跨跨中截面和次中跨跨中截面的钢弦应变计测试结果,中跨跨中截面顶板混凝土压应力为 6.67 MPa,底板混凝土压应力为 11.42 MPa;次中跨跨中截面顶板混凝土压应力为 8.89 MPa,底板混凝土压应力为 14.96 MPa。因此,静载试验各工况在试验荷载作用下,北汉主桥箱梁截面混凝土总的应力状态处于压应力范围内。

3）主应力测试结果

实测计算结果得到的箱梁腹板混凝土主拉应力最大为 0.94 MPa,小于理论计算得到的主拉应力值 1.2 MPa。

4）结构工作状况

① 结构校验系数 η

桥梁结构的校验系数 η 主要是利用控制截面的主要测点的实测值与理论值之比求得。根据中跨跨中截面和次中跨跨中截面实测最大挠度值与理论计算挠度值,求得北汉主桥结构校

验系数 η 在 0.736~0.935 范围内,表明北汉主桥结构处于良好工作状态。

② 相对残余变形 S'_p

根据北汉主桥控制截面的主要测点的实测总变位与根据实测计算得到的残余变形值,可计算得到北汉主桥中跨跨中和次中跨跨中截面的相对残余变形 S'_p 在 14%~16% 范围内,满足大跨径桥梁试验方法中 S'_p 不大于 20% 的要求。

12.4.5 动载试验

根据国内目前对特大跨径及大跨径预应力混凝土桥梁动载试验的做法,北汉主桥的动载试验也采用动应变的测试方法与动态增量分析法;另外北汉主桥自振特性测量采用环境随机振动法,通过记录脉动波形并对其作进一步的频谱分析后,得到结构的低阶自振特性。

1) 试验荷载与工况

动载试验采用太脱拉自卸车作为移动荷载来加载。根据试验方案,制订的北汉主桥桥跨结构动载工况见表 12-11。

表 12-11 动载试验工况

序号	工况	观测截面
1	3 辆太脱拉静载	中跨跨中(A 截面),次中跨跨中(B 截面)
2	3 辆太脱拉 20 km/h 匀速跑车	中跨跨中(A 截面),次中跨跨中(B 截面)
3	3 辆太脱拉 30 km/h 匀速跑车	中跨跨中(A 截面),次中跨跨中(B 截面)
4	3 辆太脱拉 40 km/h 匀速跑车	中跨跨中(A 截面),次中跨跨中(B 截面)
5	1 辆太脱拉 10 km/h 跨越障碍	中跨跨中(A 截面),次中跨跨中(B 截面)
6	1 辆太脱拉 20 km/h 跨越障碍	中跨跨中(A 截面),次中跨跨中(B 截面)
7	1 辆太脱拉 30 km/h 刹车	中跨跨中(A 截面)

上表工况 5 和工况 6 中,车辆跨越的试验障碍物为 40cm 底宽、7cm 高的梯形木板。

2) 测试仪器

动态应变与动态增量测试仪器为 DH3817 动应变测试系统,其测点采样速率为 100 次/s,最大满度值为 30 000 $\mu\varepsilon$,示值分辨率为 1 $\mu\varepsilon$。

自振特性测试仪器为 DH5936 动态测试分析仪,与之相配的是 DH107 压电式加速度传感器。

3) 动态试验结果与分析

(1) 混凝土动应变

通过各种移动荷载行车条件下实测箱梁混凝土最大动应变结果。中跨和次中跨箱梁混凝土在不同速度匀速跑车的作用下,箱梁混凝土动应变测试数据比较稳定,箱梁中跨跨中底板动应变变化范围在 18~20 $\mu\varepsilon$,次中跨跨中箱梁底板动应变变化范围在 25~27 $\mu\varepsilon$,中跨跨中箱梁顶板动应变变化范围在 -16~-17 $\mu\varepsilon$,次中跨跨中顶板动应变变化范围在 -16~-19 $\mu\varepsilon$,均在允许范围内。

（2）动态应变增量 ϕ

动态增量是桥跨结构受各种不同动荷载作用时,对结构动态反应的一种量度,动态增量 ϕ 可用以下公式计算:

$$\phi = \frac{最大动态位移(应力) - 最大静态位移(应力)}{最大静态位移(应力)}$$

北汉主桥根据所测得的箱梁混凝土动应变计算得到的动态增量 ϕ 在 0.06~0.09 的范围内(均小于 0.1),表明动态增量不大。

（3）桥梁结构的自振特性

当时,国内外对大跨径预应力混凝土桥梁的自振特性尚无明确规定,北汉主桥桥跨结构前五阶固有频率、阻尼比见表 12 - 12。

北汉主桥桥跨结构实测部分振型简图见图 12 - 18。

表 12 - 12 实测固有频率、阻尼比结果

参数 \ 振型	第一阶振型 竖向弯曲	第二阶振型 竖向弯曲	第三阶振型 竖向弯曲	第四阶振型 横向弯曲	第五阶振型 横向弯曲
固有频率/Hz	1.025	1.175	1.318	1.559	1.807
阻尼比	0.027 1	0.029 2	0.022 3	0.013 2	0.021 2

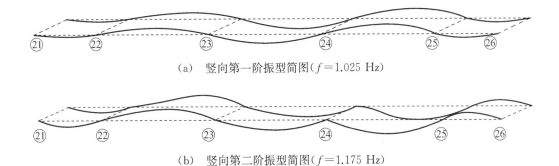

（a） 竖向第一阶振型简图（$f = 1.025$ Hz）

（b） 竖向第二阶振型简图（$f = 1.175$ Hz）

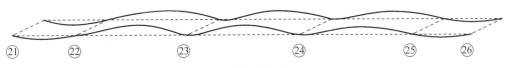

（c） 竖向第三阶振型简图（$f = 1.318$ Hz）

图 12 - 18 实测部分振型简图

北汉主桥桥跨结构的自振特性与国内外同类桥梁实测的结果比较接近。根据有关文献介绍,当跨径在 110~140 m 范围内,变高度的连续箱梁桥的基频(竖向第一阶固有频率)在 1.03~1.08 Hz 之间,北汉主桥的自振频率在上述范围之内。另外试验测得的前五阶振型中无明显的扭转振型,表明北汉主桥桥跨箱梁具有足够的横向抗扭刚度。

（4）桥梁结构应力响应

从测试结果分析,无论是采用不同跑车还是跳车等工况,都没有出现所产生的激励频率与北汉主桥梁固有频率相近而发生共振的现象,实测得到桥跨结构的激励频率范围在

2.47～4.0 Hz,远离北汉主桥梁的基频 1.025 Hz。

车辆制动时的纵向响应较小,在桥上制动时能保证行车安全,制动时对桥梁结构产生不利影响较小。

综上所述,对南京长江二桥北汉主桥的荷载试验测试结果是可靠的。荷载试验结果证明,北汉主桥预应力混凝土箱梁的结构性能符合设计和使用要求。

复习思考题

12-1 实桥荷载试验的目的是什么?

12-2 实桥荷载试验中静载、动载试验的主要测试内容有哪些?

12-3 实桥现场调查与考察应进行哪些项目检查?

12-4 常见主要桥型静载试验中主要有哪些加载工况?

12-5 实桥荷载试验常采用哪些加载设备与方法? 车辆荷载应如何称重?

12-6 几种主要桥梁体系的试验控制截面的主要测点应如何布置?

12-7 采用汽车车队作桥梁静载试验时,如何进行加载工况的分级?

12-8 静载试验时,钢筋混凝土梁桥加载稳定时间应如何控制?

12-9 实桥现场荷载试验中,什么条件下应终止加载试验?

12-10 如何利用荷载试验的校验系数评定桥梁的工作状况?

12-11 桥梁的冲击系数应如何测试?

12-12 当桥梁荷载试验实测的静力性能与动力性能的主要判据存在矛盾时,可采用什么评价指标对桥梁承载能力进行评定?

12-13 桥梁荷载试验报告应包括哪些内容?

12-14 拉索索力最常用的测试方法有几种?

12-15 振动频率测试法现场有几种测试索力的方法?

12-16 某旧桥按规范标准汽车-20级设计计算跨中截面的控制内力为 4401 kN·m,因现场条件所限,荷载试验需用其他型号汽车车队加载,计算得到的跨中截面试验控制内力为 4225 kN·m,问该桥静载试验效率是否满足荷载试验要求?

12-17 某简支梁桥采用汽车荷载加载计算得到的跨中挠度值为 56 mm,荷载试验实测得到的跨中挠度值为 45.4 mm,问该桥结构的工作状况是否满足要求?

13 地下结构工程的现场试验与检测

13.1 地下结构工程的基本概念

地下结构是指地铁、地下隧道、地下车库、地下商场、地下核电站以及超高层建筑物和超大型桥梁的桩基础等。随着城市建设和经济的快速发展,这些基础设施的建设逐年增多。地下结构工程与地上结构工程相比,由于工程在地下,无论是设计还是施工技术,都要复杂得多,不确定因素比地上结构多很多,出现的工程质量问题及工程事故也相对较多。因此,地下结构工程的现场检测和施工监测已引起专家学者的高度关注。本章将重点介绍桩基础的现场检测方法和地下洞室工程的施工监测技术。

13.2 桩基静载试验

13.2.1 承载力试验主要检测项目

确定单桩承载力是桩基设计的关键依据之一,而单桩承载力只有通过现场试验才能确定。因此,现场试验主要检测以下项目:

(1) 确定单桩的极限承载力、设计承载力及抗拔力;

(2) 确定桩的底端承载力和桩侧摩阻力;

(3) 了解单桩在荷载作用下的变形和桩的荷载传递规律。

在桩基础检测时,常通过桩的静载试验,由所测试的荷载与沉降的关系,确定单桩的竖向(抗压)极限承载力。这种检测法以单桩为试验对象,是一种接近于桩的实际工作条件的模拟试验方法,又称为单桩垂直静载试验。当在拔力的作用下试验,以确定单桩的抗拔极限承载力时,则称为抗拔静载试验。对抗滑、挡土桩等进行的是单桩水平荷载试验。在桩的静载试验中,若在桩底、桩身埋设相应的量测传感器,还可以直接测定桩侧各土层的极限侧面阻力和极限端阻力。

13.2.2 单桩竖向抗压静载试验

1) 试验的基本原理

桩的承载力是由桩周土的摩擦力和桩尖土的抵抗力(即桩的端承力)组成。在这两部分力的组合尚未充分发挥前,桩的下沉量是与桩顶所承受的力成正比的。当桩顶荷载达到破坏荷载时,桩的下沉量会突然增加或不停地变化,此时的前一级荷载则为极限荷载。

2) 试验设备

在单桩垂直静载试验中,液压千斤顶加载装置是较常采用的加载装置,它包括加载与稳压系统、量测系统以及反力系统。可以根据实际情况,选用下列加载形式的反力装置之一。

（1）压重平台反力装置（如图13-1）：压重采用预制桩、钢锭等重物，其重量不得少于预估最大试验荷载的1.2倍；压重应在试验开始前一次加满，并均匀地放置于平台上。

（2）锚桩横梁反力装置：分为单列锚桩加载（如图13-2，只设两根锚桩）和双列锚桩加载（如图13-3，设四根锚桩）。锚桩和横梁能提供的反力不应小于1.2～1.5倍预估最大试验荷载（锚桩按抗拔桩计算）。采用工程桩作锚桩时，锚桩的数量不得少于4根，并应在试验过程中对锚桩的上拔量进行监测。

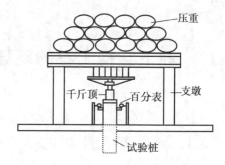

图13-1 压重-千斤顶加载试验装置

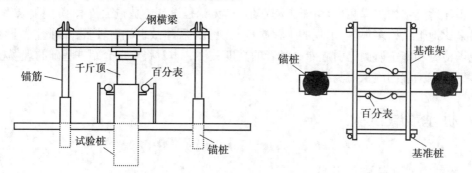

图13-2 单列锚桩加载试验装置

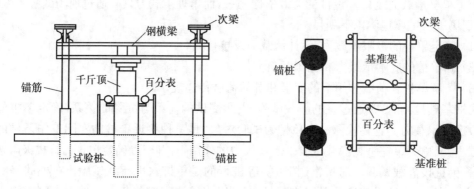

图13-3 双列锚桩加载试验装置

（3）锚桩压重联合反力装置：当试桩最大加载重量超过锚桩抗拔能力时，可在横梁上悬挂一定重物，由锚桩和重物共同承受千斤顶加载反力。

3）荷载试验条件

（1）试桩

① 试桩顶部一般应予加强，可在桩顶配置加密钢筋网2～3层，或用薄钢板作为加强箍与桩顶浇为一体，用高强度等级砂浆将桩顶抹平。

② 为安装沉降测点及仪表，试桩顶部露出试桩地面的高度不宜少于60 cm，试桩地面应与桩承台底设计标高一致。

③ 试桩的成桩工艺条件和质量控制标准应与工程桩一致。有时为缩短试桩养护时间，混

凝土强度等级可适当提高或采取早强措施。

④ 在满足混凝土达到强度等级的前提下，从浇注试桩混凝土到开始试验的间隔时间按土质不同应满足下列要求：

A. 砂类土中：不少于 10 天；

B. 粉土和粘性土中：不少于 15 天；

C. 淤泥及淤泥质土中：不少于 25 天；

（2）试桩、锚桩(压重平台支墩)和基准桩之间，为了避免加载过程中的相互影响，桩之间的中心距离应满足表 13-1 的要求。

表 13-1　试桩、锚桩和基准桩之间的中心距离

加载装置	试桩与锚桩 （或压重平台支撑边）	基准桩与锚桩 （或压重平台支撑边）	试桩与基准桩
锚桩横梁反力装置	$\geqslant 4d$ 且$\geqslant 2.0\text{m}$		
压重平台反力装置			

注：d 为试桩或锚桩的设计直径，当两者不等时，取较大者；当为扩底桩时，试桩与锚桩的中心距离不应小于 2 倍扩大端直径。

（3）测试试桩沉降的百分表一般在 2 个正交直径方向对称安装 4 个(小桩径时可安装 2~3 个百分表)，沉降测定平面离桩顶距离不宜小于 0.5d。固定和支撑百分表的夹具和横梁在构造上应确保不会受气温影响而发生竖向变位。

4）加载与卸载

试验一般采用慢速维持荷载法逐级加载，每级荷载达到相对稳定后加下一级荷载，直至达到终止加载条件，然后逐级卸载到零。具体规定如下：

（1）每级加载约为预估极限荷载的 1/10~1/15，第一级可按 2 倍分级荷载加载。

（2）沉降观察：每级加载后，隔 5 min、10 min、15 min 各测读一次，以后每隔 15 min 测读一次，累计 1 h 后每隔 0.5 h 测读一次。每次测读值应及时填入记录表。

（3）相对稳定标准：每一小时的沉降不超过 0.1 mm，并且连续出现两次(由 1.5 h 内的连续三次观测值计算)，则认为已趋于稳定，可加下一级荷载。

（4）当出现下列情况之一时，可以停止加载：

① 当某级荷载作用下，桩的沉降量为前一级沉降量的 5 倍时；

② 已达到锚桩最大抗拔力或压重平台的最大重量时；

③ 在某级荷载作用下，桩的沉降量大于前一级荷载作用下沉降量 2 倍，且 24 h 尚未达到相对稳定时。

（5）卸载与观察：加载达到终止加载条件时，停止加载，并开始卸载。卸载时每级为加载值的 2 倍。每级卸载后隔 15 min 测读一次残余沉降；测读两次后，隔 30 min 再读一次，即可卸下一级荷载。全部卸载后，隔 3~4 h 再测读一次。

5）试验资料整理要点

试验结束后需要进行以下资料整理工作：

（1）试验原始记录表。

（2）试验概况：按照有关记录表格对原始记录进行整理，并对试验过程中出现的异常现象

进行描述。

（3）绘制下列试验曲线：

① 荷载-沉降（Q-s）曲线：如图 13-4 所示。第一个拐点时的荷载 Q_0 称为比例界限，此时土体由压密阶段进入剪切阶段，由弹性变形转变为塑性变形；第二个拐点时的荷载 Q_u 为极限荷载，此时土体由剪切阶段进入破坏阶段。

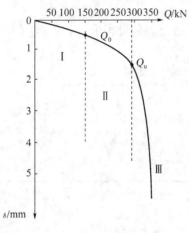

图 13-4　Q-s 曲线

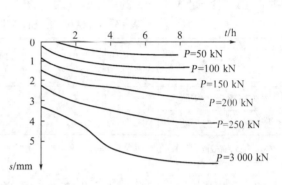

图 13-5　s-$\lg t$ 曲线

② 沉降-时间曲线，有时时间轴用对数表示，称为（s-$\lg t$）曲线，如图 13-5 所示。

③ s-$\lg Q$ 曲线；如图 13-6 所示。

④ 桩身轴力分布-荷载曲线。

⑤ 桩身摩阻力分布-荷载曲线。

⑥ 桩底反力-荷载曲线。

6）成果分析与应用

（1）单桩竖向极限承载力 Q_u 的确定

① 根据沉降随荷载的变化特征确定极限承载力：当 Q-s 曲线陡降段明显时，取相应于陡降段起点的荷载值为单桩极限承载力 Q_u。

② 根据沉降量确定极限承载力：对于缓变型 Q-s 曲线，一般取 s=40～60 mm 对应的荷载为 Q_u，对于大直径桩取 s=0.03～0.06d（d 为桩端直径，大桩径取低值，小桩径取高值）时对应的荷载为 Q_u，对于细长桩（l/d＞80）取 s=60～80 mm 对应的荷载为 Q_u。

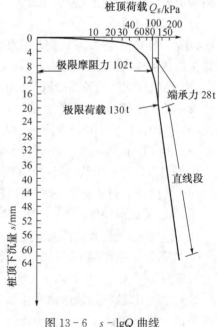

图 13-6　s-$\lg Q$ 曲线

③ 根据沉降随时间的变化特征确定极限承载力：取 s-$\lg t$ 曲线尾部出现明显向下弯曲的前一级荷载值为 Q_u。

（2）单桩竖向极限承载力标准值 Q_{uk} 的确定步骤如下：

① 当 n 根试桩的条件基本相同时，先按前述方法分别确定单桩竖向极限承载力 Q_{ui}；

316

② 再求得这 n 根试桩实测极限承载力的平均值 Q_{um};

③ 按下式求得每根试桩的极限承载力实测值与平均值之比:

$$\alpha_i = \frac{Q_{ui}}{Q_{um}}$$

其中,下标 i 是根据 Q_{ui} 值由大到小的顺序确定。

④ 按照下式计算 α_i 的标准差 S_n:

$$S_n = \sqrt{\sum_{i=1}^{n}(\alpha_i - 1)^2/(n-1)} \qquad (13-1)$$

⑤ 确定单桩竖向承载力标准值 Q_{uk}:

当 $S_n \leqslant 0.15$ 时,$Q_{uk} = Q_{um}$;

当 $S_n > 0.15$ 时,$Q_{uk} = \lambda Q_{um}$;

其中,λ 的取值可见《建筑桩基技术规范》(JGJ 94—94)附录 C 中 C.0.11.3。

(3) 桩侧平均极限摩阻力和极限端承力的确定

① 对于以摩阻力为主要承载力的桩,桩侧极限摩阻力和桩底极限端承力按照以下方法进行划分:将 $s\text{-}\lg Q$ 曲线陡降直线段向上延伸与横坐标相交,交点左段为总极限摩阻力;交点至极限荷载 Q_u 的距离为总极限端承力(见图 13-6);总极限摩阻力除以桩侧表面积为平均极限摩阻力;总极限端承力除以桩的底面积为极限端承力。

② 对于端承桩极限荷载 Q_u 即为总极限端承力。

③ 当桩周土相对于桩侧向下位移时,产生桩侧向下的摩阻力称为负摩阻力。桩周沉降层范围的负摩阻力可采用悬底桩静载试验(桩的入土深度与沉降土层底部深度一致),或在常规静载试验中埋设桩身测力元件测定。

13.2.3 单桩竖向抗拔静载试验

在拔力作用下桩的破坏有两种形式,一种是地基变形带动周围的土体被拔出,另一种是桩身的强度不够,桩身被拉裂或拉断。

抗拔静载试验方法与压桩试验相同,只是施加荷载的方向相反。试验设备主要用千斤顶,把试桩的主筋连接到传力架上,当千斤顶上升时,就产生上拔力,把试桩提升(见图 13-7),抗拔试验的加载、卸载方法参照单桩竖向抗压静载试验。

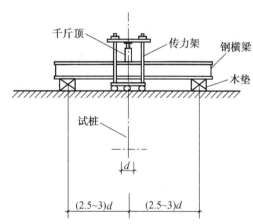

图 13-7 单桩竖向抗拔静载试验装置示意图

13.2.4 单桩水平荷静载试验

1) 试验的基本原理

在建设工程中,有时需要研究单根桩在土中能安全承受多少水平荷载的问题。单桩水平静载试验的目的是采用接近于单桩实际工作条件的试验方法来确定单桩水平承载力和地基土的水平抗力系数。当在桩身埋设应力测量元件时,还可测定出桩身的应力变化情况,并求得桩身弯矩分布图。

2）试验设备及仪表安装

在建设场地打入两根试桩,整平试桩之间的场地,在试桩之间安放卧式千斤顶和测力计,在桩顶标高和近地面处安装百分表,以量测桩的水平位移和桩头的位移(如图13-8)。

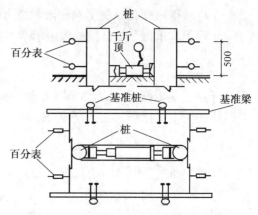

图13-8　水平静载试验装置示意图

（1）采用千斤顶施加的水平力,使其力的作用线应正好通过地面标高处(地面标高指实际工程桩基承台底面标高),并在千斤顶与桩接触处安置一球形铰支座,以保证千斤顶作用力能水平通过桩身轴线。

（2）测量桩的水平位移宜采用大量程百分表。在每一试桩力的作用水平面上和在该平面上约50 cm处各安装1～2只百分表(下表测量桩身在地面标高处的水平位移,上表测量桩顶水平位移),用两表位移差与两表距离的比值求得地面以上桩身的转角。

（3）固定百分表的基准桩与试桩的距离不小于1倍试桩直径。

3）加载方式

一般采用单向多循环加载方式。对于个别受长期水平荷载的桩基也可采用慢速连续加载方式(稳定标准可参照垂直静载试验)进行试验。多循环加卸载试验方法如下:

（1）荷载分级:取预估水平极限荷载的$1/10～1/15$作为每级荷载的加载增量。对于直径600～3 400 mm的桩,每级荷载增量可取2.5～20 kN。

（2）加载程序与位移观察:每级荷载施加后,维持恒载4 min后测读水平位移,然后卸载为零,停2 min后测读残余水平位移,至此完成一个加载、卸载循环。如此循环5次后,完成一级荷载的试验观察。加载时间应尽量缩短,测量位移的间隔时间应严格准确,试验不得中途停歇。

（3）终止试验的条件:当桩身折断或水平位移超过30～40 cm(软土取40 cm)时,可终止试验。

4）资料整理

（1）将单桩水平静载试验概况整理成表格形式,对成桩试验过程中的异常现象应作补充说明。

（2）绘制有关试验结果曲线:

① 水平力-时间-位移($H_0 - t - x_0$)曲线(图13-9);

② 水平力-位移梯度$\left(H_0 - \dfrac{\Delta x_0}{\Delta H_0}\right)$曲线(图13-10);

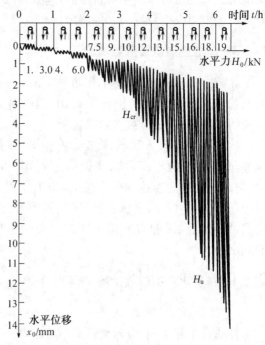

图13-9　水平力-时间-位移($H_0 - t - x_0$)

③ 水平力-位移双对数$(\lg H_0 - \lg x_0)$曲线；

④ 当测量桩身应力时还应绘制沿桩身分布的水平力-最大弯矩截面钢筋应力$(H_0 - \sigma_g)$曲线(图 13-11)。

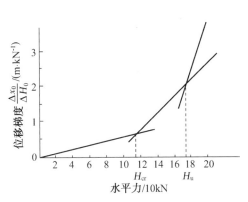

图 13-10　水平力-位移梯度

$(H_0 - \dfrac{\Delta x_0}{\Delta H_0})$曲线

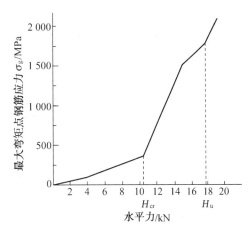

图 13-11　水平力-最大弯矩
截面钢筋应力$(H_0 - \sigma_g)$曲线

5) 成果分析与应用

(1) 按下列方法综合确定单桩水平临界荷载 H_{cr}(即桩身受拉区混凝土明显退出工作前的最大荷载)：

① 取 $H_0 - t - x_0$ 曲线明显陡降的前一级荷载为极限荷载 H_{cr}，参见图 13-9；

② 取 $H_0 - \dfrac{\Delta x_0}{\Delta H_0}$ 曲线第一直线段的终点或 $\lg H_0 - \lg x_0$ 曲线拐点所对应的荷载为水平临界荷载 H_{cr}，参见图 13-10；

③ 取桩身折断或钢筋应力达到流限的前一级荷载为极限荷载 $H_0 - \sigma_g$，参见图 13-11。

(2) 单桩水平极限荷载 H_u 可根据下列方法综合确定：

① 取 $H_0 - t - x_0$ 曲线明显陡降的前一级荷载为极限荷载 H_u，参见图 13-9；

② 取 $H_0 - \dfrac{\Delta x_0}{\Delta H_0}$ 曲线第二直线终点对应的荷载为极限荷载 H_u，参见图 13-10；

③ 取桩身折断或钢筋应力达到流限的前一级荷载为极限荷载 H_u，参见图 13-11。

有条件时，还可以模拟实际荷载情况进行桩顶同时施加轴向压力的水平静载试验。

(3) 地基土水平抗力系数的比例系数 m 可根据试验结果按下列公式计算：

$$m = \frac{\left(\dfrac{H_{cr}}{x_{cr}} V_x\right)^{5/3}}{b_0 (EI)^{2/3}} \tag{13-2}$$

式中　m——地基水平抗力系数的比例系数(MN/m^4)；

　　　H_{cr}——单桩水平临界荷载(kN)；

　　　x_{cr}——水平临界荷载对应的水平位移(m)；

　　　V_x——桩顶位移系数，按表 13-2 采用(先假定 m，试算 αh)；

　　　b_0——桩身计算宽度(m)，d 为桩身直径；

319

$$b_0 = \begin{cases} 0.9(1.5d+0.5) & (d \leqslant 1\text{m 时}) \\ 0.9(d+1) & (d > 1\text{m 时}) \end{cases}$$

EI——桩身抗弯刚度。

表 13-2　桩顶水平位移

序号	桩顶约束情况	桩的换算埋深/m	V_x	序号	桩顶约束情况	桩的换算埋深/m	V_x
1	铰接(自由)	4.0	2.441	2	固接	4.0	0.940
		3.5	2.502			3.5	0.970
		3.0	2.727			3.0	1.026
		2.8	2.905			2.8	1.055
		2.6	3.163			2.6	1.079
		2.4	3.526			2.4	1.095

13.3　桩承载力的荷载自平衡测试方法

以上所述桩基础的两种传统静载试验方法,一是堆载法;二是通过锚桩、荷载大梁和加载千斤顶组合加载法。其优点是荷载直接明确,所获得的桩承载力准确可靠。但存在的主要问题是,首先必须解决几百吨甚至数千吨的堆放荷载的来源和堆放场地,第二种方法必须解决荷载反力装置(锚桩和荷载大梁等),两种方法费工、费时,而且所需费用昂贵。近十几年来国内外开发和推广应用了一种新的桩承载力荷载自平衡试验方法,与上述传统的荷载试验法相比不仅试验效果好,而且节省费用。2000 年以后,自平衡试验方法,在南京长江三桥、润扬长江大桥、苏通长江大桥和杭州湾大桥等大吨位桩基试验中发挥了不可替代的作用。为了规范使用该方法,2009 年交通部正式编制出台了行业标准《基桩静载试验——自平衡法》JT/T 738—2009,促进了《桩承载力-荷载自平衡方法》的规范化操作和科学应用。

13.3.1　荷载自平衡法测桩的原理和特点

1) 测试原理

荷载自平衡法测桩原理见图 13-12。自平衡法测桩的主要装置是一种经特别设计和制作的用于加载的油压千斤顶(或称荷载箱),制桩时将千斤顶与钢筋笼焊在一起埋入地下设计预定深度,然后浇灌混凝土成桩,待混凝土达到设计强度后,通过油泵给千斤顶加压,由千斤顶对桩的反作用力就可获得桩的承载力。另外在沿试验桩上下各部位布置应变和位移测点,同时可获得桩上下方向的位移量和桩顶端至桩各深度位置的应变和位移量。根据测量结果,还可以求出桩各部位的周围摩擦力与变位量的关系,千斤顶荷载与桩上下变位量的关系,桩的承载力与沉降的关系等。

2) 荷载自平衡法测桩的主要特点:

(1) 试验装置简单,可以省去以往荷载试验法的大量堆载材料和荷载反力装置,操作方便,安全可靠。

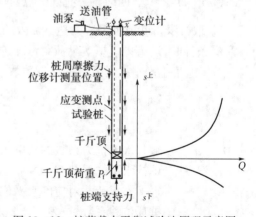

图 13-12　桩荷载自平衡试验法原理示意图

（2）试验场地和占据空间小。

（3）桩的承载力和桩周围摩阻力可分开测定，并同时可测出试桩各阶段荷载-位移曲线。

（4）节省试验费用。尽管试验千斤顶为一次性使用，不回收，但与传统荷载试验法相比，根据荷载大小和地质条件的不同，其费用可节省 30%～60%。

（5）该方法适应性强。凡传统试桩法难以进行的试验，如水上试桩、基坑底试桩、斜桩、抗拔桩等，该方法均能进行。

3）桩的测试时间和加载方式

在桩身强度达到设计要求的前提下，成桩到开始试桩的时间：对于砂土不少于 10 d，对于粘性土和粉土不少于 15 d，对于淤泥或淤泥质土不少于 25 d。美国曾在一嵌岩桩试验中，将早强剂掺入混凝土中，从浇混凝土到试桩完毕仅用了 4 d。南京世纪塔挖孔桩工程中，在混凝土中也掺入早强剂，从浇捣混凝土至试桩结束，仅用了 7 d 时间。加载方法可采用慢速维持荷载法也可采用快速维持荷载法，加载时按极限荷载分级施加。

4）桩极限承载力的确定方法

(1)根据量测位移随荷载的变化特性确定极限承载力。由 Q-s 曲线中取曲线发生明显拐弯处的起点；对于缓变形 Q-s 曲线，上段桩极限侧阻力取对应于向上位移 $s^{上}=40～60$ mm 的荷载；下段桩极限值取 $s^{下}=40～60$ mm 的荷载，或大直径桩的 $s=0.03～0.06d$ 的对应荷载。

(2)根据实测沉降量随时间的变化特征确定极限承载力。取 s-$\lg t$ 曲线尾部出现明显弯曲的前一级荷载值。

根据上述准则，可求得桩上、下段承载力实测值 Q_u^+ 和 Q_u^-。由于应用上述方法，其千斤顶上部桩身自重方向与桩侧摩阻力方向是一致的，故在制定桩侧阻力时应扣除。关于桩的摩阻力，我国是将向上和向下的摩阻力按土质不同划分的。对于粘土层向下摩阻力为 0.6～0.8 倍向上摩阻力；对于砂土层向下摩阻力则为 0.5～0.7 倍向上摩阻力。因此，按我国桩基规范，桩抗压极限承载力 Q_{uk} 可按下式计算确定：

$$Q_{uk}=\frac{Q_u^+-G_p}{\lambda}+Q_u^-$$

式中　Q_u^+ 和 Q_u^-——分别为桩上、下段极限承载实测值(kN)；

　　　　G_p——千斤顶上部桩自重(kN)；

　　　　λ——与摩阻力有关的系数，对于粘土、粉土 $\lambda=0.8$，对于砂土 $\lambda=0.6$。

对于实际工程应用而言，这样的计算已具有足够的精度。

目前国外对该法测试值如何判定抗压桩承载力的方法也各不相同。有些国家将上、下两段实测值相叠加得出抗压极限承载力，这样做偏于安全。也有的国家将上段桩摩阻力乘以大于 1 的系数再与下段桩叠加得出抗压极限承载力。

13.3.2　试验专用加载油压千斤顶的设计与种类

由于试桩的尺寸和加载吨位各不相同，必须根据具体试桩条件专门设计。目前国内外常用的千斤顶的型式和种类如图 13-13 所示。分为回收型和非回收型两大类。回收型

回 收 型—空心桩—爪　型

非回收型—┌空心桩—圆桶型
　　　　　└空心桩—多筒连动型

图 13-13　试验加载千斤顶种类

千斤顶适用于空心桩,试验后通过桩的中间孔回收,一般设计成爪型,这种千斤顶稍加整修后可重复使用。非回收型千斤顶与桩尖组合在一起送入土中,试验后不能回收,兼作桩靴用。我国目前应用的多数是非回收型。

（a）圆桶型千斤顶　　　　　　　　　　　　（b）多筒连动型千斤顶

图 13-14　两种非回收型加载千斤顶

13.3.3　试桩加载千斤顶(荷载箱)的放置技术

试桩加载千斤顶的放置位置,根据工程实践、理论分析和试桩经验设置。东南大学地下工程研究所根据桩的不同类型和不同土质情况对千斤顶在桩中的埋设位置进行了系统研究,归纳出以下几种埋设位置,如图 13-15 所示,同时还编制了相应的测桩软件,供用户选用。

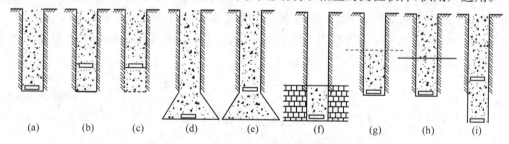

　(a)　　　(b)　　　(c)　　　(d)　　　　(e)　　　(f)　　　(g)　　(h)　　(i)

图 13-15　加载千斤顶(荷载箱)放置部位

图 13-15a 是一般常用位置,即当桩身成孔后先在底部稍作找平,然后放置荷载箱。此法适用于桩侧阻力与桩端阻力大致相等的情况,或端阻力大于侧阻力而试桩目的在于测定侧阻力极限值的情况。如南京长江二桥服务区综合楼,采用钻孔灌注桩,桩预估端阻力略大于侧阻力,摆放在桩端进行测试。

图 13-15b 是将荷载箱放置于桩身中某一位置,此时如位置适当,则当荷载箱以下的桩侧阻力与桩端阻力之和达到极限时,荷载箱以上的桩侧阻力同时达到极限值。如云南阿墨江大桥,荷载箱摆在桩端上部 25 m 处,这样上、下段桩的承载力大致相等,确保测试中顺利加载。

图 13-15c 为钻孔桩抗拔试验的情况。由于抗拔需测出整个桩身的阻力,故荷载箱必须摆在桩端,而桩端处无法提供需要的反力,故将该桩钻深,使加长部分桩侧阻力及桩端阻力能够提供所需的反力。正在进行的某塔架抗拔桩试验即采用该法。

图 13-15d 为挖孔扩底桩抗拔试验的情况。如江苏省电网调度中心挖孔桩工程,抗拔桩为挖孔扩底桩,荷载箱摆在扩大头底部进行抗拔试验。

图 13-15e 适用于大头桩或当预估桩端阻力小于桩侧阻力而要求测定桩侧阻力极限值时的情况,此时是将桩底扩大,将荷载箱置于扩大头上。如北京西路南京军区居住房工程。该场地 5 m 下面软、硬岩相交替,挖孔桩侧阻力相当大,故荷载箱置于扩大头上进行测试。南京江浦农行综合楼采用夯扩桩,荷载箱摆在夯扩头上进行测试。

图 13-15f 适用于测定嵌岩段的侧阻力与桩端阻力之和。此法所测结果不至于与覆盖土层侧阻力相混。如仍需覆盖土层的极限侧阻力,则可在嵌岩段试验后浇灌桩身上段混凝土,然后再进行试桩。如南京世纪塔挖孔桩工程,设计要求测试出嵌岩段侧阻力与端阻力,因此荷载箱埋在桩端,混凝土浇灌至岩层顶部。

图 13-15g 适用于当有效桩顶标高位于地面以下有一定距离时(如高层建筑有地下室情况),此时可将输压管及位移棒引至地面,方便测试。如南京多媒体大厦,采用冲击钻孔灌注桩,三层地下室底板距地面 14 m,预估该段桩承载力达 8 MN,而整桩预估承载力高达40 MN。浇捣桩身混凝土至底板下部,测试结果消除了多余桩身的影响。

图 13-15h 适用于需要测定两个或两个以上土层的侧阻力极限值,可先将混凝土浇灌至下层土的顶面进行测试而获得下层土的数据,然后再浇灌至上一土层,进行测试,依此类推,从而获得整个桩身全长的侧阻力极限值。如江苏省电网调度中心挖孔桩工程,荷载箱摆在桩端,上部先浇2.5 m混凝土,测出岩石极限侧阻力后,上部再浇混凝土,测桩端承载力及后浇桩段的承载力。

图 13-15i 采用两只荷载箱,一只放在桩下部,一只放在桩身上部,可分别测出三段桩极限承载力。如润扬长江公路大桥世业洲高架桥钻孔桩,桩径 1.5 m,桩长 75 m,一只荷载箱距桩顶 63 m,另一只荷载箱摆在距桩顶 20 m 处,由于地震液化的影响,上部 20 m 的砂土层侧阻力必须扣除。故首先用下面一只荷载箱测出整个桩承载力,再用上面一只荷载箱测出上部20 m桩侧阻力,扣除该部分侧阻力即为该桩承载力。

综上所述,加载千斤顶的埋设位置需要根据具体情况确定,才能获得满意的测桩效果。

13.3.4 荷载自平衡法的测桩实例

实测 1:日本北陆新干线,高崎——轻井泽之间的高架桥施工时,其地域为沙砾地基土,桥墩基础采用混凝土灌注桩,直径 $d=1.0$ m,桩深度 $l=13.5$ m。

桩的承载力试验采用荷载自平衡法(图 13-16 所示)和标准荷载试验法(传统的锚桩-千斤顶加载法)同时进行(图 13-17 所示)。以作试验结果对比。

图 13-16 荷载自平衡试验装置   图 13-17 标准载荷试验装置

通过两种测桩方法的对比,得到如下试验结果:

(1)图 13-18 为荷载平衡试验法的千斤顶荷重与上方垂直方向变位量的关系。由图中可以看出,向上位移曲线出现拐点时的千斤顶荷重为 6 000 kN,桩的上方向变位为 57 mm,桩的下方向变位为 117 mm。

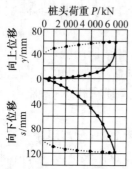

图 13-18　千斤顶荷重-位移曲线

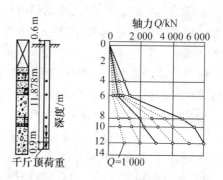

图 13-19　自平衡法试验桩的轴力分布

(2)图 13-19 为荷载自平衡法测桩的轴力分布情况,由图中可以看出,在深度 6 m 时出现突变,表明 6 m 以下沙砾层桩周围的摩擦力随深度增大而增大。

(3)图 13-20 为三根相同类型的桩采用两种试验方法的对比试验,其桩荷重与沉降量曲线的比较,由图中可以明显看出,其桩基承载力偏离平均值,两种试验法的差别不大,说明荷载自平衡测桩法的测试结果是满足要求的。

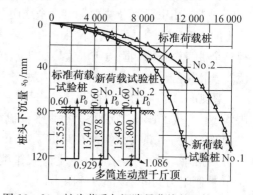

图 13-20　桩头荷重与沉降量曲线的比较

实例 2:镇江润扬长江公路大桥南汉悬索桥主跨 1 490 m,是目前中国第一,世界第三大跨度悬索桥。南汉桥南塔塔址土层为长江冲淤积沉积物,工程地质情况复杂。如图 13-21 所

层号	土层名称	土层深度 /m	图例	ZN121试桩钢筋计位置
①	亚粘土	0.64		
②	淤泥质亚粘土	7.45		7.45
③	淤泥质亚粘土粉砂土层	31.15		31.15
④	含卵砾石亚粘土	42.15		42.15
⑤	强风化岩	49.55		49.55
⑥	强风化花岗斑岩	51.25		51.25
⑦	强风化花岗斑岩	57.25		57.25
⑧	荷载箱位置	58.5		
⑨	微化构造影响块段	59.25 59.7		

图 13-21　工程地质柱状图及钢筋计位置

图 13-22　润扬大桥南塔试桩钢筋笼与千斤顶安装现场

324

示。南塔基础初步设计采用32根直径2.8 m大直径混凝土灌注桩,设计单桩承载力为12 000 kN(12 000 t)。通过静载试验,确定单桩极限承载力、层岩土摩擦力、桩端摩阻力、桩基沉降量等。由于采用常规堆载法和锚桩-千斤顶加载法无法测试桩的承载力,决定采用荷载自平衡法进行测试。试桩的钢筋笼与加载千斤顶安装如图13-22所示。

(1) 试桩概况

加载采用慢速维持法,分级加载。测试按《公路桥涵施工技术规范》JGJ041—2000附录13.3"试桩加载方法"和江苏省地方标准《桩承载力自平衡测试技术规程》(DB32/T291—1999)中有关规定进行。荷载共分15级,最大加载值为12 000 kN(12 000 t)。位移观测:每级加载后在第1小时内分5 min、10 min、15 min、30 min、45 min、60 min测读一次,以后每隔30 min测读一次。

(2) 实测结果

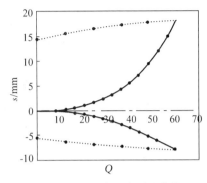

图13-23　试桩自平衡测试曲线

由现场实测数据绘制的加载千斤顶处荷载-位移(Q-s)曲线如图13-23所示;加载时桩身轴力分布曲线和桩侧摩擦阻力分布曲线如图13-24所示;图13-25和图13-26给出桩侧摩阻力-变位曲线及桩端摩阻力变位曲线。

根据图13-23(Q-s)曲线,加载千斤顶上下部分土层在最后一级荷载下均未达到极限值。表明单桩极限承载力完全满足要求。

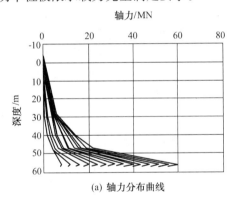

(a) 轴力分布曲线

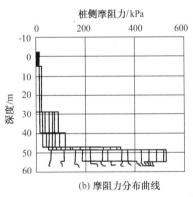

(b) 摩阻力分布曲线

图13-24　自平衡试桩轴力分布曲线及摩阻力分布曲线

图13-24a加载时桩身轴力分布曲线与传统堆载轴力分布曲线原则上一致,即加载处轴力最大。由于土摩阻力的作用,桩身轴力随着距离加载千斤顶距离增大而减小。

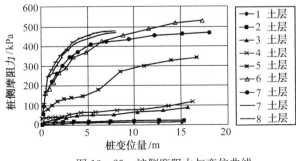

图13-25　桩侧摩阻力与变位曲线

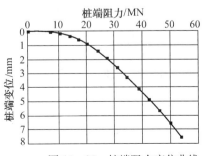

图13-26　桩端阻力变位曲线

13.4 桩的动测法

由单桩静荷载试验的工作原理可见,该方法接近于桩的实际工作条件,是一种极为准确可靠的试验方法。但是,试验现场所需要的大吨位的反力装置,也使其成为历时最长、费用最高的一种单桩承载力测试方法。为此,多年来国内外在采用动测方法来测试桩的承载能力方面进行了大量试验研究。相对而言,桩基础动测法是一种既省时又经济的测试方法,具有良好的发展前景。

动测法有多种类型,但对各种类型的方法,均应满足以下原则:

(1) 为了检验方法本身的准确程度,应确定相应的计算参数或修正系数;

(2) 试验是可以重复的非破损试验;

(3) 方法简便快捷。

因各种动测方法本身有一定的测试误差,所以试桩数量不宜少于总桩量的20%,并且不得少于4根。

根据桩基激振后桩土的相对位移或桩身所产生的应变量大小,目前国内所采用的动测法可分为大应变和小应变两大类,以下做简要介绍。

13.4.1 小应变方法

通常,小应变方法用于桩身质量的检测,其原理是:当应力波在一根均匀的杆中传播时,其大小不会发生变化,波的传播方向与压缩波中质点运动方向相同,但与拉伸波中质点的运动方向相反。应力波反射法检验桩的结构完整性就是利用应力波的这种性质,当桩身某截面出现扩、缩颈或有夹泥截面等情况时,就会引起阻抗的变化,从而使一部分波产生反射并到达桩顶,由安装在桩顶的拾振器测试并记录,由此可以判断桩的完整性。

1) 试验装置

应力波反射法检测的试验仪器与设备主要是:加速度传感器、信号调制装置以及记录装置。

(1) 加速度传感器:应力波反射法由铁锤敲击桩顶产生振动波,属于小应变法。敲击产生的加速度较低,一般采用高灵敏度压电式加速度传感器放置于桩顶,并将采集的加速度数据积分成速度后分析。

(2) 信号调制装置:由信号接收、放大、模数转换及模拟积分装置组成。

(3) 记录装置:一般采用便携式计算机进行记录及分析。当采用打桩分析仪或便携式测桩仪时,信号采集、放大、模数转换及加速度积分等均自动完成。

2) 桩的完整性检测

(1) 桩混凝土质量判断

按下式计算波速,然后根据表13-3判断桩身混凝土质量。

$$c = 2l/t \qquad (13-3)$$

式中　c ——波速(m/s);

　　　l ——测点以下的桩长(m);

　　　t ——入射波与反射波之间的时间差(s)。

表 13‑3　应力波速与桩混凝土质量的关系

序号	桩身混凝土质量	应力波波速/(m·s^{-1})
1	极差	$<1\ 920$
2	较差	$1\ 920\sim2\ 750$
3	可疑	$2\ 750\sim3\ 300$
4	良好	$3\ 300\sim4\ 120$
5	优良	$>4\ 120$

（2）根据波形判断桩的完整性

由图 13.27a 可见,在 $2l/c$ 时间内,完好桩无反射波;但由图 13.27b,在 $2l/c$ 时间内,带缺陷桩存在有反射波现象,这说明,完好桩与有缺陷桩的波形有着明显的区别。

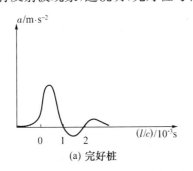 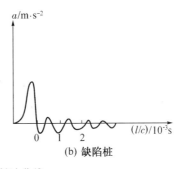

图 13‑27　桩的反射波曲线

判断缺陷部位:

A. 接桩

如图 13.28b 所示,在桩的中部出现了很强的反射波。这种现象说明接桩的质量很差,在接触面之间有较大的空隙。而图 13.28a 则在桩中部略有反射波,说明接桩质量很好。

B. 严重缺陷

如图 13‑29 所示的反射波到达桩顶的时间为 2.5×10^{-3} s,由式(13‑3)可知,测点以下的桩长为(取应力波速为 3 600 m/s)

$$l=\frac{1}{2}ct=\frac{1}{2}\times3\ 600\times2.51\times10^{-3}=4.52(\text{m})$$

即缺陷在测点以下 4.52 m 处。

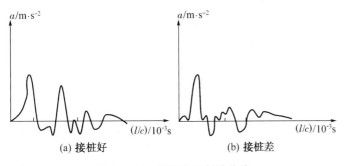 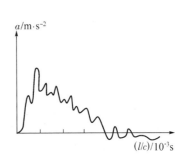

图 13‑28　接桩的反射波曲线　　　　　图 13‑29　缺陷的反射波曲线

327

13.4.2　大应变方法

对于承载力高达数千吨的大直径灌注桩,难以实施常规的静载试验,此时以动荷载代替静荷载进行桩基承载力试验,不失为一种合理的选择。在应用大应变法测试桩的承载力时,由于动载是瞬态荷载,要注意与静载试验进行对比。大应变方法主要有以下类型:

1) 锤击贯入试验法

该方法采用重锤锤击贯入激振,使桩顶产生较大贯入度,或使桩身产生较大的应变,因此称为锤击贯入试验法。

(1) 测试设备与试验仪表

锤击贯入法测试装置主要由锤击装置、测量装置、记录装置等组成。测试设备和试验仪器的安装和连接见图 13－30。

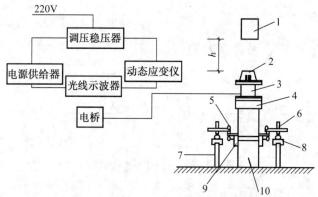

1—落锤;2—垫木;3—锤击力传感器;4—桩帽;5—百分表;
6—磁性表座;7—基准桩;8—基准梁;9—量测贯入度;10—试桩

图 13－30　锤击贯入试验装置示意图

(2) 测试要点

① 分级向桩顶施加锤击荷载,锤的落距按等差级数递增。每个落距锤击 1 次,每根试桩总锤击数控制在 10 次左右。一般从 100 mm 开始,每次提高 100 mm,直至 1 m。第一次锤击,当落锤提高到 100 mm 时,应进行仪器的最后一次调平标定,读出百分表读数,调整好仪器并打开记录仪后,再发出落锤信号。

② 记录每次锤击力 Q_d 及由其引起的桩顶贯入度。

③ 锤击终止条件。当满足以下三个条件之一时即可终止试验:

A. 锤击力增加很少,而贯入度却继续增大或突然急剧增大时;

B. 最大试验锤击力不小于设计要求的单桩承载力的三倍时;

C. 每击贯入度 $e > 2$ mm,且累计贯入度 $\sum e > 20$ mm时。

(3) 试验结果分析

① $Q_d - \sum e$ 曲线

在初始阶段的几次锤击中,随着落锤高度的增加,当 Q_d 大到某种程度时,e 的增加开始逐渐变快,亦即 $\Delta e / \Delta Q_d$ 的值逐渐变大,以至于到了锤击后期,很小的 Q_d 增量即可引起较大的 e 增量,见图 13－31。

328

取第二拐点对应的 Q_d 值为试桩的 Q_{dj} 值,即预制桩取 $\sum e = 6$ mm 对应的 Q_d 值为试桩的 Q_{dj} 值(Q_{dj} 称为试桩的动极限荷载)。

② 动静对比试验(Q_d-$\sum e$ 曲线与 Q_j-s 曲线)

如图 13-32,锤击试验贯入试桩法 Q_d-$\sum e$ 曲线与静载试验的 Q_j-s 曲线的线型非常相似。同类型的桩在地质条件相近的条件下,试桩的动极限承载力 Q_{du} 与试桩的静极限承载力 Q_{ju} 数值之间具有直线关系,利用这种关系可以"动"求"静"。

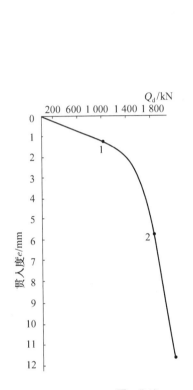

图 13-31　Q_d-$\sum e$ 曲线

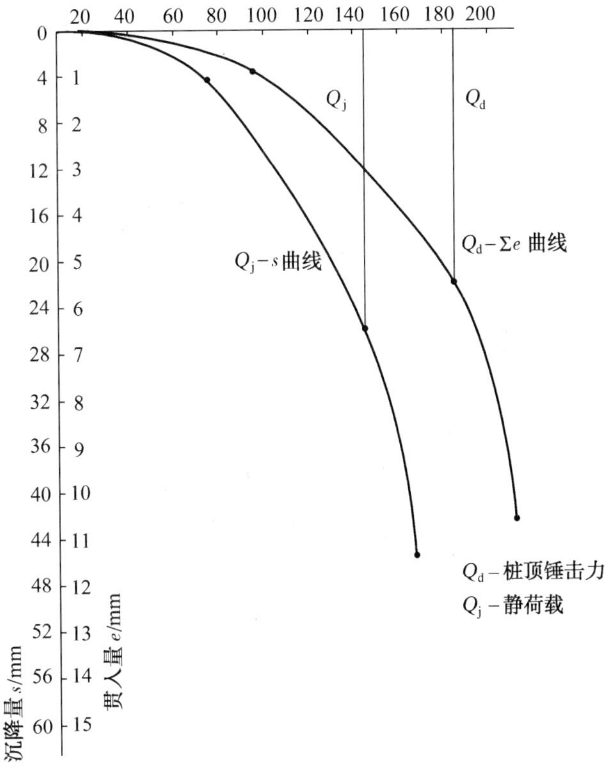

图 13-32　试桩动静对比试验典型结果

③ 静极限承载力 Q_{ju}

$$Q_{ju} = Q_{du} / M_c C_{dj} \qquad (13-4)$$

式中　Q_{ju}——静极限承载力;

　　　Q_{du}——动极限承载力;

　　　C_{dj}——动静极限承载力比,一般应由动静对比试验确定,也可参照表 13-4 确定;

　　　M_c——安全保证系数(参照表 13-4)。

表 13-4　锤击贯入试桩及取值参考表

| 序号 | 试桩类型 | 试桩规格 | | | 地质条件 | | | C_{dj} | M_c |
		截面/mm²	入土深度/mm	扩大头直径/mm	桩周土类	桩尖土类	虚土厚度/cm		
1	预制桩	250×250 300×300	8~8.5 8.5~9.0		亚粘土、轻亚粘土	中砂		1.25	1.15

序号	试桩类型	试桩规格			地质条件			C_{dj}	M_c
		截面 /mm²	入土深度 /mm	扩大头直径 /mm	桩周土类	桩尖土类	虚土厚度 /cm		
2	钻孔灌注桩	φ400	6.0～10		粘性土、粉细砂	粉细砂、中粗砂	$H \geqslant 30$	1.30	1.20
		φ300	3.6		中轻砂粘土、亚粘土、粉砂	砂粘土、粘砂土、粉细砂土	$H < 30$	2.00	1.00
		φ300	6.8						
		φ400	3.6～8.5						
3	扩底桩	φ350	3～3.5	φ1 000	中轻砂粘土、砂粘土	轻重砂粘土、粘砂土	$H < 30$	1.35	1.20
		φ400	3.5～5.5						

④ Q_w-e 曲线(波动方程法)

事先根据波动方程法,通过计算得到试桩的 Q_w-e 曲线(见图 13-33),然后根据试桩在各落距和 e 值时对应的 Q_w 值,再取其算术平均值。

⑤ 经验公式法

将实测的不同落距下的 Q_d 值和 e 值用下列经验公式求得静极限承载力 Q_u。

$$Q_u = \eta \frac{Q_d}{1+e} \qquad (13-5)$$

式中　Q_u——静极限承载力;

　　　η——贯入系数;

$$\eta = \begin{cases} 1.1 & \text{(支承在岩石或卵石上的预制桩)} \\ 1.0 & \text{(其他桩)} \end{cases}$$

利用该公式时,必须满足单击贯入度 $e \geqslant$ 2 mm 至少锤击 3 次,并应剔除锤击偏心或出现废锤时的值。

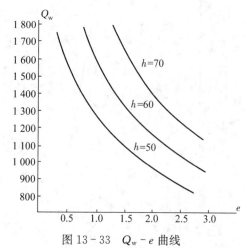

图 13-33　Q_w-e 曲线

2) 打桩分析仪法

打桩分析仪是目前世界上较为流行的一种测试方法,美国产打桩分析仪(PDA)及瑞典产打桩分析仪(PID)均是较为成熟的产品,近几年来,我国也自行研制了若干种类似的打桩分析仪。

(1) 测试设备和仪器装置

采用大应变打桩分析仪检测时,设备及仪器的安装连接如图 13-34 所示。锤击装置与锤击贯入试桩法相同,测量装置可采用动态电阻应变仪及压电式加速度传感器。分析、显示、

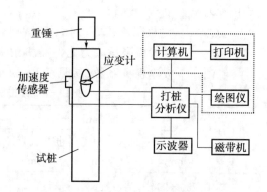

图 13-34　锤击贯入法仪器设备示意图

330

记录由打桩分析仪及其配套设备自行完成。

（2）CASE方法

美国产打桩分析仪（PDA）是根据CASE法原理设计的专用仪器，试验时用重锤打击桩顶，然后根据在桩顶实测到的力及速度随时间变化的规律，经计算确定桩的承载力并判断桩结构的完整性（包括判断桩的缺陷程度和缺陷位置）。

① 静极限承载力 Q_{ju}

$$Q_{ju}=R-J_c(Q_1+Zv_1-R) \tag{13-6}$$

式中　　　Q_{ju}——静极限承载力；

R ——总土阻力（kN）；$R=\dfrac{1}{2}(Q_1+Q_2+Zv_1-Zv_2)$

Q_1、Q_2——t_1、t_2 时刻的锤击力（kN）；

t_1 ——指锤击力峰值时刻，$t_2=t_1+2l/c$

v_1、v_2 ——t_1、t_2 时刻的速度（m/s）；

Z ——桩身材料的声阻抗（kN/ms），$Z=AE/c$；

A ——桩截面面积（m²）；

E ——桩身材料弹性模量（kN/m²）；

l ——测点下方的桩长；

J_c ——桩尖处的阻尼系数；

c ——纵波波速（m/s）。

② 结构完整性系数 β

结构完整性系数 β 由打桩分析仪自动显示后，可根据表13-5确定。

表 13-5　桩的结构完整性

序号	β 值	完整程度
1	1	完好
2	0.8～1	基本完好、轻微缺陷
3	0.6～0.8	缺陷
4	<0.6	断裂

③ 曲线分析

根据随机取样的方法，抽检试桩不少于总数的20%，绘出速度及力随时间变化曲线，结合 β 值判断缺陷部位。

A. 当 $\beta=1$，速度峰值与力峰值相吻合时为完好桩，见图13-35a；

B. 当 $\beta<1$，且速度峰值高于力峰值，并在时间 $2l/c$ 之内速度曲线又出现一次反射，见图13-35b，说明桩的上下部均有缺陷；当在 $2l/c$ 之内速度曲线无反射时，说明桩下部完好，上部有缺陷，见图13-35c；

C. 当 $\beta<0.6$ 时速度曲线出现多次反射，则桩有断裂面。

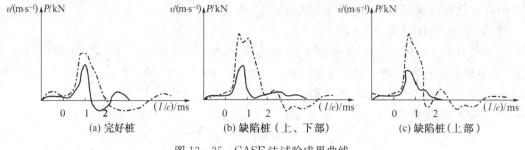

图 13-35 CASE 法试验成果曲线

(a) 完好桩   (b) 缺陷桩（上、下部）   (c) 缺陷桩（上部）

13.5 地下洞室工程的监测

13.5.1 概述

1) 地下洞室工程监测的意义

地下洞室工程是指地下开挖出的空间修建的隧道、地铁、地下商场、地下核电站等结构物，处于周围介质（地层）之中。因此，从结构角度、所处环境等方面考虑，地下洞室工程与地面工程是截然不同的，主要表现如下：

（1）地面工程可以明确确定荷载值。但是，地下洞室工程结构体系由周围地质体和支护结构构成，其形成是通过一定的施工过程才得以实现。该体系的荷载是由支护结构和岩体之间的相互作用给定的，以目前的理论与技术水平，还不能事先给定该体系所承受的荷载。

（2）在地面工程中，其荷载、变形以及安全度是给定的。但在地下洞室工程中，由于其突出的空间效应和时间效应，周围围岩的物理、力学、构造特性、围岩压力的时间效应必将影响到地下洞室工程，例如支护结构参与工作的时间、采用的施工方法及支护方式、地面建筑物、构筑物、地下管线等。因此在施工过程中，地下洞室工程的荷载、变形以及安全度是动态的。

（3）地面工程结构物主要是通过力学计算来进行设计和组织施工。但由于地下洞室工程是修筑在应力岩体中，岩石既是承载结构的一个重要组成部分，也是构成承载结构的基本建筑材料；既是承受一定荷载的结构体，又是造成荷载的主要来源。这种荷载、材料、承载单元三位一体的特征与地面工程是极其不同的。直到目前，地下结构的计算理论仍很不完善，难以通过力学计算来进行地下工程的设计和组织施工。在地下工程的实践中，更多的是凭一些符合科学、有一定理论基础的经验设计和施工的，例如锚喷支护、新奥法施工、地下工程监测和信息化设计技术等。事实上，经验法的科学化与具有实际背景的力学计算的有效结合，才是地下洞室工程设计的正确途径。为此，测试与监控技术在地下工程中的作用就显示出了特别重要的意义。随着大型洞室、隧道、地铁等地下工程的兴建，岩体力学及围岩量测支护技术得到了迅速发展，量测监控已逐渐成为地下工程的先导技术，成为安全施工与科学管理不可缺少的重要手段。有些部门已把测试和监控技术的工作作为合同文件中所需确定的工程量的一部分。

2) 测试与监控技术工作的主要任务

（1）对具体工程进行观测和试验，对量测数据进行分析，评价围岩的稳定性和地下结构的性能，为设计和施工提供实测依据。

（2）通过量测为控制开挖与控制变形提供信息反馈和数据预报。

（3）通过科学监控和信息反馈,优化设计施工,使地下工程设计施工的动态化、信息化管理成为现实。

（4）为验证和发展地下工程的设计理论服务,为新的施工方法和监控技术提供可靠的实测数据和科学依据。

13.5.2　地下洞室工程的现场监测

1）现场监测的作用

（1）为验证和修改设计及时提供围岩变化的动向和支护系统的受力情况。

（2）在施工时,根据检测资料逐步修改初步设计和施工方案,指导施工作业。

（3）及时进行安全警报、预防工程事故。

（4）在地下结构物运行期间进行长期观测,收集和积累围岩与支护系统长期共同工作的有关资料,并检验建筑物的可靠性。

2）现场监测的主要内容

（1）岩土力学性能的现场试验:通过在现场进行的直剪试验、变形试验和三轴强度试验,测定岩土的粘结力、内摩擦角、变形系数、弹性抗力系数。

（2）施工期间洞内状态量测:在开挖工作面推进的同时,测绘岩性、岩质、地质构造、水文地质情况的变化,以观测支护系统变形和破坏情况。

（3）断面变形量测:通过量测洞壁的绝对位移和相对位移,评价围岩的稳定性及初期设计和施工的合理性,确定二次衬砌结构的断面尺寸和施工时间。

（4）围岩应变和位移量测:通过量测在围岩不同深度设置的锚杆各测点的应变,推算出锚杆的轴力,并可量测出围岩各测点相互间的相对位移。

（5）支护系统和衬砌结构受力情况量测:通过埋设应变计或压力传感器,了解支护系统和衬砌结构的内部应力,以及围岩和支护系统或衬砌界面之间接触应力的大小和分布。

（6）地表沉陷量测:这是隧道及构筑物施工中必不可少的测试项目,地表沉陷量与覆盖土石的厚度、工程地质条件、地下水位以及周围建筑物有关,它的测点宜和隧道断面变形量测布置在同一试验段,一般都应超前于开挖工作面布置测点进行量测。同时也可量测地表建筑物的下沉及倾斜量,注意观测建筑物的开裂情况。

（7）地层弹性波速测定:通过量测弹性波在岩土中的传播速度的改变,推断岩土的动弹性模量、岩土强度、层位和构造以及坑道周边围岩松动范围等。

在施工期间量测时,应根据各项量测值的变化,各量测项目的相互关系,结合开挖后围岩的实际情况进行综合分析,将所得结论和推断及时反馈到设计和施工中去,以确保工程的安全和经济。

13.5.3　地下洞室监测方法

地下洞室监测的主要目的是为了了解围岩的稳定性及支护作用状态,主要的监测项目有:围岩表面及内部位移、应力及变化、围岩与支护之间的接触压力、衬砌内部或支护锚杆(索)中的应力等,其中位移及应力应变最为重要。

1）监测规划

监测技术是测试与监控的先导技术,做好监测规划是测试与监控技术的保证。监测规划应包括根据需要确定测试项目、量测目的、选择量测仪器、确定测点布置、测试频率、测试要求等,一般应以文字和表格方式形成文件,以便操作。如某工程的位移量测规划表如表 13 - 6 所示。

表 13 - 6　某工程位移量测规划表

测试项目	量测仪器	量测目的	测点布置	测试频率/(次·d⁻¹)				应用范围
				1～15 d	16～30 d	31～90 d	>90 d	
周边收敛（净空相对位移）	收敛计	分析判断围岩与支护稳定状态	距工作面 20～50 m 每个剖面 1～3 条水平和斜基线	1～2	1/2	1～2/7	1～3/30	各种岩层
围岩内位移	位移计	分析判断岩体扰动与松动范围	测点与收敛量测尽量位于同一剖面,一般布置在拱脚线以上	1～2	1/2	1～2/7	1～3/30	软弱围岩、砂土地层
拱顶下沉	水平仪	分析判断顶部围岩稳定性	位于拱顶中部,间距视围岩结构而定	1～2	1/2	1～2/7	1～3/30	浅埋隧道、水平岩层、软弱围岩

2) 位移量测点的最佳布置

测点的布置直接影响着测试的精度,而测试误差对反分析结果会产生明显的影响。因此,为了保证现场测试数据的精度和进行反推计算结果的可靠性,应选择最佳的位移量测点布置方案。在实际工程中,测点布置得过多是不现实的。

3) 位移监测

典型的位移量测断面布置如图 13 - 36 所示。

(1) 收敛量测

收敛量的量测即对洞室临空面各点之间相对位移的量测,图中以点画线表示。收敛量测断面一般布置在距工作面较近的位置,并尽可能考虑垂直和水平的测线,顶板和边墙测点形成闭合三角形。量测结果包括:收敛值与时间的关系、收敛速度与时间的关系、收敛量与开挖进尺的关系。

(2) 钻孔多点位移计量测

这是一种用来量测洞周围岩不同深度处位移的方法,在图 13 - 36 中以实线表示。其基本原理是:沿洞壁向围岩深部的不同方位(一般沿洞壁法线方向)钻孔,用多点位移计埋设于钻孔内,形成一系列测点,观测由锚固点到孔口的

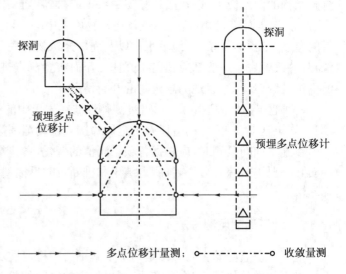

图 13 - 36　地下洞室位移量测典型布置

相对位移,从而计算出锚固测点沿钻孔轴线方向的位移分布。

多点位移计的埋设方式可分为开挖前的预埋和开挖过程中的现埋:预埋即至少要在开挖到观测断面之前相当于两倍洞室断面最大特征尺寸的距离时就已埋设完毕,并开始测取初读数;现埋则要尽量靠近开挖面,以减少因开挖已发生位移的漏测。同一钻孔中的锚固测点应布置在位移梯度较大的范围内。

量测结果包括:各测点位移与时间的关系;各测点位移与开挖进尺之间的关系;钻孔内沿轴线方位的位移变化与分布状况,这种分布形式的实测资料对选择位移反分析模型很有意义。

多点位移计量测方法需钻孔,费用较高,对施工有一定干扰。因此,布置断面宜少而有典型意义,要尽量利用已有的探洞或从地表钻孔预埋仪器,以保证观测到因施工而引起的围岩不同深度位移变化的全过程。

上述两种量测位移的方法应用均较多,各有特色和优点,相互配合使用效果较好。

4) 应力应变检测

地下洞室应力应变监测的一般布置形式如图 13-37 所示。这种监测可以给出支护与围岩相互作用的关系及支护(混凝土衬砌或锚固设施)内部的应力应变值,以了解支护的工作状况。所布置的主要量测仪器、测点位置及测试目的如下:

(1) 在围岩与衬砌接触面处埋设压力盒,量测接触应力,了解围岩与支护之间的相互作用;

(2) 在锚杆上或受力钢筋上串联焊接锚杆应力计或钢筋计,量测锚杆或钢筋的受力情况及支护效果;

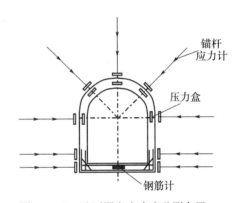

图 13-37　地下洞室应力变监测布置

(3) 在衬砌内埋设水银液压应力计,元件沿径向和切向布置,分别量测衬砌内法向正应力和切向剪应力,了解衬砌受力过程及大小,对支护可靠性进行分析判断;

(4) 在钢支撑上贴应变片,了解支撑受力情况。

5) 检测结果

对于现场测试数据,采用回归分析方法,得出数理统计函数式及其拟合曲线,找出位移随时间、空间的变形规律,并在一定范围内推测变形趋势值,为施工提供信息预报。以地下洞室的位移量测数据为例,位移-时间曲线可以采用累计变形值和变形速率值两种曲线来分析判断变形趋势及围岩稳定性。如图 13-38、图 13-39 所示。位移-距离曲线反映了围岩位移的空间效应,对分析和确定支护时机及措施具有指导意义,如图 13-40 所示。围岩位移-孔口基准点关系曲线反映了围岩开挖后的松动范围和稳定性,如图 13-41 所示。

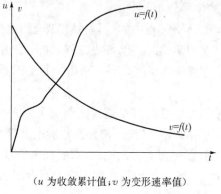

（u 为收敛累计值；v 为变形速率值）

图 13-38　收敛-时间关系曲线

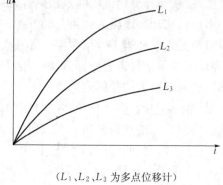

（L_1、L_2、L_3 为多点位移计）

图 13-39　位移-时间关系曲线

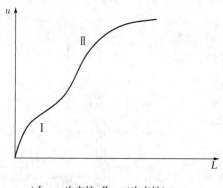

（Ⅰ——一次支护；Ⅱ——二次支护）

图 13-40　收敛-工作面距离关系曲线

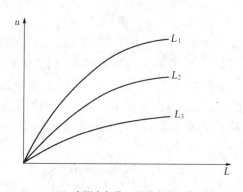

（L 为测点与孔口基准点的距离）

图 13-41　围岩位移-孔口基准点关系曲线

13.6　地下洞室工程施工监测实例

1）工程概况

上海地铁二号线某一区间隧道为一圆形区间隧道，自江苏路站东端头井始至静安寺站西端头井止，隧道长度为 1 161.376 m。隧道外径为 6.2 m，内径为 5.5 m，隧道由预制衬砌管片拼装而成。该隧道穿越的地面道路有：愚园路（沿线长 300 m）、镇宁路（横穿）、乌鲁木齐北路（横穿）、南京西路（沿线长 260 m）、华山路（横穿）；隧道穿越的管线主要是道路下和住宅旁的煤气管、上水管、电缆管等，这些管线比较陈旧，结构较差。沿线的建筑物主要为 1～4 层的住宅楼，少量为 5～6 层住宅楼，附近的高层建筑有同仁医院大楼和百乐门大酒店等。

2）监测内容和方法

监测内容主要为地面沉降、轴线附近建筑物及地下管线沉降。监测范围是以轴线为中心，左右 10 m；以盾构机头为中心，前方 20 m，后方 30 m。

（1）平面控制测量

为布设轴线点，沿地铁轴线附近布设一条闭合平面控制导线，将轴线点放样到地面上。以 T211 和 T210A 两个控制点为起始点，沿途布设了 9 个首级控制点，然后在首级控制的基础上布设了 4 条二级控制支导线,以满足实地放样的要求。从已知水准控制点出发按二等水准测量要求测量各监测点的高程,测量闭合差 $\Delta h \leqslant \pm 1.0 \sqrt{N}$ mm(N 为测站数)。

(2) 高程控制测量

由于监测路线较长,江苏路站和静安寺站两个水准点 II19、II21 相距太远,所以在沿途(距轴线 50 m 以上)较稳定地区埋设了 5 个水准控制点,从 II21 已知水准点出发用二等水准观测的要求,联测沿线各水准点后附合到 II19 水准点上。经数据平差处理得到沿线各水准点的高程。在盾构推进位置的前方约 20 m,测量两次监测点的高程,取平均值为初始值。

3) 监测点的布设

(1) 轴线上地面监测点布设

为保证盾构顶部始终有监测点监测,所以沿轴线方向监测点间距小于 6 m(盾构长 6 m),因而,布设监测点时点距确定为 5 m。按照设计资料每隔 5 m 计算一个轴线点坐标,用已测定的导线控制点将这些轴线点放样到实地上(共 184 个轴线点,编号为 Z13~Z11580),用道钉打入地下,再用水泥固牢。垂直轴线方向每隔 30 m 向两侧由近到远,分别在 2 m、5 m、9 m 处布设 6 个点,共布设 31 个剖面 200 点(编号为 Z30+2~Z1143+2)。

(2) 建筑物监测点的布设

在轴线两侧 10 m 范围内建筑物墙上每隔 5~10 m 布设一个监测点,共 99 个(编号为 F1~F99),用"L"型钢筋打入墙体内,再用水泥固牢。

(3) 地下管线监测点的布设

在地下管线所在的地面上每隔 10 m 布设一个监测点,用道钉打入地下,再用水泥固牢。共布设上水管监测点 13 个(编号为 S1~S13);煤气管监测点 12 个(编号为 M1~M10、G2、G3);电缆电话管测点 41 个(编号为 D1~D40、G1)。

4) 监测频率及报警

(1) 监测频率

盾构机每天推进约 10 m,对地面沉降影响较大,所以每天监测两次(7:00~8:00,17:00~18:00)。

(2) 报警值

按照地铁公司要求,累计上升 1 cm 和下沉 3 cm 为报警值。

5) 监测数据分析

(1) 轴线监测点 在盾构机推进期间,位于盾构机头部的轴线监测点有上升趋势,但上升量很小,不足 1 mm,盾构机头部通过之后,轴线监测点呈下降变化,沉降量较大。从监测数据分析:盾构通过的后 3 d,沉降量每天在 3 mm 左右,之后沉降量逐渐减小至稳定。轴线监测点累计沉降量最大为轴线 700~800 m 段,为 4 cm 左右(超报警值 1 cm),这与该段(诸安浜路)地质条件和盾尾漏浆等因素有关;其他轴线监测点累计沉降量在 2 cm 左右。

(2) 剖面监测点 从轴线剖面监测点数据分析,距轴线点 2 m 的剖面监测点沉降量较大(约为轴线点沉降量的 70%),5 m 剖面点沉降量约为轴线点沉降量的 40%,9 m 剖面点沉降量很小,所以,因盾构机推进造成的影响主要集中在轴线 5 m 左右的范围。

(3) 地下管线监测点 管线监测点沉降量多为 2~5 mm,变化较大的镇宁路口(D12~D14、S4、M2)和诸安浜路段(D15~D28、S7~S8、M7),沉降量为 1~2 cm。

(4) 建筑物监测点 盾构机穿越区域的建筑物监测点(F7~F47)和诸安浜路邻近建筑物

监测点(F59~F66)沉降量较大,为 1~2 cm;其他建筑物距轴线 9 m 左右,盾构机推进对其影响较小,其监测点(F1~F6、F48~F51、F83~F99)沉降量为 1~3 mm。

(5) 盾构机推进后一个月监测点沉降量在 0.5~1.5 cm 左右,平均日沉降量约为0.2 mm,基本上趋于稳定。

盾构机推进期间地表监测点随时间变化曲线,见图 13-42;纵轴线地表监测点沉降曲线示意图,见图 13-43;横轴线地表监测点沉降变化曲线,见图 13-44。

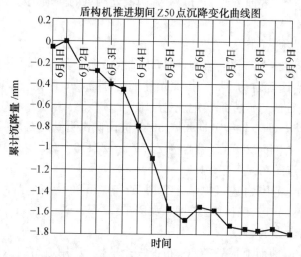

图 13-42 盾构机推进期间地表监测点随时间变化曲线

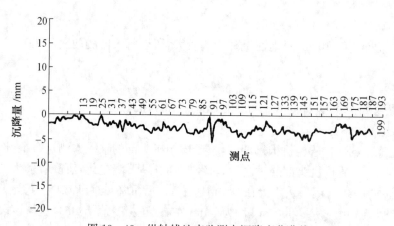

图 13-43 纵轴线地表监测点沉降变化曲线

338

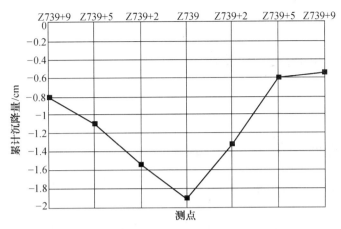

图 13-44 横轴线地表监测点沉降曲线示意图

复习思考题

13-1 单桩竖向抗压静载试验中,基准梁的作用是什么? 在使用时有哪些基本要求?

13-2 单桩竖向抗压静载试验时,中途试验停歇会对试验结果产生什么影响?

13-3 桩基承载力-荷载自平衡法的基本原理及应用优点是什么?

13-4 小应变法测桩的基本原理是什么? 大应变法测桩通常采用哪两种方法?

13-5 锤击试验贯入试桩法的结果能否直接作为静极限承载力?

13-6 地下洞室工程检测的意义是什么? 主要监测哪些项目?

14 大跨度桥梁的健康监测技术

14.1 桥梁健康监测概论

14.1.1 大跨度桥梁健康监测的基本概念

桥梁健康监测是通过先进的监测系统对桥梁结构的工作状态及整体行为进行实时监测，并对桥梁结构安全健康状况作出评估。同时为大桥在台风、雪灾、地震、泥石流、船撞和超载等突发事件下或桥梁运营状况严重异常时发出预警信号，为桥梁安全健康与维护管理提供科学的决策依据。因此，健康监测系统实质上就是为保证桥梁的安全运营所进行的以下几方面的实时监控：

（1）对桥梁的环境载荷如风速、风向、环境温湿度、结构温度以及运营超载车辆等进行长期在线监测；

（2）通过设置在桥梁主体结构上的各种传感装置获取反映结构整体行为的各种变化信息，重点是在荷载作用下（包括车辆、风力、温度等）桥梁主体结构（主塔、主梁）应力应变和挠度变形，主缆和拉索的索力及锚锭的位移等；

（3）测量桥梁主体结构的动态响应。重点是主塔和主梁的振动频率和加速度等动态特性和动力反应；

（4）桥梁结构构件的损伤识别和确切部位。

桥梁健康监测不同于传统的桥梁检测，而是运用先进的检测手段（现代传感技术）与现代通信技术相结合，对桥梁结构的整体行为进行不间断的连续扫描和监控，迅速而准确地对记录信息作出判断，保证桥梁安全运营，人们将这种监控系统称之为"现场实验室"。

14.1.2 桥梁健康监测的意义和作用

1）国内外大跨度桥梁运营现状与损伤事故

随着全球经济的迅猛发展和对交通运输的迫切需求，各国的高速公路得以大规模建设。由此许多跨江河、跨海大桥应运而生，尤其是悬索桥和斜拉桥以其跨度大，造型优美，节省材料而成为大跨度桥梁的首选。随着桥梁跨度的增大（目前最大跨度 1 991 m），梁的高跨比越来越小（1/40～1/300），安全系数也随之下降，由以前的 4～5 倍下降至 2～3 倍。同时，由于其柔性大，自身固有频率低，所以对风和地震力的作用很敏感。而且由于缺乏必要的监测和相应的维护，世界各地每年出现不少桥梁垮塌事故，给社会经济和人们生命财产安全造成很大损失。

1940 年完工的主跨 853 m 的美国塔可马大桥（Tacoma Narrows），只使用了三个月，便在 19 m/s 的风速下垮塌；1951 年主跨 1 280 m 的美国旧金山金门大桥在遭遇 15～52 m/s 的风速下因风力振动而造成桥体损坏；1994 年韩国汉城横跨汉江的圣水大桥跨中断塌 50 m，造成车辆落江，32 人死亡的重大事故，据报道造成桥梁在行车高峰突然断裂的原因是长时期超负荷运营,钢梁螺栓及杆件疲劳破坏所致;2001 年 11 月我国四川宜宾主跨 250 m 的系杆拱桥局部垮塌,该桥 1990 年建成通车,仅使用了 11 年。据调查也是超负荷营运所致,本来设计日通行车辆 6 000 辆,而垮塌时的实际日通行量已达到 3 万辆以上。我国 1995 年以后建成的广东虎门大桥,其辅航道为主跨 270 m 和湖北黄石长江大桥主跨 245 m×3,均为预应力混凝土变截面连续刚构桥,通车几年后,其主梁出现严重下挠,其中黄石大桥最大挠度达 36 cm 左右,同时箱梁底板和腹板出现大面积裂缝,不得不限制重型车辆通行。桥梁运营一直受到不安全的困扰。

据报道,美国现有约 50 万座公路桥中,有 20 万座以上存在不同程度的结构性损伤。我国早期建造的斜拉桥,由于拉索的防护不合理而引起斜拉索的严重锈蚀,如 1982 年建成的济南黄河大桥和 1988 年建成的广州海印大桥的斜拉索在分别使用 13 年和 7 年以后,于 1995 年被迫全部更换,造成很大的经济损失和不良的社会影响。

2) 大跨度桥梁健康监测研究的意义和实施的重要性

过去二十多年里,我国已建成一批举世瞩目的大跨度桥梁,其中有苏通长江大桥、南京长江二桥、南京长江三桥、杭州湾跨海大桥、上海南浦大桥、东海大桥等具有世界先进水平的大跨度斜拉桥,尤其是苏通大桥主跨 1 088 m 位居全球第一。还有已建成的润扬长江大桥、江阴长江大桥、香港青马大桥和广东虎门大桥等特大跨度悬索桥。这些桥梁都相继安装了健康监测系统,尽管不同建设时期,技术水平有较大差异,但都在不断升级改造,积极采用新技术。2008年初特大雪灾和"5·12"汶川大地震都监测到了对大桥的安全影响数据。人们也由此进一步认识到了安全健康监测的作用和重要性。近些年我国经济发展迅速,近几年建成通车的大跨度桥梁有泰州长江大桥、南京长江四桥、京沪高铁南京长江铁路大桥、浙江舟山的西堠门和金塘跨海大桥、青岛海湾大桥等。为了确保这些耗资巨大、与国计民生相关的大桥的安全,大桥健康监测系统都已列入建设项目预算中,并得以实施。

因此,大跨度桥梁的安全健康监测越来越受到重视,国内外许多专家学者都极为关注桥梁的健康监测研究,并日益成为土木工程学科领域中一个非常活跃的研究方向。

桥梁健康监测是发展中的前沿科学技术,不仅要求在测试技术上具有连续、快速和大容量的结构行为信息采集与通讯能力,而且力求对桥梁的整体行为进行在线实时监测,并准确及时地评估桥梁的健康状况,保证桥梁安全运营。更重要的是,大跨度桥梁设计中还存在许多假设和未知,通过健康监测获得的运营中的桥梁动、静力行为和气候环境的真实信息,可验证大桥的设计理论力学模型和计算假定,以进一步完善大跨度桥梁的设计。因此,大型桥梁的健康监测概念不只是传统的桥梁结构检测,而是涵盖了结构监测与健康

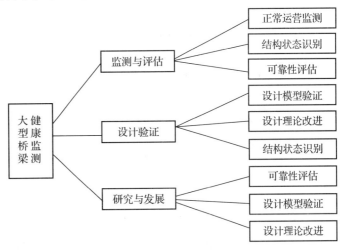

图 14-1 大型桥梁健康监测意义和作用

评估、设计验证和桥梁结构理论研究与发展等三大方面的内容(如图 14-1)。

14.2 健康监测的主要监测项目

大跨度桥梁健康监测的监测对象分为两类:环境荷载监测和结构响应监测。

14.2.1 荷载监测

(1)环境监测:风和温度是桥梁结构的重要荷载源,是长期在线监测的内容。健康监测系统一般采用三向超声风速风向仪、大气环境温湿度计、结构温度传感器进行环境监测。

(2)交通监测:交通荷载是桥梁结构受力和结构疲劳分析的重要依据,也是长期在线监测的内容。健康监测系统一般采用车速车载仪、激光测速仪、交通摄像机进行交通监测。

14.2.2 结构响应监测

(1)整体位移监测:大桥的整体位移是直观评价大桥线形和整体工作状态的重要参数,是任何一座大桥重点监测的项目。健康监测系统一般采用全球定位系统(GPS)、倾斜仪、伸缩仪和静力水准仪连续实时监测桥梁的整体位移。由于桥梁位移是一个随机的动态变量,因此,对位移监测系统测量精度进行评价的指标是其动态测试情况下的精度和分辨率。

(2)支座反力与伸缩缝位移监测:支座和伸缩装置是控制桥梁结构正常受力和变形的重要部件之一,而支座的剪切变形和滑移与反力则是直观评价支座以及大桥工作状态的重要参数,伸缩装置是直观反应桥梁的荷载变形和温度变形所引起的位移量。系统采用支座反力传感器和直线位移传感器连续监测大桥的支座受力功能和伸缩装置的位移状态。

(3)动力响应监测:风、交通、地震等荷载作用下大桥的加速度反应,是分析大桥动态特性的依据,也是采用基于振动的结构损伤检测方法进行大桥损伤检测的基础。为能在地震、台风和船舶撞墩等灾害事故发生时及时发出安全警报,健康监测系统一般采用加速度传感器连续监测大桥的加速度反应。

(4)应力应变监测:应力应变不仅是大桥疲劳分析的基础,也是验证桥梁设计和评价主桥安全受力的基础。健康监测系统通常采用应力应变传感器连续监测大桥的动态应力应变反应。

(5)索力监测:拉索是斜拉桥和悬索桥最重要的受力部件之一,而索力是评价拉索和大桥运营状态的重要参数。健康监测系统一般采用振动传感器连续监测部分拉索的索力。

14.3 健康监测中的新技术应用

14.3.1 GPS 监测系统

1) GPS 的基本概念

GPS 是美国开发的一种利用人造卫星定位全球地理目标位置的动态跟踪系统,开发之初主要用于军事目的。健康监测是利用它对桥梁的整体位移(又称线性变形)变化进行实时跟踪监测。GPS 主要由四部分组成:GPS 测量系统;信息收集传输系统;信息处理和分析系统;系统运作和控制系统。其硬件包括:GPS 测量系统(接收站,包括 GPS 无线接收器,定位在桥梁不同位置接收桥梁变形信号)、信息收集总控制站(基准站,包括 GPS 无线接收器,定位在桥梁以外的某个固定点用于和接收站信息进行比较)、光纤网络通信、GPS电脑系统和显示屏幕等。近几年我国开发的北斗定位系统也已进入商业运行,不久将来有可能取代GPS。

目前使用的GPS系统接收机备有24颗人造卫星跟踪通道,以双频同步跟踪测量12颗卫星的距离与全波长的载体相位。GPS监测系统以划一的高速度采样率,对GPS测量同步进行定点位移测量,以每秒20次的点位更新率提供建立三维RTK(Real Time Kinematic)实时的点位解算结果。RTK点位输出、光纤网络传输、数据及图像处理及桥梁位移动画图像屏幕显示过程都在2 s内完成,提供实时位移监测。另一方面,GPS监测系统可以在无人操作情况下进行24 h作业,配合可调校的数据备份系统,将存储的GPS位移数据与其他现存的桥梁监测数据加以整合,再做结构分析。利用大桥主梁和桥塔轴线的整体变化周期和幅度资料,以及选定时段的桥梁整体位移变化资料,来提高桥梁健康状态监测系统的效果。

2) GPS定位原理

GPS定位的基本原理是根据高速运动的卫星瞬间位置作为已知的基准数据,采用空间距离后方交会的方法,确定待测点的位置。如图14-2所示,假设t时刻在地面待测点上安置

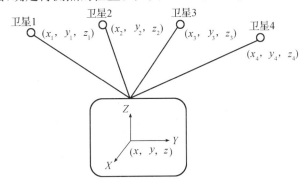

图14-2　GPS定位原理及解算方程式

GPS接收机,可以测定GPS信号到达接收机的时间Δt,再加上接收机所接收到的卫星星历等其他数据可以确定以下4个方程式:

$$[(x_1-x)^2+(y_1-y)^2+(z_1-z)^2]^{1/2}+c(vt_1-vt_0)=d_1 \tag{14-1}$$

$$[(x_2-x)^2+(y_2-y)^2+(z_2-z)^2]^{1/2}+c(vt_2-vt_0)=d_2 \tag{14-2}$$

$$[(x_3-x)^2+(y_3-y)^2+(z_3-z)^2]^{1/2}+c(vt_3-vt_0)=d_3 \tag{14-3}$$

$$[(x_4-x)^2+(y_4-y)^2+(z_4-z)^2]^{1/2}+c(vt_4-vt_0)=d_4 \tag{14-4}$$

上述4个方程式中,待测点坐标x、y、z和vt_0为未知参数,其中$d_i=c\Delta t_i(i=1、2、3、4)$分别为卫星1、卫星2、卫星3、卫星4到接收机之间的距离。$\Delta t_i(i=1、2、3、4)$分别为各卫星的信号到达接收机所经历的时间。c为GPS信号的传播速度(即光速)。

4个方程式中各个参数意义如下:

x、y、z为待测点坐标的空间直角坐标。x_i、y_i、$z_i(i=1、2、3、4)$分别为各卫星在t时刻的空间直角坐标,可由卫星导航电文求得。$vt_i(i=1、2、3、4)$分别为卫星1、卫星2、卫星3、卫星4的卫星钟的钟差,由卫星星历提供。vt_0为接收机的钟差。由以上4个方程即可解算出待测点的坐标x、y、z和接收机的钟差vt_0。

以上就是采用卫星定位系统监测大桥营运中的位移,利用接收导航卫星载波相位进行实时相位差计算的RTK(Real Time Kinematic)技术。

GPS RTK 差分系统是由 GPS 基准站、GPS 接收站和通信系统组成。基准站和接收站将接收到的卫星差分信息经过光纤实时传递到监控中心,监控中心计算机将这些信息进行实时差分计算,可实时测得接收站点的三维空间坐标(如图 14-3)。

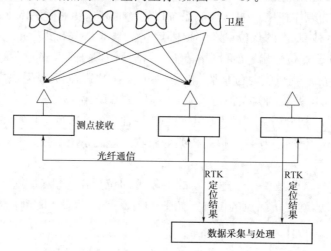

图 14-3　GPS 位移监测原理图

3) GPS 监测位移的特点

(1) 由于 GPS 是接收卫星运行定位,所以大桥上各测点只要能接收到 6 颗以上 GPS 卫星基准站传来的 GPS 差分信号,即可进行 RTK 差分定位,各监测站得到的是相互独立的观测值。

(2) GPS 定位受外界大气影响小,可以在暴风雨和大雾中进行监测。

(3) GPS 测量位移自动化程度高。从接收信号,捕捉卫星到完成 RTK 差分位移都是由仪器自动完成,所测结果自动存入监控中心。

(4) GPS 定位速度快,精度高。

14.3.2　实验模态分析法

桥梁健康状态的评估中,参数识别是一个重要部分,实验模态分析法是应用较多的结构受力评估分析方法。

实验模态分析法的应用已有十多年历史,其原理是通过对结构在不确定的动荷载下振动参数实测和模态分析,结合系统识别技术对结构进行评估。其中对振动参数进行模态分析和系统识别是关键技术。

对桥梁建筑物等大型结构进行模态试验,无论是正弦、随机或者脉冲方式的人为激励都是不可能或不允许的。但是任何大型结构物都存在一定的振动环境,例如风、水流冲击、大地脉动、移动的车辆引起的振动等,在这些自然环境的激励下,结构物都会产生微弱的振动。对于柔性结构斜拉索桥,在强风或大量汽车不断的行驶的情况下,这种环境振动还可能是很大的。虽然我们对这些激励特性无法精确定量,但也并非一无所知。可合理的假定这些激励是近似的平稳随机信号,其频率具有一定带宽的连续谱,在带宽内基本覆盖了对结构物感兴趣的频带,从而在结构物的自然环境激励下的振动信号中包含了这些模态。基于环境激励的试验模态分析技术就是仅仅通过结构在自然环境下的振动响应来进行的,我们不妨称之为 UINO 法(未知输入及 N 个输出)。显然,这样的试验方法并不是严格意义上的模态参数识别方法。由于系统的输入未知,虽然能得到共振频下的振型,却并没有获得系统输出对输入的传递函数,因此,不能建立结构的严格的动力学模型。对于大型结构物,这种试验的意义仍然是很大的。

目前在工程上比较有效地获得振型的方法是将全部测点在环境激励下的振动响应和某一固定的参考点的振动响应分别作双通道 FFT。首先在自功率谱图上识别出共振频率 f_i,再将各测点与参考点在共振频率上的幅值谱之比 $\phi(f_i)$ 作为该点的振型的相对值,将它们的互功率谱的实部在此频率上的正负作为该点振型的相位。

$$\left|\phi(f_i)\right| = \left|\frac{B(f_i)}{A(f_i)}\right| = \left|\frac{B(f_i)\overline{B(f_i)}}{A(f_i)\overline{A(f_i)}}\right|^{\frac{1}{2}} = \left|\frac{G_{bb}(f_i)}{G_{aa}(f_i)}\right|^{\frac{1}{2}} \tag{14-5}$$

$$\mathrm{sgn}(\phi(f_i)) = \mathrm{sgn}\left[\mathrm{Real}(G_{ba}(f_i))\right] \tag{14-6}$$

其中:$A(f_i)$ 为参考点信号的傅氏变换,$B(f_i)$ 为测量点信号的傅氏变换,$G_{aa}(f_i)$、$G_{bb}(f_i)$ 分别为参考点信号、测量点信号的自功率谱,$G_{ba}(f_i)$ 为测量点信号与参考点信号的互功率谱。各阶模态阻尼则根据全部响应点信号的集总平均谱,采用改进的半功率带宽法得到。

以下是在线识别结构模态参数的实现过程(图 14-4 所示):

① 全部频响函数集总平均法进行初始估计模态频率;

② 模态理论:实模态、复模态;

③ 曲线拟合:阶数不受限制;

④ 导纳数据列表;

⑤ 模态参数列表;

⑥ 模态振型综合:测量方向处理、约束方程处理、模态振形归一;

⑦ 任意自由度理论频响函数与试验频响函数对比。

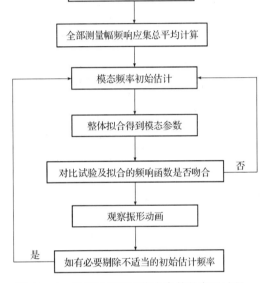

图 14-4 系统识别结构模态参数的实现过程

14.3.3 结构损伤检测定位技术

对于结构损伤检测定位方法,目前常用的有模型修正法和指纹分析法两种。

1) 模型修正法

模型修正法在桥梁监测中主要用于把实验结构的振动反应记录与原先的有限元模型计算结果进行综合比较,利用直接的或间接的测量到的模态参数、加速度时程记录、频响函数等,通过条件优化约束,不断地修正模型中的刚度和质量信息,从而得到结构变化的信息,实现结构的损伤判别和定位。其主要修正方法有:矩阵型法、子矩阵修正法和灵敏度修正法。这些方法的具体操作详见有关专业文献。

2) 指纹分析法

指纹分析法是通过与桥梁动力特性有关的动力指纹及其变化来判断桥梁结构的真实状态。

在桥梁振动监测中,频率是最容易获得的模态参数,而且精度较高,因此通过监测结构频率的变化来识别结构是否损伤是最简单的。此外,振型也可用于结构损伤的发现,尽管振型的检测精度低于频率,但振型包含更多的损伤信息,利用振型判断结构的损伤是否发生的方法有柔度矩阵法(详见专业文献)。

但大量的模型和实际结构的实验表明,结构损伤导致的固有频率变化很小,但振型形式变化比较明显,而一般损伤使结构自振频率的变化都在5%以内,从对有关桥梁长期观测的记录发现,在一年期间里桥梁的自振频率变化不到10%,因此一般认为自振频率不能直接用来作为桥梁监测的指纹。而振型对结构整体刚度,特别是局部刚度比较敏感,所以通过实测振幅模态参数确定振型作为桥梁监测的指纹来判断桥梁损伤状态是有可能的。虽然精确测量比较困难,但可以通过增加测点,特别是增加主要控制断面的测点来弥补。

14.4 桥梁健康监测系统的设计

14.4.1 监测系统设计准则和测点布置

大型桥梁健康监测系统的设计准则主要考虑两方面的因素,第一是建立该系统的目的和功能;第二是投资成本和效益分析。从表14-1给出的三座大型桥梁健康监测系统的测点布置情况可以看出,监测项目与规模存在较大差异。这些差异除了桥型和桥位环境因素外,主要是由于各自建立监测系统的功能要求和目的不同,所以监测项目和测点数量也不完全相同,其中投资成本也是重要因素。

表 14-1 三座大型桥梁健康监测系统测点布置

桥　名 测点布置	香港青马大桥 (悬索桥,主跨1 377 m)	润扬长江大桥 (悬索桥,主跨1 490 m)	苏通长江大桥 (斜拉桥,主跨1 088 m)
温　度	115	40	103
位　移(GPS)	2	8	6
应　变	110	88	203
风速仪	6	4	4
加速度	17	42	38
车辆载荷(车道)	6	4	4
吊杆/斜拉索拉力	—	11	12
主缆拉力	16	32	—
伸缩缝监测	4	8	8
系统设计和实施单位	香港路政署	东南大学、江苏华新软件公司	东南大学、江苏东大金智建筑智能化系统工程有限公司
系统启动年份	1997	2005	2008

对于特大型桥梁,建立健康监测系统一般是以桥梁结构整体行为安全监控与评估和设计验证为目的,有时也包含研究和探索。一旦建立系统的目的确定,系统的监测项目亦可相应确定。但系统中各监测项目的规模、测点数量、测点布置、所采用的传感仪器和通信设备等的确定需要考虑投资成本的限度。因此,为了建立高效合理的监测系统,在系统设计时必须对监测系统方案进行成本-效益分析。

根据功能要求和成本-效益分析,可以将监测项目、测点数量、测点布置优化到所需要的最佳范围。这就是桥梁健康监测系统设计的两准则。

14.4.2 监测系统设计

大跨度桥梁健康监测系统一般由以下4个子系统构成:传感器子系统;数据采集与传输子系统;数据处理与控制子系统;结构安全综合评估子系统。

这4个子系统将运行于4个层次:第一层次是传感器子系统测取大桥各部位有特征代表意义的信号;第二层次是数据采集与传输子系统采集传感器测取的信号,并将采集到的信号转换成数字信号,通过光纤网络输送到数据处理与控制子系统;第三层次是数据处理与控制子系统完成数据的处理、归档、显示及存储,并根据后续子系统的要求为其提供特定格式和内容的数据以及处理结果;第四层次是根据处理后的数据,进行结构安全状态识别及评估,给出养护决策。详见图14-5所示健康监测系统结构示意图。

健康监测系统的硬件部分由计算机工作站、计算机服务器、数据采集单元(外站工控机工作站)、光纤计算机网络以及各种传感器、信号调理器等组成。各传感器测取的桥梁信息信号,通过信号调理器的滤波、放大产生一个规范的信号(电压、电流或数字信号),外站工控计算机实时采集这些信号,并通过光纤计算机网络将数据送往中心计算机服务器,监控中心的计算机工作站对数据进行处理、评估、预警及显示。图14-6和图14-7所示分别为苏通大桥健康监测系统网络拓扑结构示意图和苏通大桥结构健康监测系统数据采集单元详图。

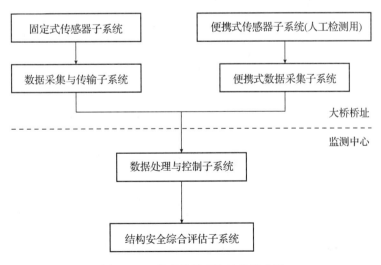

图14-5 健康监测系统结构示意图

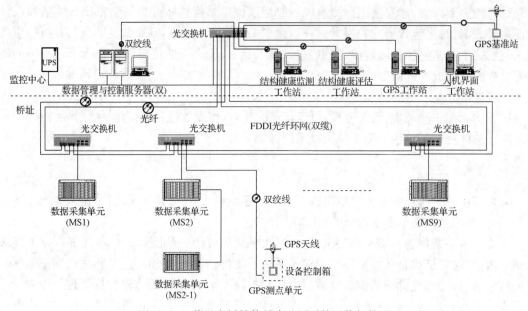

图 14-6 苏通大桥结构健康监测系统网络拓扑图

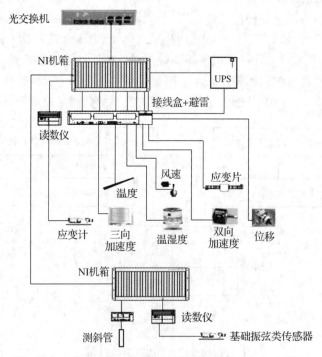

图 14-7 苏通大桥结构健康监测系统数据采集单元详图

14.5 苏通大桥健康监测系统实例

14.5.1 工程概况

苏通大桥工程由跨江大桥、北岸接线和南岸接线三部分组成。跨江大桥总长 8 146 m,其中主桥采用主跨 1 088 m 的双塔双索面钢箱梁斜拉桥,为世界斜拉桥主跨跨径之冠,载荷等级为计算载荷汽车-超 20 级,验算载荷挂车-120,抗地震烈度为基本烈度 7 度。这是我国建桥史上工程规模最大、建设标准最高、技术最复杂、科技含量最高的现代化特大型桥梁工程,也是世界斜拉桥建设史上的标志性工程。世界一流的大桥需要先进的桥梁健康监测系统,苏通大桥结构健康监测系统立足国际领先或先进水平,以满足苏通大桥的桥梁管理和维护的需要。下面介绍苏通大桥健康监测系统主要内容。

14.5.2 环境监测

1) 风荷载监测

风荷载是大跨度桥梁的荷载源之一,苏通大桥地处长江口,桥址处风力大。系统采用三向超声风速仪长期实时在线监测,及时了解桥址处环境风力、风向变化情况,为分析桥梁的工作环境、评价行车安全状况、验证桥梁风振理论以及研究极限风环境下的大桥工作状况提供了依据。共使用 4 台三向超声风速仪分别布置在:北索塔塔顶 1 台、南索塔塔顶 1 台、主跨跨中桥面水平上下游各 1 台。风荷载的监测主要包括:

(1)测量风结构、平均风速和风向,并绘制桥址处风玫瑰图,由此确定平均风速、风向和重现频率,以用作大桥结构抗风验算复核,并作为台风期间大桥交通管制的参考。

(2)实时监测大风及大雨等恶劣天气下的数据,进行斜拉索的风雨振分析,确定拉索振动有无异常。

图 14-8 为苏通大桥环境监测——三向超声风速仪布置图,图中给出了风载荷的测试布置方案;图 14-9 为风玫瑰图。

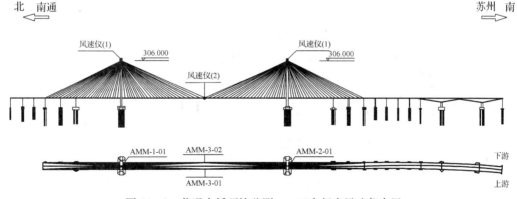

图 14-8 苏通大桥环境监测——三向超声风速仪布置

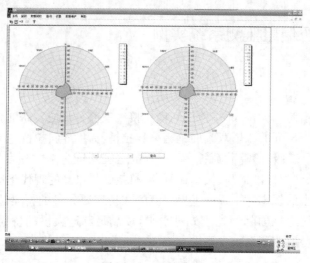

图 14-9　风玫瑰图

2）结构温度监测

温度变化是大跨度桥梁的重要荷载源之一，常引起结构较大的变形和桥梁线形的改变，是健康监测的重要内容。温度监测能了解桥址处环境温度场的实时变化，以及大桥主要构件的温度及温度梯度情况，为分析结构的受力和变形提供依据，并用于结构状态参数的相关分析。根据所监测构件的材料不同，分为钢构件温度监测、混凝土构件温度监测、路面温度监测，传感器布置如下：

（1）钢构件温度传感器：主跨跨中主梁截面 24 个、北索塔拉索钢锚箱 6 个，共计 30 个；

（2）混凝土构件温度传感器：北索塔锚索区底截面 14 个、主跨跨中主梁截面 40 个，共计 54 个；

（3）路面温度传感器：主跨跨中两侧沥青路面 3 个、主跨北 1/4 截面沥青路面 3 个、主跨北索塔处截面沥青路面 3 个，共计 9 个。

图 14-10 为苏通大桥结构温度监测布置图，图中给出了结构温度分布监测的测点布置方案；图 14-11 为系统温度监测中的温度示值。

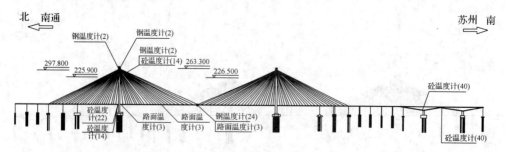

图 14-10　苏通大桥结构温度监测布置图

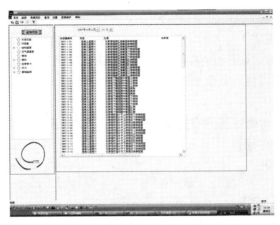

图 14-11　结构温度监测中的温度示值

3）大气温度与相对湿度监测

空气温湿度变化是大跨度桥梁的重要荷载源之一,常引起大的变形和桥梁线形的改变,系统对此进行了长期在线监测。空气温度湿度计分别布置在:主跨跨中 3 个、北索塔塔顶 1 个、北索塔拉索锚区 2 个、主跨索塔处 3 个、辅桥 3 个,共计 12 个;

图 14-12 为苏通大桥空气温度与相对湿度监测布置图,图中给出了大气温湿度分布监测的测点布置方案;图 14-13 为系统大气温湿度监测中的示值。

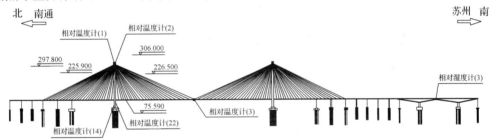

图 14-12　苏通大桥空气温度与相对湿度监测布置图

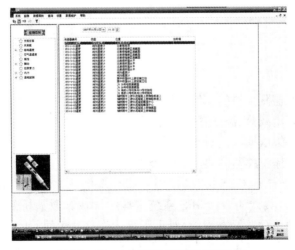

图 14-13　大气温湿度监测中的示值

351

4) 腐蚀监测

监测混凝土碳化及氯离子侵入的情况,为评估混凝土性能退化及寿命提供依据。系统进行定期人工采集并回放方式,腐蚀传感器使用了阳极梯系统(下部结构基础已预埋该传感器),布置为:北索塔上游侧下塔柱底截面 2 套、北索塔桩基承台 8 套、北索塔锚索区(A34、J34)12套,共计 22 套。

图 14-14 为苏通大桥腐蚀监测布置图,图中给出了腐蚀监测的测点布置方案;图 14-15为系统腐蚀监测中腐蚀分析图。

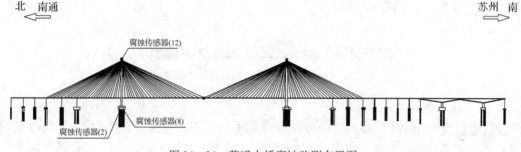

图 14-14 苏通大桥腐蚀监测布置图

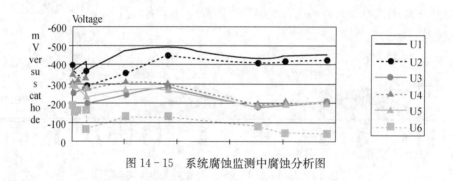

图 14-15 系统腐蚀监测中腐蚀分析图

14.5.3 结构响应监测

1) 整体位移监测

长期在线实时动态监测大桥的几何线形及其变化,考察主梁和桥塔在各种载荷(包括:车载、撞击、地震、台风、环境载荷、温度变化等)作用下,大桥线型与设计假设的偏离程度,为桥梁的日常安全营运提供决策依据。同时通过记录、分析大桥线形的长期变化,为结构损伤评估、安全评估提供依据。整体位移监测使用了 GPS 监测系统。

苏通大桥 GPS 测点布置(GPS 接收站):主桥北索塔塔顶 1 台、主桥南索塔塔顶 1 台、主桥主跨跨中上下游各 1 台,共计 4 台。GPS 系统基准站设在苏通大桥的监控中心屋顶上。图14-16 为苏通大桥整体位移监测布置图,给出了整体位移监测的 GPS 接收机站点布置方案,布置 4 个站点;图 14-17 为整体位移监测的实时线形动画。

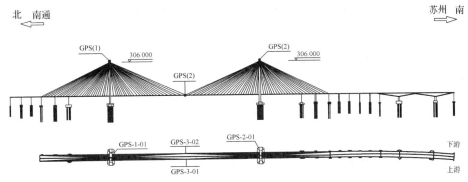

图 14-16　苏通大桥整体位移监测布置图

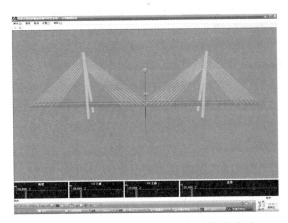

图 14-17　整体位移监测的实时线形动画

2) 支座位移监测

实时监测主梁在桥塔处的纵、横向位移,为评估风荷载、船撞、地震、交通对主梁的作用提供依据。测点布置:主桥主梁北索塔处 2 台;主桥主梁南索塔处 2 台;主桥主梁北端部 2 台;主桥主梁南端部 2 台。

图 14-18 为苏通大桥支座位移监测测点布置图,图中给出了大桥支座处位移的测点布置方案。图 14-19 为位移监测中的桥梁位移趋势图。

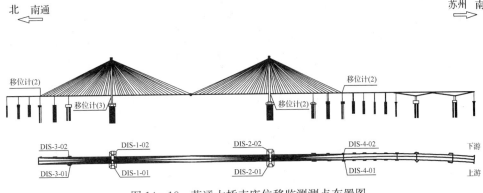

图 14-18　苏通大桥支座位移监测测点布置图

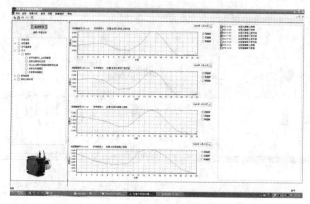

图 14 - 19 支座位移监测中的桥梁位移趋势图

3) 动力特性(振动)监测

桥梁结构的动态响应往往与引起整体振动的强振源相联系,因此,通过振动的监测,不但可以识别桥梁结构的动态特性参数,还可以实现对桥梁结构承受波动载荷历程的记录。影响桥梁振动特性的主要因素是其结构本身的刚度、质量分布、阻尼,当然还与支承、约束状态、环境因素等等有关。因此分析桥梁振动状态与特性时,还需要同时考虑环境温度、斜拉索索力、交通状况、索塔振动、风况等方面。

根据有限元模型静力计算分析、模态计算分析和动力响应分析,图 14 - 20 为苏通大桥振动监测布置图,给出了振动监测的测点布置方案,测点布置为:主桥北索塔塔顶(水平纵向和横向)1 个双向加速度传感器;主桥南索塔塔顶(水平纵向和横向)1 个双向加速度传感器;主桥主跨 5 个等间距截面(竖向和水平横向)10 个双向加速度传感器;主桥北 300 m 边跨跨中(竖向和水平横向)2 个双向加速度传感器;主桥南 300 m 边跨跨中(竖向和水平横向)10 个双向加速度传感器。

图 14 - 21 为系统振动监测的频谱分析图。

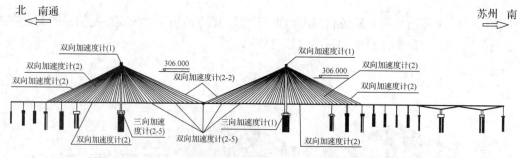

图 14 - 20 苏通大桥振动监测和索力监测测点布置图

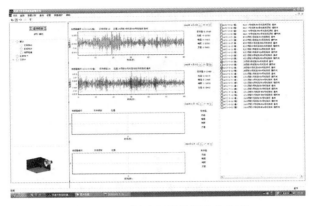

图 14-21　振动监测的频谱分析图

4) 拉索索力监测

实时掌握大桥斜拉索的拉力情况,为评估各构件的工作状况提供依据。通过加速度传感器测出拉索频率,以此准确地推算出大桥斜拉索索力。测点布置:主桥 A18 号拉索(共 4 根)(索平面内于索平面外)4 个双向加速度传感器;主桥 A34 号拉索(共 4 根)(索平面内于索平面外)4 个双向加速度传感器;主桥 J34 号拉索(共 4 根)(索平面内于索平面外)4 个双向加速度传感器。

图 14-20 为苏通大桥振动监测和索力监测布置图,图中同时给出了索力监测的测点布置方案。图 14-22 为系统斜拉索索力实时监测索力和值。

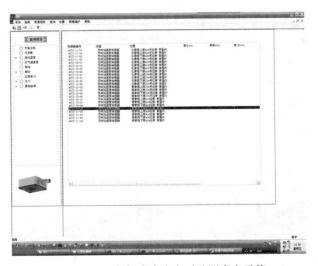

图 14-22　斜拉索索力实时监测索力示值

5) 地震、船撞监测

实时在线监测桥址处的地震及船撞情况,当发生地震或船撞时,记录地震及船撞发生前后引起的加速度响应并发出警报。测点布置:主桥北索塔塔底 1 个三向加速度传感器;主桥南索塔塔底 1 个三向加速度传感器。

图 14-20 为苏通大桥振动监测布置图,图中给出了地震、船撞监测的测点布置方案;图 14-23 给出了发生地震、船撞监测的报警界面。

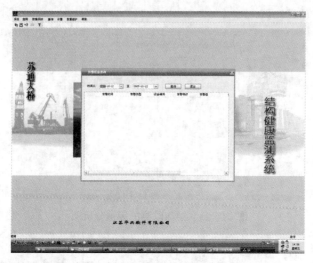

图 14-23 发生地震、船撞时报警界面

6) 动态应变监测

长期在线实时监测,了解在交通荷载、风荷载、温度荷载及地震荷载作用下大桥各重要钢构件的应力应变情况,通过对主梁结构的重点部位内力的监测,考察局部结构尤其是焊接及连结处的应力应变随各种外界载荷作用的变化历程,为评价结构工作状态及疲劳寿命提供依据。测点布置:主桥主跨跨中主梁截面 56 个电阻应变计;主桥主跨北 1/4 跨主梁截面 31 个电阻应变计;主桥主跨北索塔处主梁截面 31 个电阻应变计;主桥 300 北边跨近塔辅助墩墩顶主梁截面 57 个电阻应变计;主桥 J34 拉索主梁锚固区(钢锚箱与主梁焊缝)12 个电阻应变计构成应变花;主桥 A18 拉索主梁锚固区(钢锚箱与主梁焊缝)12 个电阻应变计构成应变花;主桥索塔钢锚箱(J5、J19、J34 拉索)各 4 个电阻应变计。

图 14-24 为苏通大桥动态应变监测布置图,图中给出了动态应变监测的测点布置方案。图14-25为雨流计数分析图。

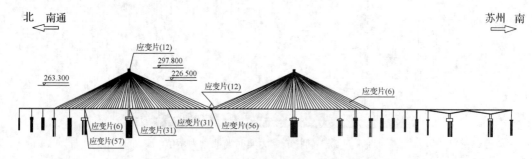

图 14-24 苏通大桥动态应变监测布置图

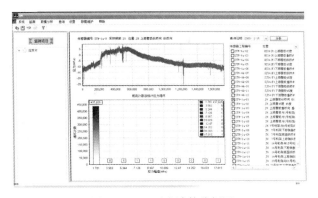

图 14 - 25　雨流计数分析图

7）静态应变监测

长期在线实时监测,了解在交通荷载、风荷载、温度荷载及地震荷载作用下大桥主桥钢构件、主塔混凝土构件、辅桥混凝土构件等的静态应力应变情况,为评价结构工作状态提供依据。

混凝土构件测点布置:主桥北索塔锚索区底截面 4 个振弦式应变计;辅桥主跨跨中以北11 m(箱梁底板拉应力)6 个振弦式应变计;辅桥主跨跨中以北 16 m(箱梁顶板压应力)10 个振弦式应变计;辅桥主跨合拢段与 31 号块相连区域(箱梁底板横向应力)4 个振弦式应变计;辅桥主跨 23 号块与 24 号块相连区域(箱梁腹板主应力)12 个振弦式应变计;主桥北索塔锚索区底截面 1 个无应力计;辅桥主跨跨中以北 11 m 处 1 个无应力计;辅桥主跨跨中以北 16 m 处 1个无应力计;辅桥主跨 23 号块与 24 号块相连区域 1 个无应力计。共计 36 个振弦式应变计及4 个无应力计。在上述每个截面选取其中一个测点附近布置无应力计,以消除混凝土收缩对应变、应力的影响。

钢筋梁测点布置:主桥钢筋梁跨中截面 2 个振弦式应变计;主桥钢筋梁北 1/4 跨截面 2 个振弦式应变计;主桥钢筋梁北索塔处截面 2 个振弦式应变计;主桥钢筋梁 300 m 北边跨近塔辅助墩墩顶主梁截面 2 个振弦式应变计。共计 8 个振弦式应变计。在上述截面顶板及底板各选取一个电阻应变片测点附近布置振弦式应变计。

图 14 - 26 为苏通大桥静态应变监测布置图,给出了静态应变监测的测点布置方案。图14 - 27 为主梁内力监测的趋势变化曲线。

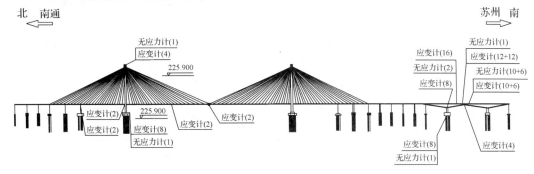

图 14 - 26　苏通大桥静态应变监测布置图

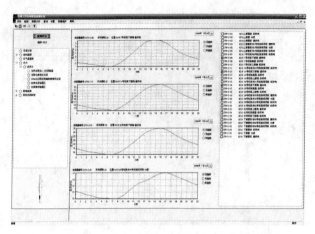

图 14-27　主梁内力监测的趋势变化曲线

14.5.4　监测内容、监测仪器及导出参数汇总

根据以上监测内容，各传感器测量出的原始数据及导出参数，总结见表14-2。

表 14-2　各传感器测量出的原始数据及导出参数

传感器类型	监测结果及分析参数
风速风向仪	绘制平均风和阵风的风玫瑰图，绘制风向-风速图；计算 1 min 平均风速、10 min 平均风速及 1 h 平均风速
温度传感器	所测钢构件的温度时间历程；每小时、每天、每月、每年的温度统计值及温差；根据 GPS 测量的位移值，得到温度与主梁跨中、塔顶位移的关系
全球定位系统（GPS）	各测点的绝对位移量；每小时、每天、每月、每年位移统计值；桥横向和竖向的位移变化；桥、塔位移与环境因素的关系；给出桥梁动态线形动画图
加速度传感器	各测点的加速度响应时程；加速度均方值；加速度幅值谱；功率谱；不同位置处加速度计的幅值及相位差；结构的动态特性，如频率、阻尼比、模态
电阻丝式应变计	每小时、每天、每月和每年的应变幅值，每天的变化幅度和累计的循环次数，并按照每天中特定的时间段进行分组，并绘柱状图；可计算主应力及进行基于雨流计数的疲劳因子分析
振弦式应变计	每小时、每天、每月和每年的应变幅值，每天的变化幅度和累计的循环次数，并按照每天中特定的时间段进行分组；应变、应力、内力和弯矩等与温度、风和交通荷载等的相关关系；可包括恒载应力及根据统计分布预测极值
光纤光栅传感器	温度与应力的分布时间历程；应力和温度的幅值；每小时、每天、每月和每年应力和温度的统计值；在应力水平上比较应力与温度的相关关系

复习思考题

14-1 大型桥梁健康监测的基本概念是什么？具体监测什么？

14-2 健康监测与传统的试验检测有何区别？

14-3 健康监测目前采用了哪些新技术？

14-4 GPS定位系统测量的基本概念是什么？对特大型桥梁非线性位移监控有哪些突出优点？你对中国开发的北斗定位系统了解吗？

14-5 大型桥梁健康监测系统设计的准则是什么？

14-6 通过对苏通长江大桥的健康监测实例的了解,从监测功能和成本分析两方面考虑进行优化,你认为应重点监测哪些必不可少的项目或监测内容？

主要参考文献

1. 林圣华.结构试验.南京:南京工学院(现东南大学)出版社,1987.

2. 湖南大学,太原工学院,福州大学.建筑结构试验.北京:中国建筑工业出版社,1991.

3. 王娴明.建筑结构试验.北京:清华大学出版社,1988.

4. [日]梅村魁等.结构试验和结构设计.林亚超等,译.北京:人民交通出版社,1980.

5. 姚振纲等.建筑结构试验.上海:同济大学出版社,1996.

6. 周明华.建(构)筑物现场检测技术.南京:东南大学自编教材(讲义),1993.

7. 吴宗岱,陶宝祺.应变电测原理及技术.北京:国防工业出版社,1982.

8. Window A.L, Holister G.S. Strain Gauge Technology. London and New Jersey: Elsevier Applied Science Publishers, 1983.

9. 铃木英世,Maria Q,FENG.構造物の計測のための光ファィバを用いたセンサの開発について.日本,土木学会論文集 No.528/VI.29, 7 - 15, 1995.12.(光纤传感技术在结构检测中开发应用)

10. 孙圣和,王延云,徐影.光纤测量与传感技术.哈尔滨:哈尔滨工业大学出版社,2000.

11. Inaudi D, Casanova N, Martinola G, et al. Monitoring of Concrete Structures with Fiber Optic Sensors. 5th International Workshop on Material Properties and Design: Durable Reiforced Concrete Strctrues, Weimar: Aedificatio Publisher. 1998.

12. Sabnis G.M, et al. Structural Modeling and Experimental Techniques,1983.

13. Herry Cowan J, John Dixon. Building Science Laboratory Manual,1978.

14. 吴刚,安琳,吕志涛.碳纤维布用于钢筋混凝土梁抗弯加固的试验研究.建筑结构,2000(7):3 - 6.

15. 吕志涛,舒赣平.北京西站主站房预应力钢桁架的理论分析和试验研究.建筑结构学报,1996,17(5):33 - 40.

16. 预应力钢结构技术规程(CECS 212 - 2006).北京:中国计划出版社,2006.

17. 周明华,孟少平.小曲率半径 U 形预应力束操作工艺试验研究.铁道建筑技术,2001(6):4 - 7.

18. 吕志涛,孟少平.现代预应力设计.北京:中国建筑工业出版社,1998.

19. 混凝土结构工程施工质量验收规范(GB 50204 - 2011).北京:中国建筑工业出版社,2013.

20. 建筑结构检测技术标准(GB/T 50344 - 2004).北京:中国建筑工业出版社,2004.

21. 建筑抗震试验方法规程(JGJ 101 - 96).北京:中国建筑工业出版社,1997.

22. 《地震工程概论》编写组.地震工程概论.2 版.北京:科学出版社,1985.

23. 中铁大桥勘测设计院有限公司西陵长江大桥吊索系统检测报告,2008.3.

24. 申晓军.超高层建筑合理刚度研究.南京:东南大学,2012.

25. 建筑抗震设计规范(GB 50011 - 2010).北京:中国建筑工业出版社,2010.

26. 建筑工程抗震设防分类标准(GB 50233－2008).北京:中国建筑工业出版社,2008.

27. 混凝土结构设计规范(GB 50010－2010).北京:中国建筑工业出版社.2010.

28. 混凝土结构现场检测技术标准(GB/T 50784－2013).北京:中国建筑工业出版社.2013.

29. 日本大成建设建筑构造わかる会.第一線の設計者が语る耐震設計.日本规格協会,1996.

30. 邱法维,钱稼茹,陈志鹏著.结构抗震实验方法.北京:科学出版社,2000.

31. 朱伯龙.结构抗震试验.北京:地震出版社,1989.

32. 应怀樵.振动测试与分析.北京:中国铁道出版社,1981.

33. 吴慧敏.结构混凝土现场检测技术.长沙:湖南大学出版社,1988.

34. 周明华,青木徹彦.D－RAP工法による補強床版の改善対策に関する研究.日本爱知工业大学研究报告,1998.

35. [英]J.H.邦奇.结构混凝土试验.王怀彬译.北京:中国建筑工业出版社,1987.

36. 朱伯龙等.房屋结构灾害检测与加固.上海:同济大学出版社,1995.

37. 周明华等.采用小直径芯样检测结构混凝土抗压强度取值的探讨.建筑技术,1998(1):46－48.

38. 港口工程混凝土非破损检测技术规程(JTJ/T 272－99).北京:人民交通出版社,2000.

39. 周明华.商品混凝土质量事故预防对策.建筑技术,2002(4):273－275.

40. 周明华.对混凝土非破损检测方法的应用述评.施工技术,2002,31(4):24－25.

41. 笠井芳夫,田村博等.コンクリヘト構造物の的非破壊检查.日本オヘム社,1996.

42. 回弹法检测混凝土抗压强度技术规程(JGJ/T 23－2011).北京:中国建筑工业出版社,2011.

43. 超声回弹综合法检测混凝土强度技术规程(CECS 02－2005)。北京:中国计划出版社,2005.

44. 北京市地方性标准.回弹法、超声回弹综合法检测泵送混凝土强度技术规程(DBJ/T 01－78—2003).

45. 钻芯法检测混凝土强度技术规程(JGJ/T 384－2016).北京:中国建筑工业出版社,2016.

46. 超声法检测混凝土缺陷技术规程(CECS 21－2000).北京:2001.

47. 李为杜.混凝土无损检测技术.上海:同济大学出版社,1989.

48. 混凝土中钢筋检测技术规程(JGJ/T 152－2008).北京:中国建筑工业出版社,2008.

49. 公路桥梁技术状况评定标准(JTG/T H21－2011).北京:人民交通出版社,2011.

50. 公路桥梁荷载试验规程(JTG/TJ 21－2016).北京:人民交通出版社,2016.

51. 周明华,葛宝翔.公路桥梁橡胶支座使用寿命与应用对策.土木工程学报,2005(6).

52. 公路工程技术标准(JTG B01－2014).北京:人民交通出版社,2014.

53. 周明华.公路桥梁伸缩装置的病害与对策//江苏省高速公路建设论文集.北京:人民交通出版社,2004.

54. 公路技术状况评定标准(JTG H20－2007).北京:人民交通出版社,2008.

55. 钢结构现场检测技术标准(GB/T 50621－2010).北京:中国建筑工业出版社,2012.

56. 砌体工程现场检测技术标准(GB/T 50315－2011).北京:中国建筑工业出版社,2011.

57. 韩继红,等.火灾后建筑结构安全鉴定方法研究评述//第五届全国建筑物鉴定与加固学术交流会论文集.汕头:汕头大学出版社,2000.

58. 火灾后建筑结构鉴定标准(CECS 252 - 2009).北京:中国计划出版社,2009.

59. 范维澄,等.火灾学简明教程.合肥:中国科学技术大学出版社,1995.

60. 公路路基路面现场测试规程(JTJ 059 - 2008).北京:人民交通出版社,2008.

61. 王建华,孙胜江.桥涵工程试验检测技术.北京:人民交通出版社,2004.

62. 赵明华.桥梁桩基计算与检测.北京:人民交通出版社,2000.

63. 徐筱在,刘兴满.桩的动测新技术.北京:中国建筑工业出版社,1989.

64. 龚维明,等.桩承载力自平衡测试理论与实践.建筑结构学报,2002,23(1):82 - 88.

65. 唐益群,叶为民.土木工程测试技术手册.上海:同济大学出版社,1999.

66. 周明华.日本开发的一种新型桩载试验法.施工技术,1999,28(10):50 - 51.

67. 藤冈,新井.山田なと:新しい杭の铝直载荷試験法の开发.土と基礎,1991,39(4).

68. 基桩静载试验　自平衡法(JT/T 738 - 2009).北京:人民交通出版社,2009.

69. 建筑桩基技术规范(JGJ 94 - 2008).北京:中国建筑工业出版社,2008.

70. 夏才初,潘国荣,等.土木工程监测技术.北京:中国建筑工业出版社,2001.

71. Scheuer T E, Oldenberg D W. Local Phase Velocity from Complex Seismic Data. Geophysics，1988，53:1503~1511.

72. Fisher, et al. Processing Ground Penetrating Data//Processing of the 5th International Conference on GPR,1994.

73. 张启伟.大型桥梁健康监测概念与监测系统设计//第十四届中国土木学会桥梁学术会议论文集(南京).上海:同济大学出版社,2000.

74. 徐良,过静君,江见鲸.大跨桥梁安全监测的技术方法分析//第十四届中国土木学会桥梁学术会议论文集(南京).上海:同济大学出版社,2000.

75. 黄启远等(香港特别行政区路政署).人造卫星定位系统在桥梁结构健康监测中的应用//第十四届中国土木学会桥梁学术会议论文集(南京).上海:同济大学出版社,2000.

76. 史家军,邵志常.上海徐浦大桥结构状态监测系统//第十三届全国桥梁学术会议论文集(上海).上海:同济大学出版社,1998.

77. Housner G W. Structure Control：Past，Present，and Future. Journal of Engineering Mechanics，1997，123(9):897~899.

78. 李爱群,等.桥梁结构健康监测.北京:北京人民交通出版社,2009.

79. [英]维克托·迈尔-舍恩伯格,肯尼思·库克耶.大数据时代.盛杨燕,周涛译.杭州:浙江人民出版社,2012.

80. 朱汉华,等.土木工程结构受力安全问题的思考.北京:人民交通出版社,2012.